名家通识讲座书系

科技哲学十五讲

□ 林德宏 著

图书在版编目(CIP)数据

科技哲学十五讲/林德宏著．—北京：北京大学出版社，2004. 10
(名家通识讲座书系)
ISBN 978-7-301-08111-2

Ⅰ. 科…　Ⅱ. 林…　Ⅲ. 科学哲学—高等学校—教材　Ⅳ. N02

中国版本图书馆 CIP 数据核字(2004)第 109749 号

书　　　名：科技哲学十五讲
著作责任者：林德宏　著
责 任 编 辑：谭　艳　戴远方
标 准 书 号：ISBN 978-7-301-08111-2/B·0289
出 版 发 行：北京大学出版社
地　　　址：北京市海淀区成府路 205 号　100871
网　　　址：http://www.pup.cn　电子邮箱：pkuwsz@yahoo.com.cn
电　　　话：邮购部 62752015　发行部 62750672　出版部 62754962
　　　　　　编辑部 62752025
印　刷　者：三河市北燕印装有限公司
经　销　者：新华书店
　　　　　　650mm×980mm　16 开本　22 印张　370 千字
　　　　　　2004 年 10 月第 1 版　2023 年11月第 11 次印刷
定　　　价：55.00 元

《名家通识讲座书系》
编审委员会

《名家通识讲座书系》总序

本书系编审委员会

《名家通识讲座书系》是由北京大学发起,全国十多所重点大学和一些科研单位协作编写的一套大型多学科普及读物。全套书系计划出版100种,涵盖文、史、哲、艺术、社会科学、自然科学等各个主要学科领域,第一、二批近50种将在2004年内出齐。北京大学校长许智宏院士出任这套书系的编审委员会主任,北大中文系主任温儒敏教授任执行主编,来自全国一大批各学科领域的权威专家主持各书的撰写。到目前为止,这是同类普及性读物和教材中学科覆盖面最广、规模最大、编撰阵容最强的丛书之一。

本书系的定位是"通识",是高品位的学科普及读物,能够满足社会上各类读者获取知识与提高素养的要求,同时也是配合高校推进素质教育而设计的讲座类书系,可以作为大学本科生通识课(通选课)的教材和课外读物。

素质教育正在成为当今大学教育和社会公民教育的趋势。为培养学生健全的人格,拓展与完善学生的知识结构,造就更多有创新潜能的复合型人才,目前全国许多大学都在调整课程,推行学分制改革,改变本科教学以往比较单纯的专业培养模式。多数大学的本科教学计划中,都已经规定和设计了通识课(通选课)的内容和学分比例,要求学生在完成本专业课程之外,选修一定比例的外专业课程,包括供全校选修的通识课(通选课)。但是,从调查的情况看,许多学校虽然在努力建设通识课,也还存在一些困难和问题:主要是缺少统一的规划,到底应当有哪些基本的通识课,可能通盘考虑不够;课程不正规,往往因人设课;课量不足,学生缺少选择的空间;更普遍的问题是,很少有真正适合通识课教学的教材,有时只好用专业课教材替代,影响了教学效果。一般来说,综合性大学这方面情况稍好,其他普通的大学,特别是理、工、医、农类学校因为相对缺少这方面的教学资源,加上很少有可供选择的教材,开设通识课的困难就更大。

这些年来,各地也陆续出版过一些面向素质教育的丛书或教材,但无论数量还是质量,都还远远不能满足需要。到底应当如何建设好通识课,使之能真正纳入正常的教学系统,并达到较好的教学效果?这是许多学校师生普遍关心的问题。从2000年开始，由北大中文系主任温儒敏教授发起，联合了本校和一些兄弟院校的老师，经过广泛的调查，并征求许多院校通识课主讲教师的意见，提出要策划一套大型的多学科的青年普及读物，同时又是大学素质教育通识课系列教材。这项建议得到北京大学校长许智宏院士的支持，并由他牵头，组成了一个在学术界和教育界都有相当影响力的编审委员会，实际上也就是有效地联合了许多重点大学，协力同心来做成这套大型的书系。北京大学出版社历来以出版高质量的大学教科书闻名，由北大出版社承担这样一套多学科的大型书系的出版任务，也顺理成章。

编写出版这套书的目标是明确的，那就是：充分整合和利用全国各相关学科的教学资源，通过本书系的编写、出版和推广，将素质教育的理念贯彻到通识课知识体系和教学方式中，使这一类课程的学科搭配结构更合理，更正规，更具有系统性和开放性，从而也更方便全国各大学设计和安排这一类课程。

2001年底，本书系的第一批课题确定。选题的确定，主要是考虑大学生素质教育和知识结构的需要，也参考了一些重点大学的相关课程安排。课题的酝酿和作者的聘请反复征求过各学科专家以及教育部各学科教学指导委员会的意见，并直接得到许多大学和科研机构的支持。第一批选题的作者当中，有一部分就是由各大学推荐的，他们已经在所属学校成功地开设过相关的通识课程。令人感动的是，虽然受聘的作者大都是各学科领域的顶尖学者，不少还是学科带头人，科研与教学工作本来就很忙，但多数作者还是非常乐于接受聘请，宁可先放下其他工作，也要挤时间保证这套书的完成。学者们如此关心和积极参与素质教育之大业，应当对他们表示崇高的敬意。

本书系的内容设计充分照顾到社会上一般青年读者的阅读选择，适合自学；同时又能满足大学通识课教学的需要。每一种书都有一定的知识系统，有相对独立的学科范围和专业性，但又不同于专业教科书，不是专业课的压缩或简化。重要的是能适合本专业之外的一般大学生和读者，深入浅出地传授相关学科的知识，扩展学术的胸襟和眼光，进而增进学生的人格素养。本书系每一种选题都在努力做到入乎其内，出乎其外，把学问真正做活了，并能加以普及，因此对这套书作者的要求很高。我们所邀请的大都是那些真正有学术建树，有良好的教学经验，又能将学问深入浅出地传达出来的重量级学者，是请“大家”来讲“通识”，所以命名为《名家通识讲座书系》。其意图就是精选名校名牌课程，实现大学教学资源共享，让更多的学子能够通过这套书，亲炙名家名师课堂。

本书系由不同的作者撰写，这些作者有不同的治学风格，但又都有共同的追求，既注意知识的相对稳定性，重点突出，通俗易懂，又能适当接触学科前沿，引发跨学科的思考和学习的兴趣。

本书系大都采用学术讲座的风格,有意保留讲课的口气和生动的文风,有“讲”的现场感,比较亲切、有趣。

本书系的拟想读者主要是青年,适合社会上一般读者作为提高文化素养的普及性读物;如果用作大学通识课教材,教员上课时可以参照其框架和基本内容,再加补充发挥;或者预先指定学生阅读某些章节,上课时组织学生讨论;也可以把本书系作为参考教材。

本书系每一本都是“十五讲”,主要是要求在较少的篇幅内讲清楚某一学科领域的通识,而选为教材,十五讲又正好讲一个学期,符合一般通识课的课时要求。同时这也有意形成一种系列出版物的鲜明特色,一个图书品牌。

我们希望这套书的出版既能满足社会上读者的需要,又能够有效地促进全国各大学的素质教育和通识课的建设,从而联合更多学界同仁,一起来努力营造一项宏大的文化教育工程。

目　录

第一讲

科学技术哲学学科概论

两个名称的并存
科学技术哲学的研究对象
科学技术哲学的学科性质
科学技术哲学的价值

要了解科学技术哲学(简称科技哲学),首先要弄清什么是科学技术哲学,它是研究什么的,包括哪些基本内容,学习它有什么意义。这个学科有一个与众不同之处,就是它有两个并存的名称,了解这两个名称的来源,有助于我们了解这个学科的性质。所以,我们先从这两个名称说起。

一 两个名称的并存

如果要用一句话来概括介绍这个学科,那就是关于自然界和科学技术的哲学。

现在这个学科在我国有两个名称:自然辩证法与科学技术哲学。全国性的和省、市的学会称自然辩证法研究会,全国性的学术刊物有《自然辩证法研究》、《自然辩证法通讯》,教育部规定的理工农医各专业硕士研究生必修的公共理论课是自然辩证法;可是在国务院学位委员会颁布的学科目录中,却把这个学科称为科学技术哲学,硕士专业、博士专业都是科学技术哲学,许多哲学系所设的这个学科的教研室也称为科学技术哲学教研室。至于教材的名称,有的叫自然辩证法,有的叫科学技术哲学。一个学科长期有两个名称并重,这是不多见的。

现在,我们就来谈谈这两个名称的来龙去脉及其内涵。

在我国,这个学科的名称和课程的名称一开始都叫自然辩证法。1953年,于光远曾约请李四光等自然科学家酝酿成立自然辩证法研究会,未能实现。1956年我国在制定全国科学规划时,于光远等发起和组织了一些学者、专家,制定了《自然辩证法(数学和自然科学中的哲学问题)十二年(1956—1967)研究规划草案》。同年6月,于光远任主编的《自然辩证法通讯》杂志出版。从此,自然辩证法这一名称就开始在我国流行。

当时在《自然辩证法》的后面有一个括号,括号里写的是"数学和自然科学中的哲学问题",这个名称来源于苏联。苏联在很长的时期,有一个学术领域(也可称为一个学科),主要研究各门自然科学所提出的一些哲学问题,对自然科学的成果作出哲学概括,就称"自然科学中的哲学问题"。一直到20世纪70年代,苏联科学院主席团还设有"现代自然科学哲学问题"综合问题学术委员会。这个名称也曾传到我国,从1956年的那个规划名称来看,参加制定规划的学者主张的"自然辩证法"所表示的内容大体同苏联的"自然科学中的哲学问题"相近。但我国学者认为,数学是研究量与形的科学,具有特殊性,同我们通常所说的自然科学不太一样,所以就把数学和自然科学并列。

从1977年12月到1978年1月,在全国制定新的自然科学规划时,于光远、李昌等又主持制定了新的自然辩证法规划,去掉了那个括号,从此在我国学术界就很少用"自然科学中的哲学问题"这个名称了。1979年,我国第一本比较流行的自然辩证法教材《自然辩证法讲义》出版。

那么,当年为什么于光远等人主张用"自然辩证法"这个名称呢?它来源于恩格斯的一本重要著作,书名就叫《自然辩证法》。

恩格斯的这本书,主要是论述自然界和自然科学辩证法的,写于1873—1886年间。这是一本未完成的书稿,由10篇论文和一些札记、片断组成。1895年恩格斯逝世后,马克思和恩格斯的遗稿由马克思的女儿爱琳娜和德国社会民主党中央负责保管。1898年爱琳娜逝世后,全部遗稿归于德国社会民主党中央。当时负责处理遗稿的伯恩施坦,只发表了恩格斯《自然辩证法》文稿中的两篇论文,其余均被束之高阁,蓄意封锁。后来由于俄共(布)中央的马克思恩格斯研究院的努力,恩格斯的这部文稿才于1925年出版,此时距恩格斯逝世已整整30年。

当时苏联以《自然辩证法》为书名出版,并不是没有根据的。1882年11

月27日，恩格斯在致马克思的信中说：“现在必须尽快地结束自然辩证法”[1]，讲的就是这部文稿。恩格斯逝世前不久，曾把全部181篇文稿作了整理，分成4部分，并分别加了标题。第一部分共127篇，标题为《自然辩证法和自然科学》。第二部分共6篇，标题为《自然研究和辩证法》。第三部分共6篇，都是论文，其中《导言》一文尤其重要，是全书思想的集中体现，这一部分的标题为《自然辩证法》。第四部分共42篇，标题为《数学和自然科学。不同的东西》。从这四个标题来看，主题词有四个：辩证法、自然、自然科学、自然研究。这表明恩格斯这部著作是讲辩证法的，主要讲三个方面的辩证法：自然界的辩证法、自然科学的辩证法和自然科学研究的辩证法。因此，以《自然辩证法》作为这部遗稿的书名，应当说是符合恩格斯本意的。

1935年，这本书的第一个中译本在上海出版，到目前为止我国已出版了五个中译本。这本著作使我国哲学界、科学界以及广大读者对自然界和自然科学的辩证法，有了比较系统的了解。所以我国的许多学者就用这本书的书名作为一个学科的名称，认为这个学科是马克思主义哲学的一个部分，恩格斯是这个学科的主要创始人。

自然辩证法的德文是 Dialektik der Natur，意为自然界的辩证法，简称自然辩证法。这个名称同苏联学者常用的“自然科学中的哲学问题”相比，一个显著的优点，是突出了辩证法，而且是关于自然界的辩证法。

从20世纪80年代开始，西方的科学哲学开始传入我国。西方科学哲学同恩格斯的《自然辩证法》所论述的内容，有很大的区别。科学哲学把科学作为哲学的研究对象，着重探讨科学的划界（即什么是科学，科学与非科学的区别）、科学发现的逻辑、科学发展的模式等问题，原则上不谈论自然界，甚至原则上不分析自然科学理论中的哲理，即各门自然科学所提出的哲学问题。它只研究自然科学的理论形式，而不讨论自然科学理论本身的内容。如果有所涉及，那也只是作为个案来分析的。显然，它同苏联的“自然科学中的哲学问题”也不一样。

我国一些自然辩证法学者在引进、研究西方科学哲学时，开始觉得用自然辩证法来称呼一个学科不太理想，主要的理由是这像一种学说的名称，而不像一个学科的名称。外国人不懂自然辩证法是研究什么东西的。我们说我们的自然辩证法就是你们所说的科学哲学，他们也会茫然，因为他们所说的科学哲学既不研究自然界，也几乎不用“辩证法”这个词。不同的名称，不利于国际学术交流。另一个不能令人满意的地方，是“科学”未出现在学科名称之中。

那用什么名称来取代“自然辩证法”呢？一些学者就主张用“科学技术哲学”。

恩格斯的《自然辩证法》有一个很奇怪的地方，就是未提到“技术”这个词，所以他在这本书当然也就没谈技术的辩证法问题。这点同西方的科学哲学有点相似，因为在欧美科学哲学和技术哲学是分开的，科学哲学也不谈技术问题。而在我国，科学与技术一直是连在一起的，学者们也觉得这个学科不谈技术，是个重大的缺陷，所以就主张用“科学技术哲学”的名称。

有的学者认为，“自然辩证法”的优点是强调了自然界，缺点是没强调科学技术，“科学技术哲学”的优点是突出了科学技术，忽略了自然界。而一部分主张用“科学技术哲学”的人，是反对把自然观当作这个学科的研究内容的。又有一些学者认为“自然辩证法”这个词已在我国流行多年，具有中国的特色，没有必要改名。

就在这种情况下，在国务院学位委员会的学科目录中，出现了“科学技术哲学”，但后面也有一个括号，注明“自然辩证法”。再往后，这个括号如同第一个括号一样，也被去掉了。可是研究团体、学术刊物和课程的名称仍然叫“自然辩证法”。

学科名称的演变，反映了我国学者对这个学科认识、理解的变化。两个名称的并存，实际上反映了在这个学科领域存在着两种传统。一部分学者主要是通过恩格斯的《自然辩证法》了解这个学科的，把它看作是马克思主义哲学的一个分支，强调用马克思主义的观点、方法来研究这个学科。另一部分学者主要是在欧美科学哲学的背景下来理解这个学科，强调这是哲学的一部分，强调国际学术交流，强调语境的统一。这两种传统都有各自的合理性，不要因为提倡一种而反对另一种。二者若能很好地结合，就朝这个方向努力。若一时难以结合，就并存，力求互补。

有趣的是，由于学科名称不同，学科历史的长短也就会有不同的看法。“自然辩证法”的历史，从马克思、恩格斯算起；“科学技术哲学”的历史，就可以追溯到古希腊了。

二　科学技术哲学的研究对象

从字面上看，不同的名称研究的对象不同，至少是重点不同。

“自然辩证法”，顾名思义，主要是讲自然界的辩证法，也就是通常所说的自然观，即关于自然界的最一般的看法，主要是自然界的本质、发展规律、人与自然的关系。从这个名称,人们可以得出这个印象:这个学科应当以自然观为基础。

自然观在目前是否需要研究?它同过去的“自然哲学”有何关系?对这些问题,学术界有不同的看法。

先说一说什么是自然哲学。

在古代,从总体上看,古代的自然科学(或古代关于自然界的知识)还包含在哲学之中,同哲学融为一体。学科的发生不同步,发展不平衡,天文学、力学、数学已具雏形,但大多数自然科学学科还未出现。

到了近代,一系列自然科学学科陆续形成,先后从哲学中分离出去,成为不同于哲学的具体科学或实证科学。但在很长的历史时期内,有些哲学家还试图建构一个包罗各门自然科学在内的、凌驾于自然科学之上的哲学,这种哲学就是“自然哲学”。自然哲学的本意,是要取代自然科学,甚至充当自然科学“法官”的角色。自然哲学被称为“科学之科学”。黑格尔的自然哲学是个庞大的、思辨的体系,可说是旧的自然哲学的“顶峰”。

在近代自然科学形成以后,还想用哲学来包含自然科学、代替自然科学,是违背人类认识的发展规律的。哲学是世界观,并不提供关于自然界各种具体物质形态、具体运动形态的具体知识,这是自然科学的任务。正如普遍性不能代替、取消特殊性一样,哲学问题不能代替、取消自然科学问题,哲学分析不能代替、取消自然科学的具体研究。自然科学从哲学中独立出来,是认识的进步;再把自然科学包含在哲学之中,代替和取消自然科学,是认识的倒退。

恩格斯明确反对这种自然哲学,指出它是“用观念的、幻想的联系来代替尚未知道的现实的联系,用想像来补充缺少的事实,用纯粹的臆想来填补现实的空白”。[2]要认识自然界的具体事实和具体规律,一定要应用自然科学研究的具体方法(观察、实验等)。自然哲学家不用这些方法,只用思辨来构造抽象的哲学体系,当然不可能获得关于自然界的科学知识,并常会导致唯心主义。在古代,自然哲学的出现具有一定的合理性(因为当时系统的自然科学尚未形成),也曾提出过不少有意义的,甚至是天才的猜测。但到了近代,自然哲学就过时了,不再需要了。

这并不是说哲学从此以后就不需要研究自然界了,因为自然界有具体的本质,也有最一般的本质;有具体的运动变化规律,也有发展的最一般规律。各门具体自然科学没有也不可能研究自然界的最一般本质和最一般的规律,这是哲学研究的任务。就像哲学不能代替、取消自然科学一样,自然科学也不能代替、取消哲学。普遍性寓于特殊性之中。各门自然科学虽然从哲学中分离出去了,但它所蕴涵的哲理并未因此消失。过去的自然哲学,企图从哲学中推导出自然科学知识,这条道路是行不通的。有了近代自然科学以后,自然科学成了哲学的一个重要知识、思想来源。哲学的一项重要任务,就是要把蕴涵在自然科学中的哲理概括出来,使关于自然界的科学认识,转化为关于自然界的哲学认识。

恩格斯在《反杜林论》第二版《序言》中,谈到了两个概念:自然哲学与自然观。他在谈论自然哲学时说:"不用说,旧的自然哲学——无论它里面包含多少真正好的东西,包藏多少有用的胚胎——是不能满足我们的。"[3]但他主张研究自然观,"马克思和我,可以说是从德意志唯心哲学中拯救了自觉的辩证法并且把它转为唯物主义的自然观与历史观的惟一的人。"[4]由此可见,恩格斯认为马克思主义哲学需要进行自然观研究,并把自然观与历史观并列。我们甚至可以说,恩格斯想用自然观来取代自然哲学,或者把旧的自然哲学改造为新的自然观。

"自然观"与"自然哲学"各有特定的内涵,不是一个概念。从恩格斯《自然辩证法》等著作来看,他只探讨自然界的最一般问题,并不想以此代替自然科学的具体研究。他研究的不是自然科学问题,而是自然科学中的哲学问题。他说他的自然观与黑格尔的自然哲学不同,它不用"观念的、幻想的联系"来代替现实的联系,"而要从事实中发现联系了"[5]。他又说:"在我来说,事情不能在于把辩证法的规律,从外部注入自然界中,而是在于在自然界中找出它们,从自然界里阐发它们。"[6]

如何从自然界中找出辩证法的规律,如何概括出自然界存在和发展的辩证法?不能用自然科学研究的方法,而应当用哲学的方法。自然观研究的是整个自然界,而不是一个个具体的自然事物。具体事物本身不能直接进入自然观的研究领域。哲学家不去研究这块石头那块石头,这条鱼那条鱼,那是岩石学家、鱼类学家的事。研究一万块石头,一万条鱼,可能成为岩石学家、鱼类学家,但不可能成为哲学家。哲学自然观是通过自然科学来研究自然界的。德国物理学家玻恩说:"真正的科学是富于哲理性的。"[7]哲学家通过对关于自然界具体规律的知识研究,概括出自然界最一般的规律。

所以,"自然辩证法"的名称中,虽未出现"科学"这个词,但并不是不研究科学,恰恰相反,不通过对自然科学的研究,全部自然观研究都会成为纸上谈兵,空中楼阁。于光远等编译、1984 年出版的《自然辩证法》,把全部文稿分为以下 8 个部分:1. 总计划草案。2. 自然科学的历史发展。3. 自然科学和哲学。4. 自然界的辩证法。辩证法的规律和范畴。5. 认识自然的辩证法。论认识和辩证逻辑。6. 物质的运动形式。自然科学的辩证法。7. 数学和各门自然科学中的辩证法。8. 劳动在从猿到人的转变中的作用。这表明对自然科学的探讨在全书中占有重要的位置。恩格斯在《总计划草案》中说:“在自然科学中,由于它本身的发展,形而上学的观点已经成为不可能的了。”[8]

恩格斯在撰写《自然辩证法》时,形而上学、机械论是自然科学发展的主要思想障碍,所以他强调辩证法。但他又指出,他的辩证法是唯物主义的,同黑格尔的唯心主义辩证法不同。他说:“对于辩证的同时是唯物主义的自然观,需要有数学的与自然科学的知识。”[9]

“科学技术哲学”的名称,未出现“自然”这个词,那科学技术哲学是否也应当研究自然界的最一般问题呢?

这要从西方的科学哲学谈起。

西方哲学在 19 世纪出现了两个重要转折。其一是马克思主义哲学诞生;其二是哲学研究的重点发生了转移:从对自然界的研究转向对人和对自然科学的研究,出现了人本主义和科学主义两大思潮,相应地出现了关于人的哲学和科学哲学。

从实证主义、逻辑实证主义开始,西方科学哲学认为哲学不应当像过去的传统哲学那样去探讨世界的本原这种本体论问题,应当拒斥这种毫无意义的“形而上学”。这儿所说的形而上学,不是黑格尔首先采用的、同辩证法对立的方法论,而是探讨世界本原问题的哲学。

西方科学哲学主要研究自然科学的本质、科学理论的结构和科学发展的模式,只谈自然科学的理论形式,不涉及自然科学背后的自然界。按照这种观点,恩格斯关于自然辩证法的研究也属于应当抛弃的“形而上学”。

西方科学哲学一般也不谈论技术问题。应当说这是西方哲学的一个传统。尽管一些哲学家(如亚里士多德、弗兰西斯·培根、黑格尔)也谈及过技术,但哲学家更关心认识和理性知识,不大重视实践和技术。所以在西方哲学界,很长时期里基本上无技术哲学可言。1877 年德国的卡普出版了《技术哲学原理》,提出“技术哲学”的概念,被认为是技术哲学的创始人。1912 年俄国的恩格梅尔出版了四卷技术哲学著作,1927 年德国的德绍尔出版了《技术哲学》,技术哲学开始从技术经济学、技术史中分化出来。一定规模的技术哲学研究是在 20 世纪 70 年代出现的。1975 年不定期的《哲学和技术通讯》创办,1978 年《哲学和技术研究》创办,1978 年哲学和技术学会成立。

由于西方学者强调科学与技术的区别,所以很少有人把科学哲学和技术哲学联系在一起。

在我国,由于强调科学与技术的联系,所以把科学哲学与技术哲学合称为科学技术哲学,是人们普遍可以接受的。关于自然的哲学研究和关于科学技术的哲学研究,都是需要的。把这两部分的哲学研究放在一起,作为一个比较完整的学科,是合理的。科学是认识自然的产物,技术是利用自然、改造自然的工具和手段,两者都是为了满足人类对自然的需要。自然与科学技术之间有内在的联系。自然界的存在方式、运动方式决定了我们对自然界的科学认识方式和技术改造方式;科学技术的应用导致了自然界的变化和人与自然关系的变化。自然观是科学技术哲学的逻辑出发点和理论基础,把自然观排除在科学技术哲学之外,是不妥当的。因此,无论是叫自然辩证法,还是叫科学技术哲学,都是关于自然与科学技术的哲学。

自然界和科学技术都是很大的系统,包含多方面的因素,同人、社会又有多方面的关系,所以科学技术哲学研究的内容,是非常宽泛的。目前这个学科有三家综合性的学术刊物,它们封面上的标识语各不相同,这既反映出各家刊物的特色,也表明科学技术哲学的视野是很开阔的。

《自然辩证法研究》的标识语是:“自然哲学、科技哲学、科技与社会”,2002年改为“自然哲学、科学哲学、技术哲学、科技与社会”。

《自然辩证法通讯》的标识语是:“关于自然科学的哲学研究、关于自然科学的历史研究和关于自然科学的社会学研究”。简单地说,就是关于科学哲学、科学史和科学社会学的研究。

《科学技术与辩证法》的标识语是:“科技哲学、科学技术史学、科学技术与社会”。“科学技术史学”探讨的不是科学技术史,而是关于科学技术史的理论。

从论著和学术会议的内容来看,科学技术哲学的研究内容,主要有以下几个方面:

1. 自然界的一般本质与发展的一般规律。

2. 自然科学的性质、功能、理论结构、发展规律以及在社会发展中的作用。

3. 自然科学的认识论、方法论。

4. 技术的性质、功能、发展规律及其社会作用。

5. 工程技术方法论。

6. 数学和各门自然科学中的哲学问题。

7. 工程技术中的哲学问题。

8. 哲学家、科学家的自然观和科学技术观。

9. 科学技术思想的历史。

10. 自然辩证法或科学技术哲学的历史。

11. 科技社会学、科技经济学、科技伦理学、科技法学，科学技术与文化。

12. 科学技术决策与管理。

13. 新科技革命。

14. 全球性问题，可持续发展。

15. 我国的对策、科教兴国战略。

从以上这些主要内容来看，在哲学领域涉及到马克思主义哲学、西方哲学、中国哲学、逻辑学、伦理学等，在自然科学领域涉及的内容上至天文，下至地理，在工程技术领域涉及各传统技术以及高科技各学科，在社会科学领域涉及经济学、社会学、法学、管理学等学科。有理论研究，也有应用研究；有哲学研究，也有多学科的综合性、交叉性研究。科学技术哲学具有高度的开放性、辐射性，涉及到人类大部分的知识领域和活动领域，所以于光远把它称为“大口袋”。

一个学科的研究内容同它的教科书叙述的内容不完全是一回事。教科书一般只叙述其中最基础的内容。我国科学技术哲学教科书的框架，也有一个演变过程，反映出我国学者对这个学科的认识过程。1977 年 11 月，在上海召开了第一次全国范围的自然辩证法教材编写会议。1979 年《自然辩证法讲义》出版，分为自然观、自然科学观和自然科学方法论三大块。后来许多教材写的都是这三大块，没有涉及技术观，只是三大块的排列次序有时不同。这显然是受了恩格斯《自然辩证法》一书的影响。

后来，人们越来越认识到技术对经济发展和社会生活的需要，觉得不叙述技术观的确是自然辩证法的一大遗憾，所以有些教材虽然仍旧是三大块，但把自然科学观改为科学技术观，把自然科学方法论改为科学技术方法论。有的教材觉得这样谈技术问题还不够到位，意犹未尽，所以又增加了科学技术与社会这一块，这部分的内容有的已超出了哲学，同社会学等文科比较接近了。也有的教材，侧重强调科学与技术的区别，主张采用自然观、科学观、技术观这三大块，科学方法论与技术方法论分别包含在科学观和技术观之中。

三 科学技术哲学的学科性质

科学技术哲学是一种什么性质的学科？它在人类知识系统中占据什么位置？同相邻学科的关系如何？这就是科学技术哲学的定性和定位的问题。

学科性质主要指学科的研究对象、研究方法和功能。科学技术哲学以自然和科学技术为研究对象，主要是用哲学方法进行研究，作出哲学结论，为认识自然、改造自然、保护自然、创造自然提供正确的世界观与方法论。定性与定位相联系。学科定位指在学科结构中处于什么位置，属于哪个大学科，包含哪些小学科，有哪些相邻(相近、相关)学科。

科学技术哲学是哲学中的一个二级学科。目前哲学这个一级学科，共有八个二级学科：马克思主义哲学、中国哲学、外国哲学、逻辑学、伦理学、美学、宗教学和科学技术哲学。

科学技术哲学是哲学的一个分支，同经济、社会的关系密切，所以人们常把它看作是文科。但它又以自然和科学技术为研究对象，又有点像理工科。科学技术哲学亦文亦理，像一种“两栖类动物”。它研究的范围很宽，知识跨度大，包容各种思维方式(哲学思维方式、自然科学思维方式、工程技术思维方式、社会科学思维方式等)，这在众多学科中是不多见的。

科学技术哲学的相邻、相近、相关的学科特别多，彼此之间常常是你中有我，我中有你，互相渗透，互相包含，彼此之间的界线比较模糊、富于弹性，很难分辨得一清二楚。

现在谈谈科学技术哲学同几个学科的关系。

其一，科学技术哲学与马克思主义哲学(辩证唯物主义与历史唯物主义)。从自然辩证法的角度来理解科学技术哲学，可以把它看作是马克思主义哲学的一个部分，是马克思主义的自然观与科学技术观。辩证唯物主义的基础是自然观，物质、运动、时间与空间以及辩证法的基本规律，对自然界都适用。哲学的本体论同自然观是很难分开的，所以有些学者认为，辩证唯物主义就是自然观，自然观就是辩证唯物主义，如果离开了辩证唯物主义另讲一套，那就是回到旧的自然哲学。有人认为一些教材讲自然观时，是人们所熟悉的辩证唯物主义原理加自然科学的科普介绍。我们认为马克思主义哲学是个学科群，不同的分支处在不同的层次上。亚里士多德曾说过第一哲学、第二哲学，笛卡儿曾把哲学比喻为一棵树，有树干有树枝。马克思主义哲学的最上面也是最基础的层次，是宇宙观，是整个宇宙的最一般的原理，自然、社会、人类思维三大领域都适用，属第一哲学，这就是辩证唯物主义。第二层次有自然观、历史观和思维观，三足鼎立，分别论述这三大领域各自的最一般问题，属第二哲学。科学技术认识论、方法论同认识论也有类似的关系。关于科学技术与社会的部分，又可看作是历史观的内容。

其二，科学技术哲学与西方哲学。科学技术哲学自然要谈及一些西方著名哲学家，如亚里士多德、康德、黑格尔等。恩格斯在《自然辩证法》中说，科学家要自觉掌握辩证法，就要学习古希腊哲学和德国古典哲学。现代西方哲学有人本主义与科学主义两大思潮，科学主义同科学技术哲学的关系尤其密切。科学技术哲学是根据对象确定的，西方哲学是根据地域确定的。西方科学哲学同时是这两个学科的一部分。

其三，科学技术哲学与科学技术。这二者的关系从研究对象的角度来讲，是普遍性与特殊性、共性与个性的关系。共性寓于个性之中，个性中蕴涵着一定的共性。二者又有相互重叠的部分，譬如科学思想的研究，既是自然科学的理论研究，又是自然科学的哲学研究，因为科学思想既有"学理性"，又有"哲理性"。在这里，对自然的科学研究同对自然的哲学研究之间的界线就模糊了。这两种研究角度不同，重点不同，二者各司其职，又相互联系、相互包含、相互促进、相互转化。

其四，科学技术哲学与科学技术史。恩格斯《自然辩证法》中的《导言》，在《总计划草案》中被称为"历史的导言"，概述了两方面的历史：自然科学史与自然史。于光远等编译的 1984 年版《自然辩证法》第二部分，以"自然科学的历史发展"为题。在恩格斯看来，自然科学本质上是历史的科学，因为科学是个历史发展过程，我们都是在一定的历史条件下认识自然界的，所有的科学发现都是历史的产物。他在谈到假说时说："历史地去理解这件事也许有某种意义：我们只能在我们时代的条件下进行认识，而且这些条件达到什么程度，我们便认识到什么程度。"[10]所以哲学对自然科学的概括，既是理论的概括，又是历史的概括。科学思想史是关于自然科学理论思想发展的历史，是哲学视野中的科学史，是用哲学思想史研究的方法研究的科学史，所以我国科学技术哲学工作者所作的科学史研究，主要是科学思想史研究，而不是(也不可能是)关于科学史的考证性研究。山西大学科学技术哲学研究中心认为，科学思想史是科学技术哲学三项主要研究内容之一。而自然科学史、科学思想史是历史学的分支学科。

其五，科学技术哲学与科学学。科学学的英文名称是"the science of science”,可直译为“关于科学的科学”。这同旧的自然哲学号称的“科学之科学”很相近,但意义不同。科学学并不想凌驾于科学之上,更不想取代科学,而只是把科学作为科学研究的对象。目前学术界对“科学学”尚无统一的定义,一般认为它从整体上研究科学学的性质、结构、功能、发展规律及其与社会的关系。它强调从整体的角度,而不是从哲学的角度研究科学。科学学的研究方法,多为社会学、统计学方面,要处理很多数据,提出一些公式,画出一些曲线,作定量分析。科学技术哲学带有一定的思辨性,科学学带有一定的实证性。科学学研究有理论研究、应用研究两部分,理论研究部分同科学技术哲学更加接近。科学学以研究自然科学为主,也包括社会科学、人文科学,这与科学技术哲学不同。过去科学学不研究技术,现在国外已出现一种关于科学和技术的研究,称为“Science and Technology Studies”,我国有学者主张译为“科学技术学”,并认为这是一个大学科群,包括科学技术史、科学技术哲学、科技社会学、科技决策与管理、科技文化学、科技传播学等分支。有人建议把科学技术学定为一级学科。

最后,科学技术哲学与一些相关的边缘学科。在理工农医各科中凡是同社会有关的和在文科中凡是同科学技术有关的结合部、互渗区、交叉点,都可以成为科学技术哲学研究的内容。这些边缘学科有:科技经济学、科技社会学、科技文化学、科技伦理学、科技法学、科技美学、科技管理学、科技人类学等,这些学科既是经济学、社会学、文化学、伦理学、法学、美学、管理学、人类学的分支,也可以看作是科技哲学的分支。

从科学技术哲学的研究内容与相关学科的关系来看,这个学科有以下特点:

第一,综合性。科学技术哲学是从整体上把握自然界与科学技术的最一般问题,是宏观认识,而不是微观认识。它是对人类的许多学科的知识和人类的认识、改造、保护、创造自然界的实践活动所作的综合性的哲理性概括。它既不是思辨性的,也不是实证性的,而是建立在综合概括基础上的哲理性的研究,采用的是综合性的思维方式。

第二,交叉性。科学技术哲学从一个方面体现了科学与技术的交叉,各门自然科学之间的交叉,各门工程技术之间的交叉,科学技术与哲学的交叉,科学技术与社会科学、人文科学的交叉,自然与社会的交叉。凡是比较认真的科学技术哲学研究,都是不可能只应用一个学科的知识。

第三,辐射性。所有的人类认识、改造、保护、创造自然的活动,所有的自然科学和工程技术领域,都蕴涵一定的哲理性,因此所有这些活动和领域都可以成为科学技术哲学所关注的对象。科学技术哲学就像一棵大树，枝繁叶茂，盘根错节，它的渗透性犹如水银泻地。

纵观诸多学科，有的是聚焦型、凝聚型的，像一颗颗粒子；有的是弥漫型、扩散型的，像一种场；有的学科比较窄、比较稳定，学科界限、研究范围比较明确、清晰；有的学科比较宽、比较灵活，学科界限、研究范围比较模糊，富有弹性。科学技术哲学显然属于后者。

其实，所有的学科分类都是人为的、相对的，所有的学科界限都是可以改变、超越、突破的。在这方面，科学技术哲学已显示了它的活力。

四　科学技术哲学的价值

学习科学技术哲学对于发展科学技术哲学和哲学、促进科学技术功能的发挥、全面提高大学生的素质，都具有一定的作用。

要全面、深刻地认识自然界，既要认识自然界各种具体物质形态、运动形态的个性，又要认识自然界的共性，因为所有的现实事物都是个性与共性的统一。科学技术哲学就是关于自然界共性的认识。具有丰富的自然科学知识，有利于我们掌握科学的自然观，但不等于就掌握了科学的自然观。因为自然观不是自然科学知识的积累，而是对自然科学知识的哲学概括。对自然界共性的正确认识，有助于我们正确地认识自然界的个性。自然界的每个具体事物，既要遵守它自身的特殊规律，又要遵守自然界的一般规律。不了解自然界的一般规律，就不可能深刻了解自然界的特殊规律。

同样，具有丰富科学技术知识的人，也不一定掌握了正确的科学技术观，不一定对自己所研究的专业的性质、价值有正确的理解。学习和研究具体科学技术的人，不能只见树木，不见森林。科学技术既是一种知识、技艺，也是一种文化，应当对科学技术有多方位的理解，否则，我们可能有丰富的科学技术知识，却可能缺乏科学思维、科学方法、科学思想和科学精神，不能很好地辨清科学与伪科学、反科学的界线，甚至不能有效抵制形形色色的唯心主义、迷信和邪教的影响。

恩格斯的《自然辩证法》一书中，有一篇题为《神灵世界中的自然科学》的论文。恩格斯在这篇论文中指出，有一些自然科学家，因为轻视理论思维、轻视哲学，竟成了神秘主义的俘虏。例如英国生物学家华莱士，他独立地提出了自然选择的物种进化论。当得知达尔文在自己之前就已经具有了类似的思想时，虽然当时达尔文的思想还未成书，但华莱士觉得达尔文比他思考得更细致，材料更丰富，就断然收回了自己的论文，并建议这个理论用达尔文的名字来命名。华莱士的知识不可谓不丰富，品德不可谓不高尚，可是他却出版了《论奇迹和现代唯灵论》，相信什么催眠颅相学、神灵照相，等等。三个人照相，照片洗出后竟有四个人，华莱士相信那第四个形象便是神灵。恩格斯写道："华莱士先生在第187页上叙述道：1872年3月，主神媒古比太太(父姓为尼科尔)跟她的丈夫和小儿子在诺亭山的赫德逊先生家里一起照了相，而在两张不同的照片上都看得出她背后有一个身材高高的女人的形象，优雅地披着白纱，面貌略带东方风味，做着祝福的姿势。"然后恩格斯引述了华莱士的文章："所以，在这里，两件事中必有一件是绝对确实的。要么是有一个活着的、有智慧的，然而肉眼看不见的存在物在这里，要么就是古比先生夫妇、摄影师和某一第四者筹划了一个无耻的骗局，而且一直维持着这一骗局。但是我非常了解古比先生夫妇，所以我只有绝对的信任：他们像自然科学领域中的任何真挚的真理探求者一样，是不能干出这样一种骗人的勾当来的。"〔11〕也许有人说，华莱士是研究生物学的，不懂物理学，所以相信三个人拍照会出现四个人。恩格斯又举了英国物理学家克鲁克斯的例子。克鲁克斯是化学元素铊的发现者，他精心设计并研究的一个装置——克鲁克斯管，它可以说是基本粒子物理学的最初摇篮。可是他对降神术深信不疑，为了确认神灵、灵魂的存在，应用了弹簧秤、电池等一整套的物理学仪器。使华莱士、克鲁克斯误入歧途的，不是他们科学知识的欠缺，也不是出于善良之心的轻信，而是对理论和哲学的轻蔑，即缺乏正确的自然观、科学观。

恩格斯在分析了这些例子后说："够了。这里我们已经清楚地表明了，什么是从自然科学到神秘主义的最可靠的途径了。这并不是过分滋长的自然哲学的理论，而是蔑视一切理论、不相信一切思维的最肤浅的经验论。""人们蔑视辩证法事实上是不能不受惩罚的。人们可以对一切理论思维随便怎么样轻视，可是没有理论思维，人们就是两件自然界的事实也不能联系起来，或者对二者之间所存在的联系都不能了解。"〔12〕恩格斯还有一句名言："一个民族想要站在科学的各个高峰，就一刻也不能没有理论思维。"〔13〕

自然观与科学技术观，是世界观的一部分，而世界观与方法论是统一的。哲学是智慧的学问，可以使人变得更加聪明，科学技术研究需要哲学的启迪。哲学观点不仅渗透在观察之中，而且渗透在科学研究的各个环节之中。科学研究从选题开始，要正确选题，就需对已有的科学研究成果作出正确的评价，然后在此基础上提出问题，这都需要一定的哲学思维。科学研究应当有正确的方向,不能违背自然界和社会发展的一般规律。方向错了,投入的精力越多,在错误的道路上便走得越远。历史上有不少人为发明永动机废寝忘食,绞尽脑汁,劳民伤财,甚至倾家荡产,却一事无成,这是因为永动机的设计违背运动不可能无中生有这个自然界的基本规律。法拉第断断续续做了近十年的实验,才发现了电磁感应定律。最后导致成功的实验很简单,只要让磁棒在线圈中作相对运动就行了。法拉第之所以花费了那么长时间,一个重要原因,是他过去多次改变磁铁、线圈的形状和相互位置,却总是让磁铁和线圈处于相对静止状态。究其认识上的原因,是不懂能量守恒的道理。

有了正确的选题、正确的研究方向,就要善于找出关键,突破难关,这些都需要研究者有良好的哲学素养。科学史上许多案例表明,科学家应用辩证的思维,就会事半功倍;应用形而上学的思维,就会事倍功半。

日本物理学家坂田昌一自觉运用唯物辩证法进行物理学研究。他中学毕业时,就阅读了刚出版的恩格斯《自然辩证法》的日译本,上大学时又学习了列宁的《唯物主义和经验批判主义》。他说,这两部著作"在我内心深处产生了一个强烈的冲动,想在我的真正的研究工作中实际运用自然辩证法作为当代科学的方法论"。他还说,恩格斯的《自然辩证法》"就像珠玉一样放射着光芒,始终不断地照耀着我四十年来的研究工作,给予了不可估量的启示"。许多种基本粒子被陆续发现后,大多数物理学家都认为基本粒子就是自然界的基元粒子。它像数学上的点,没有内部结构,不可能再分割了。而恩格斯和列宁都认为物质可以无限分割。在恩格斯、列宁思想的启发下,坂田昌一认为基本粒子不"基本",也有内部结构,也可分。据此他提出了"重子—介子族复合模型",认为强子是由 p、n、Λ 三种粒子及其反粒子构成的。坂田昌一深有体会地说,辩证唯物主义"是哲学的历史发展的总结,是以近代科学的全部成果为依据的惟一科学的世界观;自然科学只有同辩证唯物主义紧密结合,才能够获得正确的思维方法"。"现代物理学已经到了非自觉地运用唯物辩证法不可的阶段。"[14]

氧化学说提出的过程,生动地体现了辩证理论思维对自然科学研究的重要性。1673 年英国的波义耳做金属煅烧实验,发现各种金属块在密闭的容器里煅烧后,重量都有所增加。他仔细地称量了金属块煅烧前后的重量,但没有称整个容器煅烧前后的总重量。也就是说,波义耳只是孤立地称金属块,发现重量增加了,却没有把金属块与容器里的空气联系起来考虑,所以未能发现整个容器煅烧前后的重量不变,不了解金属的增重来自于容器内空气的减重。于是波义耳假设金属在煅烧时,一种“火微粒”穿过容器壁,同容器内的金属块结合在一起了。一百年以后,1773年,瑞典的舍勒做磷的燃烧实验,发现磷在封闭的容器里燃烧成为磷酸酐,而容器内的空气却减少了。他只是孤立地称了容器内空气的重量,却没把空气同磷联系在一起,称整个容器的重量。所以他只发现空气的减重,却未发现磷变成磷酸酐过程的增重,就假定磷在燃烧时,燃素穿过容器壁跑到外面去了。这两个实验都表明,燃烧是物体同空气中的某种气体化合的过程,但由于波义耳和舍勒只是孤立地称金属块或空气的重量,所以真理已碰到了他们的鼻尖,他们都未能抓住。

由于一些自然科学家习惯于埋头进行专业研究,哲学家习惯于从整体上把握对象,所以他们对同一个问题的看法,往往有较大的区别。在一些问题上,哲学家会提出一些更为合理的见解。牛顿提出了万有引力定律,他只用吸引来解释天体的运行。这就提出了一个问题:如果只有吸引,那行星就会落到恒星上去了。行星之所以围绕恒星旋转,一定还有一种引起横向运动的切线力。牛顿无法用吸引来解释切线力的来源,就提出了上帝“第一次推动”的假设。一代科学大师竟请上帝来帮忙,这的确是一种悲剧。大约一个世纪以后,康德对此提出了不同的看法。康德是位哲学家,早期曾研究过天文学,他用辩证法的观点来探讨天体的起源问题。他不仅讲吸引,而且也讲排斥。他认为吸引与排斥同样确实、同样简单、同样基本、同样普遍。他猜想微粒向引力中心垂直下落时,会发生偏离。这是由两个原因造成的:许多吸引中心的相互作用和许多运动轨道的相互交错。使牛顿感到困惑的切线力,是行星所固有的离心力,而离心力正是排斥。于是康德大声疾呼,物质自身具有运动的动力,不需要一只“外来的手”。

无论科学家是否意识到,他们的科学研究总要以某种自然哲学作为前提性知识,作为其建构某种科学理论的基础。这种渗透在科学研究中的自然观,常常以信念的形式出现。怀特海说:“首先,我们如果没有一种本能的信念,相信事物之中存在一定的秩序,尤其是相信自然界中存在秩序,那么,现代科学就不可能存在。”[15]牛顿在研究力学时,实际上就把微粒说当作他的一种自然信念,他的质量、刚体的概念都同这种信念有关。爱因斯坦从创立狭义相对论到创立广义相对论,再到探索统一场论,相信自然的统一,是贯穿于他的全部科学生涯的基本信念,也是其整个物理学研究的理论基础。所以库恩认为他的范式中包含有“准形而上学成规”,劳丹的“研究传统”中也有某种“形而上学”因素。这里所说的“形而上学”,指的就是哲学。

自然观同自然科学方法论是有联系的。自然界怎样,我们就怎样去研究它。当人们把自然看作是一台机器时,必然会用机械论的方法(机械分割、把自然界所有运动都还原为机械运动、机械因果性等)来研究自然界。把自然界看作一个系统,就自然会采用系统论方法来研究。

所以恩格斯说:"熟知人的思维的历史发展过程,熟知各个不同的时代所出现的关于外在世界的普遍联系的见解,对理论自然科学来说也是必要的,因为这为理论自然科学本身所建立起来的理论提供了一个准则。"[16]

自然界是个系统,是个不断发展的过程,所以科学家应当掌握辩证法。只要科学家在认真地研究,就会从不同的方面,在不同的程度上接触到自然界的辩证性质。许多科学家在取得了科学成就以后,也往往会对自己的工作进行哲学思考。如果科学家能自觉地学习辩证法哲学,就可以使科学家更加自觉地掌握辩证法。量子力学问世后,物理学家们接触到微观世界的许多辩证法,如波粒二象性、测不准原理等。许多科学家都不约而同地感到,用传统的"非此即彼"的思维方式,很难说明这些新发现。爱因斯坦发表了有关光量子的论文后,据说他的朋友贝索问他:光究竟是波还是微粒?爱因斯坦回答说:不是这个,就是那个?为什么不可以既是这个,又是那个?面对许多科学家的困惑,玻尔提出了互补原理,认为两种互相排斥的物理图像(比如关于光的波动说和微粒说)不能同时存在,无论其中哪一种图像都不能单独向我们提供一个完整的描述,但这两种图像都是不可缺少的,因此这两种互相排斥的图像又是互相补充的,只有把这两种图像综合起来,才能提供某种完整的描述。互补原理在客观上揭示了微观世界的矛盾和我们关于微观世界认识的矛盾,表明科学家已在科学研究过程发现了传统"非此即彼"形而上学思维方式的缺陷,并试图寻找一种新的思维方式。但玻尔并未从矛盾的角度来阐述他的互补原理,并认为互补原理不是矛盾原理。他说,波粒二象性既然不能在同一种实验条件下同时出现,那么"这两个特点绝不能被置于直接矛盾的情况下"。"事实上,我们这儿所处理的,并不是现象的一些矛盾图景,而是一些互补图景。"[17]如果玻尔当年读过黑格尔等人的哲学著作,也许他对他的互补原理会有更深的理解。

恩格斯曾经谈到,从古希腊的朴素辩证法,到16~18世纪开始流行的形而上学,再到19世纪自然科学所揭示的辩证法,这是一种向辩证法的复归。"这种复归可以通过各种不同的道路达到。它可以仅仅由于自然科学的发现本身所具有的力量而自然地实现,这些发现是再也不会让自己束缚在旧的形而上学的普罗克拉斯提斯① 的床上的。但是这是一个比较拖延时间的、比较艰难的过程,在这个过程中有大量多余的阻碍需要克服。这个过程在很大程度上已经在进行中,特别是在生物学中。如果理论自然科学家愿意在它的历史地存在的形态中仔细研究辩证哲学,那么这一过程就可以大大地缩短。"[18]从科研活动中领悟辩证法和在理论上学习辩证法,这两种掌握辩证法的方式应很好地结合。

学习与研究科学技术哲学,对理解和发展马克思主义哲学有一定的意义。恩格斯说:"随着自然科学领域中的每一个划时代的发现,唯物主义也必然要改变自己的形式。"[19]从 20 世纪初开始,物理学的三大基础理论(基本粒子理论、量子力学、相对论),已使科学进入微观、宇观和高速运动领域。现代宇宙学、板块构造理论、分子生物学,又使我们对所观测到的宇宙,我们的地球和生命有了崭新的认识。信息科学、复杂性科学和生态学,成为对哲学影响最大的三大领域。现代自然科学所研究的问题越来越深、越来越复杂,其理论的哲理也越来越丰富。当代科学思想正在发生深刻的转变:从机械论到有机论、系统论,从机械决定论到辩证决定论,从存在到演化,从封闭系统到开放系统,从稳定性到不稳定性,从可逆性到不可逆性,从精确性到模糊性,从一元性到多元性,从线性到非线性,从简单性到复杂性,科学家从旁观者到参与者,等等,这些都有可能促使哲学形式的改变。

我们正处于高科技时代,技术对经济发展和社会进步的作用空前强大,同时技术的负面作用也越来越强。当代技术发展的速度一日千里,技术应用的长期社会后果越来越难以预测。高科技既改变了我们的生存方式,也可能改变我们的命运;既使人真正成为人,也可能导致人的"非人化"。我们应当尽可能发挥技术的正面作用,把它的负面作用减少到最低程度。在这里起关键作用的不是技术,而是人们的技术观、价值观和伦理观,是人们的哲学观念。

在促进科技文化与人文文化的沟通、科学精神与人文精神的结合方面,科学技术哲学有独特的作用,因为科技哲学既是哲学的一个分支,又以科学技术为研究对象,并涉及许多社会科学、人文科学的分支领域。形象地说,科学技术哲学是理工农医文史经社与哲学熔于一炉。如此广泛的交叉、渗透、联结、综合,是一般学科所不具备的,这正是科学技术哲学的优势。《自

---

① 普罗克拉斯提斯是希腊神话中的强盗,他强迫所有过路的人躺在他所设置的一张床上,比床短的就把他拉长,比床长的就砍掉他的脚。

然辩证法通讯》封面的上方,印着两行字:"联结自然科学、社会科学和人文科学的纽带,沟通科学文化和人文文化的桥梁。"

专业化是近代工业文明的一项基本原则,工业劳动的专业化带来了知识的专业化。但专业界线是相对的、可以超越的。当代大学生应视野开阔、知识渊博、想像宽广。智慧是什么颜色?蓝色。因为天空是蓝色的,大海是蓝色的。我们的智慧应当比天空还要宽,比大海还要深。爱因斯坦提出了有限无边的宇宙模型,宇宙是否真的这样,我们可以研究。但我们从中可以得到一个启迪:我们的知识也应当有限无边。生命有限,每个人的知识当然有限,但可以无边,即不断超出已知的领域,不给自己划定一个边界。

无论是文科学生还是理工科学生,学一点科技哲学,到一些自己不太熟悉的领域里去漫游,长长见识,激活一下自己的思维,岂非一件美事?

注 释

〔1〕《马克思恩格斯全集》第35卷,人民出版社,1971年,第115页。
〔2〕《马克思恩格斯选集》第4卷,人民出版社,1995年,第246页。
〔3〕恩格斯:《自然辩证法》,人民出版社,1984年,第343页。
〔4〕恩格斯:《自然辩证法》,第342页。
〔5〕《马克思恩格斯选集》第4卷,第246、257页。
〔6〕恩格斯:《自然辩证法》,第344页。
〔7〕玻恩:《我的一生和我的观点》,商务印书馆,1979年,第44页。
〔8〕恩格斯:《自然辩证法》,第3页。
〔9〕恩格斯:《自然辩证法》,第342页。
〔10〕恩格斯:《自然辩证法》,第118页。
〔11〕恩格斯:《自然辩证法》,第56页。
〔12〕恩格斯:《自然辩证法》,第61、62页。
〔13〕恩格斯:《自然辩证法》,第47页。
〔14〕坂田昌一:《新基本粒子观对话》,三联书店,1973年,第25、45、2页。
〔15〕怀特海:《科学与近代社会》,商务印书馆,1989年,第4页。
〔16〕恩格斯:《自然辩证法》,第46页。
〔17〕玻尔:《原子论和自然的描述》,商务印书馆,1964年,第42页。
〔18〕恩格斯:《自然辩证法》,第48页。
〔19〕恩格斯:《路德维希·费尔巴哈和德国古典哲学的终结》,人民出版社,1971年,第19页。

第二讲

人:创造者

人的本质
人类的起源
人的需要
人的能力
人的创造活动
以人为中心

科学技术哲学是关于自然、科学和技术的哲学。科学技术哲学不是关于人的哲学。许多科学技术哲学教科书都是自然界讲起,以自然界作为逻辑起点。我们在这里却要从人和人的创造讲起,以人作为逻辑起点。我们所关注的自然界,是我们生活在其中,被我们所认识、利用、改造和保护的自然界;我们所关注的科学技术,是人类所研究、应用、管理和控制的科学技术。一句话,我们所关注的是人类所需要的自然界和科学技术。

人的需要是科学技术哲学研究的出发点,人类的创造和全面发展是科学技术哲学的基本问题。科学技术哲学应以人为中心。

一　人的本质

人是宇宙中的最复杂的存在。人们可以从不同的角度来理解人的本质。

在历史上,一些学者曾把人看作是一种一般的动物。

古希腊哲学家阿那克西曼德说:“人开头就和另一种动物,即鱼一样。”

柏拉图说,人是没有羽毛的两足动物。

17 世纪英国哲学家霍布斯说,人对人,就像狼对狼。

18 世纪法国哲学家霍尔巴赫说:“人是一个纯粹肉体的东西。”

尼采说:“人不过是一群野兽。”

分子生物学认为,人是一种携带 23 对染色体的动物。

更多的学者认为,人是一种动物,但不是一般的动物,而是一种特殊动物。那人是一种什么样的特殊动物呢?

有人认为人是“文化动物”。

18 世纪法国哲学家爱尔维修说,人是有感觉的动物。

达尔文说:“人只不过是一种知道爱别人的动物。”

现代社会达尔文主义认为,人是“穿着裤子的猴子”。

海德格尔说,人是“会言语的动物”。

卡西尔说,人是“符号动物”。

费尔巴哈说:“人是人的作品,是文化、历史的产物。”[1]

亚里士多德说,人是“最能获得最多技艺的动物”。[2]他又说人是“政治动物”、“社会动物”。

弗兰克林说,人是“能制造和使用工具的动物”。

有的学者强调,人是有思想的动物。

荀子说:“人之所以为人者,非特以二足而无毛也,以其有辩也。”

17 世纪法国科学家帕斯卡说:“人是一棵能够思想的苇草。”

黑格尔说:“人之所以为人,全凭他的思维在起作用。”[3]

马克思说,人是“有意识的存在物”。[4]

斯密与李嘉图在经济学研究中,都把人看作是“经济人”。科尔曼说人是“追求自身效用最大化的有目的的行动者”。

18 世纪法国医生与哲学家拉梅特里说,人是机器。

法国生物学家、诺贝尔奖获得者雅克·莫诺说:“我们人类是在蒙特卡洛赌窟里中签得彩的一个号码。”[5]

马克思又说:“人的本质并不是单个人所固有的抽象物,在其现实性上,它是一切社会关系的总和。”[6]

这些看法都有助于我们认识人的本质。

为了叙述人与自然、人与科学技术的关系,我们再从认识和实践的角度来分析人的本质。

物质和精神的关系问题,是哲学的基本问题,也应当是人的本质问题。

人具有物质与精神二象性,或者说,人是物质与精神的统一体。人既是物质实体,又是精神主体。世界分为三大领域:自然、社会与人类思维,惟有人是这三大领域的结合点。在宇宙万物、芸芸众生中,惟有人具有物质与精神的"双体性"。

物质与精神二象性,是我从光的波粒二象性那里借用来的。关于光的本质,在物理学史上长期存在着微粒说与波动说的争论,后来爱因斯坦说光具有波粒二象性,光既是波,又是粒子,或者说,光既是粒子,又是波。波与粒子是两种完全不同的物理存在,可是它们却在光那里统一起来了。再往后科学家又认识到电子也具有波粒二象性。

物质与精神也是两种很不相同的东西。

物质是实体,由各种化学元素、基本粒子构成;精神不是实体,不是由化学元素、基本粒子构成的。

物质是本原,物质长期发展可以自发地演化出精神;精神是物质的派生物,物质不是精神高度发展的产物。

相对于精神而言,物质具有独立性,物质不需要精神作为载体;相对于物质而言,精神不具有独立性,需要物质作为载体。

物质只具有自发性,精神则具有自觉性。

物质具有物理性,精神具有心理性。

物质有形,可直接观察;精神无形,不可直接观察。

物质可直接引起物质运动,精神不可能直接引起物质运动。

物质守恒,精神不守恒。

物质的积累相加是线性关系,遵守整体等于部分之和的原则;精神的积累相加是非线性关系,遵守整体可以不等于部分之和的原则。

物质可以转移,精神可以传播。

物质的存在和转移,受时间与空间的一定限制;精神的存在和传播,不受时间与空间的限制。

物质的存在、运动、转移和作用容易量化,精神的存在、变化、传播和作用不容易量化。

物质评价的标准相对统一,精神的评价标准是多元的。

物质与精神的本质、功能和发展规律均不相同。物质与精神既相互联系、相互转化,又相互限定、相互排斥。二者相互补充,又不可相互取代。物质与精神似乎很难统一于一个存在之中,可是二者却统一于人之中,这本身就是一个奇迹。人的物质精神二象性是个矛盾,它是人的存在的矛盾,是人的一切活动的基本矛盾。我们的物质实体(肉体)既受我们的精神(意识)控制,又不完全受这种控制,便是这种矛盾的一个表现。人的本质和活动的复杂性,全都来源于此。如果人只有物质性而没有精神性,那人就只是一种动物,只要在自然界中参加生存斗争就是了,也没有什么文明、理想可言;如果人只有精神性而没有物质性,那人不要吃,不要喝,只是一种幽灵,也不会有各种物质利益冲突和社会矛盾。这两种情况都非常简单,可是人偏偏同时具有这双重属性,那各种各样的矛盾便出现了。

人的物质精神二象性,是人的矛盾性,但不是二元性。因为人是物质与精神的统一体,而精神是物质高度发展的产物,必须以物质作为载体,它的发展必须具有一定的物质基础和物质条件。

人具有物质生命和精神生命这双重生命。从医学的角度看,人只有一种生命,即物质生命、自然生命或生物学生命。从哲学的角度看,人同时还具有另一种生命,即精神生命、社会生命或人类学生命。马克思说:"人直接地是自然存在物。"〔7〕他又说人的生命活动是"有意识的",〔8〕人既是"自然存在物",又是"意识存在物"。马克思还指出:"人双重地存在着:主观上作为他自身而存在着,客观上又存在于自己生存的这些自然无机条件之中。"〔9〕马克思看出人是一个矛盾体,具有双重性——主体性和客体性。他在这儿所说的主体性,指人有生命,人作为他自身而存在。这"自身",主要是指他的意识;客体性是指人存在于无机自然界之中,是无机自然界的一部分。

只讲人的自然生命,否定人的精神生命是不对的。如果像阿那克西曼德、柏拉图、霍布斯、尼采所说的那样,人只是一种极普通的动物,那人就没有思想,就不能能动地改造世界。如果像霍尔巴赫所说的,人只是"纯粹肉体的东西",那人就有体无魂,没有精神追求和道德追求。这是对人的本质的曲解。

只讲人的精神生命,否定人的物质生命,同样是不对的。不承认人的物质性,就无法解释人为什么要进行物质生产,就会导致关于人与社会的唯心主义。对人的本质的理想主义观念,也容易产生这样的曲解。夏甄陶说:"人不是无人身的灵魂、无人身的理性、无人身的思维、无人身的自我意识。"〔10〕人不能离开自己的身,身和心应当是统一的。

双生命说指出人既是一种动物,又不是一般的动物。人的双生命说比人的单生命说,更全面、深刻地反映了人的本质。

就人的物质实体性而言,人是一种动物。但不是一般的动物,而是一种特殊的动物,一种高级动物。人是极其复杂的生命体。人体要不断同自然界进行物质和能量的交流。人体的生物运动也要遵守其他动物都要遵循的自然规律。人具有动物性,动物性也是一种物性。

无论人类的历史有多悠久,无论人类的文明进步到什么程度,人总是人,人总有物质性、动物性,总是一种动物。所有的人(无论是凡人还是伟人)都具有一定的动物性,只是动物性的形式、程度不同而已。没有任何动物性的人,就不是现实的人。

人来自动物。就整个人类而言,人来自猿;就每个个人而言,他刚诞生时也只是一种动物。在这点上,阿那克西曼德的说法有一定的道理,不过应当把鱼改为猿。比较胚胎学也告诉我们,人的早期胚胎,同别的脊椎动物(如鱼、兔等)几乎很难辨别。人类在发展过程中,应当离动物越来越远;每个个人在人生的历程中,应当愈来愈成为一个真正的人。人性不断克服和超越动物性,这是整个人类和每个个人进步的过程。但无论每个人怎样克服和超越,当他生命结束时,仍然具有一定的动物性。

人的动物性主要表现在以下几个方面。这几个方面是相互联系、相互包含的。

人同动物一样,对外界具有感觉能力,并只能感觉到自己的感觉,不可能进入到别人的身体之中,感觉到别人的感觉。每个人都只能对自己的欢乐与痛苦有直接的感受。

人同动物一样,具有求生的欲望、追求快乐的欲望、食色的生理欲望。在一般情况下,也很难对这些欲望进行有效的控制。

人同动物一样,具有许多本能,这些本能对人的认识和行为有一定的影响。即使是一个很成熟、很有修养的人,他的本能也不会完全消失。

人同动物一样,在生活中能够权衡利弊,趋利避害,并力求用较少的投入获得较多的回报。

人同动物一样,不能控制自己体内的各种物理、化学、生物学变化,不能凭自己的主观愿望改变自己的健康状况,不能改变自己的温饱或饥寒、舒适或疼痛的感觉。

人同动物一样,都具有发育、生长、衰老、生病、死亡的过程,要维护自己的生命,必须具有一定的物质条件,具有足够的物质资源和良好的生态环境。

人同动物一样,自己的躯体既属于自己,又属于自然界。

但人又不是一般动物,而是具有理性和德性(智慧和道德)的动物。

猿进化为人的过程,就是猿脑进化为人脑的过程。有了人脑,这世界就出现了不同于物质的另一种东西——意识、思维、精神。人有了精神,就同外部物质世界发生了对象性关系,成了认识主体和行为主体。人既能认识世界,又能改造世界、保护世界和创造世界。人不仅创造了一个新的物质世界,而且还创造了一个自我世界——精神世界。人的精神包含智慧与道德两大领域,人成了"智慧生物"与"道德生物"。

到目前为止,我们只发现我们地球人类是这样的特殊动物。精神只产生于人之中,只是属人的精神。所有的精神都是人的精神。思维是人脑的机能,从发生学的角度来讲,思维只存在于人脑之中。因此,人是精神载体。

但更为重要的是,人是精神主体。有了精神,人才具有主体性。人的精神性便是人的主体性。人的主体性不仅在于对自己躯体和外部世界的主体性,还在于对自己精神的主体性。人还能认识、改造、保护和创造自己的精神。人的躯体既属于人自己,又不属于自己;既受自己愿望的控制,又不受自己愿望的控制;既是人的主体,又是人的客体。而人却是自己精神的主体。

恩格斯写道:"庸人所爱的谚语是:人是什么? 一半是野兽,一半是天使。"[11]人具有双重生命,但这双重生命并不是一半对一半,这是一种庸人之见。相对于精神生命而言,物质生命具有先行性和基础性。精神生命离不开物质生命,必须以物质生命为载体。但在特定条件下物质生命可以离开精神生命而存在。人的价值主要是通过精神生命体现的。人与别的动物的区别,不在于有物质生命,而在于有精神生命。人与人之间的主要区别,也不在于物质生命的不同,而在于精神生命的差异。

二　人类的起源

人是从哪里来的? 生物进化论告诉我们,人是类人猿进化来的,人是自然进化的结果。这种理论已得到胚胎学、分类学、解剖学、古生物学以及现代分子生物学的支持。

恩格斯又提出了另一种说法:劳动创造了人,人是劳动的产物。恩格斯在《劳动在从猿到人的转变中的作用》一文中说:劳动"它是一切人类生活的第一个基本条件,而且达到这样的程度,以至我们在某种意义上必须说:劳动创造了人本身"。[12]

"猿进化为人"与"劳动创造了人"这两个命题看起来矛盾,实际上并不矛盾,这就是人类起源的辩证法。人类有双重来源:自然来源与社会来源。自然来源即自然的演化、生命的进化;社会来源即劳动的创造。自然的演化与人的劳动创造是两个不同的过程,但这两个过程可以在从猿到人的过程中融为一体。

按照拉马克的生物进化论,猿的器官进化为人的器官是通过“用进废退”实现的。关键的问题是,这“用”是什么?是劳动。所以这种劳动不仅要用历史唯物主义来解释,也可以用生物进化论来解释。

那么,什么是劳动?猿的器官的什么“用”,使猿进化为人?恩格斯的回答是:“劳动是从工具的制造开始的。”[13]

劳动是从制造工具开始的,工具制造出来后,又用工具来劳动。这样,从一开始,劳动就同工具紧密地联系在一起。没有工具,人类就无法劳动。劳动的效率取决于工具的应用。

恩格斯指出:“我们看到,和人最相似的猿类的不发达的手,和经过几十万年的劳动而高度完善化的人手,两者之间有着多么巨大的差距。骨节和肌肉的数目和一般排列,在两者那里是一致的,然而最低级的野蛮人的手,也能够做出几百种为任何猿手所模仿不了的操作。没有一只猿手曾经制造过一把哪怕是最粗笨的石刀。”[14]手的结构并没变,但功能变了。功能的变化最后又会导致结构的变化。导致手的功能变化的原因是劳动。“所以,手不仅是劳动的器官,它还是劳动的产物。”[15]手具有双重的本质——既是劳动的器官,又是劳动的产物。手既创造了各种产品,又创造了手本身。

人是一个有机系统。手并不是孤立的存在。根据器官相关律,手的变化或早或晚会引起其他器官的变化。手的进化更强化了手足分工,我们的祖先不仅直立行走,而且直立活动的时间越来越长。这不仅扩大了视野,而且由于大脑的重量由脊椎来支撑,更有利于大脑的发展。

由于手的发育,正在形成中的人不仅不断认识了自然,而且认识到彼此协同合作的需要,就有了相互交流即语言的要求。猿类不发达的喉头得到了改造,逐渐学会发出清晰的音节,便在劳动中产生了语言。首先是劳动,然后是语言和劳动一起,使猿脑逐渐进化为人脑,感觉器官也随之逐步完善。人类社会开始形成,而人类社会与猿群的本质区别,仍然是劳动。

恩格斯在人类起源问题上的核心观点,是需要创造人的器官。[16]需要是人类起源的出发点,因为需要是劳动的起因。不是先有某种器官,然后再有应用这种器官的需要;而是先有某种需要,然后才创造出满足这种需要的器官。就物种的起源而言,不是先有翅膀,然后鸟才会飞;而是先有爬行类动物飞的需要,然后才有鸟的翅膀。

所以,器官以至于物种,是需要创造的产物。猿类的需要创造了人类,如何创造? 劳动。劳动既创造了世界,也创造了人。“正如学会了吃一切可以吃的东西一样,人也学会了在各种气候下生活……并且从原来居住地的、通常是炎热的气候向比较寒冷的、在一年中分成冬天和夏天的地带的道路,就引起了新的需要:需要有住房和衣服来抵御寒冷和潮湿,需要有新的劳动领域以及由此而来的新的活动,这就使人离开动物愈来愈远了。”[17]

因此恩格斯认为,人的行为不能用他们的思维来解释,而应当用他们的需要来解释,虽然这些需要是反映在意识中的,否则就会产生唯心主义。

劳动创造了不同于一般动物的人的本质。恩格斯说:“一句话,动物仅仅利用外部自然界,简单地用自己的存在在自然界中引起改变;而人则通过他所作出的改变来使自然界为自己的目的服务,来支配自然界。这便是人同其他动物的最后的本质的区别,而造成这一区别的也是劳动。”[18]而这一切都是由需要引起的。

有人会问:劳动使猿变成人,而劳动又是通过人手完成的,即劳动只能是人的劳动,那究竟是先有人,还是先有劳动? 应当说,这二者是同步发生的。“人”与“劳动”都是正在进行和发展的概念。劳动的发生和人的发生,劳动的进展和人的进化,本质上是同一个过程。

人类的双重来源同人的双重本质、双重生命,是完全一致的。坚持人类从猿进化而来,就是在人类起源和本质问题上坚持自然唯物主义;坚持劳动创造了人类,就是坚持社会唯物主义(历史唯物主义)。

人就是自然与社会的统一。

三　人的需要

正因为人具有双重生命,所以人有两种生活。马克思说:“所谓人的肉体生活和精神生活同自然界相联系,也就等于说自然界同自身相联系,因为人是自然界的一部分。”[19]马克思认为人有两种生活,他所说的“肉体生活”就是物质生活。

人有双重生命,过着两种生活,就有两种需要:物质需要与精神需要。

需要是人们为了自己的生存和发展对外部世界和自身的欲望和愿望。有了欲望和意愿,人们就要用自己的行动来满足。需要必然要导致行动。不引起相应行动的需要,不是现实的需要。

人的需要有自发的，也有自觉的。

自发的需要主要是人的本能，主要是维持生命与延续生命的生理需要，如饮食男女的需要。有了自发的需要，人们就会去谋取某种已有的存在来满足自己的需要。

自觉的需要，是人们已认识到的需要，从而形成了一种意愿。这不仅包括维持生命和延续生命的理性需要，还包括人所认识到的各种需要。自觉需要是超越本能的理性需要。满足自觉需要的手段，不仅是谋取已有的东西，更重要的是，创造周围环境所没有的东西。在一定意义上可以说，动物也有自发需要，但没有自觉需要。

人的需要是人的本质的表现。马克思说："正像人的本质规定和活动是多种多样的一样，人的现实性也是多种多样的。"[20]人的本质的多样性，导致了人的需要的多样性；需要的多样性又导致了人的活动的多样性。

物质需要与精神需要，是人的两类基本需要。物质需要是人们为了自己的物质活动对外部世界和自身的欲望和愿望。精神需要是人们为了自己的精神生活对外部世界和自身的愿望。

这是两种不同的需要。

物质需要来自人的物质生命和人的生物性，以人的生理本能为基础，可以是自觉的，也可以是自发的；精神需要来自人的精神生命和人的社会性，是对生理本能的超越，只能是自觉的需要。

物质需要的满足直接依赖于物质条件，精神需要的满足间接地依赖物质条件，在一些情况下不依赖物质条件。

物质需要相对于精神需要而言，具有先行性（前提性）和基础性；精神需要在许多情况下要有一定的物质基础和物质条件。相对于物质需要而言，精神需要往往要滞后一段时间。就每个个人而言，本能先于理性。婴儿的第一声啼哭，便是他的生命的最初的生理需要，至于精神需要则是以后的事情。就整个人类而言，必须在相当长的历史时期内，把自己的主要劳动力放在满足物质需要的活动中。这是人类文明发展的一个极其重要的基本规律，决定了我们的自然观与科学技术观的基本观点。

恩格斯在悼念马克思逝世时说，马克思一生有两项伟大发现，一项是剩余价值学说，另一项伟大发现是什么呢？恩格斯说："正像达尔文发现有机界的发展规律一样，马克思发现了人类历史的发展规律，即历来繁茂芜杂的意识形态所掩盖着的一个简单事实：人们首先必须吃、喝、住、穿，然后才能从事政治、科学、艺术、宗教等等；所以，直接的物质的生活资料的生产，因而一个民族或一个时代的一定的经济发展阶段,便构成为基础,人们的国家制度、法的观点、艺术以至宗教观念,就是从这个基础上发展起来的……"[21]当物质需要与精神需要都不能很好满足时,我们一般先是解决物质需要的问题。作家刘白羽曾回忆毛泽东同志的一段往事。1938年2月,刘白羽到了延安。不久,他对文艺工作有不少意见,便去向毛泽东反映。毛泽东听完了他的意见说:我们现在很困难,没饭吃,现在要全力解决边区的经济问题。延安掀起了大生产运动,解决了吃饭问题,这时毛泽东就对刘白羽说,他现在可以腾出手来管文艺了。后来就召开了延安文艺座谈会。[22]

物质需要的满足,心理调节的作用较小。望梅可以止渴,但不能长期以此止渴。在精神需要的满足中,心理调节的作用则比较明显。

物质需要满足的评价标准,一般是客观性标准,基本上是一元的;精神需要满足的评价标准,一般是主观性标准,基本上是多元的。

物质需要的满足一般效益递减。例如中秋节到了,我们吃月饼,吃第一块最香甜,接着吃第二块、第三块,吃到第四块,效益恐怕就是负的了。吃相同的月饼,第一块效益最高,以后依次效益递减。精神需要的满足则没有明显的效益递减现象。

对于人类的生存和发展来讲,这两类需要皆不可缺少,二者不可相互取代,但相互影响、相互补充,并在一定条件下相互转化。

在满足这两种需要中,人们所获得或创造的东西,便是人们的利益。长期以来,人们谈起利益似乎不言而喻指的是物质利益。其实,有两种需要便有两种利益:物质利益与精神利益。只讲物质利益如同只讲物质需要、物质生活一样,是片面的。

个人的需要有满足之时,但整个人类的需要永无满足之日。外部世界(包括自然界)与人自身的状况,人们的谋取和创造,永远不可能完全满足人的需要。需要是人对自身和外部世界的反映,但也可以创造。对尚未出现的事物的需要,就是一种创造。一个需要满足以后,又会引起新的甚至更多的需要。马克思、恩格斯说:"已经得到满足的第一个需要本身,满足需要的活动和已经获得的为满足需要的工具又引起新的需要。"[23]人类又可以不断地在已有需要的基础上,创造新的需要。

所以,需要是人类文明和人类自身发展的永不衰竭的动力。人类不断发展科学技术,并应用科学技术来改变自然、保护自然,全部源于人类的需要。除此以外,科学技术和人的活动没有别的动力。

四　人的能力

人类需要劳动并能够劳动,是因为人类具有一定的客观条件与主观条件。客观条件是劳动资源,主观条件是劳动能力。

人的劳动能力分为体力与智力两类。马克思说:“我们把劳动力或劳动能力,理解为人的身体即活的人体中存在的、每当人生产某种使用价值时就运用的体力和智力的总和。”[24]劳动的目的是生产使用价值,人体是劳动能力的物质载体。只要是一个正常的人,都会具有这两种劳动能力。

体力是人体肌肉收缩时所产生的一种力量,包括握力、推力、拉力、举力、压力、投掷力、旋转力等。体力是直接作用于物质对象,使物质实体改变位置、运动状态和外部形态的能力。体力来源于人体肌肉的收缩,肌肉的收缩来自食物的能量,即来自于体内的物质变化;体力的作用对象是物,它的效果是物的变化。所以体力具有物质性,是人体所具有的物质力量,是人的物质性的表现。

体力是人作为一种动物(自然物)所具有的能力,体力的存在表明人是一种动物。体力的产生是人体内生物物质的自然变化,体力的强度取决于人体物质变化的自然过程,体力的发挥遵守自然界的规律(力学规律、物理学规律、化学规律、生物学规律),所以体力具有自然性,是人自身所具有的自然的力量。

正因为体力具有自然属性,所以体力可以同自然界所拥有的自然力相互取代、相互转化和相互量度。体力的效果是可见的、可以量度的。体力作用可以引起有形物体的有形变化。体力作用的大小同有形实物的有形变化之间,有一定的数量对应关系,我们可以用有形实物的有形变化来量度体力的大小。例如,根据 $F = ma$,如果一定的体力 F 使质量为 m 的物体产生加速度 a,我们就可以用 ma 来量度体力。如果我们用某种方法(技术)使物体产生加速度,即产生 ma,那这个 ma 就可以用来取代我们的体力。人的体力可以用人以外的自然物的自然变化来取代,这是人的体力的一个十分重要的特征。

智力是人脑细胞活动过程中所产生的能力,是人类认识事物、解决认识问题的能力。智力是个十分广泛的概念,包括运用符号的能力,如理解语词的能力、运用语词的能力、学习语言的能力;演算的能力,如运用数字的能力、理解数字的能力;运用概念的能力,如想像的能力、联想的能力、记忆的能力、回忆的能力、归纳的能力、演绎的能力、符号推理的能力、直觉的能力；知觉的能力，如空间图形识别能力、空间图形判断能力、空间图形扫描能力，色彩鉴别能力，此外还有分析的能力、综合的能力、抽象的能力、概括的能力、理解的能力、比较的能力、选择的能力、思想创新的能力，等等。

体力可以用牛顿力学描述，可以用天然自然力（水力、风力、畜力等）和人造自然力（蒸气力、电力等）取代，是力学意义上的力。力学中的力就是从人的体力延伸出来的概念。但智力的"力"，只是一种借用的比喻，不能用力学来描述，并不是力学意义上的力。

汉字"智"的本意是聪明地解决问题的能力。英语 intelligence 一词是英国哲学家斯宾塞和生物学家高尔顿于 19 世纪后半叶从古拉丁语中引入的，主要是用来反映人们之间心理能力的差异，实际上是把智力理解为一种心理能力。马克思却认为智力是人的劳动能力，开创了从经济学角度研究智力的先河。但在 20 世纪上半叶，学者们主要是从心理学的角度来研究智力。法国心理学家比纳、美国心理学家特蒙认为智力是抽象思维能力，迪尔伯恩认为智力是学习能力，桑代克认为智力是适应新环境的能力。现在我们不仅应当把智力理解为劳动能力，而且还应当从哲学上把智力理解为创造能力。

同作为人身所具有的物质力量体力相比，智力是人脑所具有的精神力量。智力虽然是人脑这块高度发达的物质所具有的能力，但它本身却是一种精神性的能力，是人的精神性的表现。

智力只发生和存在于人的思维过程之中，只在思维中显示出它的功能。没有思维，就没有智力。所有的智力归根到底都是思维的能力。智力就是思维的力量、思想的力量。

智力是创造和应用知识信息的能力。知识信息是具有知识内容的信息，知识一开始是人的一种意识。智力是创造意识的能力。

智力作用的对象不是物质实体，而是具有思想内容的信息。智力本身不能引起物质实体的变化，不能改变物质实体的状态和形态，不能用 $F=ma$ 来量度。

智力要对物质世界发生作用，必须"物化"，即转化为物质的力量，转化为自己的体力或工具操作、机器运转时所产生的物质力量。

智力要在社会中发生作用，必须"外化"，通过语言、文字、图表、符号与别人进行交流。只存在于自己大脑中的智力，不产生任何现实的作用。

智力本身并不是思想、意识、精神，但思想、意识、精神的功能却离不开智力的作用。

智力具有社会性,是一种社会性的力量。智力是精神的力量,而精神具有社会性。智力体现了人的社会本质、社会属性。智力是人类所独有的能力,是人类的本质力量,它表明人不是一般动物。

这样,由于劳动力分为体力与智力两类,所以人自身具有物质的力量和精神的力量这两类力量。恩格斯说:"这样,我们就有了两个生产要素——自然和人,而后者还包括他的肉体活动和精神活动。"〔25〕作为生产要素的人,包括肉体活动和精神活动两方面,具有物质和精神两方面活动的生产能力。马克思还有"一切生产力即物质生产力和精神生产力"的说法。〔26〕

总之,人具有物质和精神二象性,具有物质生命和精神生命双重生命,物质生活和精神生活两类生活,具有物质需要和精神需要两类需要,具有物质劳动能力(体力)和精神劳动能力两类劳动能力。这就是我们在哲学上对人的本质的比较完整的理解。

这就决定了人能够进行创造活动,并且是我们所知道的宇宙中的惟一创造主体。

要进行创造活动,先要认识对象,正确反映对象的本质与规律,然后根据这种认识提出设计,最后按这种设计活动。从认识对象到设计,是物质变精神的过程;从设计到实施,是精神变物质的过程。物质——精神——物质,或者说,实践——认识——实践,循环往复,不断发展,这便是人类的全部创造过程。而物质和精神的相互转化,只有通过人的活动才能实现,只能在人的活动中实现,因为惟有人具有物质性与精神性这双重本性。

因为人具有物质需要和精神需要这两类需要,具有物质力量和精神力量这两种力量,并具有使物质和精神相互转化的能力,所以人类的创造活动也可以分为两大类:物质创造活动和精神创造活动。

五　人的创造活动

自然界的原有状态即天然状态,只能使人类像动物一样地生活,人类不会满足这种状态。列宁说:"世界不会满足人,人决心以自己的行动来改变世界。"〔27〕改变就是创造。创造是人的自觉活动,通过这种活动使世界出现了新东西,以满足自己的需要。创造来自需要与缺乏的矛盾。人需要某种东西,世界上没有,人就把它创造出来。

"创造"与"创新"是两个相近的概念。"创新"有两层意思:"创"指人的活动,“新”指新的东西,是活动的效果。由于我们在界定“创造”时,已包含出新的内容,所以“创造”与“创新”并无大的区别。在学术上,“创新”最早是经济学家熊彼特提出的概念,当时这是个经济学概念。现在这个概念已经泛化了,有科技创新、制度创新、教育创新、理论创新等。在这种背景下,我们可以把“创造”看作一个哲学概念。

创新是相对于守旧而言的。“新”与“旧”是相对的概念,所以创新也是相对的。在这个层次、意义上是创新,在别的层次、意义上,就不一定是创新。在一定的历史条件下,人类的创新只能达到一定的水平。创新具有层次性,即人只能在一定的条件下,一定的层次上创新,而不能在所有的层次上创新。

有人说自然界也会创造,因为自然界也会推陈出新,甚至新陈代谢。例如,自然界原来没有生命,后来有了,这就是创造。当然,如果我们把自然的进化(即出新的演化)也说成是创造,也并非绝对不可。但这样一来,就会影响我们对人类创造的本质与价值的认识。人类创造与自然演化都会出新,但二者有本质区别。自然演化并无事先的设计,人的创造则是设计的实现。同一种自然规律在不同的条件下,会发生多种可能的变化。自然变化都是在经常出现的条件下所发生的变化,这种变化出现的几率高,具有很大的普遍性。如水从高处往低处流,热量从高温物体传到低温物体,就是自然界的“惯常变化”。人可以通过自己的行为模仿自然界的这些变化,如人工降雨。更重要的是人类可以对自然规律起作用的条件进行选择,甚至制造条件。所以人类可以通过自己的活动使自然界发生一般不容易(甚至不可能)发生的变化,如抽水机把水从低处抽向高处,空调造成室内外的温差。所以人类创造的新的物质形态和新的运动形态(如大炮和炮弹的发射)是在自然条件下不可能出现的。关于这个道理,我在“人工自然观”一讲中,还会作比较详细的讨论。如果我们把人的创造与自然演化看作是同一种活动,就有可能把我们的创造活动扭曲为对自然的等待。再说,自然出新的速度十分缓慢,人类创新的速度则非常之快,二者不可同日而语。达尔文指出,物种通过自然选择所发生的进化是个十分缓慢的过程。他曾引用过别人的一句话:“自然界在变异里是奢侈的,但在革新里是吝啬的。”[28]这话的意思是说,自然界虽然每时每刻都在变化,但要产生新的东西却很不容易。所以,“变异是一种长久持续的、缓慢的过程。”[29]而人工选择在几年的时间里就可以培育出一个新的物种。所以自然选择是进化,而人工选择是创造。如果我们硬要把自然选择和人工选择都说成是创造,这岂不是贬低了人类创造活动的意义吗?

从哲学的角度讲,人是宇宙中惟一的“创造源”。世上没有“造物主”,如果有,那不是上帝,只能是人。人是宇宙中惟一能进行创造的动物。人从动物来,又要远离动物而去,靠的是什么?创造。

“劳动创造了人”,这就是说:“人创造了自己。”在人类起源问题上,没有创造,就没有人。人既是创造者,又是自己的创造物;既是创造主体,又是创造客体;既是自己的原因,又是自己的结果。创造是人类的生命,人是自己的第一个创造。

人类出现以后,人类的生存和发展都是创造。文化是人与动物相区别的一切的总和。人是有文化的动物,人无文化就无异于动物。所有的文化都是人的创造。马克思说:“如果我的生活不是我自己的创造,那么我的生活就必定在自身之外有这样一个根源。因此,创造是一个很难从人民意识中排除的观念。”[30]创造的概念有其生活的来源。我们所说的生产、劳动、工作、实践,其实质都是创造。

笛卡儿有句名言:“我思故我在。”此话固然有理,因为惟有人才能思考。但这话只讲了半个真理。人为什么要思考?人不是为思考而思考,思考的目的是为了创造,所以应当说:“我创造故我在。”

惟有创造才是人的本质,惟有创造才是人的使命。

人为什么能创造?

我们说过,人的本质是物质与精神的统一体,动物只能自发地、被动地、消极地适应自然界,惟有人才能自觉地、主动地、积极地创造世界。这是因为惟有人具有使物质变精神,使精神变物质的能力,而所有的创造活动都是物质与精神相互转化的过程。创造可以分为两大类:物质创造和精神创造。物质创造是精神变物质的过程,精神创造是物质变精神的过程。动物只有物质生命没有精神生命,所以动物只能使物质变物质,却不能使物质变精神,也不能使精神变物质。创造是有目的、有意识、有设计的活动,也就是有精神作用的活动。因此,单纯的物质变物质的活动,就只能是自然的演化。

人之所以成为人,就是因为人能创造。弗兰克林说人是会制造和应用工具的动物,而制造和应用工具就是创造。离开了创造,无法理解人,无法理解人类文明,也无法理解人生活的世界。

创造应当是哲学研究的重要课题,但迄今为止,创造恰恰是哲学研究的薄弱部分。唯心主义会讲创造,那是上帝的创造、绝对精神的创造,不是人类现实的,按照客观规律进行的创造活动。大约是为了同神学与唯心主义相区分，唯物主义者很少讲创造。从古代到近代，哲学的基本问题有两个方面，第一方面是本体论问题。恩格斯说："这个问题以尖锐的形式针对着教会提了出来：世界是神创造的呢，还是从来就有的？"[31]显然，在本体论问题上不能讲创造，否则就会导致神创论。哲学基本问题的第二方面，即思维与存在是否有同一性的问题，从古代到近代的哲学家一般都把它理解为思维能否反映存在的问题。对这个问题的不同回答，就分为可知论和不可知论。哲学的基本问题就是这两个方面，谈到世界可以认识就停止了。从古代到近代的哲学研究状况基本就是如此，所以恩格斯当年对哲学基本问题的概括，是符合当时哲学研究的实际情况的。可是，正如马克思和恩格斯在批评旧唯物主义的局限性时说："哲学家们只是用不同的方式解释世界，问题在于改变世界。"[32]如果哲学只告诉我们如何认识世界，而不告诉我们如何改造世界，创造世界，那哲学就严重地脱离了实际。改造和创造世界的问题，是比认识世界更为基本的问题。

作为哲学范畴的物质概念，其内涵是客观实在，是在我们感觉之外并能被我们的感觉所反映的存在。这个概念同从古代到近代的哲学基本问题是一致的，在本体论上是完全正确的。但这种本体论的物质观不能代替我们对人造物的研究。人造物并不是神创造的，也不是从来就有的，而是人创造出来的。所以本体论的物质概念同人类的创造无关。

自然观是哲学的基础。长期以来自然观主要是研究天然自然，即人类出现以前的自然、同人类活动无关的自然。在这种"无人"的自然观中，当然也不会有人类的创造活动。

在哲学上同创造的概念最接近的是实践。实践是人类能动的变革活动，包含有创造的含义，但"实践"与"创造"这两个概念细分还是有区别的，就像"运动"与"发展"有些区别一样。"运动"未揭示事物变化的方向——发展，"实践"也未揭示人的活动的方向——创新。实践也可分为重复性实践和创造性实践两种。哲学教科书一般都把实践当作认识论的基本范畴，着重叙述实践与认识的关系。相对于认识而言的实践，主要指的是人们的实际行动。讲实践是认识的源泉、动力和检验真理的标准，就是讲知识创造的问题，但未直接涉及到人类更为广泛的创造活动。所以现有的认识论还不完全就是我们所需要研究的创造论。

六　以人为中心

既然所有的文化都是人的创造,那我们研究所有的文化,都有一个基本前提——人的存在,所有的文化都是“属人”、“为人”的。离开了人来谈论科学、技术、艺术、哲学都是没有意义的。一切文化都以人为出发点,以人为依赖,以人类的全面发展为目的。人是文化之源,文化之本。这就叫作“以人为中心”或“以人为本”。

长期以来,许多科学家和哲学家都认为自然科学研究的是无人“参与”的纯粹自然界。这种观点现在已越来越受到质疑。其实,先有自然界,然后才有人;而先有人,然后才会有科学。我们都是从人的角度来理解自然界的。恩格斯曾提出了一个耐人寻味的观点:我们的自然科学应当以地球为中心。他说:“天文学中的地球中心的观点是褊狭的,并且已经理所当然地被抛弃了。但是,当我们在研究工作中继续前进时,它又愈来愈成为正确的东西了。太阳等等服务于地球(整个巨大的太阳只是为小行星而存在)。对我们来说不可能有不是以地球为中心的物理学、化学、生物学、气象学等等,而这些科学并不因为说它们只对于地球才适用并因而只是相对的而损失了什么。如果人们把这一点看待得很严重并且要求一种无中心的科学,那就会使一切科学都停顿下来。”“我们的整个公认的物理学、化学和生物学都是绝对地以地球为中心的,仅仅是为地球打算的。”[33]为什么科学“以地球为中心”、“为地球打算”? 因为我们人类生活在地球上,这是惟一的理由。

黑格尔说:“太阳为行星服务,正如同太阳、月亮、彗星和星星一般说来仅仅对地球才重要一样。”[34]黑格尔所说的“服务”,是一种比喻。他的意思是:我们是因为认识地球,才去认识太阳的,认识太阳是为认识地球服务的。恩格斯同意黑格尔的这个说法,并作了发挥。恩格斯指出,我们的物理学、化学、生物学、气象学反映的都是地球自然界的状况,只对地球才适用。月亮上没有大气,所以没有气象学。太阳表面是由炽热的金属蒸汽构成的,所以太阳的气象学同地球气象学完全不同。科学以地球为中心,实质上就是以人为中心。

哲学是宇宙观、世界观,但它是人的宇宙观、世界观。哲学要回答“世界是怎样”的问题,但这个问题是“我们应当如何对待世界”问题的一部分。前面的问题是为后面的问题服务的。本体论是哲学最初的问题,其前提是人的存在,所以哲学也应当以人为中心。

科学技术哲学作为哲学的一个分支,也应当以人为中心。全部科学技术哲学的前提都是人类的存在,人类的生存和发展。科学技术哲学不是主要研究人的哲学,但应当以人为出发点和归宿。我们为什么要研究自然观?因为人来自自然界,始终具有自然属性,是自然界的一部分。人既要顺应自然界,又要超越自然界,所以人类又利用自然界创造了人工自然界。人类靠什么来创造?靠的是科学和技术。创造中会出现各种矛盾,这就要协调,包括协调人与自然、人与物、科技文化与人文文化以及人与人之间的关系。

所以科学技术哲学(或自然辩证法)应以人为中心。主线是人类的发展,贯穿于各部分之中,而创造与协调则是科学技术哲学的两个主题。

注 释

〔1〕 费尔巴哈:《费尔巴哈哲学著作选集》上册,三联书店,1962年,第247页。
〔2〕 亚里士多德:《亚里士多德全集》第5卷,第131页。
〔3〕 黑格尔:《小逻辑》,商务印书馆,1980年,第38页。
〔4〕《马克思恩格斯全集》第42卷,人民出版社,1979年,第96页。
〔5〕 雅克·莫诺:《偶然性和必然性》,上海人民出版社,1977年,第108页。
〔6〕《马克思恩格斯选集》第1卷,人民出版社,1995年,第60页。
〔7〕《马克思恩格斯全集》第42卷,第167页。
〔8〕《马克思恩格斯全集》第42卷,第96页。
〔9〕《马克思恩格斯全集》,第46卷上册,人民出版社,1979年,第491页。
〔10〕 夏甄陶:《人是什么》,商务印书馆,2000年,第114页。
〔11〕 恩格斯:《费尔巴哈与德国古典哲学的终结》,人民出版社,1949年,第22页。
〔12〕 恩格斯:《自然辩证法》,人民出版社,1984年,第295页。
〔13〕 恩格斯:《自然辩证法》,第300—301页。
〔14〕 恩格斯:《自然辩证法》,第296页。
〔15〕 恩格斯:《自然辩证法》,第297页。
〔16〕 恩格斯:《自然辩证法》,第298页。
〔17〕 恩格斯:《自然辩证法》,第302页。
〔18〕 恩格斯:《自然辩证法》,第304页。
〔19〕《马克思恩格斯全集》第42卷,第95页。
〔20〕《马克思恩格斯全集》第42卷,第124页注释1。
〔21〕《马克思恩格斯全集》第19卷,人民出版社,1963年,第374—375页。
〔22〕 刘白羽:《非凡》,《人民文学》,1999年第9期。
〔23〕《马克思恩格斯选集》第1卷,第79页。
〔24〕《马克思恩格斯全集》第23卷,人民出版社,1972年,第190页。

〔25〕《马克思恩格斯全集》第1卷,第607页。

〔26〕《马克思恩格斯全集》第46卷上册,第173页。

〔27〕《列宁全集》第55卷,人民出版社,1990年,第183页。

〔28〕达尔文:《物种起源》,三联书店,1963年,第223页。

〔29〕达尔文:《物种起源》,第90页。

〔30〕马克思:《1844年经济学—哲学手稿》,人民出版社,2000年,第91页。

〔31〕《马克思恩格斯选集》第4卷,第224页。

〔32〕马克思、恩格斯:《费尔巴哈》,人民出版社,1988年,第86页。

〔33〕恩格斯:《自然辩证法》,第102、101页。

〔34〕黑格尔:《自然哲学》,商务印书馆,1980年,第140页。

第三讲

自然界的存在与演化

自然界的物质性
自然界的系统性
自然界演化的方向
自然界的进化
自然界的和谐

大自然是万物之源、万物之汇、万物之基、万物之本。

大自然是诗,是曲,是画;大自然是物,是理,是情。

大自然比山高,比海深,比天还要宽。山外有山,海外有海,天外有天,这都是大自然一个又一个的细胞。

宇宙是无边的大海,地球只是大海波涛中的一滴水珠;宇宙是无际的花园,地球只是其中的一枝花蕊。

自然至大至小,至巨至细,至内至外,至古至新,至精至拙,至朴至华,至显至隐,至明至暗,至动至静,至速至缓,至曲至直,至方至圆,至张至弛,至刚至柔,至阴至阳,至实至虚,至俗至雅,至凡至奇,至伟至秀,至理至情。

大自然是人类活动的舞台、发展的基础、创造的源泉,也是人类温馨的家园。

我们人类就出现在这个地球;人类与地球有永远割不断的缘分。

自然是体,人是灵。

人是自然的杰作,自然又成为人类创造的精品。

我们的全部都在大自然的怀抱之中,我们握住的只是自然的一个手指。

自然可以离开人,人却永远不能离开自然界。

自然是人类文化之根,是科学、技术和艺术的不竭源泉。

大自然给人以智慧,人使大自然实现了新的可能。

人永远具有自然生命、自然属性,人永远是大自然母亲的儿女。

人类永远依赖自然、遵从自然,又永远改变自然、超越自然。

人是天然自然与人工自然的统一。自然是人的创造者,人是人工自然的造物主。

人在人工自然面前是巨人,在天然自然面前是婴儿。

人类对自然做了些什么,也就是对自己做了些什么。

大自然给予我们创造的动力,又给予我们必要的限制。

我们曾把自然看作神,看作敌人,这都错了。自然永远是我们的母亲和伴侣。

人与自然相互分离,又融为一体。

我们在谈论对自然界的最一般看法时,首先要面对两个最基本的事实:自然界存在,自然界在演化。这两个事实实际上是一个事实——自然界在演化中存在。

关于自然界的存在,主要是回答两个问题:自然界的本质是什么,它是如何构成的。自然界是物质世界,自然界是个系统,这就是自然界的物质性和系统性。

一　自然界的物质性

广义的自然界即宇宙,指一切事物的总和,或整个物质世界。狭义的自然界是人类赖以生存和发展的物质世界,指地球系统。自然界是物质的世界。

我国古代的哲学家曾把自然界理解为阴阳五行的世界、元气的世界;古希腊哲学家曾把自然界看作是水的世界、火的世界,后来认为是由水、土、火、气四种要素组成的世界,或者看作是原子的世界。近代原子论盛行,原子被看作是物质的基元、“宇宙之砖”。原子是不可分割的最小的实体。电子、放射性元素发现后,许多相信原子论的科学家和哲学家认为“原子非物质化”、“原子消失了”。在这场物理学危机面前,列宁指出要把哲学的物质概念和自然科学关于物质结构的学说区分开来,并提出了哲学的物质概念。他写道:“物质是标志客观实在的哲学范畴,这种客观实在是人通过感觉感知的，它不依赖于我们的感觉而存在，为我们的感觉所复写、摄影、反映。”[1]

原子论被超越以后，自然科学应当有新的关于物质结构的理论。一方面，许多基本粒子（包括正反粒子）陆续被发现，又提出了夸克模型，认为强子由夸克构成。另一方面，前苏联科学院院长、物理学家瓦维洛夫提出物质世界由实物（或粒子）和光（或电磁波）组成。

爱因斯坦比瓦维洛夫又前进了一步，认为场是一种物理实在。他说："在麦克斯韦理论中，电场和磁场，或简单些说电磁场，是一种实在的东西。""在最初，场的概念不过是作为我们便于从力学的观点去理解现象的一种工具。……场的概念经过一番周折逐渐地在物理学中取得了领导地位，而至今还是基本的物理概念之一。在一个现代的物理学家看来，电磁场正和他所坐的椅子一样地实在。"根据统一场论"不容许有场和实场两种实在，因为场是惟一的实在"。"但是我们还不能建立一种纯粹是场的物理学。直到目前为止，我们仍然需要认定场与实物两者并存。"[2]爱因斯坦同时还说："既然依照我们今天的见解，物质的基本粒子按其本质来说，不过是电磁场的凝聚，而决非别的什么，那么我们今天的世界图像就得承认有两种在概念上彼此完全独立的（尽管在因果关系上是相互联系的）实在，即引力场和电磁场，或者——人们还可以把它们叫做——空间和物质。""如果引力场和电磁场合并成为一个统一的实体，那当然是一个巨大的进步。"[3]此外，爱因斯坦从他的质能关系式出发，认为质量与能量本质上是一个东西。所以在爱因斯坦那儿，物质和运动、场和空间的界线是模糊的。他经常用"实在"、"实体"，较少用"物质"的概念。

光不仅客观存在，而且在一定条件下可以同粒子相互转化，这是把光看作是物质的重要根据。对这一问题的认识，经历了一个逐步发展的过程。牛顿认为光也是由物质微粒构成的。但在 19 世纪，光的波动说占主导地位，物质和光被看作是物理学的两个基本概念。物质具有质量，是间断的（分立的）形态；光具有能量，但没有质量，是连续的形态，光和实物不能相互转化。后来俄国的列别捷夫发现了光压，表明光有质量。1905 年爱因斯坦提出光具有波粒二象性，1923 年法国的德布洛依提出实物也具有波粒二象性。后来发现一对正负电子可以湮灭为两个光子，两个光子也可以转化为一对正负电子，即

$$e^- + e^+ \rightleftharpoons \gamma + \gamma$$

至此，光（光子）是一种物质形态已得到确认，而爱因斯坦等人又把光看作是一种场——电磁场。

实物与场紧密联系，相互转化，但二者又有许多区别。实物是分立的物质形态，有比较清晰的空间范围；场是连续的物质形态，没有清晰的空间范围。实物具有静止质量和运动质量，运动质量以运动速度为转移；场没有静止质量。实物的质量与能量比较集中，场的质量与能量比较分散；实物的质量密度一般为 103 千克/米^3，而场的质量密度一般为 10^{-28}千克/米^3。实物粒子有带电的，也有不带电的，光子只能是中性的。实物和光都具有波粒二象性，但实物的微粒性显著，电磁场的波动性显著；光的波动性是电磁性的，实物的波动性不是电磁性的。实物所占据的空间不能同时被别的实物所占据，或者说两物不能同时占据同一空间；一种场占据的空间可以被其他的场同时占据，互不抵消也互不干扰。如地球空间被引力场占据，但同时又被各电视台、广播电台所发射的电磁场所占据。实物运动的速度同光速相比微乎其微，而电磁场运动的速度恒为光速。宏观实物在外力作用下产生加速度，遵循牛顿力学定律；场不因受力而产生加速度，其运动规律遵循麦克斯韦方程、薛定谔方程、引力场方程。实物可以作为参考系，场不能作为参考系。

20 世纪中叶以来，不少物理学家提出了弦理论，认为万物皆由弦构成，所有的弦皆相同。

除极少数粒子外，各种粒子都有与其相对的反粒子。反粒子的能量符号同粒子相反，即能量有正负两种形态。反粒子可以组成反物体，反物体可能组成反宇宙。正反物体都是物质的形态，正反物体相遇就会湮灭成光子。

物理学家还提出了暗物质的概念。暗物质同我们目前所认识到的物质不同，它既不发光，也不反射、折射、散射光，我们用各种光学手段都观察不到它，因此又称为“不可视物质”。

天文学家测量天体的质量一般采用两种方法。一种是光度学方法，通过测量星系的光度来计算它的质量。用这种方法测出的质量，称光度学质量。另一种是动力学方法，通过测量星系之间的相对速度来计算它的质量。用这种方法测出的质量，称动力学质量。科学家认为这两种不同的测量方法都是可信的。

可是从 20 世纪 30 年代开始，科学家发现用这两种方法测出的天体质量相差很大。如 1933 年茨维基宣称他测出的星系团的动力学质量竟是光度学质量的 400 倍。1936 年史密斯测出的室女星系团的动力学质量是光度学质量的 200 倍。于是有的科学家就猜想：宇宙中有一种暗物质，遵守牛顿动力学定律，所以用动力学方法可以测出它的质量；但是它“暗”，所以用光度学的方法就测不出它的质量。据他们估计,宇宙中的物质有90%以上是暗物质,宇宙基本上是“暗宇宙”。按这种说法,我们迄今为止所认识到的宇宙,充其量不过是宇宙物质的10%。

假设暗物质的存在,可以解释一些现象。例如在银河系中,恒星围绕星际中心运转。根据牛顿力学,外层恒星离星系中心远,运转的速度应当比较慢。但观测表明,外层恒星与内层恒星运行的速度相同,那外层恒星一定受到我们还不知道的强大引力的作用。如果暗物质存在,就可以找到这种额外引力的来源。

宇宙中物质的质量究竟有多大,关系到对宇宙现状和未来的认识。宇宙物质的质量大小,直接关系到宇宙物质的平均密度。现代宇宙学认为,如果宇宙平均密度大于临界密度,那宇宙就是封闭式宇宙,宇宙先膨胀,后收缩;如果宇宙平均密度等于临界密度,那宇宙就既不膨胀,也不收缩;如果宇宙平均密度小于临界密度,那宇宙就是开放式的宇宙,将永远膨胀下去,所以暗物质是否存在,对宇宙学研究至关重要。2000年6月6日,中国科学院高能物理研究所的科学家宣布,由我国和意大利两国科学家组成的研究小组,发现了暗物质存在的迹象。

李政道先生认为夸克幽禁、类星系、真空结构、暗物质是现代物理学上空的四片乌云。现在有科学家提出“暗能量”的概念,它将形成一团乌云。他们猜想在宇宙物质总量中,各种基本粒子占5%,暗物质只占25%,70%是暗能量。

物质可以无限分割吗?这是关于物质结构学说的一个基本问题。恩格斯认为:“作为物质的能独立存在的最小部分的分子”,“是在分割的无穷系列中的一个‘关节点’,它并不结束这个系列,而是规定质的差别”。“从前被描写成可分性的极限的原子,现在只不过是一种关系。”[4]物质分割是个“无穷系列”,分子、原子都只是一个“关节点”。物质的分割在关节点上需要采用新的方法,物质也出现了新的质。在关节点上用原有的方法不可能再分割,这是无限分割系列中的相对的不可分的因素。恩格斯又说:“原子决不能被看作简单的东西或一般来说已知的最小的实物粒子。撇开越来越倾向于原子是复合的这一观点的化学本身不谈,大多数物理学家都断言:作为光辐射和热辐射的媒介的宇宙以太,同样地是由分立的粒子所组成,但是这些粒子是如此地小,以致它们对化学的原子和物理的分子的关系就像化学的原子和物理的分子对力学的物体的关系一样……”[5]电子发现以后,列宁说:“电子和原子一样,也是不可穷尽的。”他还猜想,“没有重量的以太”和

“有重量的物质”可以相互转化。[6]毛泽东认为基本粒子也是可分的，赞同日本物理学家坂田昌一的《新基本粒子观对话》中的观点。基本粒子已确认是由夸克组成的。

也有人认为，如果物质无限可分，那物质结构就像俄罗斯套娃——每打开一个娃娃，里面都是一个更小的套娃。但很难想像一个有限的套娃中，会包含无穷个套娃。有人提出“靴袢模型”，认为物质分割到一定的层次，各种基元粒子相互包含，你中有我，我中有你。到那时物质还可以分割，但不会再出现新形态的粒子了。弦理论的科学家认为弦是基元，而所有的弦都相同，所以他们一般不讨论弦是否可以无限分割的问题。

二　自然界的系统性

恩格斯说：“和我们相接触的整个自然界形成一个体系，即各种物体相互联系的总体……是指所有的物质的存在。”[7]自然界包括基本粒子、场、原子、分子，包括各种无生命物质和各种生物，包括行星、恒星、星系、星系团、超星系团。但自然界不是各种物质的堆积，而是一个巨大的系统。

系统是由相互联系、相互作用的若干要素组成的、具有整体功能的有机整体。要素是系统的组成单元，要素本身也可以看作是一个系统。自然界是个巨系统，包含许多子系统，可以从不同角度进行划分。

从自然与人的关系而言，自然系统可分为天然自然系统和人工自然系统。天然自然系统是尚未受到人的行为影响的系统，是各种天然自然物和天然自然运动的总和。

从自然系统与环境的关系而言，可分为孤立系统、封闭系统和开放系统。孤立系统指同环境没有物质、能量交换的系统。根据热力学第二定律，在孤立系统中，熵趋于最大值。封闭系统指同环境只有能量交换而没有物质交换的系统。拿我们的地球来说，如果不考虑落到地球上的流星、陨石、宇宙尘埃，只考虑太阳辐射每时每刻给地球以能量，地球就是个封闭系统。开放系统指同环境既有物质又有能量交换的系统。根据相对论的质能关系式，物质质量和能量可相互转化，所以孤立系统和封闭系统是很难区分的。因此自然系统实际上只有两种：有物质、能量交换的和没有物质、能量交换的。开放系统具有自组织功能，具有达到预期的某种终极状态的能力，又会在一定条件下趋向于一定的稳态。开放系统是“活系统”，孤立系统是“死系统”。自然界的绝大部分子系统都是开放系统。

就系统的状态而言，自然系统可分为平衡态系统、近平衡态系统和远离平衡态系统。平衡态是指在没有环境因素的作用下，内部的相互作用处于相对静止、稳定的状态，即内部无差异、各种量相同的状态。近平衡态是系统内部有一定的差异，但只能导致线性相互作用的状态，线性相互作用的一个特征是整体等于部分之和。远离平衡态是系统内有较大差异，可使系统出现非线性相互作用的状态，非线性相互作用的一个特征是整体不等于部分之和。

系统的基本特征是整体性、层次性和协调性。自然系统鲜明地体现了这些特性。

整体性是指系统作为有机整体，它的功能不能归结为(也不是)各个部分的功能之和，这可称为非加和性。系统的非加和性是由系统各个部分的相干性造成的。相干性是部分之间的约束、选择、协同的关系。系统论创始人贝塔朗菲指出，物质系统中任何一个子系统性状的变化是所有子系统性状变化的结果，又会引起所有子系统性状的变化。这些因素之间的关系，是互为对象(即互为作用者与被作用者)的双向因果关系，这种关系就是相干性。

层次性从形式上看，是系统要素的一种空间关系。若干元素由于性质、状态基本相同形成一定的组(或片)，各个组的宏观性质具有质的区别，各有其特殊的规律。各个组可以并列，是平行关系，也可以是上下(高级与低级)的关系，还可以是包含与被包含的关系，是内外关系(整体与部分关系)，即一个层次在另一个层次之中。高级与低级的关系是自然界最基本的层次关系。恩格斯说："不论人们关于物质构造可能采取什么观点，下面这一点是非常肯定的：物质是按质量的相对的大小分成一系列较大的、界限分明的组，使每一组的成员互相间在质量方面都具有确定的、有限的比值，但对于邻近的组的各成员则具有在数学意义下的无限大或无限小的比值。可见的恒星系，太阳系，地球上的物体，分子和原子，最后是以太粒子，都各自形成这样的一组。事情并不会因我们在各个组之间找到中间性的成员而有所改变。"〔8〕这是一种类似于俄罗斯套娃的结构：大的层次包含小的层次、小的层次包含更小的层次。拉兹洛说，这像"箱子里面有箱子"的中国套箱式的等级结构。〔9〕

整个宇宙分为三个大层次：宇观、宏观和微观。牛顿力学实际上只有宏观的概念，基本粒子物理学和量子力学提出了微观的概念，宇观的概念则是由我国南京大学天文系戴文赛先生提出的。戴文赛还把宇宙分为20个较大的层次:基本粒子、原子核、原子、分子、细胞、植物、动物、人体、固态宏观物体、液态宏观物体、宏观气团、宏观尘云、小的行星卫星、大的行星卫星、行星系统与卫星系统、恒星、星云、恒星集团、星系、星系集团。[10]

不同的层次有不同的特殊的本质和不同的规律。一般说来,一个层次的特殊规律不适用于另一个层次;一个层次的规律不能推广到别的层次。不同的层次既不能相互取代,也不可能相互归并。当然,不同层次(特别是相邻层次)是相互联系的。我们可以从一个层次的认识出发,对相邻层次的本质作某些推测,但机械论、还原论认为高级层次的规律可以还原为低级层次的规律,则是不正确的。

自然科学既要正确认识各种运动形态,也要正确认识各种层次。

层次是系统的一种结构,称层次结构。物质世界各个层次的结合程度不可能相同。就像不同层次的发展不均衡一样,不同层次的结构也不可能均衡。一个层次的结构瓦解了,并不意味着相邻的层次也同步瓦解。如果是这样,那么摘下一片树叶,就会毁掉整个太阳系了。

系统论告诉我们,一般说来,越是外面的层次,其结合能就越小,越容易被破坏。从外到内,从大到小结合能递减。请看下表:

层次	L(cm)	E(eV)	E/m
单细胞	10^{6}	10^{-12}	10^{-11}
分子	$10^{-5} \sim 10^{-7}$	$10^{-2} \sim 10^{-1}$	10^{-9}
原子	$10^{-7} \sim 10^{-8}$	$10^{0} \sim 10$	3×10^{-5}
原子核	$10^{-12} \sim 10^{-13}$	$10^{5} \sim 10^{6}$	2×10^{-3}
基本粒子	$10^{-13} \sim 10^{-16}$	$10^{8} \sim 10^{9}$	1

E/m 为结合能与被结合物质质量之比。

层次结构的结合能与层次尺度成反比,这是层次结构的一条规律。把一个高分子分解为小分子需要 1 电子伏特能量,把一个氢原子的电子从原子中电离出来,需要 13.55 电子伏特能量,破坏一个原子核则需要 10^{6} 电子伏特能量。所以拉兹洛说:"当我们从初级组织层次的微观系统走向更高层次的宏观系统,我们就是从被强有力地、牢固地结合在一起的系统走向具有较微弱和较灵活的结合能的系统。"[11]

关于物质层次的质量范围和尺度范围,请见下表:

层次	质量范围(克)	尺度范围(厘米)
星系	$10^{36} \sim 10^{45}$	$10^{20} \sim 10^{23}$
恒星	$10^{32} \sim 10^{35}$	$10^{0} \sim 10^{14}$
行星	$10^{24} \sim 10^{30}$	$10^{8} \sim 10^{10}$
地上物体	$10^{-15} \sim 10^{24}$	$10^{-5} \sim 10^{7}$
分子	$10^{-22} \sim 10^{-15}$	$10^{-8} \sim 10^{-6}$
原子	$10^{-23} \sim 10^{-21}$	$10^{-8} \sim 10^{-7}$
原子核	$10^{-23} \sim 10^{-21}$	$10^{-13} \sim 10^{-12}$
基本粒子	$0 \sim 10^{-23}$	10^{-13}

物质层次既有连续性,又有间断性。各个层次相对独立,各有其质,不可互相抵消,也不可互相取代。各个层次有一定的界线和空间范围。有的层次界线比较清晰,有的层次界线比较模糊。层次之间相互联系,都是自然系统的组成部分。

层次是有限与无限的统一。每个层次都是有限的,但都蕴涵着无限。每个层次内部又有许多层次,有人认为甚至具有无限的层次,即任何层次都具有不可穷尽性。有限构成无限,无限蕴涵在有限之中。

三　自然界演化的方向

我们每天都可以看到自然界的各种变化:旭日东升,夕阳西下,天有阴晴,月有圆缺,春花怒放,秋叶归根,莺歌燕舞,流水潺潺。自然界更有许多变化是我们用眼睛看不到的。宇宙在膨胀,大陆在漂移,粒子在自旋,通过介子的交换,质子变中子,中子变质子,等等。万物皆变,生生不息。

自然界的变化呈现一定的方向,进化是其基本的方法,是和谐的表现。

“方向”是描述运动变化的一个概念,指自然运动会自发向某种状态变化。方向性是自然运动规律性的一个基本表现。

“方向”一词来源于日常生活用语,是空间方位的概念,通常指的是空间方向,如东南西北。我们在这儿所说的“方向”,超出了空间位置的范畴,是自然运动的“指向”——朝某种方向变化。方向概念强调的不是起点,而是终点。自然运动最后总要达到某种状态;至于起点是什么状态显得并不重要。在这点上,方向性概念同目的性概念颇为相似。自然界的变化并没有预定的目的,更没有什么上帝安排的目的。但自然变化一般都会有一种趋势,总要朝某一种状态变化,好像在追求一个目标。如果这是一种"目的",那么这也是自然界自行选择的结果。

既然方向概念不局限于空间方位,那就应当对方向作广义的理解。例如现代宇宙学有一条基本假设:各向同性,即宇宙空间在各个方向上是完全相同的。但目前我们所观测到的宇宙在膨胀,这本身就是一种变化的方向。自然变化在一种意义上没有明显的方向性,在另一种意义上却有鲜明的方向。

方向性是自然变化的一种内在的本质属性。如果所有事物的变化始终都杂乱取向,一直都像花粉的布朗运动,那么整个自然的变化就毫无规则可言。如果运动没有一定的方向性,运动就不可能发生。14 世纪中叶,法国哲学家布里丹讲了一个故事:一只毛驴看到它左右两边有两捆相同的草,两捆草同它的距离也相等。这只毛驴没有能力决定它究竟应当吃哪一捆草,左右为难,最后竟饿死在这两捆草之间。这只毛驴的吃草行为缺乏方向性,竟使这种行为无法发生。现代物理学提示我们,布里丹毛驴的困境同对称有关。空间是对称的,在所有方向上都完全相同。因此,一个孤立的粒子如果没有受到任何外界作用,就不可能运动。它不可能选择任何方向,就不可能朝任何方向运动。

对称是物理学的一个重要概念,杨振宁说"对称性支配相互作用"。[12] 对称指物体的形状或运动经过一定变换而保持的不变性。如几何图形的形状,同其镜中图像的形状相同,就称镜像对称。镜像对称同方向有密切关系。正方形每转动 90°保持不变,等边三角形每转动 120°保持不变,正圆无论转动什么角度都保持不变。结构越简单,对称性越高。空的空间是最简单的结构,所以它转动时不会有任何改变。空的空间在所有的方向上都相同。物理学中的内特尔定理指出,如果运动规律在某一变换下具有不变性,必然相应地存在着一个守恒定律。空间各向同性可直接推导出角动量守恒定律。如果有一个空间方向同其他方向不同,那就是空间对称的破缺。对称性的破缺就使运动变化具有方向性。

时间也有方向性,时间箭头总是从现在指向未来。时间的不可逆性是自然界变化不可逆性的反映。所谓可逆,指自然系统经过变化以后又回到了原来的状态,而不引起环境的任何变化。可逆性概念强调的是回到原来的状态,至于经过什么样的过程并不重要。如果系统经过变化后,引起了环境的变化,再也不能完全复原到原来的状态,那就是不可逆性。

长期以来,科学家都认为自然界在本质上是可逆的。对于牛顿力学方程来说,时间取正值或负值都没有什么区别。我们应用牛顿力学可以从现在推导未来,也可以从现在追溯过去。克劳西斯指出,气体的扩散,热量从高温物体流向低温物体,机械运动向热运动转化都是自发的过程,实际上是不可逆过程。能量守恒与转化定律所描述的宇宙是可逆的,熵增原理所描述的宇宙则是不可逆的。1930 年,普朗克把自然界运动变化分为两大类:可逆过程和不可逆过程。可逆过程在时间上是对称的(时间反演对称),属"存在物理学"范畴;不可逆过程(时间反演不对称)属于"演化物理学"。

普里高津认为,在传统物理学中,时间是静态的、对称的、可逆的,现代科学则要重新出现时间箭头。他认为不可逆性是有序之源。他说:"在我年轻的时候,我就读了许多哲学著作,在阅读柏格森的《创造进化论》时所感到的魔力至今记忆犹新。尤其是他评注的这样一句话:'我们越是深入地分析时间的自然性质,我们就会越加懂得时间的延续就意味着发明,就意味着新形式的创造,就意味着一切新鲜事物连续不断地产生。'这句话对我来说似乎包含着一个虽然还难以确定,但是却具有重要作用的启示。""时间不再是一个简单的运动参数,而是在非平衡世界中内部进化的度量。"[13]

可逆与不可逆是相互联系的。可逆是相对的,不可逆是绝对的。严格说来,自然界所发生的所有实际过程都是不可逆的,可逆过程是有条件的,常常是理想化过程。自然界从总体上来看不可逆,但又存在着局部的可逆。不可逆是可逆的前提与基础。自然界的变化是一个螺旋式上升的过程。从一个角度看,是波浪式前进的过程;从另一个角度看,又显示出循环的特征。

自然界的演化具有众多的方向。美国物理学家费因曼根据他对量子力学不确定原理的理解,认为宇宙有多种历史。从理论上讲,粒子从 A 运动到 B 不是像牛顿力学所说的只有一条路径,而是有许多可能的途径。霍金说:"宇宙应该拥有所有可能的历史,每种历史各有其概率。宇宙必须有这样的一种历史,伯利兹囊括了奥林匹克运动会的所有金牌,虽然也许其概率很小。"[14]

在诸多的可能方向中,经过一段变化后,就会出现一个主导方向,即概率最大的方向。费因曼认为,粒子的运动虽然有无数可能的途径,但只有一条路径是重要的,这条轨道正是在牛顿经典运动定律中出现的那一个。在费因曼模型中,保证了除了一个路径外所有路径的贡献在求和时都抵消了。这个运动方向实现的概率是如此之高,以致人们常误以为运动只有一个方向。

自然界的变化既有确定性,又有不确定性。有一个主导方向,这是确定性;有无限个可能方向,这是不确定性。确定性来自不确定性。最初运动也许是杂乱取向,后来逐渐形成了一个优势方向,便开始出现了有序结构。例如,磁性是由磁体中微小的环形电流形成的,每个分子都是一个小磁体。物体未被磁化时,分子磁体各指东西,相互抵消,所以不表现为磁性。在磁化体中,分子磁体有序排列,就产生了磁的作用。

恩格斯说,从麦粒到麦株再到麦粒,这是大麦变化的“惯常行程”,也就是大麦变化的方向。但麦粒不是必定要成为麦株的。这说明自然物变化的主导方向一般是由其内在本质(内因)决定的,在一定条件下具有必然性。而运动从主导方向转向非主导方向,常常是外部环境(外因)作用的结果,偶然性就扮演了重要的角色。在关于人工自然的一讲中,我们将说到正是由于自然运动具有许许多多可能的方向,可能出现许许多多不同的状态,这才为我们人类改造自然的活动提供了一望无边的广阔舞台。

自然界具有层次性,所以自然变化的方向也有层次性。有整体的方向,也有局部的方向;有过程的总方向,也有各个阶段的方向。总之,有大方向也有小方向。大小方向有时一致,有时不一致。各个小方向也常常互不相同,这正是自然发展曲折性的表现。因果链条是由许多环节构成的,每个环节都有一定的功能和效果,各个环节的作用方向可能一致,也可能不一致,甚至完全相反。例如山猫和野兔构成一个生态系统,野兔吃草,山猫食兔。山猫与野兔数量的变化形成如下因果链条:山猫增多⟶野兔减少⟶山猫减少⟶野兔增多。所以我们对大小方向都应当有所认识。

一般说来,大方向决定小方向,小方向服从大方向。要素可以有自己的小方向,但又遵守系统的大方向。前进的道路是弯曲的,每个弯曲都有自己的小方向。大弯曲里有小弯曲,所以小方向里还有更小的方向。这些小方向又互相抵消,所以许多小方向的综合,便形成了大方向。

四　自然界的进化

自然界演化有两个主要方向:进化和退化。同退化相比,进化是更为基本的方向。

自然界在不断变化,这是不争的事实。那么,自然界在进化、发展吗?在这个问题上,哲学家、科学家的看法就不完全相同了。在西方,“自然”的词源就有“生长”的意思。古人认为自然界能自己生长,实际上是把自然界看作是一个巨大的生命体。到了近代,否认自然界进化、发展的形而上学自然观逐步形成。

可是,随着近代地质学、天文学和生物学的发展,进化论思潮也逐渐形成和发展。

科学家对地表的状态有了一定的认识以后,就逐步认识到地表的变化,并据此推测地球的进化。笛卡儿在1644年出版的《哲学原理》一书中,讨论了地球的形成过程。他认为宇宙充满不断旋转的旋涡,旋涡研磨着粒子。地球是个大旋涡,重粒子向地心集中,轻粒子分布在外层。中心成为地核,外层冷却成固体外壳。莱布尼茨在1680年出版的《原始地球》一书中,认为地球有其发生的过程。自然演化的历史日益成为欧洲科学研究的重要课题。1744年法国的布丰开始出版多卷本《自然史》,猜想原始地球是太阳与大彗星碰撞出来的一个炽热碎片,在旋转中形成球体。1830年赖尔的《地质学原理》问世,宣告地质缓慢进化论基本形成。

1755年康德提出了天体形成的星云假说,叙述了从星云物质到天体再到星云物质的演化过程。1796年法国的拉普拉斯也提出了太阳系起源于星云的猜想。

在生物学领域,从1759年沃尔夫出版《发生论》到1859年达尔文出版《物种起源》,物种进化论经过一个世纪的发展,已日臻成熟。物种进化论指出,生物不断进化,经历了从低级到高级、从简单到复杂的过程。达尔文进化论的流行,使进化的观点开始深入人心,以致出现了社会达尔文主义。

热力学、系统论、耗散结构理论等使物理学从存在物理学发展为演化物理学。现代系统自组织理论揭示了自然界进化的机制,成为关于进化的最基础的理论。

近年来,生态伦理学成为学界关心的一个热点。但有些生态伦理学家为了说明所有的生物都平等,认为自然界没有等级差别,所有的生物都同样完善,人并不是最高级的动物。因此有的学者认为自然进化只是一个偶然的事实,无规律可言;进化阶梯无高级与低级之分。这实际上是把"进化"还原为"变化",在客观上否定了进化。有的学者说:"人类之所以具有它现在的种族特点,只是自然进化的一个偶然事实。施韦兹认为,人类在进化过程中获得了一些其他生物物种不可企及的特点,但是,这些特点'并不一定准是进化过程的"比较高级"的成就,也不一定准是进化向前探进的标志'。从维持存在的角度看,人类所具有的一切,同长颈鹿的脖子,飞鸟的翅膀都是等价的,无所谓什么更好一些或更坏一些。进化可能根本就不是朝着具有人类特点的那个方向推进,而仅仅可能是通过提高一个层次上的系统之间变换水平。”[15]还有的学者说:“各种生命形式在进化上是平等的。”“因此,不能认为低等生物是没有进化好的生物,是不完善的生物,是价值不高的生物,它们同样经历了数十亿年的进化。各种生命形式同样都是最适应其生存环境的,其完善程度是相同的。”[16]按这种说法,人类的智慧同长颈鹿的脖子、飞鸟的翅膀都是等价的,人与草履虫都同样完善。进化的实质,是进步、发展。否认了进步和发展,否认各种自然物在发展程度上的区别,否定人同其他动物的本质区别,否认人的优越性,那就从根本上否定了自然的进化。

自然变化本质上是不可逆的。不可逆的过程有两个方向:进化和退化。

变化是事实判断,进化则是价值判断。要评价就要有评价标准。进化的标准是个很复杂的问题。达尔文认为生物器官的专业化和完善的程度,是判定生物进化与否的标志。他把退化理解为生物适应简单的生活条件,使其器官简单化,退化就是简单化。因此达尔文实际上把生物的进化理解为从简单到复杂、从低级到高级的过程。他也感到判断孰高孰低,并不是件容易的事。他说:“企图比较不同模式的成员在等级上的高低,似乎是没有希望的;谁能决定乌贼是否比蜜蜂更为高等呢?”[17]

系统科学为自然物体的进步标准,提供了比较好的说明:可以把从简单到复杂、从低级到高级的过程,看作是从无序到有序、从低序到高序的过程,有序度即进化的程度。

有序与无序这对范畴既描述了系统各要素之间的关系,又揭示了系统转化的可能性和转化的方向。

有序是系统要素之间联系的规则性,无序是系统要素之间联系的无规则性。规则性是一种确定性,无规则性是一种不确定性。因此我们又可以把有序理解为确定性,把无序理解为不确定性。有序包括结构的有序和运动的有序。结构的有序指系统要素的有规则结构,如由大量物质单元(分子、原子、基本粒子等)组成的系统的有规则结构。运动的有序指系统要素所呈现出的有规则状态,如一质量为 m 的物体受到力 F 的作用,就会以加速度 a 运动。就物质系统的整体而言,它的有序性指该系统各要素的某种属性量(结构属性量或运动属性量)按一定规律或方向取值的确定程度。所有要素的取值全部确定为最有序,取值极不确定为最无序。若在这两者之间,取值确定程度越高则有序性越高。

自然界中有序现象和无序现象都是普遍存在的。透明而有规则的水晶是二氧化硅的有序结构，不规则的白色石英块则是二氧化硅的无序结构。九大行星在各自的轨道上围绕太阳旋转是有序的运动形态，空气中的分子杂乱无章地向各个方向运动是无序的运动形态。

熵是无序的量度，负熵是有序的量度。熵是系统的一个状态函数，它表征系统的混乱即无序的程度。熵增加的过程就是系统从有序到无序的过程。熵 S 的大小，和一个系统可能出现的微观状态数目 W 有关。对于一个物体来说，应用一些宏观参量(如体积、温度等)从整体上来确定的状态是系统的宏观状态，它的每个物质单元(如分子)的状态称微观状态。一个宏观状态可以对应许多微观状态，即微观状态的个数远远超过宏观状态的数目。微观状态也可以看作是系统要素的空间分布，一种分布就是一种微观状态。

玻尔茨曼提出一条假设："在整个孤立系统处于统计平衡时，系统的所有微观状态出现的概率是相等的。"[18]根据这个假设，不同的宏观状态包含的微观状态的个数不同，所以实现的几率不同。

假定有 a、b、c、d 4 个分子分布在 A、B 两个容器内，共有 5 种宏观状态，而每种宏观状态都包含一定数量的微观状态。宏观状态(1)：A 有 4 个分子；微观状态 1 种：A(abcd)。宏观状态(2)：A 有 3 个分子，B 有 1 个分子；微观状态 4 种：A(abc)B(d)、A(abd)B(c)、A(acd)B(b)、A(bcd)B(a)。宏观状态(3)：A 和 B 各有 2 个分子；微观状态 6 种：A(ab)B(cd)、A(ac)B(bd)、A(ad)B(bc)、A(bc)B(ad)、A(bd)B(ac)、A(cd)B(ab)。宏观状态(4)：A 有 1 个分子、B 有 3 个分子；微观状态 4 种：A(a)B(bcd)、A(b)B(acd)、A(c)B(abd)、A(d)B(abc)。宏观状态(5)：B 有 4 个分子；微观状态 1 种：B(abcd)。根据玻尔茨曼的假定，哪个宏观状态所包含的微观状态个数多，哪个宏观状态实现的机会就多。所以这 5 种宏观状态出现的几率分别为 1/16、4/16、6/16、4/16、1/16。

所有分子都集中在一个容器里，这是一种有规则的、非均匀的分布。每个容器包含的分子数目相等，这是无规则的、均匀的分布。这样我们就可以看到一个有趣的现象：有规则的结构出现的几率小，无规则的结构出现的几率大。玻尔茨曼把一种宏观状态参量熵(S)同实现给定状态的微观可能方式的数目联系起来，提出了玻尔茨曼关系式：

$$S = k\ln W$$

其中 k 为玻尔茨曼常数。根据这个关系式，熵是无序的量度。

显然，如果系统的要素结构很规则，它的微观状态个数(W)为 1，那么它的熵(S)即为零，这表示该系统的某种有序度最高。有序程度较低的系统,熵都大于零。

信息可以看作是有序的量度。信息是对不确定性的消除。不确定性消除得越多,信息量就越大。例如,明天是否是国庆节?答案有2种,不确定度为2,信息量为1比特($2^2=2$)。明天是星期几?不确定度为7,信息量约3比特($2^3=8$)。明天是10月几号?不确定度为31,信息量约5比特($2^5=32$)。

综上所述,我们可以把自然界的进化理解为从无序、低序到有序、高序的过程。也就是说我们用有序度当作进化程度的标准。信息量的增加是进化,熵的增加是退化。

进化与退化是相对的概念,各以对方作为自己存在的根据。二者相互渗透,进化中包含着退化,退化中也会包含进化的因素或可能。这是因为自然物都具有丰富的规定性,蕴涵多方面、多层次的本质。它们的变化不同步,发展不均衡。一个方面质的有序度提高了,另一方面质的有序度却可能下降了。另外,根据耗散结构理论,一个系统有序度的提高,需要从环境引进负熵,这就意味着环境的熵增。自然界的许多进化都是以一定的退化作为条件和代价的。恩格斯说:“有机物发展中的每一进化同时又是一个退化,因为它巩固一个方面的发展,排除其他许多方向的发展的可能性。”[19]基本粒子构成原子、分子,分子构成生物大分子,生物大分子构成高等动物,其稳定活动的温度范围却越来越窄。所以进化层次越高的自然物,其结构往往越容易遭到破坏。所以帕斯卡说:人是一棵能思想的苇草,是自然界中最脆弱的。

在自然界中,绝对的进化与绝对的退化皆不可能。星云物质可以进化为天体,但不可能宇宙全部的星云物质都进化为天体。热力学第三定律告诉我们,绝对零度不可能,即总有一部分热运动不转化为其他运动形式,而热是分子的无序运动。维纳认为,虽然宇宙有熵增趋势,但局部范围内仍然会出现有序度的增加。

进化与退化在一定条件下可以相互转化。自然物的一种变化,在一定条件下是进化,在另一种条件下却可能是退化。例如乌龟在进化中形成了厚厚的龟壳,遇到天敌时可以作为自卫的盾牌,但它由此也背上了沉重的包袱。

一个系统就自身而言,具有熵增的自发趋势,系统要进化,就必须同熵增作斗争,所以进化是需要条件的。

根据自组织理论,系统的进化主要需要以下几个条件:

第一，系统必须处于开放状态，同外部环境有物质、能量和信息的交流。系统能够从环境吸取足够大的负熵，使负熵的绝对值大于系统内部熵增加的值，即

$$dS = deS + diS < 0$$

dS 为系统熵的变化，diS 为系统内部的熵增，deS 是从外部环境流入系统的熵，$deS < 0$，则为负熵。如果 dS 也是负值，那这个系统的有序度就会提高。

第二，系统处于远离平衡的状态。热力学平衡态，是系统使环境缺乏交流，系统各部分在长时间内不发生变化的状态。非平衡态分为近平衡态和远离平衡态。在平衡态和近平衡态，系统都不会出现有序结构，只有远离平衡态才是有序之源。

第三，系统的非线性相互作用。这种作用使各要素产生相干效应与协调动作，并使系统的演化产生多种可能的方向。线性是指量与量之间的正比关系，这种关系用直角坐标画出来是一条直线。在线性系统中，整体等于部分之和，各要素实际上是孤立的，没有相互作用对系统功能的贡献。在非线性系统中，整体不等于部分之和，即相互作用会产生原来各个要素所没有的新功能。

第四，内部涨落。对平均状态的偏离称为涨落。涨落是偶然、随机出现的。在一般情况下，涨落会被系统结构所约束，小的涨落一般会衰减。但在系统状态的临界点上，微小的涨落可能会放大，形成巨涨落，使系统的状态发生质的变化，导致有序结构的出现。彭加勒说："初始条件的微小差别在最后的现象中产生了极大的差别；前者的微小误差促成了后者的巨大误差。预言变得不可能了，我们有的是偶然发生的现象。"[20]随机的涨落对非线性相互作用所产生的多种可能方向进行选择，使其中一个方向从可能性变成了现实性。在很长的历史时期，科学家都认为偶然性对事物的发展是无足轻重的，非线性科学则向这种传统看法发出了挑战。1960 年，美国的爱德华·洛仑茨在进行天气系统演化的数值模拟时，发现天气系统对于扰动和初始值变化的极端敏感性。他打了一个比喻：一只蝴蝶在澳大利亚扇动了一下翅膀，这个扰动经过逐级放大，若干天后在牙买加就会形成一场飓风！这个比喻后来被称为"蝴蝶效应"。有一首民谣："少了一颗钉子，丢了一块马蹄铁；少了一块马蹄铁，丢了一匹战马；少了一匹战马，丢了一个将军；少了一个将军，输了一场战争；少了一场胜利，丢了一个国家。"丢了一颗钉子这一偶然事件的效果，经过不断放大，形成巨大涨落，竟导致一个国家的灭亡。

为什么自然界会进化？如何进化？我们可以从以下几方面来分析。

一分为多是自然界变化的基本趋势,是进化的基本前提。自然界进化的一个基本规律是一分为多,即物体和运动不断分岔,派生出许多不同的物体和运动。《周易》曰:“是故易有太极,是生两仪,两仪生四象,四象生八卦。”《老子》曰:“道生一,一生二,二生三,三生万物。”植物的分蘖、细胞的分裂、蜜蜂的分群、化合物的分解,都是自然的分岔现象。

一分为多是自然界自发的趋势,就像气体的扩散一样;多合为一则是不能自发实现的变化,需要特定的条件,如气体的压缩。究其原因,是偶然性的作用。必然性同偶然性相比较,必然性为一,偶然性为多。偶然性是对必然性的偏离,一个偶然事件就是一次涨落。轨道是一,对轨道的偏离是多。因为轨道是确定的,对轨道的偏离则是不确定的,有多种情况,偶然性是一变为多,使统一性出现了多样性,使确定性出现了不确定性。

规律是必然性,但它本身包含着偶然性因素。规律作用的实现则是必然性与偶然性的统一。规律发生作用需要若干条件,这些条件的出现具有偶然性。若干条件的组合,条件因素与非条件因素的组合,是个很大的数字,呈现出丰富的多样性。多种多样的条件组合造成了同一条规律的多种多样形式的作用。所以规律是一,规律的作用是多。因此,偶然性是多样性之源。

普里高津提出的耗散结构,符合前面所说的系统进化的条件。他在研究耗散结构时,提出了分叉的观点。分叉是在解非线性微分方程时所出现的情况。在临界点上,方程的解可能失去稳定性而产生突变,这时分叉就出现了,对称受到了破坏。临界点即分叉点。不断出现的分叉可以形成“分叉树”,它的外形同达尔文描述的生物“进化树”十分相似,这表明分叉是进化过程的共同特征,也说明生物进化论同热力学并不是根本对立的。分叉是进化的一个环节,分叉越多,系统越容易进化,进化的程度越高。

一分为多使自然界的发展具有多种可能性,有较大的选择空间。

多中选优是自然界进化的基本机制。系统进化的主要标志是系统功能的优化。何谓“优化”?就是消耗最少而效率最高,即效益的最大化。

牛顿力学中的力是“中心力”,是在两个物体中心所联结成的直线传递的。欧几里得空间是牛顿力学的空间,在欧氏几何中两点之间可以联结无数条线,但最短的只能是一条直线。所以在牛顿力学中,力是沿最短的线传递的。公元前10世纪,亚历山大里亚时期的希罗认为光在空间中两点间的传播总是沿最短的路径(直线)进行。17世纪法国数学家费尔马认为光是沿着花费时间最少的路径进行的。光线经过两种介质的界面时,无论是反射还是折射都是如此。1744年法国的莫培督提出最小作用量原理。19世纪爱尔兰的哈密顿指出自然运动的力学作用量总是取极小值。普朗克说："在几个世纪以来的标志物理学成就的一般法则中，就形式和内容而言，最小作用量原理可能是最接近于理论研究的最终目的。"[21]

最小作用原理的普适性，表明自然界的变化总是力求消耗最少，遵循效益最大化原则。

为什么会出现这种情况？这是自然选择的结果。

"自然选择"是达尔文进化论的核心概念。他亲眼看到当时英国人工育种的成绩，就大胆地把选择的概念从人的活动领域移植到无意识的自然界。达尔文说："人类能够在家养动植物中，把个体差异按照任何既定的方向积累起来，而产生巨大的结果，同样地，自然选择也能够这样做，而且容易得多，因为它可以在不可比拟的长久期间内发生作用。"[22]"自然选择在世界上每日每时都在精密检查着最微细的变异，把坏的排斥掉，把好的保存下来并把它们积累起来；无论什么时候，无论什么地方，只要有机会，它就静静地不知不觉地在工作，把各种生物与有机的和无机的生活条件的关系加以改进。这种缓慢变化的进行，我们是看不出来的，直到经过极长的年代才能看到。"[23]

其实，达尔文提出的自然选择，不仅是生物进化的一种模式，而且也是自然进化的一种一般模式。达尔文假定生物繁殖过剩，而每个生物个体都有许多变异，这数不清的变异就构成了生物进化的原料。同样，一分为多是自然演化的普遍现象。一个系统可能出现的要素，要比这个系统实际已具有的要素多；一个系统可能引起变化的因素，要比实际引起变化的因素多；一个系统可能变化的形式，要比实际出现的变化形式多；一个系统可能出现的结局，要比实际出现的结局多。这几种"过剩"，就构成了系统进化的原料。哈肯说："每当一种新的有序状态开始时，大自然听任该系统在几种可能性中选择其一。"[24]

由于偶然性的作用，这些进化原料彼此之间有很多的差异。正如生物变异具有有利变异与不利变异之分，系统进化的原料对系统功能的效益最大化来说，有的为优，有的为劣；有的为较优，有的为更优。虽然优劣是相对的，但在一定范围内，优劣之分又是明显的。

系统自身具有选择的机制，能保留优等的进化原料，淘汰劣等的进化原料。这种选择是在必然性因素与偶然性因素的相互作用中实现的。通过不断的选择，多中选少、多中选一逐步转化为多中选优。所以进化的过程，就是不断选择,不断优胜劣汰的过程。

竞争是选择实现的保证。达尔文认为生物的生存斗争是实现自然选择的基本手段。系统之间、系统的各个要素之间都充满了各种形式的斗争。系统论创始人贝塔朗菲说:"当我们讲到'系统',我们指的是'整体'或'统一体'。那么,对于一个整体来说,引入组成部分之间竞争的概念,似乎是自相矛盾的。然而,事实上这两个明显的矛盾的陈述都是系统的本质。任何整体都是以它的要素之间的斗争为基础的,而且以'部分之间的斗争'为先决条件。部分之间的竞争,是简单的物理—化学系统以及生命有机体和社会机体中的一般组织原理,归根结底,是实现所呈现的对立物的一致这个命题的一种表达方式。"〔25〕突变论创立者托姆说:在突变模型中,"一切形态的发生都归之于冲突,归之于两个或更多个吸引子之间的斗争。"〔26〕只有通过竞争,作为进化原料的各个个体才会分出优劣,才会优胜劣汰。当然,系统科学所说的竞争,都是与合作相联系的竞争。

达尔文认为自然选择所选出的有利变异可以不断积累,最终导致新种形成。进化的系统不仅能不断择优,而且可以"积优",并能使这些被选择出来的进化原料不断优化。

所以,没有选择就没有进化。选择不仅是达尔文进化论和系统科学的基本概念,也应当是自然观的基本概念。"任何事物的发展过程都含有选择的机制,选择应当是个哲学概念。"〔27〕事物的变化是从可能性到现实性的过程。可能性是多,现实性是一。在众多的可能性中只有一种可能性成为现实,这就是选择。当多中选一是多中选优时,进化便出现了。

五　自然界的和谐

自然界是个和谐的世界,自然界内在的美就是和谐,这早已成为科学家和哲学家的共识。

恩格斯说:我们应"尽可能地把自己的自然观建成一个和谐的整体"〔28〕。自然观的和谐来自自然界的和谐。

和谐是物质或过程内各种有质的差异的部分协调共进的关系。和谐关系就是相互配合、相互促进的关系,或相互补充、相互支持、相互完善、相互推动的关系。

和谐的前提是各部分之间存在差异,差异就是矛盾。有量的差异,但更重要的是质的差异,如果事物或过程内部各部分完全相同,整齐划一,那就是“齐一性”、“单一性”。这就不成其为系统，只是同一种东西的堆积，也就无和谐可言。正因为各部分各有其特殊的质，才会形成矛盾，才会有竞争、斗争，才会相互制约甚至相互排斥。也正因为如此才会产生和谐的需要，使和谐成为可能。各个不同的部分在竞争中可以合作，在互制中可以互补，在斗争中可以统一。黑格尔说：“和谐一方面见出本质的差异面的整体，另一方面也消除了这些差异面的绝对对立，因此它们的互相依存和内在联系就显现为它们的统一。”“例如黄和蓝经过中和而成为具体的同一。这两种颜色的和谐之所以美丽，是由于它们鲜明的差异和对立已经消除了，因而在蓝和黄差异本身就见出它们的协调一致。它们相互依存，因为它们所合成的颜色不是片面的，而是一种本质上的整体。”[29]古希腊哲学家赫拉克利特说：“自然界……总是从对立的东西产生和谐。而不是从相同的东西产生和谐。”[30]

各部分之间的关系是否和谐，关键是看这种关系是否导致各个部分的“共进”。三个臭皮匠胜过一个诸葛亮，三个臭皮匠的关系是和谐的；三个和尚没水吃，这三个和尚的关系就不和谐了。

比例合理是和谐的一个特征。系统内各种要素对系统的作用，同它们的数量有关。一些要素的数量过多或过少，都不利于系统整体功能的优化，所以各种要素之间的数量比例同系统功能有直接联系。这种数量比例是各个部分相互作用的产物——每一部分都需要别的部分的一定数量，又不需要过多数量。所以各部分一边相互促进，一边又相互制约。这种比例如果有利于各部分共进，则是合理的。

在一定意义上可以说，和谐是一种平衡状态。平衡是系统各要素的相对稳定状态，互相牵制又互相依赖，形成一定的均势。矛盾双方互为条件，相互需要，都离不开对方。在力学中，几个力作用在一个物体上，各种力互相抵消，使物体处于相对静止状态。平衡是暂时的、相对的，但平衡是物质分化和发展的条件。恩格斯说：“物体相对静止的可能性，暂时的平衡状态的可能性，是物质分化的本质条件，因而也是生命的本质条件。”[31]

生态学使我们加深了对比例合理与平衡关系的认识。在生态系统内部，各个物种之间有一定的比例，才有利于生态的平衡。生态系统的能量利用率并不高，通常只有1/10。能量流动沿营养级逐渐上升，能量也越来越少。前一级的能量只能满足后一个营养级少数生物体的需要。所以营养级越高的物种，其个体数量就越少。生态系统是开放的动态系统，物质和能量在生产者、消费者和分解者之间不断流动，永不停息地运动和转化。一个正常运转的生态系统,其物质与能量的输入和输出能自发趋于平衡。在一般情况下,如果物质与能量的输入大于输出,则生物量增加;相反则生物量减少。当输入和输出平衡时,动植物的种类和数量都保持相对稳定。如果植物、草食动物、一级肉食动物和二级肉食动物按照:1∶1/10∶1/100∶1/1000 的比例搭配,那整个生物系统就平衡稳定。在这样的生态系统中,生物的种类和数量最多,各个物种相互适应、相互制约,各自正常发育和繁殖后代,实现了共进。

和谐与不和谐是相对的,二者也是对立的统一。和谐中有不和谐,不和谐中也有潜在的和谐。一个系统在某些方面和谐,在另外一些方面就可能不和谐。绝对的和谐和绝对的不和谐都是不存在的。在一定条件下和谐与不和谐会相互转化。

狄拉克发现,自然界的一些没有量纲的非常大的数是很协调的,他把这个发现称为“大数假设”。后来有人说行星的大小是宇宙的大小和原子的大小的几何平均值,人的质量是行星质量和质子质量的几何平均值。狄拉克认为万有引力常数在不断减弱。目前引力常数的数值同一些大数的搭配就比较协调。而且,如果束缚住核粒子的强力仅仅比现在的小一点,那么氘核就不可能存在,像太阳这样的恒星就不能发光。而如果这种力比现在的稍微大一点,那么太阳和其他具有活力的恒星就会膨胀,也许还会爆炸。[32]许多科学家认为狄拉克的大数假设反映了宇宙的和谐。

为什么宇宙会如此和谐?这的确是一个很难回答的问题。历史上有一些科学家无法正确回答这个问题,就假定宇宙的和谐乃是上帝的创造。在太阳系中,行星的分布和运行是和谐的。牛顿认为,太阳系的构造是一个最完美的体系,六大行星都在以太阳为中心的同心圆上旋转,运转方向相同,几乎在同一个平面上,而且各行星的质量、速度都同它们与太阳的距离相适应。如果只有引力的作用,那行星都会落到太阳上。行星之所以能围绕太阳旋转,一定在切线方向有个“切线力”,这样太阳系才会和谐。牛顿无法解释切线力的来源,就认为它是“上帝的第一次推动”。莱布尼茨认为自然界和谐,这种和谐是上帝安排的“前定和谐”。

关于自然界和谐的起源,20 世纪宇宙学家提出了一种不是解释的解释——人择原理:宇宙为何如此和谐,因为只有在和谐的宇宙中才会有我们人类,才会提出这个问题。也就是说宇宙有多种可能的状态,有的和谐,有的不和谐。不和谐的宇宙不可能出现人类,所以我们看不到不和谐的宇宙,那么我们生活在其中的宇宙就只能是和谐的了。英国科学家霍金讲了一句富有哲理的话:“事物之所以如此是因为我们如此。”[33]讲的就是人择原理。人择原理实际上是用“为何我们生活在这样的自然界之中”取代了“为何自然界是这样”的问题。

现代系统自组织理论对这一宇宙深层奥秘的问题作了比较科学和系统的回答。系统自己走向有序结构就可称为自组织,依靠外部指示组织起来的行为称为“他组织”。自组织理论从1968年普里高津的耗散结构理论开始,包括协同学、超循环理论、突变理论、混沌动力学、非线性科学等。

哈肯创立的协同学是关于系统各部分之间相互协作的理论,是“协调合作之学”,主要探讨系统内部有序的、自组织的集体行为,其基本观点是:协同是有序之源。

哈肯说,自然万物,形态各异,“而各种形态本身又十分和谐协调,常使人心旷神怡。我们往往发现,生物的结构是极重实用的,但一看到许多植物的艳美绚丽的花朵,又不觉惊诧于大自然的风趣和娇纵。”“然而,不只是静态的结构令人赞羡不已;连续动作的有序性,如马蹄得得的节律或优美的舞姿,也让人赏心悦目。在人类社会中,我们看到更高级的结构。社会以一定的国家形式组成,而国家形态则千差万别。在纯精神领域中,如语言、音乐和科学世界中,我们也遇到种种结构。因而,从无生命界到生命界,乃至精神世界,我们不断碰到各种结构;我们对此已经习以为常,以致不复意识到其存在的奇妙。”“那么科学就有这样一种任务:阐明结构是怎样自发形成的,或者换句话说,结构是怎样自行组织起来的。”[34]为了解决这个任务,传统的分解对象的方法是不适用的。一个孩子想弄明白玩具汽车为什么会跑,把它拆成一堆零件,仍然找不到答案,只得哭鼻子。这个例子说明,即使发现了结构怎样组成,还要认清组件如何协作。

热力学指出熵增是自然界变化的自发趋势,有些人由此认为物理学规律同自组织无关。可是哈肯通过对激光的多年研究,发现无生命的物质也能自发组织,建成一定的秩序。这使哈肯领悟到大自然的结构虽然千差万别,但这些结构的形成有其共同的规律。“我们将遇到一种为所有自组织现象共有的对自然规律由一只无形之手促成的那样自行安排起来,但相反正是这些单个组元通过它们的协作才转而创建出这只无形之手。我们称这只使一切事物有条不紊地组织起来的无形之手为序参数。”[35]无机物的自组织过程是一只无形之手的鬼斧神工之作。这只无形之手便是系统中要素的协作。

序参数是有序程度的量度。当系统无序时序参数为零。随着外界条件的变化,接近临界点时,序参数会增加很快,最后突变到最大值。序参数的突变表明宏观结构发生了质变。我们可以根据具体条件列出序参数所遵循的演化过程,这在原则上就可以描述系统从无序到有序的变化以及产生新结构的过程。序参数由单个部分的协作而产生,支配各部分的行为,哈肯称此为"支配原理",说这条原理在协同学中起核心作用。这种从混沌产生有序的过程同物质本身由什么组元构成无关。协同学揭示的是自组织过程的逻辑。

不同的相变过程遵循相同的规律:临界涨落一再出现,对称一再被破坏,在相变中会突然出现有序性。

协同学的一个深刻哲学含义,是强化了我们对统一性对事物发展的贡献的认识。对立面的斗争和对立面的统一,系统中要素之间的竞争和合作,都是事物发展的基本动力。哈肯指出,在集体运动中竞争并不是惟一的反应,协作可以产生新的模式。"结构永远在形成、消失、竞争、协作或组成更大的结构。我们在思想观念上已达到一个转折点,即由静力学飞跃到动力学。"〔36〕

大自然是一个高度复杂的协同系统,协同是大自然构成和进化的奥秘。

注 释

〔1〕《列宁选集》第 2 卷,人民出版社,1995 年,第 89 页。

〔2〕爱因斯坦、英费尔德:《物理学的进化》,湖南教育出版社,1999 年,第 103、107、171、173 页。

〔3〕《爱因斯坦文集》第一卷,商务印书馆,1977 年,第 128 页。

〔4〕《马克思恩格斯全集》第 31 卷,人民出版社,1972 年,第 309 页。

〔5〕恩格斯:《自然辩证法》,人民出版社,1984 年,第 161 页。

〔6〕《列宁选集》第 2 卷,人民出版社,1995 年,第 192 页。

〔7〕恩格斯:《自然辩证法》,第 125 页。

〔8〕恩格斯:《自然辩证法》,第 162 页。

〔9〕拉兹洛:《进化——广义综合理论》,社会科学文献出版社,1988 年,第 34 页。

〔10〕戴文赛:《戴文赛科普创作选集》,科普出版社、江苏科学技术出版社,1980 年,第 292 页。

〔11〕拉兹洛:《进化——广义综合理论》,第 32 页。

〔12〕宁平治、唐贤民、张庆华主编:《杨振宁演讲集》,南开大学出版社,1989 年,第 430 页。

〔13〕湛垦华、沈小峰等:《普里高津与耗散结构理论》,陕西科学技术出版社,1982 年,第 2、216 页。

〔14〕 霍金:《果壳中的宇宙》,湖南科学技术出版社,2002年,第80页。
〔15〕 刘湘溶:《生态伦理学》,湖南师范大学出版社,1992年,第97页。
〔16〕 方志军等:《生态伦理学》,南京师范大学出版社,1997年,第67—68页。
〔17〕 达尔文:《物种起源》第三分册,商务印书馆,1963年,第431页。
〔18〕 张彦、林德宏:《系统自组织概论》,南京大学出版社,1990年,第141页。
〔19〕 恩格斯:《自然辩证法》,人民出版社,1984年,第290页。
〔20〕 彭加勒:《科学的价值》,光明日报出版社,1988年,第390页。
〔21〕 许良:《普朗克最小作用原理》,《自然辩证法研究》,1992年第12期。
〔22〕 达尔文:《物种起源》第一分册,商务印书馆,1963年,第99页。
〔23〕 达尔文:《物种起源》第一分册,第101页。
〔24〕 哈肯:《协同学——大自然构成的奥秘》,上海译文出版社,2001年,第92页。
〔25〕 贝塔朗菲:《一般系统论》,清华大学出版社,1987年,第61页。
〔26〕 托姆:《突变论》,上海译文出版社,1989年,第19页。
〔27〕 张彦、林德宏:《系统自组织概论》,南京大学出版社,1990年,第250页。
〔28〕 恩格斯:《自然辩证法》,第20页。
〔29〕 黑格尔:《美学》第一卷,商务印书馆,1979年,第180—181页。
〔30〕 北京大学哲学系外国哲学史教研室:《古希腊罗马哲学》,三联书店,1957年,第19页。
〔31〕 恩格斯:《自然辩证法》,第145页。
〔32〕 拉兹洛:《微漪之塘——宇宙进化的新图景》,社会科学文献出版社,2001年,第61页。
〔33〕 霍金:《霍金讲演录——黑洞、婴儿宇宙及其他》,湖南科学技术出版社,2002年,第37页。
〔34〕 哈肯:《协同学——大自然构成的奥秘》,第3页。
〔35〕 哈肯:《协同学——大自然构成的奥秘》,第7页。
〔36〕 哈肯:《协同学——大自然构成的奥秘》,第12页。

第四讲

人工自然

人工自然研究的历史
人工自然的内涵
人工自然物的特点
人工自然物的进化
人工生命
人工自然观研究的意义

我们人类生活在自然之中,依赖自然而生存。但自然并不是为人类而存在和演化的。人类诞生在自然界,表明自然界是适合人类生存的。人类要顺从自然界,但自然界不会顺从人,所以自然界对人类的生存和发展既有适应性,又有不适应性。适应性指大自然为人类的生存和发展提供了一定的物质条件,不适应性指大自然并不提供人类所需要的一切。当自然物(天然自然物)不能满足人的需要时,人就制造人造物(人工自然物)来取代自然物,并使人造物的功能优于自然物,更好地满足人的需要。人造物以自然物为原料,在遵守自然规律的前提下被制造出来,并按自然规律变化,所以人造物也被称为人工自然物。人类在自然界的基础上又创造了一个新的自然界,从此自然界便分为两大领域——天然自然界和人工自然界。与此相对应,自然观也分为两大领域——天然自然观与人工自然观。传统自然观以天然自然观为主,新自然观则以人工自然观为主。我国自然辩证法学科奠基人于光远认为,自然辩证法分天然自然观和人工自然观上下两篇。

一　人工自然研究的历史

人类从打制第一块石器开始,人工自然物便进入了人类的生活。生活的需要使人类很早就对自然事物和人造事物作出初步的区分。我国哈萨克族同胞在15世纪编写了《医学法》,认为空间、处所、光明、黑暗、暖和冷是宇宙的六大基元。该书把光明分为“自然光”和“人造光”两种,把暖分为“季节暖”、“人体暖”和“人工暖”。

在第二讲中我们已经说过,哲学家很少研究创造,所以也很少研究人造物。关于人工自然研究的历史,我们能够叙述的内容并不多。

亚里士多德认为自然界的事物分为由于自然而存在和由于非自然而存在的两类。

由于自然而存在,就是自然由于本身的原因而存在。这类物体由于自然的原因而存在,即自然而然的存在。水土火气四素和动植物都属于这一类事物。他把这类事物称为“自然产物”。由于非自然而存在,就是由于非自然的原因即人的原因而存在,是人活动的产物,如衣服、家具等物品,他把这类事物称为“技术产物”。

亚里士多德说:“人由人产生,但床却不由床产生。正因为这个缘故,所以都认为床的自然不是它的图形而是木头。因为如果床能生枝长叶的话,长出来的不会是床而会是木头。因此,如果说技术物的图形是技术,那么对应地说,自然物(如人)的形状也是‘自然’,因为人由人产生。”[1]在这里,亚里士多德把自然界的事物分为自然生长物和人工制造物两类。自然生长物是由于自然的原因形成的,人工制造物是由人制造出来的,由于人的原因而存在。树是自己生长的,床是人制造的。亚里士多德说得很有趣,如果床是自然生长物,那它就应当长出床。木床的“自然”是木头,而不是床的式样,因为床的图形是“根据技术规则形成的结构”。[2]“人由人产生”,在亚里士多德看来,人也是自然形成的,而不是技术物。

亚里士多德在哲学上提出了“四因说”,认为事物由四种原因生成:质料因、形式因、动力因和目的因。他又把这四因归结为质料因和形式因。质料因是构成事物本身继续存在着的东西,形式因是事物的结构或本质。广义的形式因还包括动力因和目的因。自然有两种涵义:质料和形式。事物的存在必定先有质料。他说:“相应地,技术也有两种:一为支配原材料的技术,一为具有知识,换言之,一为使用者的技术,一为制造者的技术。因此,使用者的技术在某种意义上也是生产者的技术。当然也有分别:使用技术是认识形式,而生产技术则是认识质料。例如舵手知道舵是什么样的,亦即知道它的形状,并且对舵的规格提出要求。而造舵的木工知道该用什么木材,通过哪些制造活动,以达到目的。因此在技术产物里是我们人以功能为目的而制作质料,而在自然产物里质料原来就存在。"[3]自然产物的质料是自然界原来就有的,而技术产物的质料是人以功能为目的制造出来的。显然,亚里士多德所说的"自然产物"和"技术产物",表明人类所利用的物有两种不同的来源,也就是我们现在所说的天然自然物与人工自然物。

亚里士多德写道:"有些人认为自然,或者说自然物的实体,就是该事物自身的尚未形成结构的直接材料。例如,说木头就是床的'自然',铜就是塑像的'自然'那样。(例如安提丰说:如果种下一张床,即腐烂的木头能长出幼芽来的话,结果长出来的不是一张床而会是一棵树。——他这话的用意是要说明,根据技术规则形成的结构仅属于偶性,而真实的自然则是在这制作过程中始终存在的那个东西。)"[4]亚里士多德在这里又提出材料与结构的概念,材料是自然物,结构则是根据技术规则形成的。他看出天然物与人造物的区别不在于材料而在于结构的不同。结构是人通过技术活动赋予材料的,对于材料来讲,结构是可有可无的,而其自然属性却是自始至终存在的。

亚里士多德说:"一般地说,技术活动一是完成自然所不能实现的东西,另一个是模仿自然。"[5]这就是说,技术产品有两种类型:一是对自然产物的模仿,即以自然产品为样板制造出来的物品。二是与自然产物完全不同的物品,即自然界不可能产生出来的物品。他又说:"假定自然物不仅能由自然产生,而且也能由技术产生的话,它们的产生就也会经过和由自然产生时所经过的一样的过程。"[6]亚里士多德在这儿讲的,是技术对自然模仿的过程。

亚里士多德还提出了一个重要的思想:技术产物在制造过程中会出现"差误"。"差误的现象在技术的过程中是有的,如文法家会写错文句,医生会用错药。因此,在自然过程中差误显然也是可能有的。如果说有些技术产物造得正确,达到了目的,在出现了差误的产物里,就是想达到目的而没能达到,那么在自然产物里也是会有这种情况的,畸形物就是没能达到目的。"[7]亚里士多德认为技术产物有目的,这是对的,但说自然产物也有目的就不正确了。

总之,亚里士多德在哲学中第一次根据自然物的不同来源,把自然物分为“自然产物”与“技术产物”两类；指出技术产物的材料来自自然，结构来自技术。技术分为模仿自然与完成自然所不能实现的东西；技术产物的制造有可能不正确，这就达不到目的。这大约是人类最早的人工自然论。

我国明代科学家宋应星的《天工开物》一书，涉及到对人工自然物的理解。书名把“天工”与“开物”联系在一起，颇耐人寻味。潘吉星先生说：“‘天工’中的‘工’与‘功’通，故‘天工’亦可作‘天功’。”“指自然界造成的工巧，反映着自然力的作用。”[8]唐代诗人沈佺期诗云：“龙门非禹凿，诡怪乃天功。”宋代诗人陆游诗云：“天工不用剪刀催，山杏溪桃次第开。”元代赵孟頫诗云：“人间巧艺夺天工，炼药燃灯清昼同。”宋应星所说的“天工”，是相对于“人工”而言的。他写道：“人工、天工亦见一斑云。”可见他把天工与人工并提。潘吉星先生认为，宋应星把“开物”理解为“通过工艺技巧开发自然界，造成有用的万物。”[9]唐代诗人高适诗云：“用材兼柱石，开物象高深。”宋应星主张在开物方面天工与人工的结合。

宋应星认为，物有两个来源，即自然形成和人工制造。他说：“或假人力，或由天造。”他还指出，自然界虽然资源丰富，但许多自然资源不会自动变成人可以利用的物质形式，这就需要人来开发。“草木之实，其中蕴藏膏液，而不能自流。〔必〕假借水火，凭借木石，而后倾注而出焉。”他又说：“生人不能自生，而五谷生之。五谷不能自生，而生人生之。”这句话的大意是说，有生命的人不能自生，依赖五谷而生长；五谷不会自行生长，要靠人来种植、耕耘、收获、加工才能成为人的粮食。这实际上是告诉我们，人的生存需要物，更需要用人工来开物。

宋应星在叙述工匠把黄金打成金箔的过程时说：“盖人巧造成异物也。”能工巧匠造的物是“异物”，因为那样薄的金片在自然界中不可能存在。

后来宋应星的同乡帅念祖说：“盖以人力尽地利，补天工。”意思是说天工不能完全满足我们的需要，我们就用人力来补充；而人力之所以具有这样的功能，是因为地利得到了充分的发挥。帅念祖的这个说法，可以看作是宋应星思想的发挥。

日本科学史专家三枝博音说：“天工是与人类行为对应的自然界的行为，而开物则是根据人类生存的利益将自然界所包藏的种种物由人类加工出来。”“在欧洲人的技术书中，恐怕没有像这类书名的著作。其实技术本来就是自然界与人类相协调的过程中的产物，技术可以看作是沟通人类与自然界之间的桥梁。我想，对技术的这种理解乃是东洋人世界观的特征。只有把天工与开物同时结合起来理解技术，才能说到对技术有了真正良好的理解。"[10]

德国哲学家莱布尼茨曾对自然与技艺进行比较,认为自然无比优于技艺。他认为生物体也是一种机器,是"自然的机器",比"人造的机器"优越。他说:"因此每个生物的有机体是一种神圣的机器,或一个自然的自动机,无限地优越于一切人造的自动机。因为一架由人的技艺制造出来的机器,它的每一个部分并不是一架机器,例如一个黄铜轮子的齿有一些部分或片断,这些部分或片断对我们说来,已不再是人造的东西,并没有表现出它是一架机器,像铜轮子那样有特定的用途。可是自然的机器亦即活的形体则不然,它们的无穷小的部分也还是机器。就是这一点造成了自然与技艺之间的区别,亦即神的技艺与我们的技艺之间的区别。"[11]他认为在人造的机器中总有一部分不属于人造的东西,并没有表现出机器的功能,可是生物体的无论多么小的部分,仍然是机器。莱布尼茨实际上已猜到了天然物在所有层次上都是天然物,而人造物只有在一定层次上才是人造物,这就是自然与技艺的区别,所以他称颂的不是人造的机器,而是"自然的机器"。莱布尼茨是17~18世纪之际的学者,当时各种工作机和动力机还未问世。所以当牛顿、笛卡儿把宇宙、自然界说成是机器时,强调的是自然的机械性,却没有赞美人类技术的意思。

到了工业社会,系统的人工自然界才开始形成,人工自然才有可能成为哲学家关注的课题。

马克思提出了"人化的自然"、"人本学的自然"的概念。他说:"人的感觉、感觉的人性,都是由于它的对象的存在,由于人化的自然界,才产生出来的。"[12]这种"人化的自然界"是作为人的感觉对象的自然界,即作为人的认识对象和审美对象的自然界,同人发生信息交换关系的自然界。马克思又说:"在人类历史中即在人类社会的形成过程中生成的自然界,是人的现实的自然界;因此,通过工业——尽管以异化的形式——形成的自然界,是真正的、人本学的自然界。"[13]在人类历史过程中,在人类社会形成的过程中所生成的自然界,当然不会是原有的自然界,而是在人的作用下生成的新的自然界。马克思特别强调这是人类通过工业生产形成的自然界。这种自然界是"人的现实的自然界",意思是说,认识自然只为创造自然提供可能性,工业生产使这种可能性变成了现实性。"人本学的自然界",曾译为"人类学的自然界"。马克思还说过"具有社会属性的自然界"、"属人的自然界"。"人本学的自然界",就是不仅同人发生信息变换关系,而且同人发生了物质、能量变换关系的自然界,即我们今日所说的人工自然界。

那么,工业生产的本质是什么？恩格斯说动物只能利用自然界,而人可以改变自然界,使自然界为自己的目的服务。“这便是人同其他动物的最后的本质的区别,而造成这一区别的也是劳动。”在这段话手稿的页边上,恩格斯用铅笔写着:“加工制造”。[14]劳动的本质是加工制造,工业生产就是大规模的加工制造,其产品就是我们所说的人工自然物。

二　人工自然的内涵

要说明人工自然的概念,就需要解释什么是人工自然物。

人与自然的关系具有历史性,也具有层次性。有了人,自然便成了人的对象。在不同的历史条件下,自然界可以成为人的不同的对象,人与自然的关系也具有不同的性质。作为对象的自然物,可以分为几种形态。

非对象,指同人类没有任何关系,即同人类不发生任何信息、物质、能量变换关系的自然物,是在我们认识范围以外的自然界。这部分自然物也许对人类的生存有某种影响,但我们至今还未认识到这种影响的存在。

认识对象,指已进入人类认识领域,但尚未进入人类实践领域的自然物。这类自然物的存在和变化都未受到人类活动的影响。

采集对象,指已进入人类生活领域,被人类所利用但尚未被人类改造的自然物。这部分自然物是自然界演化生成的,它的产生过程同人类的活动无关,人类只是把它取来为己所用。原始社会的人类以采集植物、捕猎动物为生,在这种原始自然中生存的自然物,便是人的采集对象。

培育对象,指农产品与畜牧产品。这类自然物既是在自然条件下按生物学规律生长出来的,又是在人的照料、控制下培育出来的。它的来源具有双重性,既是自然演化的结果,又是人活动的产物。培育也是一定程度的改造,如家养动物和野生动物就有很大的区别,许多家养动物在自然状态下很难生存。培育也可以出现新的物种,这就是达尔文所说的人工选择。农业自然生存条件下的动植物,便是人的培育对象。

加工对象,指外部空间形式被人类所改变的自然物。这里所说的“加工”,指对自然物的浅层次改造,即并未改变自然物的内部结构和主要性质。自然物外部空间关系的改造基本上有两种类型:其一是改变自然物的形状、外貌,如把石块加工成石器;其二是改变一些自然物之间的空间关系,在这方面编织是人类的一大发明,如把籐条编成箩筐。一般说来,人类手工业生产中的自然物,便是人的加工对象。

制造对象,指人类利用原有的自然物制造出来的人造物。这是对自然物的深层次改造,因为人已经改变了自然物的内部结构和主要性质。“加工”与“制造”是相对的概念,而且二者的界线也比较模糊,主要的区别是人类对自然的改造程度不同。加工是初步的制造,制造是根本性的加工。我们之所以要把加工和制造区别开来,主要是为了同人类的不同生产形态和生存方式相对应。在人类制造型的工业生产中,在人类的技术生存中,自然物是人的制造对象。

什么样的自然物属于人工自然物呢?主要的标准是两个方面:一是看来源,是否是由于人的作用而出现的;另一个方面是功能,是否对人类的生存发生物质的影响。

作为非对象的自然界当然不是人工自然物,这不必解释。有人认为作为认识对象的自然物是人工自然物,这是不妥当的。因为在人类认识自然的过程中,并未出现对人的物质生活、物质生产有实际使用价值的新的物质形态。当然,认识活动中会有科学实验活动,但科学实验一般并不改变实验对象的主要性质,认识对象也不会因此获得经济价值,所以我们没有必要把作为实验对象的自然物看作是人工自然物。如果进入人的认识领域中的自然物都是人工自然物,那除了作为非对象的自然物以外,宇宙中就没有天然自然物了。有人认为作为认识对象的自然物属于马克思所说的“人化自然”,这个看法是有道理的。自然既可以作为人的认识对象而“人化”,也可以作为人的认识对象、审美对象而“人化”。马克思的人化自然主要是强调自然已同人有了联系。自人类出现以来,在人类认识所及范围内的所有自然物,都同人类发生了对象性关系,都属于人化自然。

作为采集对象的自然物,虽然对人有使用价值,但它是自然生成物,所以不是人工自然物。

作为培育对象、加工对象和制造对象的自然物是人工自然物。当然也可以把作为培育对象的自然物看作是“半人工自然物”。人工自然物的核心是人造物,或者说人造自然物是典型的人工自然物。人造自然物一定对人有经济价值,否则人就不会去制造它了。

并不是所有以自然物为原料制造出来的人造物,都是人工自然物。人工自然物是为了满足人们物质生活需要而制成的人造物,是人类用技术手段制成的,可称为技术物。为满足人的审美需要而制造的人造物,是用艺术手段制造出来的,可称为艺术品。虽然也以自然物为原料(如大理石雕塑作品),但没有必要把艺术品看作是人工自然物。

人工自然界是由人工自然物组成的系统。从先民打制第一块石器开始,最初的人工自然物便出现了,所以人工自然物与人类是同时出现的。因为人创造了人工自然物,人才成为人。但人工自然界不是人工自然物的简单积累,人工自然界的形成有一些主要标志:人工自然物的数量多、品种多、功能多,能满足人的多方面需要;若干人工自然物可以组合成一个新的人工自然物,即有的人工自然物本身就是一个人工自然物的系统;作为制造对象的人工自然物在人工自然物系统中占主导地位;人工自然物大规模地成为商品。显然,只有到了近代工业社会和商业社会,在机器大生产和市场经济条件下,系统的人工自然界才会形成。

人工自然还包括人工自然运动。

亚里士多德曾把物的运动分为天然运动与受迫运动。他所说的受迫运动由于同物的本性相悖,只能由人引起,所以受迫运动就是一种人工自然运动。

但我们所说的人工自然运动,不仅是由人引起的运动,而且还是天然自然中所不可能发生的运动。恩格斯说:“只要我们造成某个运动在自然界中得以发生的条件,我们就能够引起这个运动;甚至我们还能够引起自然界中根本不发生的运动(工业),至少不是以这种方式在自然界中发生的运动;我们能够给这些运动以预先规定的方向和规模。”〔15〕

由于工业制造的是天然自然不可能有的物,所以这种制造过程,是天然自然不可能发生的过程。许多人工装置在人的控制下所发生的运动,也是天然自然不可能出现的人工自然运动,如机器的运转、飞机的航行。

三　人工自然物的特点

“人工自然”这个概念,听起来似乎不伦不类,不合逻辑:既说“人工”,又何谓“自然”? 既为“自然”,又如何“人工”? “人工自然”如同“虚拟现实”一样,是个矛盾的概念,这正好反映了人工自然物的矛盾本质——既是自然物,又是人造物;既是“自在之物”,又是“为我之物”。

我们说人工自然物是自然物,仍属于自然界的一部分,这有几方面的理由。人工自然物来源于自然界,它的物质材料是自然物。马克思说:“没有自然界,没有感性的外部世界,工人什么也不能创造。它是工人的劳动得以实现、工人的劳动在其中活动、工人的劳动从中生产出和借以生产出自己的产品的材料。”〔16〕就人工自然物的物质成分而言,同天然自然物没有区别,是自然物的一种特殊形态。人们在制造人工自然物的过程中,对自然物质原料所作的任何加工,都必须遵循自然规律。违背自然规律的人工自然物(如永动机)是制造不出来的。人工自然物功能的发挥也不能违反自然规律,它的物质组分仍然按自然规律变化(如铁器生锈),这种变化不以人的主观意愿为转移。西蒙说:“我们称为人工物的那些东西并不脱离自然。它们并没有得到无视或违背自然法则的特许。”[17]人工自然物废弃不用后,仍应回归大自然,参加自然界的物质循环。所有的自然物都具有多层次结构,人类在一定的历史条件下只能在一定的层次上对天然自然物进行改造,而不可能在所有层次上进行这种改造。人类在某一层次上改造了天然自然物,它就在那个层次上转化为人工自然物;而在未经改造的层次上,它依然是天然自然物。无论我们对天然自然物改造到什么程度,它永远都包含未经我们改造的物质层次。所以,所有的人工自然物都永远具有天然自然物的属性,都永远是自然物。

但人工自然物又同天然自然物有本质区别。人工自然物不是自然界演化的结果,而是人用“人工”制造的产品。马克思说:“动物只生产自身,而人再生产整个自然界。”“通过这种生产,自然界才表现为他的作品和他的现实。”[18]人工自然物只是人的作品;人类不仅来自自然界,生活在自然界,而且还创造(生产)了一个新的自然界。人工自然物是在天然自然条件下不会也不可能出现的物,或者说出现的几率非常非常小。没有自然界,没有人类,都不会有人工自然物。人工自然物的制造过程,不仅要遵循自然规律,而且也要遵循社会发展规律,如经济规律、人的生活规律,甚至美的规律。马克思说:“动物只是按照它所属的那个种的尺度和需要来构造,而人懂得按照任何一个种的尺度来进行生产,并且懂得处处都把内在的尺度运用于对象;因此,人也按照美的规律来构造。”[19]人工自然物不仅按自然规律变化,还按照人设计的规则、程序运作,如机器的运转、飞机的起飞。在正常情况下,人工自然物的运转是在人的控制下进行的。所以人工自然物的许多变化,在天然自然条件下是不可能发生的,或者说,发生的几率极小。许多人工自然物的功能是对天然自然物的模仿和取代(如电灯、空调),而不少人工自然物的功能是天然自然物不可能有的(如录像机)。天然自然物无目的,人工自然物则有目的——人把自己的目的赋予了它,或者说人工自然物体现了人的目的。在这个过程中,天然自然物获得了人赋予它的价值,转化成了人工自然物。离开了人,人工自然物便失去了它的意义。

所以,如果我们对自然原料与产品、自然物与人的工具、自然演化物与人工制造物不作区分,笼统地称其为“物”,或把二者混为一谈,是不妥当的。相反,把人类出现以后的自然界,分为天然自然界和人工自然界,是人类对物和自然界认识的一大飞跃。

人工自然物就是这样一个矛盾体:既有自然性,又有社会性;既是自然的物质存在,又是社会的物质存在;既是一种物质实体,又是一种文化形态;既是自然物质系统,又是社会物质系统;既遵守自然规律,又遵守社会规律;既体现了人与自然的关系,又体现了人与人的关系。人工自然是社会化自然。

人工自然物与天然自然物具有不同的哲学品格。人工自然物作为一种物,在人们的感觉之外,不以人的感觉为转移,但人工自然物又是人观念的物化,它的结构与功能决定于人的设计和制造。先有天然自然物,然后才会有天然自然物的观念,例如先有石头,然后才会有人关于石头的认识。可是人认识人工自然物的路线则有所不同。对于人工自然物的使用者来说,也是先有人工自然物,然后才会有关于人工自然物的知识;对于人工自然物的设计者、制造者来说,则是先有关于人工自然物的观念,然后才会有那种人工自然物,例如先有电脑的观念,然后才会有电脑。人工自然物制成以后,具有一定的独立性。设计、制造和使用人工自然物的人不存在了,人工自然物却依然存在。从哲学本体论的角度讲,先有天然自然物,然后才会有人的观念;从哲学创造论的角度讲,先有人的观念,然后才会有人工自然物。

除此以外,人工自然物还有如下特点:

第一,形状的规则性。人工自然物与天然自然物在外形上的主要区别是:人工自然物的外形规则性、有序性较高,如线很直,面很平,体很圆;天然自然物是在天然自然条件下形成的,各种因素相互作用,偶然性扮演重要角色,所以它的形状具有较大的不确定性、无序性。自然界很难找到两个外形完全一样的天然自然物,莱布尼茨说,世界上找不到两片相同的树叶。人工自然物是根据人的设计制成的,人在制造过程中有明确的目标,并力求排除或减少各种因素的干扰和偶然因素的作用。由于人对手的控制具有较明显的不确定性,所以手工作品外形的规则性就不如机器制造的产品。有些天然自然物的外形也有一定的规则性,如雪花、蜂巢,但总的说来天然自然物是非标准型的物。

第二,操作的可控性。天然自然物的变化是自然变化,人工自然物既有自然变化,又有人工变化。人工变化就是人在使用人工自然物时发生的人所设计的变化(如飞机飞行),即人引起的变化。根据设计,这应当是人控变化。人工自然物主要是生产工具和生活用具,它必须使用方便,容易控制。它的功能只有在使用者的有效控制下才能有效地发挥,失控往往会产生严重的负面影响。即使是自动化工具,也应当处于人的有效控制之下。为此,人工自然物应有稳定的结构,使用者应遵守有关的操作规则。

第三,人工度的层次性。人类对天然自然物的改造是个永无止境的发展过程,在这个过程中天然自然物的人工度不断提高。人工度或人化的程度,是人工自然物与天然自然物的差别程度。不同的人工自然物,有不同的人工度。一般说来,作为培育对象的人工自然物人工度最低,制造型人工自然物的人工度最高。制造型的人工自然物又有不同的层次,如单体型、组合型、自动型、智能型等等,其中智能型的人工度最高。人是自然界中进化层次最高的存在,所以人工自然物的人化程度越高,其结构与功能就越像人。人工自然物离天然自然物越远,离人就越近。从目前的技术发展趋势来看,连外貌都像人的智能机器人的人工度最高。

第四,存在的有限性。人对天然自然物的改造在一定历史条件下总是有限的。在我们地球人类创造的人工自然界之外,是空间跨度为150亿~200亿光年的宇宙,我们的人工世界只是沧海一粟。在人工自然物之间,充满了天然自然物。在人工自然物的内部,又包含不同层次的天然自然物。人工自然物的至外至内都是天然自然物,所以天然自然界与人工自然界的关系,可以看作是无限与有限的关系。

第五,存在的非生态性。人工自然物不是自然演化的结果,不是从自然物质系统中自发分离出的实体。人们在制造它的过程中,基本上未参加自然界的生态循环,它不再具有它的原料原来所具有的,在自然系统中同天然自然物相互依赖、相互制约的关系。天然自然物都是在天然自然物相互作用下形成的,但人工自然物是人与天然自然物作用的产物。人工自然物的物质成分,仍然是天然自然界的那些化学元素,但二者结构不同,所以人工自然物的发展规律同天然自然物的规律不同。对于天然自然物来说,人工自然物是非自然的即异己的存在。它来自自然,又在许多方面同自然似乎格格不入。这就是生态危机产生的根源。

最后,效用的优越性。人之所以要创造人工自然物,是因为天然自然物不能满足人的需要,人类就用人工自然物来取代天然自然物。人工自然物的优越性只是相对于人的需要而言的,它具有天然自然物所没有的功能和效用。一般说来,它的人工度同它的效率成正比,这同人追求利益的最大化是完全一致的。效用、效率是人工自然物的生命,它比天然自然物具有更高的价值。天然自然物不能很好地满足我们的需要,把它改造为人工自然物就可以在一定程度上克服这个缺陷,所以制造人工自然物是利用天然自然物的高效途径。

前已说过,人工自然物在天然自然条件下不可能自发出现,可是人们在制造人工自然物时,又必须遵守自然规律,这如何理解呢?为什么我们能把这些天然自然界根本不可能出现的物质形态制造出来呢?

这要从自然规律的本质说起。

自然规律规定了自然物变化的基本趋势,但并不规定这些变化的具体形式和具体细节。一定自然规律所引起的变化的具体形式和细节,远比这个规律本身的规律性丰富多彩。同一个自然规律作用于不同的对象,可以有不同的具体变化。规律只是平均数,它不能规定其所引起的各种不同的具体变化。规律的内涵是确定性,规律作用的具体形式的外延是不确定的。规律是不确定中的确定性。

另外,自然规律作用的发挥需要一定的条件。如果不是这样,那么自然界的各种变化无论何时何地都在发生,自然界就会处于高度无序的状态。同一条自然规律,在不同的条件下,会发生不同的具体变化。人不能创造规律,但可以创造条件,所以自然规律发生作用的条件,有自然条件,也有人工条件。

针对不同的对象和条件,同一条自然规律会引起各种不同的变化,会产生各种不同的效果。如果规律是"一",那它可能引起的变化与效果就是"多"。

由于自然界发展不平衡,所以有的条件容易出现,有的条件出现的几率很低。也就是说,有的自然变化比较容易发生,有的自然变化则很难出现。热力学第二定律指出,有些变化可以自发发生(如机械能转化为热能),有些变化不能自发发生(如热能转化为机械能)。不能自发发生,并不是不可能发生,而是所需要的条件出现的几率小。

恩格斯在谈论人对自然界的能动作用时,提出了"惯常行程"的概念。他说:"我们一天一天地学会了更加正确地去理解自然界的规律,学会了去认识在自然界的惯常行程中我们的干涉的较近或较远的后果。"[20]"自然界的规律"与"自然界的惯常行程"有联系,但两者不是一个概念。惯常行程是自然规律发生作用的一种常出现的形式。究其主要原因,是这种行程要求的条件低。重物下落、水往低处流、热量向低温物体传递、气体扩散,都是惯常行程;相反的变化则是非惯常行程。

人工自然物为什么在自然界不会自发出现呢？因为它的形成过程不是用来制造这种人工自然物的原料的惯常行程。

我们之所以能制造人工自然物，就是因为我们干预和改变了原料的惯常行程，使它按照我们设计的方向和行程变化。

恩格斯在谈论麦粒的否定之否定过程时说："如果这样的一颗大麦粒得到它所需要的正常的条件，落到适宜的土壤里，那么它在热和水分的影响下就发生特有的变化：发芽；而麦粒本身就消失了，被否定了，代替它的是从它生长起来的植物，即麦粒的否定。而这种植物的生命的正常进程是怎样的呢？它生长，开花，结实，最后又产生大麦粒，大麦粒一成熟，植株就渐渐死去，它本身被否定了。"[21]大麦粒也可能会发生另一种进程。"亿万颗大麦粒被磨碎、煮熟、酿制，然后被消费。"[22]在天然自然条件下，这个过程是很难发生的，这是非正常进程，出现了非正常条件，这种条件是人创造的。人干预并改变了大麦粒的惯常行程，大麦粒变成了馒头，馒头便是人工自然物。

惯常行程或正常进程都是条件要求低，很容易出现的过程。机械运动转化为热运动是惯常行程，因为它需要的条件极其容易出现。如摩擦生热，只要两物在运动中相互接触即可，所以我们先民很早就发明了钻木取火。要实现热运动转化为机械运动，所需的条件就极不容易出现。如蒸汽机的正常运转就需要气缸、水、热源、活塞等因素的合理组合，所以蒸汽机的普遍使用是18世纪才开始出现的。我们使摩擦生热和活塞往返运动，应用的是不同的规律。

人之所以能制造出自然界即使通过多少亿年演变也不可能出现的人工自然物，是因为对利用什么自然规律，作用什么对象，创造什么条件，在什么时间与空间进行选择和重组这些情况了然于胸。人们在改变自然物的惯常行程或正常进程时，可以在对象变化的不同阶段，利用不同的自然规律，使对象在不同的条件下发生不同的变化，并对这些变化进行组合。由于各种变化因素和变化阶段的组合方式数量巨大，所以自然界很难实现我们所期望的某一种方式，而这可以通过人的一连串选择来实现。人工自然物是人对自然规律和自然变化进行选择的结果。一句话，人工自然物是人工选择的产物。

自然界也在不断地选择，但人工选择具有很大的优越性。人工选择有明确的目标，成效快，能对变化进行控制和调整，所以效率高。达尔文指出，生物界通过自然选择形成一个新种，需要很长时间，而有的育种专家在短短的几十年中就可以创造许多新的品种。达尔文曾引用一位学者的话说:“农学家不但能够改变他的畜群的性状,并且能够使它们发生完全的变化。选择是魔术家的杖,用这只杖,可以随心所欲地把生物塑造成任何类型和模式。”[23]达尔文时代人们培育出的一些动物(如球胸鸽、长尾鸡等)在自然条件下都是“畸形动物”,是无法生存的。人类将来通过各种生物技术,可以创造出各种新的动植物。用技术手段创造出的生物,都是人工自然物。

自然演化可以产生鬼斧神工的奇迹,人利用自然又可以制造更加巧妙的奇迹。人工自然物源于自然,又超越自然,因为人在挥舞着“创造”这根魔杖。

四 人工自然物的进化

人工自然物主要分为生产工具和生活用具两大类,它的功能主要是取代天然自然物和人自身。人工自然物在不断进化和发展,这都是相对于人的利益而言的。人工自然物进化和发展的主要评价标准是效率,即满足人需要的程度。人工自然物的来源与天然自然物不同,二者的演化规律也很不一样。

人工自然物的进化有以下一些特点:

第一,高速度。由于人工选择的优越性和科学技术的加速发展,所以人工自然物的进化速度越来越快,这主要表现为品种、型号更新的速度呈加速趋势。从1880年后的100年内,人工合成的化合物由大约1000种增至1000多万种,提高了1万倍,以至有人认为化学开始从“自然科学”逐步转化为“人工科学”。[24]根据摩尔定律,电脑的容量和功能平均每18个月就翻一番。

第二,专门化。达尔文指出,生物器官不断分化和专门化,这是生物进化的一个重要标志。马克思说,生产工具的分化和专门化同生物器官的分化和专门化相类似。人工自然物的分化和专门化是从生产工具开始的。马克思曾引用了这样的资料:19世纪英国的伯明翰可以制造300种各式各样的锤,其中每一种都只适用于某种专门的生产。[25]可是近代工业产品的生产是大批量、少品种。现在工业生产还朝着小批量、多品种的方向发展,生活用具也日趋多样化。

第三,操作的简化。根据效率原则,人们在使用人工自然物时,力求花费最少的劳动获得最大的效果,这就要求人们在使用时不需要很多高深的背景知识，操作程序少，动作简单，不易出错，使用方便。现代的生产工具与生活用具正向自动化的方向发展。

第四，结构的复杂。人工自然物往往操作越简便，内部结构就越复杂，越有序。

第五，跨越式制造。每种人工自然物都有个进化过程，经历了逐步进化的各个形态，通俗地说可能经历好几代。但我们每一代人在制造人工自然物时，没有必要把过去的各代产品都重新逐个制造一遍，而是可以直接制造最新的品种和型号。天然自然物的进化很少有跨越式的。例如恒星的演化不可能从红巨星跳跃到中子星，而必须经过白矮星的阶段。生物个体的发育是种的进化的简单重演，人工自然物的进化则没有这种再现。制造人工自然物的技术，只能一步一步地发展，但人利用技术制造具体的物时，可以超越过去的进化阶段。

第六，微型化。在近代工业的早期，许多人工自然物越造越大。后来人们慢慢认识到，从节约物质资源和制造、使用的方便角度考虑，小的往往比大的好。电子计算机发展的趋势之一就是微型化。纳米材料技术将使人工自然物的微型化进入崭新的阶段。现在已开始制造体积只有红血球1/100的微型电池、黄蜂大的直升飞机（重量不到0.5克）、比蚕丝还细的转轴、比尘埃还小的齿轮和直径1毫米的静电发动机。

第七，艺术性提高。人工自然物的技术含量和艺术含量都越来越高。过去以技术水平的提高为主，将来以艺术水平的提高为主。越来越精，越来越巧，也越来越美。人们在满足物质需要的同时，精神需要也得到逐步满足。在技术越来越渗透到艺术创作领域的同时，技术也日趋艺术化。未来人类的技术生存，将是艺术化技术生存。

第八，智能化。人工自然物既是对天然自然物的取代，也是对人自身的取代。在对自然物的取代方面，出现了人造的智能材料，如具有“记忆能力”的合金。这儿所说的“智能”、“记忆”都是一种比喻，表明材料能“感知”自身的状态和环境条件的变化，并能根据环境的变化使自身的状态与功能发生相应的变化，可以看作是材料对自身的调整。在这个意义上，我们认为这种材料具有类似于自诊断、自适应、自复原、自修理的功能。在对人自身的取代方面，电脑可以在一定程度上取代人脑，是高度智能化的人工自然物。

五　人工生命

生物体是自然界最复杂的物体,人又是最高级的生物。如果人能够制造人工生物、人造人(用技术手段制造的不是由碳水化合物组成的人),那人工制造活动将发展到崭新的阶段。

人们很早就有造人的幻想。《列子·汤问》记述了工匠偃师制造会跳舞的男人,甚至会向美女抛媚眼。歌德在《浮士德》中,描述了欧洲中世纪炼金家造人的过程:“我们混合数百种原料/——混合至关重要——/将造人原料从容调好/把它装进圆瓶,外封泥胶/蒸馏以适度为妙/这件工作完成得静静悄悄。”[26]

1987 年 9 月 21 日,首届世界人工生命大会在美国举行,标志着“人工生命”这一新学科的诞生。何谓“人工生命”?现在尚无统一定义。首次提出这个概念的美国科学家兰顿说:“人工生命是具有自然生命现象的人造系统。”[27]有人说人工生命是具有自然生命特征、行为的人造系统。这些学者认为生命有两种形式:自然生命与人工生命或人造生命,拓宽了生命的概念。他们认为生命的本质不是物质,而是信息。生命不是“物”,而是“物”的结构形式。只要我们能把“物”正确地建构起来,那任何物质都能出现生命,无论是在细胞之中,在计算机屏幕的光标上,还是在沙粒里。也就是说,我们可以利用任何物质来制造生命。这的确是对生命本质的新理解。

恩格斯认为,生命是蛋白质的运动形式,生命物质和无生命物质之间没有鸿沟。1828 年德国化学家味勒人工合成尿素时,他给予了高度评价。1874 年德国的特劳白宣布了人造细胞的实验,马克思、恩格斯都很关注,可是后来在人工模拟细胞研究方面进展不大。同年,恩格斯针对“人工制造生命的企图没有取得任何结果这一事实”指出:“如果有一天用化学方法制造蛋白体成功了,那么它们无条件地会显示生命现象。”[28]但是,恩格斯说:“蛋白质,生命的惟一的独立的承担者。”[29]他认为生命的物质载体只能是蛋白质,人工制造生命只能通过人工合成蛋白体的途径。核酸发现后,很多人认为生命是蛋白质和核酸的存在方式。

20 世纪 80 年代以来,计算机技术开始同生命科学结合,开拓了生命科学的新视野。在这个背景下,美国科学家兰顿等人提出了新的生命观和人工生命的概念。

兰顿等人认为生命的本质在于过程和组织形式,而不在于它的物质组成成分。我们在研究生命时,可以撇开它的具体物质组成,抽象出它的组织形式和生命活动的逻辑。这样,我们就可以根据这种形式和逻辑,用别的材料制成生命。兰顿认为人工生命是关于一切可能生命形式的生物学。它并不只研究我们所熟悉的以水和碳为基础的生命。这种生命是"如吾所识的生命"(Life as we know it),这是传统生物学研究的对象。人工生命则主要研究"如其所能的生命"(Life as it could be)。[30]

兰顿认为制造人工生命有多种途径,可以通过硬件(如金属、硅片)建造现实的人工生命,可以通过软件(即编程的方法)建造在计算机屏幕上展示的虚拟的人工生命,也可以在特定环境中把生物大分子组合成人工生命。

现代人工生命科学是通过模拟的方式制造生命的,不同的学者模拟的角度不同。符号主义主要是功能模拟,联结主义主要是结构模拟,行为主义主要是行为模拟。功能来自结构,行为是功能的表现,功能模拟是基础和核心,凡是具有自然生命功能的人造系统,都是人工生命。人工生命可以是信息化生命,不需要物质载体;也可以有物质载体,但这载体是多元的,不一定是碳水化合物。

有的学者认为:"人工生命不仅是具有自然生命特征和现象的人造模型、仿真系统,或是自然生命遗传后代、复制产物;而且,人工生命可以延伸、扩展自然生命的功能和特性,是自然生命的改良品种、进化系统。可以认为:'人工生命是自然生命的模拟、延伸与扩展。'"[31]这段话对人工生命的理解比较宽泛,认为人工生命有多种形式,有的是"模拟",有的是"延伸",有的是"扩展"。马克思说过工具是人手的延伸,现代人工生命科学家说人工生命是自然生命的延伸。这样,技术的进步取代了生命的进化。

那么,人工生命是否是人工自然物呢?首先要讨论何谓"物"。物是实体,自然物是基本粒子的集合。如果赞同这种对物的理解,那对人工生命是否是人工自然物的问题,就应具体分析,不可一概而论。

有人认为器官级人工生命的研究,包括应用软件或硬件的方法建构人工眼、人工耳、人工肺、人工肾、人工心脏、人工假肢等,这些属于人工自然物。个体级人工生命研究包括宠物狗、宠物鱼、宠物鸟等电子宠物,这些也属于人工自然物。

莫尔提出可以用机器零件制造人造植物,如应用"铁磁材料,电机,机床,齿轮,螺钉,电线,阀门,润滑油"[32]等等。用这些人造物制造出的人工生命,当然也是人工自然物。

有的学者认为计算机的程序就是一种生命。杰斐逊说:"我将毫不犹豫地说，程序是可以有‘生命’的，不管人们对‘生命’一词给出如何合理的定义（如‘能适应其环境，并能产生自身的不同变种的、精力旺盛的开放性系统’之类），程序都能符合该定义。关于程序不能有生命的说法不是反映了‘生命’定义的狭隘，就是反映了对计算机的丰富性和多样性的了解过于贫乏。”[33]如果程序是生命，那生命就可以脱离生命体，即不是由化学元素组成的“体”，而是一种“无体之生命”。杰斐逊编制的一套关于狐狸和兔子的计算机程序，称为“程序动物”，意思是说关于动物的程序，也是一种动物，更准确地说是一种动物的生命。

美国计算机专家雷诺兹制造了一些计算机鸟类，想看看把它们放飞后能否聚集到一起。他知道鸟儿齐飞不是由于控制器或头鸟发出的指令，而是取决于鸟儿对周围环境和别的鸟的感觉。他编制了一个会制作“类鸟”的程序，并下达了几条关于飞翔的指令，如不许同别的鸟碰撞，不要离群，要同头鸟配合等等。当雷诺兹把他的这些类鸟在计算机上放飞时，它们便聚成一队飞行，十分自然。雷诺兹还意外地发现，不仅整个鸟群的行为合乎鸟的规范，而且单只鸟也是如此。有一次一只鸟离群了，它在空中划了一个圆圈后又重新归队。另一只鸟违反程序，撞到了障碍物，但它立即从障碍物上飞回来，受惊似地拍打了几下翅膀，又赶上了鸟群。雷诺兹说他并没有设计这方面的程序，这两只鸟完全是自行其是。在一些计算机科学家看来，这些计算机鸟具有生命。

华人女学者涂晓媛用人工生命的方法进行计算机动画创作，利用动物形态、习性和行为模型创作了“人工鱼”，在计算机上实现了“人工动物”共有的基本特征：感知、运动和行为。人工鱼具有可变形的由肌肉驱动的鱼体、鱼眼睛和鱼脑，它能表现出避障、捕食、逃逸、集群和交配等行为。人工鱼是有着丰富行为活动的人工生命，人工生命仿真过程启动后，人工鱼将按它们自己的意图和对周围环境的感知，在虚拟的海洋世界中自由徜徉。每条鱼都是独立自主的、有自激发功能的智能体，既有反射行为，又有主动行为，既有逼真的个体行为，又有丰富的群体行为。它们是自主的、适于生活在连续、动态的三维虚拟世界中的虚拟机器鱼。[34]计算机上的“鱼体”，是虚拟的鱼体，而不是实在的物体。

兰顿说：“我们希望制造出与生命酷似的模型，它们将不再是生命的模型，而是生命本身。”[35]兰顿认为对生命的模拟，就是生命本身，相似即相同。

计算机程序、模型是人工产品，因为这些都是自然界本来没有的，是人的创造。但不是所有人的作品都是人工自然物。人工自然物是以天然自然物为原料制成的物，人在制造人工自然物过程中引起了自然界的物质变化。人工自然物要按照自然规律发生物质的变化，并同天然自然物发生物质的作用，计算机程序和模型都没有这些性质。人工自然物指的是一类物，而不是物的某种功能和结构。人工自然物是物质实体，而不是信息。对物的模拟不等于物，就像电视屏幕上的苹果不是真实的苹果。虚拟物也是人的作品，但不是现实的物。虚拟自然物不是人工自然物，它本身不可能引起环境的物质变化，所以刚才谈到的计算机鸟、人工鱼都不是人工自然物。

看来，现实的人工生命是人工自然物，虚拟的人工生命(或"数字人工生命")则不是。生命是生物体的活动能力，生命不可无"体"。

当然，我们可以提出"人工世界"(或人造世界)这个概念，程序、模型、信息都可以包括在其中。人工自然界也属于人工世界，但不是所有属于人工世界的作品都是人工自然物。

人类创造了各种各样的人工自然物，形形色色，林林总总。按照技术发展的逻辑，必然有人要制造人工生命，制造"人造人"或"人工人"或"人工自然人"。这里有三个问题需要讨论：其一，我们是否已经制造出了人造人？其二，如果现在还没有，那将来是否能够制造人造人？其三，我们是否应当制造人造人？

有人认为机器人就是人。莫拉维奇说："机器人将具有同人一样的技能和动作，所以，它能像人一样地教育孩子和做其他各种事。事实上，从各种实际用途来看，这个'机器人'就是人。它能像人一样地做事情——只不过说话和行动都像鸭子，也能像以往一样与朋友相处。所有人类能干的事，这个人造替代物都能干。所以，如果你不想把它叫作人，只能使你自己显得很反常。"[36]到目前为止，现有的机器人还不能做"所有人类能干的事"，它只是人的部分功能的替代物，还不是人。

我们能否用技术手段制造人呢？莫拉维奇认为可以，并提出了一种方案。他说：我们用一个铁或塑料制造的人造器官，来替代人的某一对应器官，这种替代完成后，人仍然是人。我们一个一个的器官换下去，人依旧是人。最后，当这个人的所有器官都被置换后，仍然是人。可是这个人全部是用材料做成的。这种方案实际上是把人看成了各种器官的简单相加，值得讨论。我们将来究竟是否能用铁、塑料这些材料制造人造人，这个问题让后人来作结论。

我们应当制造"人造人"吗？人们可能见仁见智。现在来看，无此必要。

技术的推广是按市场规律运作的。随着医学的发展,母亲怀孕、生儿育女的风险越来越小。而用铁、塑料制造不同性别的,包含各种细胞、基因的人,则要付出很大的代价。“人生人”和“人造人”哪一种方式经济合算?现在地球上的人不是嫌少,而是过多。再说,人造人还会有许多负面作用。

既然技术应用是把双刃剑,那么我们在制造人工自然物时,一定要权衡利弊。不是凡能制造的东西我们都应当去制造。

六 人工自然观研究的意义

以往的自然观,以研究天然自然界为主。在我国很长的一个时期内,哲学和自然辩证法的教科书的自然观部分,主要是叙述天体、地球、生命与人的四大起源,说明先有自然界,后有人,先有物质,后有精神。传统自然观研究的自然界,是人类出现以前的自然界,是没有受到人的作用的自然界,是本质上同人类没有关系的自然界,而不是作为人的对象的自然界。这种自然界只包含人类产生的可能性,但不具有人类活动的现实性。

天然自然观的研究对于树立唯物主义本体论是必需的,以后仍需要不断深化。但如果自然观研究只局限于天然自然,那么就存在着很大的缺陷。自然界在人类之先,但人类在自然哲学和科学技术之先。自有人类以来,人类所引起的自然界的变化,已大大超过自然界自身的变化。我们大部分时间生活在人工自然界之中,若不研究人工自然界,那自然观就会严重脱离人类的实践活动,并且妨碍我们对一些基本哲学问题的理解。

我们正在经历自然观研究的一个重大转折:从天然自然观为主转向人工自然观为主。系统地进行人工自然观研究,具有理论意义和现实意义。

其一,有助于我们认识和掌握物质创造的最一般规律。人类生存和发展的世界有三大领域:天然自然界、人工自然界和人类社会。因此世界的基本规律也有三类:自然发展的规律、人工自然发展的规律和人类社会发展的规律。在这三类基本规律中,人工自然发展规律是研究的薄弱领域。人工自然发展的规律,首先是人工自然物的制造规律,即物质创造的规律。人类的创造有两大领域:物质创造和精神创造,两者的创造规律也不相同。人工自然物的制造规律是自然物质变化规律、人的活动规律、社会生产和生活规律的综合体,包括人的肉体活动的规律、人脑活动的规律、体力与智力作用的规律、智力创造的规律、经济发展的规律、文化发展的规律,等等。各种人工自然物的具体制造方法,是人工自然物制造规律的表现。

其二,有助于我们加深对人的能动性、意识的能动性以及物质与精神辩证关系的理解。物质第一性,意识第二性,物质是世界的本原,意识是物质的派生物,这是唯物主义的最基本观点。这个观点的一个重要论据是自然界对人的先行性,即先有自然界,然后才会有人与人的意识。没有人,自然界依然存在,没有自然界,则不可能有人。但是,要深入理解物质第一性的问题,仅根据自然界的先行性是不够的,还要解决物质与精神的关系问题。天然自然界是无人的自然,也就是没有人的意识的自然界,所以在天然自然界中根本就不可能有物质与精神的问题,只有在人工自然界中才会有这个问题。

意识对物质是否有能动作用,可能会有怎样的能动作用,这是物质与精神关系问题的另一个重要方面。同样,这个问题也不可能通过天然自然观研究来解决。意识对物质的能动作用,说到底,就是精神变物质(人在意识的指导下创造新的物质形态)的问题。在自然观领域,精神变物质的过程就是人类利用天然自然物创造人工自然物的过程。天然自然与人的能动性(首先是意识的能动性)的结合就是人工自然。人工自然的"灵魂"是"人工",即人的能动性或创造性。物质变精神、精神变物质的过程,正是人工自然观的研究主题。

人工自然物相对于人类来说不具有先行性,或者说,相对于人的意识来说不具有先行性。先有天然自然界然后才可能会有人工自然界,但天然自然界不可能依靠自身的变化产生人工自然界。先有人,然后才有人工自然界;先有人关于某种人工自然物的设计,然后人才会把这种人工自然物制造出来。创造是人的设计的实现。先有石头然后才有人关于石头的认识,这是关于石头的哲学;先有电脑的设计,然后才会有电脑,这是关于电脑的哲学。这两种哲学(即两种自然观、两种物质观)既有密切的联系,又有很大的区别。相对于人工自然物而言,关于人工自然物的观念具有先行性,这是意识能动作用的最主要、最基本的表现。

当然,要制造人工自然物,必须先有物质材料。先有物料,后有产品。我们既说"先有关于人工自然物的观念,然后才有人工自然物",又说"先有物质原料,然后才有人工自然物",这是否相悖?否。人工自然物是人的设计和自然物质的结合。人工自然物的产生有两个前提:自然和人的存在,二者缺一不可。这正是"人工自然"的本意:没有自然,没有人工,都不会有人工自然物。而"人工"的第一个环节便是设计,即智能工作。自然界是人类的本原,而人工自然物的本原是人,更进一步说,是人的智慧。

所以，天然自然观与人工自然观的研究的结合，才能完整地、深刻地理解物质与精神的辩证关系。

其三，有助于加深我们对自然与社会统一性的认识，探索自然与社会的统一规律。自然与社会是两个相互联系、相互影响、相互作用、相互渗透的领域。开展人工自然观的研究，可以从两个方面丰富我们关于自然与社会内在联系的认识。一方面，是寻找自然与社会的互渗区、结合部。人工自然界是一个特殊的领域。它既来自天然自然界，又是社会系统的物质基础；既是自然的物质存在，又是社会的物质存在；既体现了物的属性，又体现了人的属性；既表现了人与自然的关系，又表现了人与人的关系；既遵守自然发展的规律，又遵守社会发展的规律。另一方面，是探索自然与社会的统一规律。既然人工自然物的创造规律是自然规律与社会规律的综合体，那么从人工自然物创造和发展过程中抽象出来的一些规律，就有可能既适用于自然，也适用于社会。

传统自然观以研究天然自然为主，而天然自然是在人类社会出现以前的自然，是同人类社会没有关系的自然，这就不可能很好地把自然界放在一定的社会环境和历史背景中来考察，实际上是对自然界进行撇开社会影响的孤立的考察。这样，自然观与历史观之间就缺乏沟通的环节，这是传统自然观研究的又一大缺陷。

实际上，当我们开始认识与利用自然时，自然与社会的相互联系就已成事实。我们都是以一定的社会组织形式，采用一定的社会手段来认识自然和作用于自然的。从表面上看，我们是在自然界中同自然发生作用的，实际上我们是在社会之中同自然界发生作用的。人工自然是自然的社会化或社会化的自然。人类社会是自然界长期发展的产物。人类社会的全部活动不能脱离自然，不能违背自然规律。人类社会发展是一种“自然历史过程”。

恩格斯的《劳动在从猿到人转变过程中的作用》这篇论文，本来是他的《奴役的三种基本形式》一书的导言，由于这部书稿未能完成，所以恩格斯就把这篇论文放在《自然辩证法》中，这是意味深长的。这表明恩格斯认为，自然辩证法应包括人类起源的内容。他认为劳动创造了人，而劳动是从制造工具开始的，工具便是我们在这儿所说的人工自然物。在这个意义上可以说，人因为创造了人工自然物，所以人成为了人。恩格斯在《自然辩证法》《导言》中说：“随着人，我们进入了历史。”“只有一个在其中有计划地进行生产和分配的自觉的社会生产组织，才能在社会关系方面把人从其余的动物中提升出来，正像一般生产曾经在物种关系方面把人从其余的动物中提升出来一样。”[37]所以说，在恩格斯看来，人类社会与自然是密切相关的，只是在这方面未作系统的论述。我们关于人工自然观的研究，可以丰富这方面的内容。

最后，有助于经济学与自然哲学的沟通。过去许多人认为，自然哲学同经济学没有什么关系，这是一种误解。当然，天然自然界只是为人类的经济活动提供自然条件，同人类的经济活动没有任何现实关系。人工自然物则是人类经济活动的产物。天然自然只有进入了人的经济活动领域，才会转化为人工自然。人工自然是经济化了的自然。

经济需要是人类创造人工自然物的根本动力。人类创造人工自然的目的，是为了从自然界中获得越来越多的经济利益。

商品的主体是人工自然物。商品有两种属性：一是物的有用性，二是物的可交换性。亚里士多德早就说过：“各种货物都有两种用途……一种是物本身所固有的，另一种则不然，例如鞋，既用来穿，又可以用来交换。”[38]人工自然物既有物的有用性，又有物的可交换性，所以人工自然物是商品。人工自然界的发展既同技术有关，也同市场有关。它必须遵守经济活动的两条基本原则：功利原则和效率原则。人工自然观指出，商品若以物（货物）的形态出现，必然是用自然物质制成的，必然具有自然物性。水、空气、阳光虽然对人有用，但不是商品，也就是说天然自然物不是商品。当然，这些都是从总体上说的。

注释

〔1〕 亚里士多德：《物理学》，商务印书馆，1982年，第46页。

〔2〕 亚里士多德：《物理学》，第44页。

〔3〕 亚里士多德：《物理学》，第48—49页。

〔4〕 亚里士多德：《物理学》，第44页。

〔5〕 亚里士多德：《物理学》，第63页。

〔6〕 亚里士多德：《物理学》，第63页。

〔7〕 亚里士多德：《物理学》，第64页。

〔8〕 潘吉星：《宋应星评传》，南京大学出版社，1990年，第396、397页。

〔9〕 潘吉星：《宋应星评传》，第399页。

〔10〕 潘吉星：《宋应星评传》，第402—403页。

〔11〕 北京大学哲学系外国哲学史教研室：《16—18世纪西欧各国哲学》，商务印书馆，1963年，第303—304页。

〔12〕 马克思：《1844年经济学-哲学手稿》，人民出版社，2000年，第87页。

〔13〕 马克思:《1844 年经济学-哲学手稿》,第 89 页。
〔14〕 恩格斯:《自然辩证法》,人民出版社,1984 年,第 304 页。
〔15〕 恩格斯:《自然辩证法》,第 98 页。
〔16〕 马克思:《1944 年经济学哲学手稿》,第 53 页。
〔17〕 西蒙:《人工科学》,商务印书馆,1987 年,第 7 页。
〔18〕 马克思:《1844 年经济学-哲学手稿》,第 58 页。
〔19〕 马克思:《1844 年经济学-哲学手稿》,第 58 页。
〔20〕 恩格斯:《自然辩证法》,第 305 页。
〔21〕 恩格斯:《反杜林论》,人民出版社,1971 年,第 133 页。
〔22〕 恩格斯:《反杜林论》,第 133 页。
〔23〕 达尔文:《物种起源》第一分册,商务印书馆,1981 年,第 43—44 页。
〔24〕 胡作玄:《从化学到化工》,《自然辩证法研究》,1995 年第 11 期。
〔25〕 马克思:《机器。自然力和科学的应用》,人民出版社,1978 年,第 78 页。
〔26〕 歌德:《浮士德》,复旦大学出版社,1983 年,第 401 页。
〔27〕 班晓娟等:《人工智能与人工生命》,《计算机工程与应用》,2002 年第 15 期。
〔28〕 恩格斯:《自然辩证法》,第 284 页。
〔29〕 恩格斯:《自然辩证法》,第 32 页。
〔30〕 李建会:《人工生命对哲学的挑战》,《科学技术与辩证法》,2003 年第 4 期。
〔31〕 艾迪明等:《人工生命概述》,《计算机工程与应用》,2002 年第 1 期。
〔32〕 里吉斯:《科学也疯狂》,中国对外翻译出版公司,1994 年,第 178 页。
〔33〕 里吉斯:《科学也疯狂》,第 198 页。
〔34〕 艾迪明等:《人工生命概述》,《计算机工程与应用》,2002 年第 1 期。
〔35〕 里吉斯:《科学也疯狂》,第 187 页。
〔36〕 里吉斯:《科学也疯狂》,第 152—153 页。
〔37〕 恩格斯:《自然辩证法》,第 18、19 页。
〔38〕《马克思恩格斯全集》第 13 卷,人民出版社,1962 年,第 11 页脚注。

第五讲

自然观的演变

古代有机自然观
近代形而上学自然观
机械自然观
19世纪科学与新自然观

人类对自然界的认识是一个发展过程,自然观是对这种认识的哲学概括,当然也在不断演化和发展。历史上各种自然观的出现与流行,都有其认识根源和经济根源。随着自然科学的不断发展,自然界的辩证性质越来越被我们所认识,辩证法的思想也越来越渗透到科学与自然观之中。但这是一个曲折的发展过程。

一　古代有机自然观

在原始社会,先民还不能正确地解释自然现象,更不可能对自然现象进行控制。在自然界面前,人类几乎无能为力,只是听天由命。在这种背景下,原始宗教(包括巫术)、万物有灵论、自然神论流行,人们把自然界当作神来崇拜,这是早期的唯心主义自然观,在整个古代都没有消失。

到了农业社会,人们直接参与了农作物的生长过程,对农作物从萌芽到成熟的过程有了长期、直接的认识。另外,古代没有出现自然科学的学科群,人们是从总体上来认识自然界的,还没有把自然界分割为各个孤立的领域,这就出现了古代的朴素唯物论和朴素辩证法。这儿所说的"朴素",是指它来自日常生活经验,具有浓厚的感性色彩,比较朴实,同时也比较肤浅、幼稚。

古希腊哲学家赫拉克利特认为世界的本原是火。火永远在不断燃烧,所以万物在不断运动。永恒的事物永恒地运动着,暂时的事物暂时地运动着。万物都从对立中产生,又通过对立产生和谐。“自然也追求对立的东西,它是从对立的东西产生和谐。”“太阳每天都是新的。”[1]

我国的《周易》一书,充满了古代朴素的辩证法。“易者,变也。”《周易》讲的是变易之道。它告诉我们,自然界的演化是从单一到多样化的过程,多样性中蕴涵着永恒的和谐和统一性,两个性质上相反的事物可以结合为一个新事物。《易传》说:“《易》之书也不可远,为道也屡迁,变动不居,周流六虚,上下无常,刚柔相易,不可为典要,惟变所适。”意思是:《易》这部经典,我们之所以不可远离它,是因为它讲的道理是变化的,而不是僵死的,普遍流动于卦象之间,使爻的位置上下变动,刚柔互换,不能作为固定的依据,而只能适应事物的变化。

古代自然观是一种农业文化,同农业生产有密切关系。我国阴阳学说中的阴阳,最初是指日光的向背。万物生长靠太阳,阳光同农作物的生长有直接关系。从周代开始,先民就用阴阳学说解释农作物的生长过程。阳气上升,阴气下沉。春天来临,阳气从地下向上蒸发,农作物便会顺利生长。贾思勰说:“凡栽一切树木,欲记其阴阳,不会转易。”这是强调农业生产要注意阴阳关系。

同阴阳学说经常相连的还有五行学说。五行的概念实际上对应的是农业生产的五大要素:农作物(木)、土壤和肥料(土)、水(水)、火(阳光)、金(工具)。五行相生相克的关系,大约是殷周时期农业生产过程的反映。烧荒后的土壤变肥是火生土,水滋润土壤使农作物生长是水生木,用耒耜松土是木克土,以土筑堤挡水是土克水,等等。

同样,古希腊哲学中的四素说(水、土、火、气)和四性说(冷、热、干、湿)也可以看作是对农业生产自然条件的反映。

农业畜牧业生产是生物型生产,是生物胚种按生物学规律发育、生长的过程。生物体是有机体,所以古代自然观一般都有比较多的有机论思想,即认为自然界是个有机体,万物都有发育、生长的过程。古人常把自然界看作一棵树,蕴涵着对生命和胚种的崇拜。一直到工业革命开始,许多人仍然有这种有机论思想。梅森说,人们在很长时期内都相信矿物像植物一样,可以不断生长。“一般说来,从地下开采出来的无机物被认为是有生命的,受一种内在的塑性力量的推动或日月星辰的外来影响而成长。举例说，当时矿工不时会停工，以便使新的矿藏能够成长起来，代替开采了的矿物。”[2]这些农民出身的矿工们，把矿物当成了韭菜，割了一茬以后，隔些时候又会长出来。“又因一般人认为铋变成银的可能性最大，所以铋又有‘未成的银’的别名。当开矿工人开到铋的矿脉时，常常现出一种不愉之色，喊着：‘唉，我们开得太早了’。”[3]甚至炼金术也认为，一切矿物和金属都同植物一样，在大地里诞生、生长、衰老和死亡，只是它的变化比植物要缓慢得多。

古代有机自然观是从日常生活经验出发所作的想像和猜测。有些想法很有意思，甚至可以说是天才的猜测。在这些猜测中，我们可以找到以后许多观点的胚胎和萌芽。古代有机自然观为我们描绘了一幅自然界相互联系、不断变化的图景，但缺少对细节的分析和证明，缺少科学的根据。恩格斯说：“在希腊人那里——正因为他们还没有进步到对自然界的解剖、分析——自然界还被当作一个整体而从总的方面来观察。自然现象的总联系还没有在细节方面得到证明，这种联系对希腊人来说是直接的直观的结果。这里就存在着希腊哲学的缺陷，由于这些缺陷，它在以后就必须屈服于另一种观点。”[4]

二　近代形而上学自然观

16—18世纪是科学史发展的一个阶段。在这个阶段出现了近代的科学技术和机器大生产，人类的生存方式从古代的自然生存，转向技术生存，自然观也发生了深刻的变化——从古代朴素辩证法转向近代形而上学。

工业生产与农业生产有本质的区别。农业生产的基本规律是生物的遗传、发育规律。工业生产的任务是要制造自然界不可能出现的物质形态，所以人类在工业生产中必须变革原料，这就需要认识不同物质的具体属性和结构。制成一件产品，常常需要多种原料，这就要求对各种不同的具体物质形态分别加以研究。农业生产没有细致的分工，农民都是多面手。机器大生产则把产品的制造过程分成许多道工序，每个工人只承担一两道工序，所以工人都是专业能手。生产的分工与专业化，要求知识的分工与专业化，自然科学的学科群便开始逐步形成。

近代自然科学的早期，科学家一般都采用孤立的、静止的方法来研究自然界。他们的认识程序一般是：先分别独立地认识对象，然后再考虑它同别物的联系；先认识事物的静态，然后再认识它的动态；科学认识是从感性到理性的过程。当科学家开始认识一个事物时，首先进入科学家感觉领域的是这个事物本身，而不是这个事物同其他各种事物之间的关系。例如，科学家首先看到的是这个事物的颜色、大小、形状，是这个事物自身的外貌，而不是它同别的事物联系的方式，是事物的现状，而不是它的历史。恩格斯在谈论近代自然科学早期的研究方法时说："必须先研究事物，而后才能研究过程。必须先知道一个事物是什么，而后才能觉察这个事物所发生的变化。"[5]

人的认识是从简单到复杂的过程，一般先认识简单事物，然后认识复杂事物；先把对象看作简单的实体，然后再把事物看作是复杂的对象。显然，孤立地认识一个事物自身，要比认识它同别物的各种联系简单，认识现状、静态、存在比认识历史、动态、演化简单。所以科学家在开始认识一个对象时，比较简易可行的方法，是把对象看作是孤立、静止的对象。这当然是把复杂事物简单化了，但这种研究在近代科学早期不仅是必需的，而且是富有成效的。可是这种研究方法必然会导致形而上学自然观的流行。

生命现象是自然界最复杂的现象，因此近代早期生物学更需要采用孤立、静止的方法。分类学、解剖学是早期生物学的两个基本学科，体现了生物学早期研究方法的上述特征。

18 世纪瑞典的林奈是近代最著名的分类学家。他说："知识的第一步，就是要了解事物本身。这意味着对客观事物要具有确切的理解；通过有条理的分类和确切的命名，我们可以区分并认识客观物体；……分类和命名是科学的基础。"[6]这可以看作是早期生物学的研究纲领。美国的厄恩斯特·迈尔指出，在分类学的早期曾流行一种十分简单的二分法。"这一方法的最显著特点是把一个'属'分成两个'种'('非此即彼')。这叫两分的划分。"[7]圣经《马太福音》说过："是就是，不是就不是；除此以外，都是鬼话。"近代分类学采用的就是这种思维方式。

种与种之间当然有区别，但这种区别是相对的。一个种可以变化为另一个种，在相邻两个种之间会有中间的、过渡的形态，这些形态不是"非此即彼"，而是"亦此亦彼"，既是这个种，又是另一个种。"此"与"彼"既相互区别，又相互渗透、相互包含、相互转化。恩格斯说："一切差异都会在中间阶段融合，一切对立都会经过中间环节而互相转移，对自然观的这样的发展阶段来说，旧的形而上学的思维方法就不再够了。辩证法同样不知道什么僵硬的和固定的界线，不知道什么无条件的普遍有效的'非此即彼！'，它使固定的形而上学的差异互相转移，除了'非此即彼！'，又在恰当的地方承认'亦此亦彼！’，并且对立相互联系；这样辩证法是惟一在最高度地适合于自然观的这一发展阶段的思维方法。”[8]

生物学家在对物种进化分类时，必然要强调种的稳定性、物种界线的清晰性和确定性、物种序列的间断性，这就会自发产生生物物种不变论。林奈既是近代分类学的权威，又是物种不变论的重要代表。他说：“物种是至高无上的上帝创造的。最初创造了多少物种，现在就是多少。它们虽然遵循传种接代的神的法则有所繁殖，但是每种生物永远是那个样子，不会改变。”[9]

要了解一个生物，首先要观察它。它的外部形态我们可以直接观察，内部结构却看不到。解剖法的功能就是把生物体的内部结构转化为外部形态。在近代生物学中，解剖学占有重要的地位。对于生物学来说，首先是搜集标本，进行解剖，对生物体的结构有初步的认识。

解剖学家关注的是生物体的部分，而不是生物体的整体。他们相信部分之和便是整体，只要我们逐一认识了生物体的各种器官，也就知道了整个生物体。解剖学家又必须把生物体的各个器官看作是孤立的，即使他们猜想到一个器官同别的器官有什么联系，也要先“切断”这种联系。他们要观察的是这些器官，而不是这些器官之间的联系。当解剖学家对生物体进行解剖时，生物体被看作是死体，而不是活体。他们自觉或不自觉地认为，只有把对象看作是静止不变的东西，才能仔细地观察；要了解事物是怎样变化的，首先要认识它是什么；要了解生物器官的功能，首先要了解它的结构。为此，就必须把生物体的器官和结构，看作是固定不变的东西，如果它瞬息万变、稍纵即逝，就无法对它进行观察了。

因此，解剖学采用的是孤立、静止的方法，提供的是生物体的孤立、静止的画面，这同样也会导致形而上学的物种不变论。

近代自然科学早期采用孤立、静止的方法对自然界进行分门别类的具体研究，积累了大量的经验，使我们对自然界的许多具体物质形态和具体运动形态有了初步的，却是颇为丰富的认识。这同古代自然哲学相比，是一次重要的知识进步。

孤立、静止的研究方法的成功，不仅使许多学科自发产生了许多形而上学思想，而且使许多科学家和哲学家认为自然界本来就是孤立的、静止的，从而把近代科学早期所采用的形而上学研究方法，上升为方法论和世界观，这就形成了形而上学自然观。

恩格斯在概括16—18世纪自然科学发展的状况时说：“把自然界分解

为各个部分,把自然界的各种过程和事物分成一定的门类,对有机体的内部按其多种多样的解剖形态进行研究,这是最近四百年来在认识自然界方面获得巨大进展的基本条件。但是,这种做法也给我们留下了一种习惯:把自然界的事物和过程孤立起来,撇开广泛的总的联系去进行考察,因此就不是把它们看做运动的东西,而是看做静止的东西;不是看做本质上变化着的东西,而是看做永恒不变的东西;不是看做活的东西,而是看做死的东西。这种考察事物的方法被弗兰西斯·培根和洛克从自然科学中移到哲学中以后,就造成了最近几个世纪所特有的局限性,即形而上学的思维方式。"[10]恩格斯的这段话表明,形而上学自然观在16—18世纪出现并流行,有它的历史必然性。

形而上学自然观的核心观点,是否认自然界的演变和发展。相互作用是运动之源,所以否认相互联系,其实质也就是否认发展。恩格斯指出,形而上学自然观"这个总观点的中心是自然界的绝对不变性这样一个见解","自然界的任何变化、任何发展都被否定了。开始时那样革命的自然科学,突然站在一个彻头彻尾保守的自然界面前,在这个自然界中,今天的一切都和一开始的时候一样,而且直到世界末日或万古永世,一切都将和一开始的时候一样。"[11]自然界是相互联系、不断发展的,所以形而上学自然观是片面的、错误的,会把科学家的研究工作引向错误的方向,得出错误的结论。

大家都知道,牛顿提出了著名的绝对时空观,认为存在着一种独立于物质和运动之外的绝对空间。他的这一看法,同他的形而上学思维方式有密切的关系。牛顿为了论证绝对空间、绝对运动的存在,曾经设计了著名的思想实验——水桶实验。一个水桶里有大半桶水,使水桶旋转。最初水桶旋转时,桶里的水没有跟着水桶旋转,这时水面是平的。牛顿认为,在这种情况下,水相对于水桶来说有相对运动,但水面很平这个事实表明,水并没有运动。水的静止显然不是相对于水桶来说的,那就只能是相对于绝对空间而言的,这时水的静止便是绝对静止。后来水逐渐跟着水桶一块旋转,水就沿桶的边缘升起,形成凹形水面。牛顿认为,在这种情况下,水相对于水桶来说没有相对运动,可是水面变凹的事实表明,水在运动。水的运动不可能是相对于水桶来说的,那就只能是相对于绝对空间而言的,这时水的运动就是绝对运动。在这个假想的实验当中,牛顿只是孤立地分析水桶与水的关系,根本不管除了水桶和桶里的水以外,还有别的自然物存在。后来马赫指出,水桶的周围有许许多多物体,包括地球和天体。水面很平时,表明水相对于周围物体而言静止不动;水面变凹时,表明水相对于周围物体来说在运动,这里根本就没有假定绝对存在的必要。马赫说:“我们切莫忘记,世界上所有的东西都是相互联系和相互依存的。”[12]使马赫断然否认牛顿绝对时空观的,与其说是他的力学知识,不如说是他的辩证思维方式。

牛顿是万有引力理论的提出者,可是他在研究天体力学时,只讲吸引,不讲排斥。可是,如果只有吸引,那行星就会被吸引到太阳上面去。行星能围绕太阳旋转,就必须受“切线力”的作用。在牛顿看来,这切线力当然不会是万有引力,那是什么力呢?他百思不得其解,就认为是上帝的“第一次推动”。

林奈用静止的方法研究生物学,得出了物种不变的形而上学观点。用物种不变论很难解释生物物种的多样性,就得出了神创论的结论——所有物种都是神的杰作。

恩格斯曾把牛顿与林奈并提,看作是近代自然科学早期的代表,是很有见地的。他们既是近代自然科学研究中形而上学思维方式的代表,又是通过形而上学陷入自然科学唯心主义的代表。

三 机械自然观

近代形而上学自然观具有鲜明时代特征的,是它的机械论观点。在自然观方面,机械论认为自然界是台大机器,所有的自然运动都可以还原(归结)为机械运动;在科学观方面,机械论认为牛顿力学是科学的基础,用牛顿力学可以解释自然界的一切,甚至可以解释社会历史现象。这种机械论更准确地说是力学机械论。

经典力学是机械论的生长点和科学基础。在16—18世纪,力学是自然科学的基础学科、带头学科、核心学科。牛顿力学研究的是物体的机械运动(位置移动)。机械运动是自然界中最简单的运动,科学认识是从认识简单性起步的,所以力学是近代科学中最先成熟的一个学科。机械运动是自然界中一种非常普遍的运动,所以力学的应用范围十分广泛,这就使力学成为很长历史时期里影响最大的学科。

伽利略、牛顿等人采用一种十分简便的方法研究力学,假定物体在位置移动中不发生别的物理运动,甚至都不研究同热运动的关系;假定物体的质量都集中在一个点(质点)上,不考虑物体的体积与形状;假定力的作用发生在两个物体中心(质点)的连线上,都是中心力。他们的这种方法是非常成功的。有了牛顿力学,我们不仅可以解释许多力学现象,而且可以对物体的运动状态作出准确的预言。牛顿力学通过几次重大的检验,充分显示了它的令人信服的价值与魅力。

第一次检验是关于地球形状的测定。古希腊哲学家认为地球和天体的形状都是最完美的立体形状——标准的正球体。牛顿根据他的力学,认为地球是个扁球体,两极方向上的直径稍短,并预言地球的扁率是 1/230。秀才不出门,能知地球形?许多人不禁都问:你牛顿从未对地球进行什么测量,凭什么说地球像个橘子?当时的法国,笛卡儿的思想占统治地位,牛顿的一套力学同笛卡儿的以太旋涡理论完全不同。笛卡儿派科学家拼命反对牛顿,并宣布根据笛卡儿的理论,地球的形状在两极的方向拉长,像只橄榄。孰是孰非,只有通过实地测量来解决。1718 年,法国科学家宣布测量的结果证实了笛卡儿派看法的正确。1735 年第二次测量表明牛顿的猜想是对的。1810 年第三次测量再次证实了牛顿的看法,而且测出的扁率同牛顿的预言很接近。

第二次检验是哈雷彗星回归周期的证实。长期以来,人们认为彗星是神秘的不祥之兆,牛顿认为彗星也是天体,它的运行也遵守天体力学规律。牛顿的好友哈雷,用牛顿力学研究彗星。哈雷注意到 1682 年出现的一颗大彗星,同分别在 1531 年和 1607 年出现的两颗彗星有许多共同之处,断定这三次出现的是同一颗彗星,它的周期是 75 年多。哈雷由此推测这颗彗星下次将在 1758 年出现。他是在 1705 年公布这项预测的,时年 61 岁。不少人认为,哈雷猜测 53 年后彗星重现,到那时到哪儿去找他讨个说法呢?可是哈雷对此深信不疑,他说后人按时看到这颗彗星时,不要忘记作出这个预言的是两个英国人,即牛顿和他本人。1758 年,这颗彗星果然如期出现。世人感叹不已,无不折服,这个彗星就以哈雷为名。

第三次检验是海王星的发现,这个故事我们将在科学研究方法一讲中叙说。

牛顿力学的成功,使牛顿名震天下,饮誉四海。英国诗人蒲柏用这样的诗句来赞美牛顿:

> 自然和自然的法则在黑暗中隐藏,
> 上帝说,让牛顿去吧!
> 于是一切都已照亮。[13]

再听听法国物理学家安培的公子对牛顿的歌颂:

他来了，他揭示出最高的原则，
永恒、普遍、惟一，就像上帝自身。
万物都肃静下来，听他说道：吸引，
这个词正是那造物的字音。[14]

请注意“最高”、“永恒”、“普遍”、“惟一”这四个定语，再找不出更溢美的形容词了。整个科学界都在高呼：牛顿力学法则是惟一的原则、最高的原则、永恒的原则、普遍的原则。牛顿就是科学的“上帝”，牛顿的著作就是科学的“圣经”。

当牛顿1687年出版他的《自然哲学的数学原理》* 时，就说他的力学有十分广泛的用途。他在第一版序言中说，他的力学是“推理力学”。“‘推理力学’是一门能准确提出并论证不论何种力所引起的运动，以及产生任何运动所需要能力的科学。”“我把这部著作叫作哲学的数学原理，因为哲学的全部任务看来就在于从各种运动现象来研究各种自然之力，而后用这些力去论证其他的现象。”“我希望能用同样推理的方法从力学原理中推导出自然界的其他许多现象。”[15]既然牛顿力学有如此威力，牛顿本人也说可以从牛顿力学推导出其他许多自然现象，于是，各行各业的科学家都纷纷效仿牛顿，用牛顿力学来解决他们各自研究的课题，出现了持续两百多年的“牛顿力学热”。

早在1690年，荷兰科学家惠更斯就说：“在真正的哲学里，所有的自然现象的原因都用力学的术语来陈述。”[16]

化学亲和力理论曾流传了很长时期，这个理论带有浓厚的机械论色彩。化学亲和力决定各种化学元素化合或分解的难易。牛顿认为化学亲和力是化学微粒之间的引力。法国化学家贝尔托莱认为化学亲和力的大小，同参加反应物质的质量成正比。有人认为化学亲和力的规律同万有引力定律相似，惟有机械力学才能揭示化学运动的本质。法国的雷伊把化学中的化合归结为物质的机械混合，提出了化学变化的机械学说。

机械力学对近代生物学的研究也有很大的影响。达·芬奇认为动物的骨骼是杠杆。伽利略用力学来分析动植物个体生长的规模，他说一棵树不可能长得太高，否则枝叶的重量会把树压断。如果脊椎动物体格庞大，骨骼

* 当时欧洲学者所说的“自然哲学”，常常指的是自然科学。

为了承担重量就会过分粗大，动物就会变形。意大利的法布里修斯发现了静脉瓣膜，就用水力学原理来说明瓣膜的功能。哈维用机械力学的方法研究血液循环，把心脏比作水泵，指出动脉与静态是一个机械系统。后来有人还用这种方法来研究消化系统、生殖系统和神经系统的功能。意大利的波列利用力学研究动物的动作，认为动物的各个器官就是一座机器的各个部件或者本身就是一个机械装置，如肺是鼓风箱、胃是研磨机。他指出，如果心脏像一个唧筒里的活塞那样运动，那一次心搏就要施加 13.5 磅压力。

17—18 世纪的物理学对光、热、声、电各种物理现象都有系统的研究，但无一不打上了机械力学的印记。牛顿的光微粒说实际上是光的机械理论，认为光微粒的运动同物体的机械运动完全相同。热的传递被看作是热质这种物质微粒的机械运动，“热力学”这个名称给人的印象，就是用力学来研究热现象的。声波被看作是机械波。

到了 19 世纪，物理学已经取代力学成为带头学科和基础学科，可是力学机械论在物理学中仍然十分流行，电磁学的发展状况鲜明地表现了这一点。法国电学家安培，小时候在父亲的书房里读到介绍牛顿的书籍，就暗下决心长大后要成为牛顿那样的科学家。他试图用牛顿力学来建构电动力学，模仿牛顿的万有引力公式，写出了电动力的关系式：

$$\text{电动力}=\frac{\text{电流元}_1\times\text{电流元}_2}{\text{距离}^2}$$

安培说：“这就是牛顿所走过的道路，也是对物理学作出过重大贡献的法兰西知识界近来普遍遵循的途径。”[17]

英国的普里斯特列、卡文迪什都认为电力和磁力遵守与万有引力定律形式上完全相同的规律。法国的库仑根据这个思路写下了库仑定律。杨振宁说：“我曾经把库仑的文章拿来看了一看，发现他写出的那个公式同实验的误差达到 30% 以上。估计他所以写出这个公式，一部分是猜出来的，猜测的道理是因为他已经知道了牛顿的公式。”[18]在通常情况下，一个假设同实验的误差达 30%，科学家是绝对不会坚持这一假设的。库仑竟置这么大的误差于不顾，断然写下了那著名的库仑公式，可见他对牛顿力学的信念是何等之坚定，真可谓“撼山易，撼牛顿力学难”。

爱因斯坦说，近代电磁学的发展，虽然在客观上已超出了牛顿力学的框架，可是电磁学家仍然认为可以从力学推导出电磁学。“因此我们不必惊奇,可以说上一世纪所有的物理学家,都把古典力学看作是全部物理学的、甚至是全部自然科学的牢固的和最终的基础,而且,他们还孜孜不倦地企图把这一时期逐渐取得全面胜利的麦克斯韦电磁理论也建立在力学的基础之上。"[19]"伟大的变革是由法拉第、麦克斯韦和赫兹带来的——事实上这是半不自觉的,并且是违反他们的意志的。所有这三位,在他们的一生中都始终认为自己是力学理论的信徒。"[20]

一直到19世纪末,仍然有不少科学家坚持机械论。1884年英国的克尔文说:"我的目标就是要证明,如何建造一个力学模型,这个模型在我们所思考的无论什么物理现象中,都将满足所要求的条件。在我没有给一种事物建立起一个力学模型以前,我是永远也不会满足的。"1888年,电子的发现者J.J.汤姆生说,经典物理学50年所完成的主要进展,"最引人注目的一个结果就是增强了用力学原理来说明一切物理现象的理念,促进了追求这种说明的研究。""一切物理现象都能够从力学角度来说明,这是一条公理,整个物理学就建造在这条公理之上。"[21]德国科学家杜布瓦-雷蒙说:"只有机械观才是科学。"赫尔姆霍茨说:"整个自然科学的最终目的——溶解在力学之中。"[22]奥地利物理学家玻尔茨曼干脆说我们生活在机械论的世纪。"如果你要问我,我们的世纪是钢铁世纪、蒸汽世纪,还是电气世纪,那么我会毫不犹豫地回答,我们的世纪是机械自然观的世纪。"[23]在这些科学家的心目中,以牛顿为代表的力学机械论如日中天,光芒万丈。

人们用牛顿力学来解释各种自然、社会现象,所以就出现各种各样的力的概念。在近代科学史上就有重力、引力、电力、电的接触力、磁力、折射力、化学亲和力、热力、浮力、握力、死力、活力、发酵力、生命力、消化力、神经力,等等。似乎只要对某种自然现象起个力的名称,这种现象就得到了解释。为什么石头有重量?因为它有重力。为什么物体带电?因为它有电力。为什么生物有生命?因为它有生命力。为什么胃能消化食物?因为它有消化力。直到现在,在我们的日常用语中,还有听力、视力、记忆力、能力、潜力、体力、智力、创造力、说服力、感染力、想像力、动力、阻力、生产力、购买力等说法。力的概念层出不穷,令人目不暇接。

近代机械论的盛行有着深刻的经济根源。机器是工业生产的主要工具,带来了高效益,所以对机器的崇拜,是近代工业文化的基本特征。凡是给我们带来效益和利益的存在,都被称为机器。

弗兰西斯·培根在1620年出版的《新机器》一书中说:"钟表制造……肯定是一种微妙而又实实在在的工作:钟表的齿轮有点像天体轨道,它们有规律的交替运动有点像动物的脉搏跳动。"[24]钟表是人类最初制造出的精巧机械,是大型机器的雏形,弗兰西斯·培根的这句话可以看作是近代机械论的萌芽。波义耳认为宇宙不像中世纪的人所设想的是有机生物,而是像一座钟。

后来许多哲学家把生物体说成是机器。笛卡儿说动物是"没有灵魂的自动装置","我认为这架机器所具有的各种功能,诸如消化所吃的肉、心血管有规律的跳动、吸收营养和生长、呼吸、醒和睡的功能;外部感觉器官对光、声、味、热的感觉以及其他类似的功能:大脑皮层感觉中枢的知觉和印象……以及身体各部分的动作……我希望你们把所有这些功能都看成跟钟表或其他自动装置的运动没有丝毫差别……"[25]莱布尼茨说:"自然的机器,也就是活的身体,即使分成最小的零件,也还是机器。"[26]霍布斯说:"由于生命只是肢体的一种运动,它的起源在于内部的某些主要成分,那么我们为什么不能说,一切像钟表一样用发条和齿轮运行的'自动机械结构'也具有人造的生命呢?是否可以说它们的'心脏'无非就是'发条'、'神经'只是一些'游丝',而'关节'不过是一些'齿轮'。"[27]拉梅特里出了一本题为《人是机器》的书,"人体是一架会自己发动自己的机器:一架永动机的活生生的模型。"[28]

地球也被看作是机器。德国地理学家盖约特说:"地球真是一部奇特的机器,它的所有部件共同协调地工作着。"[29]英国地质学家虎顿也说:"地球是机器,它是根据化学和力学的原理构成的。"[30]

在社会生活领域,经济系统、社会组织也常被人看作是机器。亚当·斯密认为经济是类似于机器的体系。19世纪英国的科罗迈尔爵士呼吁政府"保证机器各个部件协调运转"。列宁提出"砸碎资产阶级国家机器"的说法。韦伯在《经济与社会》一文中称政府是机器。美国布瑞恩提出"政治机器"的概念。美国总统杰斐逊把政府称为"机器式政府"。"开动宣传机器",是政治家常说的话。在现代美国,纽约市有"花呢机器"之称,田纳西州被冠以"脾气火爆机器"之名,新泽西州被称为"海牙机器"。所以托夫勒说,工业社会中的许多人都成了"机器迷"。"工业化初期的企业家、知识分子和革命家们实质上是被机器迷住了。他们被蒸汽机、时钟、织布机、水泵和活塞弄得神魂颠倒。""在美国政治思想中充满着飞轮、链条、齿轮、机械与平衡的声音。"[31]

机器,机器,什么都是机器,到处都是机器。当我们看体育比赛高呼"加油!加油!"时,你想过没有,你给运动员加什么油?你给他加油,岂不是把他当成了机器?

生产的机械化不仅导致了对机械崇拜的价值观,而且还带来了认识的机械化、思维方式的机械化。机器的基本运动形式是机械运动。机器的功能基本上是通过有关部件的位置移动实现的。机器的运转不是生长、发育、演化的过程,不可能发生生命运动。既然机器同机械运动密切相关,那么在价值观上推崇机器,和在自然观上把自然界看作是机器,在认识论、科学观上推崇机械力学,是完全一致的。这些都是工业文化的组成部分,也就是说,机械论的自然观和科学观,是一种工业文化。

那么,只要机器在运转,只要我们用简化的方法认识世界,就有可能产生机械论。但在不同的历史条件下,机械论会有不同的形式。当机器运转的规律主要不是力学规律而是物理学规律时,当自然科学的带头学科、主导学科不是力学而是物理学时,力学机械论就会转化为物理学机械论。韦斯特福尔说:“世界是一部机器,它是由惰性物体组成,按照物理必然性运动,且与各种思维存在物的存在无关。这就是机械论自然哲学的基本命题。”[32]

四 19世纪科学与新自然观

19世纪自然科学的一系列新成就,使人们逐渐认识到自然界的演化和相互联系,在形而上学自然观上打开一个又一个缺口。

打开第一个缺口的是康德的星云假说。康德是德国的大哲学家,早期曾研究过天文学,1755年出版了《自然通史和天体理论》(中译本书名又为《宇宙发展史概论》)。这部著作虽然是18世纪中叶出版的,但内容具有一定的超前性,直到19世纪才引起人们的重视。康德研究的问题是:“要在整个无穷无尽的范围内发现把宇宙各个巨大部分联系起来的系统性,要运用力学定律从大自然的原始状态中探索天体本身的形成及其运动的起源。”[33]他追求的目标是“联系起来的系统性”和“天体的形成及其运动的起源”。这表明康德不再把自然界看作一个既成事物,而是看成一个发展过程;不再用孤立、静止的方法,而是用联系、发展的观点来研究自然界了,自然科学将进入一个新的发展时期。康德认为所有的天体都有从起源到消亡的过程。“一个确定的自然规律:一切东西,一旦开始,就不断走向消亡。”[34]针对牛顿只讲吸引不讲排斥的失误,康德认为排斥与吸引同样简单,同样确实,同样基本,同样普遍,他用这两种作用来说明天体的起源过程。他说："大自然是自身发展起来的，没有神来统治它的必要。"[35]他反对上帝"直接插手"，反对一只"外来的手"。这只"手"不是别的，就是牛顿所说的上帝的"第一次推动"。

19世纪的进化论获得了比较充分的发展。英国地质学家赖尔用变化的观点研究地质学，向地球不变的传统观点发出挑战。赖尔在1830年出版的《地质学原理》一书中写道："地质学是研究自然界中有机物和无机物所发生的连续变化的科学；同时也探讨这些变化的原因，以及这些变化在改变地球表面和外部构造所发生的影响。"[36]研究地球的变化，是赖尔地质学思想的核心。他认为地球表面是个屡经变化的舞台。"很久以来，一般的见解都认为地球是静止的，一直等到天文学家告诉我们，我们才知道它是以难以想像的速度在空间运动着。地球的表面，也同样被认为自从创造以来一直没有发生过变化，一直等到地质学家的证明，我们才知道这是屡经变化的舞台，而且至今还是一个缓慢的、但永不停息的变动物体。"[37]引起地球表面变化的原因是各种自然因素的缓慢作用，包括水的作用和火（火山爆发）的作用。

在赖尔以前，地质学曾经历过水成论与火成论的长期争论。两派各执己见，水成论讲水不讲火，火成论讲火不讲水，大有水火不相容之势。这也是"非此即彼"的思维方式在作祟。赖尔则认为水火都是破坏和再造的工具。火的作用使地壳从平变成不平，水的作用则使地壳从不平变平。

赖尔认为地质学的研究方法同历史学的研究方法十分相似。历史学通过古代的文物，用古今社会相比较的方法，用因果分析的方法研究历史；地质学也可以通过地质遗迹来研究过去的地质变化。历史学同各门精神科学有密切联系，地质学也同各门自然科学密切相关。他还提出"古今一致"的原则，"现在是认识过去的钥匙"。赖尔用历史的方法研究地质变化，把历史的观点带进了地质学。

生物进化论到19世纪已趋成熟。1809年法国的拉马克出版了《动物哲学》，首次使用"进化论"一词。拉马克对传统的生物学研究方法提出了尖锐的批评。他指出动物学研究不能局限在分类学的范围内，而应当研究动物能力的起源、动物生存的原因以及动物的进化。分类是人为的，生物界本身并没有这样严格的区分，也不能只采用分析的方法。"一般都认定个别的对象非加以仔细观察不可，于是趋向所至，就养成了视野限于此等对象及其最微小部分之考察的习惯。"他说："于最细微最枝节的部分，也应该先画一个该部分所属的全貌，最初检视其全体、全范围、或构成该对象的各部分全体，然后求出该对象性质之起源如何以及对于已知其对象的关系如何。”“自然应该被我们当作一个由部分构成的全体来考察。”[38]拉马克主张用整体性的观点来研究生物学。

拉马克认为，“自然中的稳定性和永恒性不过是我们思想的产物，自然本身或宇宙的一切物质都进行着连续的循环的变异”。[39]生物也在不断变化，物种的稳定性只是一种错觉。他提出生物进化的两条规律：用进废退和获得性遗传。

达尔文从生物物种之间、生物体之间以及生物体与环境之间的相互联系，来建构以自然选择为核心的进化论。他认为生物体不断地在变异，有的变异有利于它的生存，称有利变异；有的变异不利于它的生存，称不利变异。他假定生物繁殖过剩，所以每个生物体都要不断地为生存而斗争，生存斗争有种内斗争、种间斗争、同环境的斗争三种形式。在生存斗争中，优胜劣汰，适者生存。自然对生物进行选择，使有利变异不断遗传，最后形成新种。他说，三叶草靠蜜蜂传播花粉，田鼠会破坏蜂巢。所以，如果农民养的猫多，地里的三叶草就长得好。猫——田鼠——蜜蜂——三叶草，不同的物种是相互联系的。达尔文的进化论从根本上动摇了物种不变论的理论基础。

达尔文反对“僵硬不变的发展规律”的观点。这种观点认为各种生物都是同时、同步，以相同的速度和程度变化。他说他的学说“不承认有引起一个地域的所有生物突然地、或者同时地、或者同等程度地发生变化的那种僵硬不变的发展规律”。[40]这种僵硬的变化观，把十分复杂的物种变异简单化了，具有浓厚的机械论味道。如果生物演化的规律如此简单，就像若干小球从同一高度的斜面上同时滚下，不论其体积、质量有何差异，滚动的速度都相同，那就完全可以用机械力学来处理生物的进化了。进化论与机械论是两种对立的思潮。

细胞学说告诉我们，所有的动植物都有其共同的组成单位——细胞，生物体的发育过程就是细胞的形成过程。细胞学说揭示了动植物的联系，由德国植物学家施莱顿和动物学家施旺共同创立，两人的合作本身就表明了动植物之间的联系。施旺的目的是要“证明在两大有机界中最本质的联系”，“现在我们已经推倒了分隔动植物界的巨大屏障。”[41]施旺还说：“有机体的基本部分不管怎样不同，总有一个普遍的发育原则，这个原则便是细胞的形成。”[42]

施莱顿批评林奈的分类学方法是一种学术上的独断，因为这种方法把生物学的研究工作只限于采集、记载、分类的狭隘范围，妨碍了植物学的发展。"植物学之本领不在于采集、记载与分类,应输入新法。"[43]他认为植物学应考察个体的发育,这样能更好地了解植物的本性。施莱顿与施旺强调的是联系和发育。

19 世纪的物理学硕果累累,有三大理论成就:能量守恒与转化学说、电磁学理论和热力学理论。

机械论本质上只承认一种能——机械能,而能量守恒与转化学说认为自然界有许多不同形式的能量,各种能量可以相互转化,转化前后能量守恒。1842 年,德国的迈尔发表了《论无机界的力》一文,从"力是原因"、"因果转化"、"因等于果"这三条假定出发,推导出力的守恒与转化的结论。当时"力"的概念被普遍滥用,迈尔的"力",指的是运动或"能"。文章写道:"力是原因:因此,我们可以在有关力的方面,充分应用'因等于果'的原则。如果原因 c 产生结果 e,那么,c = e;如果轮到 e 是第二个果 f 的因,那么,我们得出 e = f,如此下去;c = e = f…… = c。从公式的性质看来,在一系列的因果连锁中,任何一项或一项中的一个部分都永远不能等于零。我们称一切因的这种第一性质为不可毁性。""既然 c 变成了 e,而 e 又变成了 f 等,我们就必须把各种量视为同一对象所表现的不同形式。这种设定各具不同形式的可能性是一切因的第二重要性质。将这两种性质合在一起,我们可以说,因是(数量上)不可毁的和(质量上)可变换的存在物。"迈尔所说的因的这两个性质,指的是运动的数量的守恒性和形式的可变性。他的结论是:"力一旦存在,它是不能消灭的,它只能改变它的形式。"[44]迈尔是根据各种不同运动形式之间的联系,来思考这个问题的。

英国的焦耳年轻时曾试图发明永动机,屡遭失败,终于悟出"不要永动机,要科学"的道理。他经过多年的努力实验,测出精确的热功当量,用实验证实了迈尔的推论。既然自然界各种运动形式有质的区别,而机械运动只是其中的一种运动形式,那我们有什么理由把自然界的多种运动形式,都归结为机械运动呢?

英国的吉尔伯特出版了《论磁体》,首创"电"这个名词。他认为电与磁是两种完全不同的东西,这个观点一直流行到 19 世纪。丹麦的奥斯特十分赞赏德国古典哲学关于各种自然力具有统一性的思想,他说:"我们的物理学将不再是关于运动、热、空气、光、电、磁以及我们所知道的任何其他现象的零散的汇总,而我们将把整个宇宙容纳在一个体系中。"[45]1820 年,奥斯特发现当导线有电流通过时,旁边的磁针会转动,这表明电可以转化为磁。法拉第由此想到,既然电可以转化为磁,那磁也应该能够转化为电。1831

年,法拉第发现当磁铁在线圈中运动时,线圈就有电流通过。后来法拉第以《化学亲和力、电、热、磁以及物质的其他物质动力的联系》为题发表演讲,指出“任何一种(力)从另一种中产生,或者彼此转化。”[46]

在奥斯特和法拉第工作的基础上,麦克斯韦指出,电场的变化会产生变化的磁场,变化的磁场又会引起电场的变化。变化的电场与变化的磁场不断相互产生,以波的形式在空间传播,这就是电磁波。电场与磁场相互联系又相互转化,实际上是一个整体,称电磁场。这样,电与磁之间的鸿沟就被填平了。

麦克斯韦推论出电磁波传播的速度刚好等于光速,他由此认为光也是一种电磁波,这就把电、磁、光都统一起来了。电磁学理论是继牛顿力学之后物理学的一次大综合,深刻揭示了自然界的相互联系和相互转化。

热力学有三条基本定律。第一定律,外界传递给一个物质系统的热量等于系统内能的增量和系统对外所做的功的总和,这是能量守恒与转化定律在热力学中的表现。第二定律,不可能从单一热源使之完全变为有用的功,而不产生其他影响。第三定律,不可能把一个物体冷却到绝对温度的零度。热力学告诉我们,自然界的变化有的可以自发进行,如热量从高温物体传向低温物体,机械能向热能转化;有些变化则不能自发进行,如热量从低温物体传向高温物体,热能向机械能转化,所以人类很早就发明了钻木取火,蒸汽机的发明却是很晚的事情。热力学揭示了自然界变化的不可逆性,第一次把时间箭头引入了物理学,这同一切皆可逆的机械力学迥然不同。

从 18 世纪到 19 世纪初,新的化合物不断涌现。人们发现有一类化合物不可能从矿物质中直接获得,只能从动植物中获取,这就是有机化合物。无机化学的许多理论不适用于有机化合物,也没有发现无机物向有机物的转化。瑞典化学家贝齐里乌斯由此认为无机物与有机物是两类完全不同的物质。他说:“在生物界里,元素看来是遵循着一些与在无机界里根本不同的规律,因此,它们的相互作用的产物也与在无机界中根本不同。发现无机界中和活体中元素行为这种差别的原因,将会成为有机化学理论的关键。”[47]他所说的“活体”就是具有神秘的“生命力”的有机物,而无机物没有这种生命力。

1824 年春天,贝齐里乌斯的学生味勒,在研究氰与氨水这两种无机物的作用时,竟得到了两种有机物。一种是当时只能从植物中提取的草酸,另一种是从哺乳动物中排出的尿素。后来他又研究出用氯化铵溶液与氰酸银反应、氨水与氰酸铅反应等无机物制造尿素的方法,而且用这些方法制造的尿素同从动物尿液中提取的尿素完全相同。味勒 1828 年撰文写道:“这是个特别值得注意的事实,因为它提出了一个从无机物中人工制造成有机的并确定是所谓动物体上的实物的例证。”[48]无机物可以转化为有机物,神秘的生命力并不存在,无机物与有机物之间并没有不可逾越的鸿沟。

俄罗斯的门捷列夫 1869 年提出化学元素周期律,揭示了化学元素之间的联系。当时大学里讲授化学课缺乏一定的理论体系,有的从最贵重的黄金讲起,有的从同人类关系最密切的氧讲起,有的则从最轻的氢讲起,似乎化学元素之间毫无内在联系,它们的排列顺序可以随意决定。门捷列夫对这种状况十分不满,坚信化学元素之间一定有某种秩序。他从原子量和元素性质的联系入手,发现化学元素的性质随原子量的增加而作周期的变化。他说:“永久的、普遍的和统一的东西,在任何情况下,逻辑上高于只有在暂时的、个别的和多样的事物中,只有通过理智和被概括的抽象才能认识的现实的东西。”[49]门捷列夫根据他的周期律,预言了 11 种未知元素,后来都被陆续发现了,表明化学元素之间确实有内在的联系。

19 世纪科学的这些成就,向我们描绘了新的自然图景。从生物、地球到天体,都被看作是一个历史过程,热力学甚至提出了自然变化的方向性问题。化学元素之间,电、磁与光之间,有机物与无机物之间,动植物之间,各种能量之间的内部联系,陆续被揭示出来。一条条鸿沟被填平,一幅幅历史画面被展现,自然界具有十分丰富的辩证性质,这就是自然界的客观辩证法。

恩格斯在回顾了 19 世纪的科学进展时说:“于是我们又回到了希腊哲学的伟大创立者的观点:整个自然界,从最小的东西到最大的东西,从沙粒到太阳,从原生生物到人,都处于永恒的产生和消灭中,处于不断的流动中,处于无休止的运动和变化中。只有这样一个本质的差别:在希腊人那里是天才的直觉的东西,在我们这里是严格科学的以经验为依据的研究的结果,因而也就具有确定得多和明白得多的形式。”“新的自然观的基本观点是完备了:一切僵硬的东西溶化了,一切固定的东西消散了,一切被当作永久存在的特殊的东西变成了转瞬即逝的东西,整个自然界被证明是在永恒的流动和循环中运动着。”[50]

注　释

〔1〕 北京大学哲学系外国哲学史教研室:《古希腊罗马哲学》,商务印书馆,1961 年,第 19 页。

〔2〕 梅森:《自然科学史》,上海译文出版社,1980年,第369页。
〔3〕 韦克思:《化学元素的发现》,商务印书馆,1965年,第22页。
〔4〕 恩格斯:《自然辩证法》,人民出版社,1984年,第48页。
〔5〕《马克思恩格斯选集》第4卷,人民出版社,1972年,第224—225页。
〔6〕 玛格纳:《生命科学史》,华中工学院出版社,1985年,第466页。
〔7〕 厄恩斯特·迈尔:《生物学思想的发展》,湖南教育出版社,1990年,第171页。
〔8〕 恩格斯:《自然辩证法》,第84—85页。
〔9〕 坎农:《近代农业名人传》,农业出版社,1981年,第38页。
〔10〕 恩格斯:《反杜林论》,人民出版社,1970年,第18—19页。
〔11〕 恩格斯:《自然辩证法》,第9页。
〔12〕 马赫:《牛顿关于时间、空间和运动的观点》,《科学与哲学》,1983年第1期。
〔13〕 普里高津、斯唐热:《从混沌到有序》,上海译文出版社,1987年,第61页。
〔14〕 普里高津、斯唐热:《从混沌到有序》,第106页。
〔15〕 塞耶:《牛顿自然哲学著作选》,上海人民出版社,1974年,第11、12页。
〔16〕 秦斯:《物理学与哲学》,商务印书馆,1964年,Ⅵ页。
〔17〕 宋德生:《安培和他在科学上的贡献》,《自然杂志》1984年第4期。
〔18〕 杨振宁:《从历史角度看四种相互作用的统一》,《世界科学译刊》,1979年第1期。
〔19〕《爱因斯坦文集》第一卷,商务印书馆,1977年,第9页。
〔20〕《爱因斯坦文集》第一卷,第387页。
〔21〕 李醒民:《激动人心的年代》,四川人民出版社,1983年,第27、28页。
〔22〕 赫尔内克:《原子时代的先驱者》,科学技术文献出版社,1981年,第8页。
〔23〕 李醒民:《激动人心的年代》,第28页。
〔24〕 安德鲁·金柏利:《克隆——人的设计与销售》,内蒙古文化出版社,1997年,第301页。
〔25〕 金柏利:《克隆——人的设计与销售》,第302页。
〔26〕 金柏利:《克隆——人的设计与销售》,第304—305页。
〔27〕 霍布斯:《利维坦》,商务印书馆,1985年,第1页。
〔28〕 拉梅特里:《人是机器》,商务印书馆,1959年,第20页。
〔29〕 詹姆斯:《地理学思想史》,商务印书馆,1982年,第183—184页。
〔30〕 齐霍米罗夫:《地质学简史》,地质出版社,1959年,第51页。
〔31〕 托夫勒:《第三次浪潮》,三联书店,1983年,第120、121页。
〔32〕 韦斯特福尔:《近代科学的建构》,复旦大学出版社,2000年,第2页。
〔33〕 康德:《宇宙发展史概论》,上海人民出版社,1972年,第3页。
〔34〕 康德:《宇宙发展史概论》,第203页。
〔35〕 康德:《宇宙发展史概论》,第4页。
〔36〕 赖尔:《地质学原理》第一册,科学出版社,1979年,第37页。

〔37〕 赖尔:《地质学原理》第一册,第 43 页。
〔38〕 拉马克:《动物哲学》,商务印书馆,1937 年,第 10、8—9、252—253 页。
〔39〕 方宗熙:《拉马克学说》,科学出版社,1955 年,第 28 页。
〔40〕 达尔文:《物种起源》第三分册,商务印书馆,1963 年,第 408 页。
〔41〕 玛格纳:《生命科学史》,华中工学院出版社,1985 年,第 299、300 页。
〔42〕 梅森:《自然科学史》,上海译文出版社,1980 年,第 363 页。
〔43〕 鲍鉴清、洪式闾:《生物学史》,北京文化学社,1927 年,第 93 页。
〔44〕 马吉:《物理学原著选读》,商务印书馆,1986 年,第 213、215 页。
〔45〕 陈毓芳、邹延肃:《物理学史简明教程》,北京师范大学出版社,1986 年,第 184 页。
〔46〕 库恩:《必要的张力》,福建人民出版社,1981 年,第 79 页。
〔47〕 索诺维耶夫、库林诺依:《贝齐里乌斯传》,商务印书馆,1964 年,第 107 页。
〔48〕 味勒:《论尿素的人工制成》,《自然辩证法研究通讯》1964 年第1 期。
〔49〕 札布罗茨基:《门德列也夫的世界观》,三联书店,1959 年,第 62 页。
〔50〕 恩格斯:《自然辩证法》,第 15 页。

第六讲

20世纪科学思想

20世纪的物理学是自然科学的基础学科、主导学科、带头学科，有三大基本理论：基本粒子理论、相对论和量子力学。现在引人注目的还有量子宇宙学和弦理论，大爆炸宇宙学理论、地学中的板块理论和分子生物学理论也有很大的影响。此外，信息论、控制论、系统论、耗散结构理论、协同学、超循环理论、突变理论和混沌学方兴未艾，充满活力。科学认识已从宏观领域进入微观领域和宇观领域；宏观领域也开始研究系统自组织过程。20世纪的自然科学全面创新、全面突破，提出了许多崭新的科学思想，使自然观和科学观发生了深刻的变化。

拙著《科学思想史》的最后一句话，我愿在这里重述一遍："科学的过去可歌可泣，永远值得我们借鉴；科学的未来更加诱人，永远激励我们前进。"[1]

一　基本粒子研究

原子、基本粒子都有结构，都是可分的。

“原子”一词在希腊语里是“不可分割”的意思。从古希腊哲学原子论、牛顿的微粒说一直到道尔顿的化学原子论，都认为原子没有内部结构，是物质的最小实体，不可分；是个实心小球，不可入；原子组成的物体可以变化，但原子不可变。原子被看作是“宇宙之砖”。

1897年，英国的约瑟·约翰·汤姆生发现了电子。他指出，阴极射线粒子带一份负电，它的带电量是最小的电荷单位；它的质量很小，大约是氢原子（质量最小的原子）质量的1/2000；所有的原子都包含着这种粒子，他称之为“电子”。这就打破了原子是最小物质粒子的传统观念。原子不带电，既然原子中有带负电的电子，那一定还有带正电的那部分物质。汤姆生根据原子是实心小球的传统看法，提出原子结构的汤姆生模型：原子是一个均匀的正电球，电子均匀地分布在这个正电球内，正电球与电子带电量相等，负号相反。

1910年，卢瑟福和他的助手完成了α粒子散射实验，用α粒子轰击一种金属原子。根据汤姆生模型，小小的电子不可能阻挡α粒子，正电球的质量分散，也不能挡住质量密集的α粒子，所以他们认为α粒子肯定都会穿过原子。可是实验结果是竟有极少数α粒子被撞回来了，即出现了大角度散射。卢瑟福由此断定只有假定原子中带正电物质的质量也很集中，是个粒子，才可能把α粒子撞回去。他又从哥白尼学说那儿得到启发，认为带正电的粒子位于原子中央，像太阳，电子围绕它旋转，像行星。这个实验还说明原子是可入的，即可以穿过的。卢瑟福认为α粒子是氦核，带正电的粒子是原子核。这就是说，原子一分为二，可以分成电子和原子核，原子不可分的观念被打破了。

1919年，卢瑟福又用α粒子轰击氮原子核，变成了氧原子核和氢原子核，即

$${}_2He^4 + {}_7N^{14} \rightarrow {}_8O^{17} + {}_1H^1$$

这是人类第一次完成了原子核的人工转变，意味着原子、化学元素都是可以转化的，所以人们称卢瑟福是“现代炼金家”。原子不可变的旧观念被超越了，后来科学家们从硼、氟、钠、铝等原子核中都打出氢原子核，卢瑟福据此认为氢原子核是所有原子核的组成单位，称为质子。

于是科学家们都认为原子核是由质子组成的，可是这又遇到一个问题：氦核的质量是质子的4倍，带电量却是电子的2倍，那氦核究竟是由4颗质子还是2颗质子组成？1932年，发现了中子，它也是原子核的组成单位，质量同质子相等，但呈中性。原来，氦核是由2个质子和2个中子组成的。

那么,是什么力量把质子和中子联系在一起的呢?为什么若干质子没有因同性相斥而分开?科学家由此发现了强相互作用。质子与中子为什么能在一起?日本的汤川秀树子提出了介子理论,认为质子与中子是通过交换介子而保持联系的,如中子放出一个 π^- 介子,便变成质子;质子吸收一个 π^- 介子,就变成中子。电子、质子、中子以及许多种介子,统称为基本粒子。

在很长的时期内,许多科学家都认为基本粒子就是最基本的粒子,没有结构,不可能再分解了。日本的坂田昌一却认为,我们不能因为暂时不能分解基本粒子,就认为基本粒子是数学的点。"把只在实验技术的某一发展阶段上所允许的观点不加批判地固定化,就是形而上学的独断论,是和科学不能相容的观点。"坂田昌一青年时就阅读过恩格斯的《自然辩证法》和列宁的《唯物主义和经验批判主义》,他说,这两本著作"在我内心深处产生了一个强烈的冲动,想在我的真正研究工作中实际运用自然辩证法作为当代科学的方法论"。恩格斯的《自然辩证法》"就像珠玉一样放射着光芒,始终不断地照耀着我四十年来的研究工作,给予了不可估量的启示"。他深有感触地说:"自然科学只有同辩证唯物主义紧密结合,才能够获得正确的思维方法。""现代物理学已经到了非自觉地运用唯物辩证法不可的阶段。"[2] 1955年,坂田昌一提出了"重子——介子族"复合模型。1966 年,我国科学家提出了层子模型,认为强子由层子构成。

1964 年,美国的盖尔曼提出夸克模型,认为重子和介子由夸克构成。每个夸克的质量要比由它组成的强子大得多,可以看作是到了强子这个层次,物质越分越重。三个相对比较重的夸克,在结合为一个重子时,要消耗很多的能量,所以就变成了一个较轻的重子。

夸克模型提出后,又有一些科学家认为夸克与轻子是没有结构的点状物,美国的格拉肖甚至宣称"夸克的出现将宣告物理学的结束"。另一位美国诺贝尔奖获得者温伯格 1978 年访问我国时,也表示赞同这种看法。但是许多人的看法很快都改变了,温伯格后来对夸克、轻子复合模型发生了兴趣。格拉肖不仅公开承认他过去的说法是不正确的,而且建议把比夸克更深层次的粒子命名为"毛粒子"。他说:"因为这与中国的毛泽东主席有联系。按照他的哲学思想,自然界有无限的层次,在这些层次内一个比一个更小的东西无穷地存在着。"[3]

但也有人认为,物质无限可分似乎不大可能。有人猜想,也许分到一定层次,是你中有我,我中有你,我们还可以不断地分下去,但不会有新粒子出现了。

同粒子相对应的，还有反粒子。

1928年，英国的狄拉克把量子力学的薛定谔方程推广到相对论领域，得出的许多结果都同实验相符，但遇到了电子可能有负能量的困难。可是经典物理学告诉我们，能量的最小值为零。如果有负能，那么能量的最小值就是负的无穷大，物体在运动中最后就要掉进无底的"负能深渊"。为解决这个难题，狄拉克设想负能区域已充满了电子，所以电子不可能再跑到负能区。那为什么我们至今没有观察到填满负能区的电子呢？这是因为它们的所有可观察量都为零。这样的负能区实际上就是人们通常所说的真空，但狄拉克所理解的真空不是"一无所有"，而是一种特殊的"有"，一种充满物体的"有"。他说："在以往，人们把真空想像成一种一无所有的空间。现在看来，我们必须要用一种新的真空观念来取代旧的。而在这种新理论中，人们把真空描述为具有最低能量空间的一个区域，这就要求整个负能区都被电子占据着。"[4]

狄拉克讲了一个深水鱼的故事。一群深水鱼一直生活在海洋的深处，在海底自由地游来游去，以为生活在"自由空间"之中。它们看到了海底的各种东西，却忽略了水的存在。有一次，一条深水鱼偶尔游到海面，看到一幅崭新的画面：海风阵阵吹来，溅起朵朵浪花，这才意识到它们居住的是充满海水的世界。海水从海里向海面逸出，便成为浪花。他猜想，如果负能区域的电子从负能海洋中逸出，那真空中就会有个"空穴"，这"真空中的空穴"便是带一份正电的电子，即 e^+。狄拉克说："假如有一个洞，那个洞就是实验中还不知道的一种新粒子，同电子的质量相同，电荷方向相反，我们可以把这种粒子叫作反电子。"[5]如果电子(e^-)再把那空穴填起来，又变成了"真空"，e^- 与 e^+ 相碰，就湮灭为光子。

1932年美国的安德生在研究宇宙射线时，发现了反电子。我国赵忠尧先生在研究物质对高能 γ 射线的吸收时，发现了 e^- 与 e^+ 湮灭而辐射出的光子。这证明粒子与光是可以相互转化的，后来一系列的反粒子被陆续发现。狄拉克是基本粒子物理学中的哥伦布，他引导我们发现了一片新大陆——反粒子世界。

有反粒子，就可能会有反物体、反天体甚至反宇宙。狄拉克晚年时预测："有可能在我们宇宙的不同部分，其中也可能是某些星系或银河系，是由反物质构成的，对此我们尚不了解。"[6]

二 量子力学

基本粒子的发现,使人类对物质结构的认识进入到微观领域。人们起初以为,粒子是小物体,完全可以用牛顿力学来描述。科学家很快就发现,牛顿力学根本不能应用于微观粒子,于是就在量子理论的基础上,创立了量子力学。

1900年,德国的普朗克在研究黑体辐射时,提出了能量子假说:物体发射辐射或吸收辐射时,能量的变化都是不连续的,能量有最小的单位,称能量子。一个能量子的能量为

$$E = h\nu$$

ν 为频率, h 为普朗克常数。能量也像粒子一样,是一颗一颗的。能量的变化是"跳跃式"的,正如英国的秦斯所说:"物质的基本粒子其运动不像是铁道上平滑走过的火车,而像是田野中跳跃的袋鼠。"[7]亚里士多德认为:"因为量是连续的,所以运动也是连续的。""时间是关于前和后的运动的数,并且是连续的。"[8]生物学家波涅特说:"自然界不容许飞跃;自然界里的一切都是以着色的方法逐渐而均匀地完成的。如果在两个东西之间有一个空的间隔,那么从一个东西过渡到另一个东西有什么基础呢?"[9]微积分则被人们看作是连续性观念的又一光辉表现,由此可见普朗克的能量子概念是反传统的。后来玻尔的原子模型认为,当电子从一个核外轨道"跃迁"到相邻一个轨道上时,没有中间的过渡过程。这表明,自然界的变化既有连续性,又有间断性,是连续性与间断性的辩证统一。

光的本质是什么?长期以来有微粒说和波动说之争。由于牛顿的威望,牛顿的光微粒说占主导地位,波动说遭到排斥。后来麦克斯韦指出光是电磁波,于是人们又转向光的波动说,排斥微粒说。1905年,爱因斯坦在研究光电效应时,提出光量子的概念,即光所携带的能量是不连续的,称光量子,后简称光子。光具有分立性,是微粒性与波动性的统一,具有波粒二象性,而不是一象性。过去的微粒说和波动说都是"非此即彼"的思维方式,光的波粒二象性则是"亦此亦彼"的思维方式。光到底是波还是微粒?难道是半人半兽的怪物?爱因斯坦说:"单独地应用这两种理论的任一种,似乎已不能对光的现象作出完全而彻底的解释,有时得用这一种理论,有时得用另一种理论,又有时要两种理论同时并用。"[10]

光的微粒说被爱因斯坦复兴了,但不是简单地回到牛顿的微粒说。牛

顿的光微粒是机械性的、能量连续的、不包含任何波动性因素的微粒,爱因斯坦的光量子则是电磁性的,能量是间断的,并包含波动性的特征。光的动量与动能,在牛顿那儿写作 $P = mv, E = \frac{1}{2}mv^2$,而在爱因斯坦这儿却要写作 $P = h/\lambda, E = h\nu$。这就是说,光量子的动量、动能分别取决于波长、频率,这生动地体现了光的二象性的统一。

爱因斯坦是从光波想到微粒性,法国的德布洛依则反过来从电子想到波动性。他说:"整个世纪以来在光学上,比起波动的研究方法来,是过于忽略了粒子的研究方法;在物质理论上,是否发生了相反的错误呢?是不是我们把关于粒子的图像想得太多,而过分地忽略了波的图像?"[11] 1923年,德布洛依提出了物质波理论,认为物质都有波动性。他把牛顿的动量公式和爱因斯坦的光量子动量公式结合在一起,提出物质波的波长公式:

$$mv = \frac{h}{\lambda} \qquad \lambda = \frac{h}{mv}$$

就这样,他把波粒二象性推广到了粒子。

宏观物体的运动,一般都有一个稳定的轨道。行星围绕太阳旋转有明确的轨道,我们由此可以预言某个行星在某个时刻将处于什么位置。炮弹的发射也有抛物线轨道,我们可以准确计算出炮弹击中目标的位置。但是微观粒子的运动没有轨道,我们根本不可能准确预言某个粒子在某个时刻的位置。如果王义夫作射击表演,我们偷偷把子弹换成了电子,那他认真瞄准,却可能子弹脱靶;闭眼瞎打,倒可能正中靶心。但这并不意味着电子的运动没有任何规律,当发射的电子数目非常大时,它们就会在靶上呈环状分布。弹痕密集处就是电子出现几率高的地方。即使这样,我们也不能断言发射出的一颗电子必定出现在某个位置,而只能说这颗电子出现在某个位置上的几率有多高。

德国的玻恩由此对量子力学作出统计性解释,认为在量子力学中机遇是基本概念,统计规律是基本规律。这不是因为我们的量子力学不完备,而是由微观粒子的本性决定的。量子世界是几率世界。究竟应当怎样来理解波粒二象性呢?玻恩写道:"曾经有人说,电子有时候表现为波,有时候表现为粒子,也许就像一位大实验家显然是在对理论家翻筋斗发脾气的时候嘲笑说的,每逢星期天和星期三就交换过来。我不能同意这个看法。"[12]玻恩的理解是:电子的形状具有微粒性,但电子的运动没有固定的轨道,它们的分布具有波动性,德布洛依的物质波就是粒子分布的几率波。"必须发现使粒子和波一致起来的途径。我在几率概念中发现了衔接的环节。"[13]的确，量子力学与牛顿力学有本质的区别，因为微观世界与宏观世界有本质区别。

微观粒子既不是经典的粒子，也不是经典的波，因此在应用经典概念来描述微观粒子时，就必然会受到一定的限制。德国的海森堡认为他提出的测不准关系，就从一个方面指出了这种限制。他指出，在微观物理世界中，一些成对的物理量(如位置与速度、时间与能量等)不可能同时具有确定性，因而不可能同时被我们精确测量。如果其中一个物理量测量的误差趋于零，那另一个物理量测量的误差就趋向无穷大。对一个量的精确测量，必须以放弃对另一个量的精确测量为前提。

海森堡还认为，我们在观测微观粒子时，一定会对粒子产生"干扰"，因此，我们观测到的只是这个粒子被"干扰"以后的状态。至于粒子不受干扰的本来面貌，我们是不可能知道的。我们在观察宏观物体时，一定要有光源，光子照在宏观物体上，反射到我们的眼睛中，形成视觉形象。光子的运动质量同宏观物体相比，可以忽略不计。这就好比我们对泰山扔一粒沙子，泰山岿然不动。可是当我们观察电子时，光子打在电子上就会产生"干扰"，改变电子的位置和状态。这就好比一只足球撞到一只排球，必然要改变排球的位置。这个比喻说明，宏观仪器对微观粒子的干扰不可忽略，也无法控制，这时所测量到的结果就与粒子的原来状态不完全相同。

海森堡的有些说法不太准确，例如他说我们认识世界，就像盲人想知道雪花的形状。一用手指触摸雪花，雪花就溶化了。要想不"干扰"雪花，就不能用手摸。可是不摸，盲人又不可能知道雪花的形状。这种说法就有点不可知论的味道了。但是海森堡的测不准原理是有积极意义的，它向我们提出了一个问题，我们宏观的人，应用宏观工具，过去一直认识的是宏观物体，现在却要来认识微观物体了，那一定会遇到新的矛盾。我们现有的认识论，都是认识宏观世界的经验总结，都是"宏观认识论"。现在我们在认识微观世界了，也应当研究"微观认识论"。也许测不准原理就是微观认识论的一条原理。

波粒二象性是微观世界的本质特征，也是量子力学理论思想的核心。在经典物理学看来，微粒与波毫无共同之处，根本不可能形成直观的统一图案，可是我们必须把光和粒子看作既是微粒又是波。更奇怪的是，在一些实验(如折射实验)中，光只显示微粒性，在另一些实验(如衍射实验)中，光只显示波动性。我们做不出这样的实验，使光同时显示出它的二象性。但我们又必须承认二象性是统一的。量子世界中的许多现象，用传统的思维方式都是无法理解的,不少科学家都意识到需要一种新的思维方式。在这种背景下,玻尔提出了互补原理。玻尔指出,描述一个物理现象可以有两种不同的图像,它们是互相排斥的,我们不能同时应用它们,但这两种不同的图像又是相互补充的,无论哪一种图像,都不可能单独向我们提供一个完整的表述,只有把两种图像综合起来,才能提供某种完整的描述。微粒性与波动性互补,对位置的测量与对速度的测量互补。玻尔写道:“互补一词的意思是:一些经典概念的任何确定应用,将排除另一些经典概念的同时应用,而这另一些经典概念在另一种条件下却是阐明现象所同样不可缺少的。”[14]

三　相对论

相对论是关于时间与空间的物理学理论,有力冲击着牛顿的绝对时空观。

牛顿说:“绝对的、真实的和数学的时间,由其特性决定,自身均匀地流逝,与一切外在事物无关,又称延续。”“绝对空间:其自身特性与一切外在事物无关,处处均匀,永不移动。”[15]这种绝对时空观同日常生活经验并不冲突,在科学史上流行了很长时间。

相对论由狭义相对论与广义相对论两部分构成。狭义相对论指出,“同时”具有相对性,两个事件对于一个参考系来说是同时发生的,对于另一个参考系来说,却可能是先后发生的。运动着的钟变慢,即不仅“时刻”具有相对性,而且“时间历程”也具有相对性。例如某个事件在一个静止的参考系看来持续 2 秒钟,在运动着的参考系来看,却可能是 1 秒钟。时间与空间是相联系的,时间具有相对性,空间当然也具有相对性。运动的尺变短,即运动物体在运动方向上的长度比静止时缩短。时钟变慢和尺缩短的程度,取决于参考系运动的速度。速度越快,相对论效应就越明显。相对论是研究物体高速运动的科学,它告诉我们时空同物质运动有密切关系。

爱因斯坦还指出,当物体高度运动时,它的质量不断增加,并且写出了著名的质能关系式:

$$E = mc^2$$

它揭示了质量与能量之间的本质联系,物质内部蕴涵着巨大的能量,拉开了原子能时代的序幕。

广义相对论假定加速度与引力的效果是相同的,认为光通过引力场时走的是弯曲的道路,就像炮弹在引力场作用下沿抛物线下落。而光速是物体运动速度的限极，所以光走的是短程线。弯曲的线是短程线，这说明引力场使空间弯曲了，空间弯曲的程度取决于引力场的强度，或者说取决于物质的状态。这样，空间同物质发生了密切的联系。我们所熟悉的欧几里得空间(也是牛顿力学所要求的空间)是平直的空间，但不是惟一的空间。引力不是通常所说的力，而是空间弯曲的表现。

爱因斯坦指出，不仅匀速运动是相对的，加速运动(例如旋转)也是相对的。在一个旋转的大圆盘上，有内外两个同心圆，内圆的半径很短，所以内圆旋转得很慢；外圆的半径很长，所以外圆旋转得很快。盘内和盘外两个观察者在测量内圆圆周与半径之比，由于内圆旋转得很慢，可以不考虑尺缩效应，所以两人的测量结果相同。当两人测量外圆圆周时，由于外圆旋转很快，就要考虑尺缩效应。而在测量半径时，由于旋转方向同尺垂直，所以不会发生尺缩。这样两人测出的圆周与半径之比就不会相同，其中一人测出的不是 2π，他就会认为旋转使空间弯曲了。根据同样道理，外圆上的钟走得慢。由此可见加速度使钟变慢，也可以理解为引力场使钟变慢。在引力场中，放在不同位置上的钟，其运行步调是不同的，譬如放在太阳上的钟同放在地球上的钟快慢就不同。这样，狭义相对论在加速参考系或引力场中也是有效的，这就把惯性系与非惯性系统一起来了。

相对论表明，以牛顿的绝对时空观为代表的绝对主义思维方式虽同日常经验不抵触，但并不科学。爱因斯坦在回顾物理学史时写道："牛顿啊，请原谅我；你所发现的道路，在你那个时代，是一位具有最高思维能力和创造力的人所能发现的惟一的道路。你所创造的概念，甚至今天仍然指导着我们的物理学思想，虽然我们现在知道，如果要更加深入地理解各种联系，那就必须用另外一些离直接经验领域较远的概念来代替这些概念。"[16]

爱因斯坦还根据广义相对论，提出了有限无边的宇宙模型。宇宙是有限的还是无限的，哲学家和科学家一直争论不休。宇宙有限论有两大难题：宇宙以外是什么？宇宙中心在哪里？爱因斯坦认为，宇宙空间可以弯曲成一个封闭体，宇宙有限，但没有边，这就打破了有限必有边的传统观念。一个二维的宇宙可以弯曲成一个球面，球面的面积是有限的，但没边，一只二维蚂蚁无论朝哪个方向爬，无论爬多长距离，都不会遇到边。没边也就无所谓内外，无所谓中心。按照爱因斯坦的设想，一位天文学家如果用最好的望远镜向前方看，他就会看到自己的脑袋瓜，因为光线可以绕封闭的宇宙转一圈。就像当年牛顿设想，一台发射能力很好的大炮，向前发射的炮弹可以绕地球转一圈最后打中这台大炮一样。爱因斯坦的这个模型开创了现代宇宙学的先河。

四　爱因斯坦的科学思想

爱因斯坦的一生,是追求统一性的一生。他通过狭义相对论,把静止参考系与匀速参考系统一起来,又通过广义相对论把惯性系与非惯性系统一起来。相对论在力学领域实现了高度的统一,但他发现牛顿力学与电磁学理论似乎很难统一。他说:“被认为是整个理论物理学纲领的牛顿运动学说,从麦克斯韦的电学理论那里受到了第一次打击。人们已经明白,物体之间的电的和磁的相互作用,并不是即时传递的超距作用,而是由一种以有限速度通过空间传播的过程所引起。按照法拉第的概念,除了质点及其运动以外,还有一种新的物理实在,那就是‘场’。……牛顿的超距作用力的假说一旦被抛弃,电磁场理论的发展也就导致了这样的企图:想以电磁的路线来解释牛顿的运动定律,也就是想用一个以场论为基础的更加精确的运动定律来代替牛顿运动定律。”[17]他用引力场来解释引力,并想通过电磁场与引力场的统一,来创建统一场论,但他未能完成这项工作。

爱因斯坦在建构统一场论的同时,还在建构“科学的统一的理论基础”。

爱因斯坦认为科学从一开始就企图寻找科学的统一的理论基础。在科学史上牛顿提供了第一个这样的理论基础,牛顿的“力学基础”的基本要素是:具有不变质量的质点,质点之间的超距作用,关于质点的运动规律,绝对时间与绝对空间。“这个牛顿的基础判明是卓有成效的,到 19 世纪末为止,它一直被看作是最终完成了的基础。”[18]

爱因斯坦指出,当时的物理学虽然在细节上取得了丰硕的成果,但在原则问题上占统治地位的是对牛顿基础的迷信。我们应当重新考查牛顿的基础。从“外部的证实”来看,很难把光的波动性理论纳入到牛顿框架之中;从“内在的完备”来看,牛顿的绝对时空观有懈可击。爱因斯坦主要是从这两个方面来批判牛顿力学机械论的。

爱因斯坦非常看重科学统一理论基础的作用,决心建构新的基础来取代牛顿的基础。他说:“从一开始就一直存在着这样的企图,即要寻找一个关于所有这些学科的统一的理论基础,它由最少数的概念和基本关系所组成,从它那里,可用逻辑方法推导出各个分科的一切概念和一切关系。这就是我们所以要探求整个物理学的基础的用意所在。认为这个终极目标是可以达到的,这样一个深挚的信念,是经常鼓舞着研究者的强烈热情的主要源泉。”[19]

爱因斯坦提出的一些思想，可以看作是他执著追求的统一理论基础的基本内容。

自然界具有简单性与统一性，科学理论也应如此。“从希腊哲学到现代物理学的整个科学史中，不断有人力图把表面上复杂的自然现象归结为一些简单的基本观念和关系。这就是一切自然哲学的基本原理。”〔20〕

物理实在是独立于我们认识之外的、不依赖于我们对它的观察与测量的存在。“要是对于一个体系没有任何干扰，我们能够确定地预测（即几率等于1）一个物理量的值，那么对应于这一物理量，必定存在着一个物理实在的元素。”〔21〕

物理实在的状态是必然的、确定的，我们可以对其作出确定的预测。“科学家却一心一意相信普遍的因果关系。在他看来，未来同过去一样，它的每一细节都是必然的和确定的。”〔22〕“使一个物理量成为实在的，它的充足条件是：要是体系不受干扰，就有可能对它作出确定的预测。”〔23〕“理论物理学家的世界图像在所有这些可能的图像中占有什么地位呢？它在描述各种关系时要求尽可能达到最高标准的严格精确性，这样的标准只有用数学语言才能达到。”〔24〕

关于自然界基本过程的科学，除热力学以外，均与时间箭头无关，因为这些过程都是可逆的过程。“在关于基元过程的经验定理中，没有什么东西支持这种箭头，正如古典力学中一样。”“无论在哪种情况下都是这样：时间箭头是完全同热力学关系联系在一起的。”“解释时间箭头的全部问题同相对论问题毫不相干。”“统计性量子力学也完全同基元过程的无箭头性相符。只要我们能更直接地了解基元过程，每一过程就有它的逆过程。”〔25〕1955年，爱因斯坦在悼念好友贝索逝世时说：“现在，他又一次比我先行一步，他离开了这个离奇的世界。这没有什么意义。对于我们有信仰的物理学家来说，过去、现在和未来之间的分别只不过有一种幻觉的意义而已，尽管这幻觉很顽强。”〔26〕

场是不能再简化的实体，是自然界的基元物质，基本粒子是场的一种状态，引力场和电磁场组成统一的场。爱因斯坦坚信自然界存在着最终的、不能再简化的基元物质，这基元物质不是粒子而是场，他力图用场来统一自然界的各种物质形态。“按照法拉第的概念，除了质点及其运动以外，还有一种新的物理实在，那就是‘场’。最初人们坚持力学的观点，试图把场解释为一种充满空间的假想媒质（以太）的力学状态（运动的或者应力的状态）。但是当这种解释虽经顽强的努力而仍然无效时，人们便逐渐地习惯于这样的观念了，即认为‘电磁场’是物理实在的最终的不能再简化的成分。”[27]“物质的基本粒子按其本质来说，不过是电磁场的凝聚，而决非别的什么……”[28]“总的物理场是由一个标量场(引力场)和一个矢量场(电磁场)组成的。”[29]“如果引力场和电磁场合并成为一个统一的实体，那当然是一个巨大的进步。”[30]“就能一步一步地为全部物理学找到一个新的可靠的基础。”[31]

场是连续状态的物质，因此自然界本质上是连续的，运动、时间与空间都是连续的。在爱因斯坦看来，自然界是一个连续的系列，不可能从一个部分跳跃到另一个部分，而只能逐个地通过一系列的中介，从一个部分逐渐过渡到相邻的部分。他把自然界比作一个巨大的桌面，“一张大理石桌摆在我们面前，眼前展开了巨大的桌面。在这个桌面上，我可以这样地从任何一点到达任何其他一点，即连续地从一点移动到‘邻近的’一点，并重复这个过程若干(许多)次，换言之，亦即无需从一点‘跳跃’到另一点。”“具有意义的世界也是一个连续区。”[32]

已知的物理学规律无论在宏观领域还是在微观领域都同样有效。爱因斯坦在与以玻尔为代表的量子力学哥本哈根学派的争论中，强调宏观世界与微观世界的统一性，原则上否认微观世界特殊物理规律的存在。他认为他的统一场论和统一的理论基础同样适用于微观世界。“物理学中的‘实在’应当被认为是一种纲领，然而，我们并不是被迫先验地抓住这纲领不放。在‘宏观’领域里，大概没有人会倾向于放弃这个纲领(纸带上的记号的位置是‘实在’的)。但是，‘宏观’和‘微观’是如此相互联系着的，以致单独在‘微观’领域中放弃这个纲领似乎是行不通的。我也不能在量子领域的可观察事实范围内的任何地方看出有这样的任何根据，除非人们真是先验地抓住这样的命题不放，即认为用量子力学的统计图式对自然界的描述是终极的。”[33]

生命现象可以归结为物理过程，可以从物理学推导出关于生命的知识。关于生命本质的问题，长期有活力论与机械论的争论。爱因斯坦反对活力论，看来他赞同生命的机械论。“既然物理学的基本规律看来已经可靠地建立起来了，大概不能期望它们在有机界里会是不正确的。在我看来，为了发展生物学，不仅多半是从物理研究中借用的工具和方法都是重要的，而且在19世纪存在着的对于物理学基础的可靠性的牢固信念也是重要的。”[34]“相信心理现象以及它们之间的关系，最终也可以归结为神经系统中进行的物理过程和化学过程。”[35]“作为理论物理学结构基础的普遍定律，应当对任何自然现象都有效。有了它们,就有可能借助于单纯的演绎得出一切自然过程(包括生命)的描述,也就是说得出关于这些过程的理论……"[36]

爱因斯坦的这些科学思想,同他的统一场论有密切的关系。但他的统一场论没有完成。

五　普里高津的科学思想

普里高津不仅创立了耗散结构理论,而且具有丰富的科学思想和哲学思想,是20世纪新科学思想的主要代表人物之一。

普里高津用批判的眼光,对牛顿以来的科学进行反思。当时许多科学家都认为经典科学已尽善尽美,功德圆满,可是他却认为这一切才刚刚开始。他说:"每一次,无论是拉普拉斯时代,或是在19世纪末,甚至在今天,物理学家都宣告:物理学已经到了或即将进入最后一章了。"[37]可是经典物理学存在着很大的局限性。"过去三个世纪里追随牛顿综合法则的科学历史,真像一桩富于戏剧性的故事。曾有过一些关头,经典科学似乎已经功德圆满,决定性和可逆性规律驰骋的疆域似乎已尽收眼底,但是每每这个时候总有一些事情出了差错。"[38]经典物理学家大都认为,他们对宏观世界的认识已相当彻底了,可是普里高津认为,我们对宏观世界的认识才刚刚开始。"几年前如果有人问一位物理学家,物理学能使我们解释些什么,哪些问题还悬而未决,那么他会回答说,我们显然还不能确切地认识基本粒子或宇宙进化,但我们对介于这两者之间的事物的认识却是相当令人满意的。今天,正在成长起来的少数派(我们就属于这一派)是不能分享这种乐观主义的:我们只是刚刚开始认识自然的这个层次,即我们所生活的层次。"[39]

普里高津尖锐地批评了以牛顿为代表的机械论的自然观和科学观。"牛顿科学的雄心是要提供一个自然图景,该图景将是普适的、决定论的,并且是客观的(因为它不涉及观察者)、完备的(因为它达到摆脱了时间束缚的描述水平)。"[40]"然而,即便是在古典科学大唱凯歌的时候,牛顿的大厦就已经碰到最初的威胁。"[41]

普里高津认为,我们生活在一个大转变的年代。这个转变的实质是建立人同自然的新对话,自然科学的理论思想也在发生深刻的变化。他从以下几个方面叙述了科学思想大转变的主要内容。

第一,从存在到演化。普里高津率先把物理学分为存在物理学和演化物理学。牛顿力学所描述的自然界,是个静止的、沉寂的世界。经典物理学只研究自然界的存在，而不研究自然界的演化，惟有热力学除外。“经典力学以特别清楚和显著的方式表达了静止的自然观。”[42]“用哲学的语汇，我们可以把‘静止’的动力学描述与存在联系起来；而把热力学的描述，以及它对不可逆性的强调，与演化联系起来。”[43]普里高津的耗散结构理论，为我们描绘了一幅自然界演化的图景。他说：“在我年轻的时候，我就读了许多哲学著作，在阅读柏格森的《创造进化论》时所感到的魔力至今记忆犹新。尤其是他评注的这样一句话：‘我们越是深入地分析时间的自然性质，我们就会越加懂得时间的延续就意味着发明，就意味着新形式的创造，就意味着一切新鲜事物连续不断地产生。’这句话对我来说似乎包含着一个虽然难以确定，但却具有重要作用的启示。”[44]因为自然界不断推陈出新，所以在普里高津看来，时间就是建设，就是创造。协同学创始人哈肯认为，从存在到演化的转变，也适用于对社会的认识。“过去把社会结构看作是静态的，看作是处于平衡态，现在我们的视角完全转变了。结构的形成、消逝、竞争、协作，或合并为更大的结构。我们正处于这样的思想转变之中，从静态转向动态。”[45]

第二，从可逆性到不可逆性。在普里高津看来，从牛顿力学到相对论、量子力学（热力学除外），实质上都认为自然界的变化是可逆的，虽然都有时间的概念，但都折断了时间的箭头。他在《从存在到演化》一书的《序言》中，开门见山地说：“本书是论述时间问题的。书名原打算定为《时间，被遗忘的维数》，这样的书名可能会使一些读者感到奇怪，时间不是从一开始就结合到动力学，即运动的研究中去了吗？时间不就是狭义相对论讨论的重点吗？这当然是对的。但是，在动力学描述中，无论是经典力学的描述，还是量子力学的描述，引入时间的方式有很大的局限性，这表现在这些方程对于时间反演 $t \rightarrow -t$ 是不变的。”[46]普里高津认为不可逆是自然界的普遍属性，“时间之矢”是自然界的基本事实。我们生活的世界，是一个可逆性只适用于有限的简单情况，而不可逆性却占统治地位的世界。事物越复杂，其变化的不可逆性就越高。“不可逆性是从复杂性最低的动态系统开始的。有意思的是，随着复杂性的增高，从石头到人类社会，时间之矢的作用（也就是演变节奏的作用）在增长。”[47]他还认为不可逆性是有序之源。“一种新的统一正在显露出来：在所有层次上不可逆性都是有序的源泉。不可逆性是使有序从混沌中产生的机制。”[48]“不可逆性在自然中起着建设性的作用，因为它容许自我构成的过程。”[49]他的耗散结构理论就是以不可逆性为基础建立起来的，它的任务是揭示远离平衡态的不可逆过程，从而把历史的因素引入物理学和化学。

第三,从机械决定性到随机性。普里高津指出,严格的机械决定论是牛顿力学的一个基本属性。“在动力学中,系统按某一轨道变化,轨道一旦给定,就永远给定了,轨道的起点永远不会被忘记(因为初始条件确定着任何时刻的轨道)。”[50]他认为这种决定论同经验相矛盾。我们要准确地预言系统的未来,就要精确地知道系统中每个分子的位置和速度,但这是不可能的。“只有当一个完全确定的初始状态的概念并不意味着过分理想化时,经典动力学的这个严格决定论的信念才是正确的……只要系统足够复杂(例如在‘三体问题’中),我们就会看到,关于系统初始状态的知识,无论具有怎样的有限精度,也无法使我们预言该系统在过了一段长时间后的行为。即使确定这个初始状态时精度变得任意大,这个预言的不确定性也还是存在。”[51]他认为自然界既有决定性,又有随机性,二者互补。不可逆性隐藏着随机性,随机性是自然界更为基本的属性,物理世界是个不稳定的涨落世界。他反对的是否定随意性的机械决定论。

第四,从简单性到复杂性。亚里士多德、牛顿和爱因斯坦都认为自然界本质上是简单的。牛顿说:“自然界喜欢简单化,而不爱用什么多余的原因以夸耀自己。”[52]普里高津指出:“按照经典的观念,在物理学和化学中研究的简单物系是与生物学和人文科学研究的复杂系统有着显著区别的。”[53]他在《探索复杂性》一书中,通过对贝纳德不稳流的讨论告诉我们,平衡态是一种比较简单的状态,但远离平衡态的耗散结构却能使系统出现复杂性,从无结构到有结构,从无序到有序,从非相干性到相干性,从整体无运动到整体有运动,有的受必然性支配,有的受偶然性支配。假若有一个极小的智慧生物在液层中观察这个过程,就会发现世界完全变了,由简单的世界变成了复杂的世界。只要无机物出现了自组织过程,简单性就会转化为复杂性。他说,世界不是一台自动机,而是一件艺术品。一滴水珠可以变成一朵雪花。我们凝视着大自然创作的这无与伦比的艺术品,就会情不自禁地谈论复杂性。“复杂性不再仅仅属于生物学了。它正在进入物理学领域,似乎已经植根于自然法则之中了。”[54]普里高津反对微观世界是简单世界的说法,指出研究宏观现象可以建立某种简单模型,但我们用它来描述非常大和非常小的系统时,模型的简单性就不复存在。

第五,从旁观者到参与者。长期以来,许多科学家都认为,要正确地认识自然界,我们只能是旁观者,站在自然界之外,在不作用于自然界的前提下,如实地认识自然界的本来面貌。普里高津把这种观念称为“客观性的经典概念”。“在经典观点中，仅有的‘客观’描述是照系统原样对系统进行完整描述，而和怎样观察它的选择无关。”[55]“它试图把物质世界描述成一个我们不属于其中的分析对象。按照这种观点，世界成了一个好像是被从世界之外看到的对象。”[56]“在经典物理学中，观察者置身于体系之外。”[57]但是，“在相对论、量子力学或热力学中，各种不可能性的证明都向我们表明了自然界不能‘从外面’来加以描述，不能好像是被一个旁观者来描述。描述是一种对话，是一种通信，而这种通信所受到的约束表明我们是被嵌入在物理世界中的宏观存在物。”[58]近代科学也是一种人同自然的对话，但这种对话的最后结果，竟是把人与自然、旁观者与参与者作了截然的区分。于是人们发现自己在自然界中是个孤独者，自然界是个沉默的世界。这是经典科学的一个佯谬。“现在，我们已经离这种二分法越来越远了。我们知道，用玻尔的名言来说，我们既是演员又是观众，不仅在人文科学中是这样，在物理学中也是如此。代替‘现在即意味着将来’的观念结构，我们正步入一个世界，在其中将来是未决的，在其中时间是一种结构，我们所有人都可以参与到这当中去。”[59]值得指出的是，英国的秦斯也持类似看法。秦斯说：“19世纪的科学企图像探险家坐在飞机上面探索沙漠一样去探索自然。测不准原理使我们明白，探索自然不能用这种隔开的方法。我们只能用踏在它上面并且扰动它的方法去探索它。我们所见的自然景致，含有我们自己扬起的尘烟。”“自然就是被观察所破坏了的某种东西。”“每一个观察，就破坏了被观察的一部分宇宙。”[60]他说，正因为我们观察世界，所以我们才改变着世界，就像一个渔夫钓起一条鱼，既扰动了水面，又钩伤了鱼。

第六，从分析到新的综合。普里高津认为现代科学正面临着新的综合。美国社会学家托夫勒在《从混沌到有序》一书的《前言》中写道：“在当代西方文明中得到最高发展的技巧之一就是拆零，即把问题分解成尽可能小的一些部分。我们非常擅长此技，以致我们竟时常忘记把这些细部重新装到一起。”“但是，普里高津却不满足于仅仅把事情拆开。他花费了他一生的大部分精力，试图去‘把这些细部重新装到一起’。”[61]系统论是综合性理论，普里高津应用系统论的思想、方法创立的耗散结构理论，是系统论的发展。过去人们认为，热力学告诉我们无机界的演化是从有序到无序，生物进化论告诉我们生物界的演化是从无序到有序，似乎无机界与生物界之间有一条很深的鸿沟，耗散结构理论则否定了这条鸿沟的存在。这一理论还体现了物理学与化学的内在联系。他在上大学时，就选修过历史课，历史学研究中的时间箭头给他留下深刻的印象，他由此对物理学、化学研究中不讲时间箭头而感到惊诧。英国历史学家汤因比说,他过去曾用机械决定论的观点研究历史,屡遭失败,普里高津在自己著作中曾引用过汤因比的有关论述。

普里高津认为中国传统哲学注重自然界的整体性和有机性。“中国传统的学术思想是着重研究整体性和自发性,研究协调与协和。现代科学的发展,近十年物理学和数学的研究,如托姆的突变理论、重整化群、分支点理论等,都更符合中国的哲学思想。”〔62〕他的耗散结构理论“对自然界的描述非常接近中国的关于自然界中的自组织与谐和的传统观点”。科学的“这个异乎寻常的发展带来了西方科学的基本概念和中国古典的自然观的更紧密的结合。”〔63〕“我相信我们已经走向一个新的综合,一个新的归纳,它将把强调实验及定量表述的西方传统和以‘自发的自组织世界’这一观点为中心的中国传统结合起来。”〔64〕“西方科学和中国文化对整体性、协和性理解的很好的结合,这将导致新的自然哲学和自然观。”〔65〕

普里高津认为,新的科学思想革命已经到来,这场革命主要表现在以下方面:从可逆性到不可逆性,从稳定性到不稳定性,从线性关系到非线性关系,从存在到演化,从机械决定论到非机械决定论,从一元的世界到多元的世界,从封闭系统到开放系统,从认识以简单性为主到认识以复杂性为主,人在认识自然活动中从旁观者到参与者,从分析到新的综合,从西方传统与东方传统的脱离到二者的结合,等等。

六　量子场论、弦理论、量子宇宙学

海森堡说:“现在无论是谁,如果他没有相当丰富的当代物理学知识,就不能理解哲学。你要是不愿成为最落后的人,就应该马上去学物理。”〔66〕

当代物理学有两大基本问题:物质最小的结构原料是什么?是什么力量把这些物质结构原料联系在一起的?爱因斯坦的统一场论探索,就是试图解决这两个问题,但他未能如愿。许多物理学家在研究这两个基本问题时,其基本想法同爱因斯坦一样——追求自然界的统一,包括物质结构原料的统一和相互作用的统一。现在我们知道自然界有四种基本作用:引力作用、电磁作用、强相互作用和弱相互作用。科学家相信这四种基本作用应当是统一的。

量子场论是沿着量子力学思路发展起来的、研究基本粒子性质和相互作用的理论,它可以描述高能微观粒子的产生、消失和转化过程。我们用微分方程来描述麦克斯韦电磁场,用黎曼几何描述相对论的引力场,那么我们用什么来描述统一场？在这方面，杨振宁和米尔斯1954年提出的规范场理论，被认为是比较成功的尝试。规范场论是量子场中的一种理论，它的基本观点是：具有某种整体对称性的物理定律，当把它推广到局域对称时，就必须引进新的场，即规范场。例如，相对论中的引力场、量子电动力学中的电磁场、量子味动力学中的光子场以及中间矢量玻色子场、量子色动力学中的胶子场，这些都是规范场。同每种规范场相对应的粒子被称为规范粒子，它们都是一定相互作用的媒介粒子。如光子、中间玻色子、胶子就分别是电磁相互作用、弱相互作用、超强相互作用的媒介粒子。

在强相互作用中，由于核子的行为同电荷无关，质子和中子可以看成是核子的两种态。假如把质子的电荷完全取消的话，质子和中子就是不可区分的，二者具有对称性，由此可建立一组同麦克斯韦电磁场方程相类似的方程——杨-米尔斯方程。它不仅表达了很深的物理观念，而且其数学形式也非常对称优美。

后来杨振宁发现规范场方程同陈省身提出的现代微分几何学中的纤维丛理论有密切关系，这表明规范场也可以几何化。

在规范场理论的基础上，格拉肖、温伯格和萨拉姆提出了弱相互作用和电磁作用统一的理论——弱电统一理论。20世纪50年代，有人提出弱相互作用是通过交换中间玻色子传递的，即以中间玻色子为媒介粒子。60年代后期，格拉肖等认为，中间玻色子原来同光子一样，也是质量为零的规范粒子，后来中间玻色子才获得了很大的质量。这样，我们就可以把光子和中间玻色子看作是同一族粒子。光子是传递电磁作用的媒介粒子，所以弱相互作用和电磁作用可看成是同一种相互作用，称为“电弱相互作用”。电磁作用和弱相互作用就是同一种相互作用的两种不同的表现形式。后来科学家发现，强相互作用也可以用规范场理论来描述。

所以，电磁场的构造最早引出了规范场的概念；引力相互作用，根据广义相对论的非欧几何理论，也是个规范场；大家相信弱相互作用、强相互作用都是规范场。杨振宁说：“是否有一个总的规范场，能够同时产生出所有的规范场，这当然是一个雄心勃勃的设想，恐怕一时还不见得能完全解决。”[67]

1995年，美国弗兰克林学会将1994年度的鲍尔科学奖授予杨振宁。颁奖颂词写道：杨振宁“对规范场理论的叙述综合了有关自然界的物理规律，并且增加了我们对宇宙基本动力的理解，作为20世纪观念上的杰作，它解释了原子内部粒子的相互作用，他的理论在很大程度上重构了近40年来的物理学和现代几何学”。[68]丁肇中说:“他与米尔斯发表的规范场理论,是一个划时代的杰作,不但成为今天粒子理论的基石,并且在相对论及纯数学上也有重大的意义……”[69]有人认为规范场理论的重要性不亚于相对论,还有人认为这一理论应获诺贝尔奖。

在物质最小结构原料的问题上,引人注目的是许多科学家共同创建的弦理论。

许多科学家认为,科学已取得了很大的成就,解释了宇宙的膨胀现象,探索了物质的微观结构,但也带来了一个很大的困惑:取得这些成就的两大理论基础——广义相对论和量子力学——却始终水火不相容。物理学研究的对象要么小而轻(如粒子),要么大而重(如星系),或者只用量子力学,或者只用广义相对论,而不会同时应用这两种理论。的确,在微观尺度,引力作用可看作为零;在宇观尺度,强相互作用和弱相互作用可看作为零。霍金说:“今天科学家按照两个基本的部分理论——广义相对论和量子力学来描述宇宙。它们是本世纪上半叶的伟大智慧成就……然而,可惜的是,这两个理论不是互相协调的——它们不可能都对。”[70]

可是有的科学家认为,在黑洞的中央,大量物质被挤压到一个极小的空间里,这是小而重,量子力学和广义相对论都能派上用场。看来量子力学和广义相对论之间的裂缝可以弥合,弦理论被认为在这方面的探索是很有意义的。

1968年,维尼齐亚诺发现,可以用欧拉的β函数来描述强相互作用的许多性质。1970年,美国的尼尔森和苏斯金证明,如果用小小的一维的振动的弦来模拟基本粒子,那么它们的核相互作用就能用欧拉函数精确地描述。1984年,格林和施瓦兹证明,弦理论可以包容自然界的四种基本作用。

弦理论又称超弦理论,是一个理论群,有多种大同小异的模型,它的基本思想有以下几个方面:

第一,宇宙是统一的、和谐的。“如果在最深最基本的水平上认识宇宙,宇宙应该能以一个各部分和谐统一、逻辑上连贯一致的理论来描述。”[71]

第二,自然界的基元物质是弦,它不是由比其更基本的东西组成的。“弦就是弦,没有比它更基本的东西,所以不能把它描写成由别的任何物质组成的东西。”[72]

第三,微观粒子是弦的不同形态。“每个基本粒子都由一根弦组成——就是说,一个粒子就是一根弦。”[73]这是一维闭合的弦,它的空间尺度很小,一般是普朗克长度,是10^{-33}厘米,大约是原子核的一千亿亿分之一。它在较大尺度上看起来就是微观粒子。

第四,所有的弦都相同。“所有的弦都是绝对相同的。”“不同的基本粒子实际上是在同一根基本弦上弹出的不同‘音调’。”[74]传统观念认为各种不同的基本粒子具有不同的基元类型,弦理论彻底改变了这幅图景。

弦振动的能量、基本粒子的性质皆取决于振幅和振动模式。“一个基本弦的不同振动模式生成了不同的质量和力荷。”[75]振动的能量是最小能量单位的整数倍,质量是普朗克质量整数倍,即都是量子化的。这表明弦理论包含量子力学的某些因素。

第五,空间可以有许多的维,除我们所熟悉的三维外,多余的维决定了基本粒子的基本属性。1919 年波兰的卡鲁扎写信给爱因斯坦,提出了空间多维的设想。那为什么我们看到的却是长、宽、高这三维? 1926 年,克莱茵说,空间有延展的维,可以延伸很远,能直接显露出来;也有很小的蜷缩着的维,很难看出来。我们想像有一根几百米长的水管横过一道峡谷,从远方看去,就像一根长长的伸展开的一维的线,一只蚂蚁可以向左也可以向右爬行。实际上水管是有粗细的,蚂蚁也可以绕着管子爬,这表明水管是二维的,但第二维是蜷缩着的维。卡鲁扎在假定空间多一个维的情况下推出的方程,与普通三维相关的方程,从根本上说与爱因斯坦的方程一样,但又导出爱因斯坦没有得出的方程,那多出的方程竟是麦克斯韦方程。这样,添加一个空间维,卡鲁扎就把爱因斯坦的引力理论和麦克斯韦的电磁理论统一起来了。有人认为,弦理论要求宇宙有 10 维、11 维。如果弦理论需要 9 个维,那么多余的 6 个维就可以用卡拉比和丘成桐提出的卡-丘空间描述。“多余维度的几何决定着我们在寻常三维展开空间里观察到的那些粒子的基本物理属性,如质量、电荷等。”[76]

弦理论的研究可以得出一些有趣的想法。

其一,空间结构的破裂。1987 年,丘成桐和他的学生田刚发现,一定的卡-丘空间形式可以通过数学步骤变换成其他形式:空间表面破裂,生成孔,然后再按照一定的数学形式把孔缝合起来。原来美国纽约的世界贸易中心大厦是两座高楼,这是一个 U 型空间。我们如果从一座楼的第 90 层到另一座楼的第 90 层,就必须先下楼,走进另一座楼,然后再上楼。现在我们可以想像在这两座楼的第 90 层处,空间结构破裂,生成孔洞,孔洞还能生长“触角”,两边触角相连,在两幢大楼之间又形成一个新的空间区域,我们就可以通过这个空间区域,从一座楼的第 90 层直接走到另一座楼的第 90 层,而不必走 U 型路径,这就是人们所说的“虫洞”。

其二,多重宇宙。空间多维,维的形式也不同,不同的维就是不同的宇宙。“紧缩的宇宙可能只有一两个甚至没有展开的空间维,而开放的宇宙可能有八九个甚至十个展开的空间维。让我们自由想像,那定律本身也可能是各不相同的,什么情况都可能出现。”[77]“我们的宇宙也许只是在巨大的波涛汹涌的汪洋(即所谓的多重宇宙)表面上无数跳荡的泡沫中的一个。”[78]为什么我们看到的宇宙是这样的宇宙呢?弦理论采用人择原理的说法:因为在这样的宇宙中,才会演化出人。

其三,分数电荷。根据关于电子的理论,电子的带电量是电量的最基本单位。夸克模型、层子模型都假定存在着1/3、2/3分数电荷。弦理论认为,某些粒子的电荷可以是1/5、1/11、1/13、1/53。如果这些猜想被证实,那就表明电子的结构也是相当复杂的。

其四,黑洞与粒子的联系。黑洞可能本来就是巨大的基本粒子。弦理论在黑洞与基本粒子之间建立了合理的理论联系。

其五,弦理论对宇宙学的修正。弦理论要求说明更多时空维的演化。在宇宙开始的瞬间,所有的空间维都是平等的,都蜷缩成一个多维的普朗克尺度的小宇宙,然后第一次对称破缺,三个空间维生长出来,其余的维仍保持着普朗克尺度,那三个维就成了暴涨宇宙图景的主角。

弦理论追求的目标是宇宙的大统一,统一的手段是弦,空间的多维及其演化则是十分精彩的思想。对弦理论做出开拓性工作的格林说:“弦理论搭起了一个多么辉煌的真正的统一理论的框架。物质的每一个粒子,力的每一个传递者,都是由一根弦组成的,而弦的振动模式则是识别每个粒子的‘指纹’。发生在宇宙间的每一个物理学事件,每一个过程,在最基本的水平上都能用作用在这些基本物质组成间的力来描写,所以,弦理论有希望为我们带来一个包容一切的统一的物理宇宙的描述,一个包罗万象的理论。”[79]

霍金用量子力学研究黑洞,开辟了量子宇宙学的先河。黑洞是广义相对论所预言的一种奇妙的天体,它只有吸引,没有排斥,物质只进不出。它“黑”得无法观测,因为光线也跑不出来。霍金认为黑洞周围的量子涨落,使黑洞产生辐射,称“黑洞辐射”。他说:“如果一个黑洞具有熵,那它也应该有温度。但具有特定温度的物体必须以一定的速率发出辐射。”[80]

物理学家曾在量子场论研究中提出“虚粒子”的概念。虚粒子是传递相互作用的量子化的场中激起的“扰动”。真空的作用是通过虚粒子实现的,所以真空不空,虚粒子不虚。有人认为虚粒子是在量子力学中一种不能直接检测到的,但它的存在确实具有可测量效应的粒子。霍金猜想,根据量子力学，宇宙间充满虚粒子、反粒子，它们常常成对产生、分开，然后相聚、湮灭。如果一对虚粒子中的一颗落入黑洞，另一颗就会向外辐射。他写道："何以黑洞会发射粒子呢？量子理论给我们的回答是，粒子不是从黑洞里面出来的，而是从紧靠黑洞的事件视界的外面'空'的空间里来的！……我们以为是'真空'的空间不能是完全空的。"[81]他又说，量子力学不确定原理允许有的粒子在短距离内以超光速运动，这样就有可能离开黑洞。

霍金还把黑洞与虫洞联系起来。虫洞是连接时间、空间不同区域的特殊管道。黑洞可以成为虫洞。可能有多重的平行的宇宙，虫洞可以把平行的宇宙连接起来，这就使"时间旅行"成为可能。他说："虫洞，如果它们存在的话，将会是空间中解决速度极限问题的办法：正如相对论要求的，空间飞船必须以低于光速的速度旅行，这样要穿越星系就需要几万年。但是你可以在一餐饭的工夫通过虫洞到达星系的另一边并且返回。然而，人们能够证明，如果虫洞存在，你还可以利用它们在你出发之前即已返回。这样，你会以为能做一些事，譬如首先炸毁发射台上的火箭，以阻止你的出发。这是祖父佯谬的变种：如果你回到过去在你父亲被怀胎之前将你祖父杀死，将会发生什么？"[82]我们还可以从狭义相对论的角度来理解这种"时间圈环"。我们可以想像虫洞的一个洞口在地球上，而在另一端出口搭乘宇宙飞船旅行。当飞船返回时，它所包含的虫洞口流逝的时间比留在地球上的洞口流逝的少。那么，如果宇航员 12 时从地球上的虫洞洞口进入，飞船在太空中绕了一大圈返回地球，他却可以在 10 时从飞船上的虫洞洞口出来，这样，时间岂不倒流？人的历史岂不可以重写？

霍金认为我们生活在"膜"的世界中，"一个在高维时空中的四维面或膜。"[83]一张膜便是一个宇宙，不同的膜是不同的宇宙。光不能通过额外维传播，但引力可以。在我们膜的旁边会有影子膜。我们看不到影子膜，但能感受到它的引力作用，这可看作是对暗物质的一种解释。膜的历史像一个果壳，果壳上的"量子皱纹"，包含着所有结构的密码。

霍金量子宇宙学的出发点是，无限的平行宇宙可以用波函数来描述。宇宙的波函数遍及所有可能的宇宙。他假定波函数在靠近我们的宇宙处相当大，在其他宇宙则衰减得很小。宇宙不再是"存在的一切"，而是"可能存在的一切"。他认为宇宙学的最终问题，只能用量子力学来解决。

爱因斯坦曾追求能推导出所有科学知识的"科学基础"，现在不少物理学家在追求包罗万物的终极理论，实际上是想圆爱因斯坦之梦。对弦理论作出贡献的卡库说："德国物理学家就曾编辑过一本百科全书——《物理学手册》,那是一部总结了全世界物理学知识的详尽无遗的著作。这部在图书馆中可以占据整整一个书架的《手册》,代表了当时科学知识的顶峰。如果超弦理论是正确的话,这本百科全书中包含的所有信息就能够(在原则上)从一个方程中推导出来。"为什么从弦理论可以推导出一切知识?因为"统治我们宇宙的四种基本力实际上只是由超弦主宰的一种统一的力的不同表现形式"。[84]卡库所说的"统一的力",就是当年爱因斯坦所追求的"统一的场"。

在玻尔、爱因斯坦之后,追求囊括四种基本作用的"超大统一理论"和包罗万物的终极理论,已成为当年物理学的主流之一。科学家的思想异常活跃,弦、膜、虚粒子、虚时间、多重宇宙、高维空间、空间蜷缩、时间圈环、虫洞、婴儿宇宙,新概念、新设想层出不穷。据说可能存在着"暗能量",约占宇宙物质总量的70%。有人预言暗能量将是物理学晴朗上空的"一团乌云"。

科学家在追求大统一和终极目标时,主要依靠三个基本信念。

其一,模型原理——科学理论是数学模型。霍金说:"科学理论只不过是我们用以描述自己所观察的数学模型,它只存在于我们的头脑中。"[85]"因为我不知道实际是什么,所以我不要求理论与之相等。实际不是某种你能用石蕊试纸检验的品质。我所关心的一切是理论应能预言测量结果。"[86]美国数学家帕帕斯说:"数学思想是想像力的虚构物。数学的想法存在于另一个世界中,数学的对象是纯由逻辑和创造力产生的。标准的正方形或圆形存在于数学世界中,而我们的世界所具有的只是数学对象的代表物而已。"[87]

其二,不确定性原理——什么都可能出现,这是把量子力学的不确定性原理推广到整个自然界。霍金说:"实在的一个经典概念,一个对象只能有一个单独的确定历史。量子力学的全部要点是……一个对象不仅有单独的历史,而且有所有可能的历史。"[88]"宇宙必须有这样一种历史,伯利兹囊括了奥林匹克运动会的所有金牌,虽然也许其概率很小。"[89]

其三,人择原理,这一原理在自然观一讲中我们已作介绍,现在则被推广到物理学许多领域。霍金说:"'为何宇宙是我们看到的这种样子?'回答很简单:如果它不是这个样子,我们就不会在这里。"[90]法国思想家伏尔泰曾说:"我们生活在所有可以允许的最好的世界中。"霍金主张把这句话改为:"我们生活在所有可以允许的最有可能的世界中。"[91]盖尔曼说:"有些量子宇宙学家喜欢谈所谓的人择原理,这个原理需要的是在宇宙中要有适合于人类生存的条件。这个原理的弱形式仅指出:只有特定的历史分支可以让我们发现我们自己拥有的特殊的条件,让行星存在,让生命包括人类的生命在这颗行星上繁荣发展。”“人择原理的强形式则认为,这个原理应该应用到基本粒子的动力学和宇宙的初始条件中去,设法把那些基本定律塑造得可以产生人类。”[92]

这就是说,科学只能是一种数学模型,重要的是优美和自洽;既然什么都可能发生,那么什么都可以想像;如果你要问:为什么许多奇妙构想我们并未看到?那是因为我们并没有生活在那样的宇宙中。有了这三大信念,科学家的想像几乎不受任何约束。莎士比亚名剧《哈姆雷特》中有一句台词:“即便把我关在果壳之中,仍然自以为无限空间之王。”霍金的躯体虽被禁锢在轮椅之上,但他却可以把我们的宇宙想像为无边大海汹涌波涛中的一滴小水珠!

关于弦理论、万物理论,学术界尚有不同的理解和评价。

弦理论有不少优点和引人入胜之处。量子场论不包括引力,弦理论则包括。著名的弦理论专家威滕说:“弦理论之所以如此吸引人是因为引力无处不在。而所有已知的弦理论都是包括引力在内的,正如我们已经看到的那样,量子场论中是无法包括引力的,这一点必须由弦理论来解决。”[93]人们常说的“大统一理论”,指电磁力、强作用力和弱作用力的三者统一,弦理论追求的可以说是“大大统一理论”,它追求包括引力在内的自然界四种基本作用的统一。

弦理论可以避开“无穷大”的困境。两物之间的引力、电力均同距离平方成反比,一些模型要求电子没有体积,这意味着两物之间的距离为零,那它们之间的引力、电力就会无穷大,甚至会得出无限小的电子会有无穷大质量的结论,这的确是件十分恼人的事。温伯格在谈到弦理论时说:“这一理论之所以如此激动人心的原因之一就在于它第一次给我们带来了一个没有无穷大的引力理论,而这种无穷大在所有先前企图描述引力的理论中都会出现的。”[94]

有人还认为弦理论可以结束物质是否可以无限分割的问题。“按照超弦理论,则存在着一种最基本的尺度,在这尺度之外,所有关于时间和空间的问题都将毫无意义。”[95]

一些科学家对弦理论给予了高度的评价。威滕说:“一般说来,物理学中所有真正重大的思想,实际上都是超弦理论的副产品。”[96]他预言弦理论将统治物理学50年。温伯格说:“我个人猜测,存在一个终极理论,我们也有能力发现它。……我们也许甚至能在今天的弦理论中发现某个候选的终极理论。”[97]

但是弦理论也有许多缺点。弦太小,几乎无法观测。霍根说:“超弦之于质子犹如质子之于太阳系那般小,从某种意义上说,这种弦甚至比我们距隐藏在可视宇宙最边缘的类星体还要远。超导超级对撞机同以往的任何加速器相比,应能使物理学家深入到更微观的领域,其周长将达 54 英里,但要想探索超弦盘踞的王国,物理学家将不得不建造一个周长为 1000 光年的粒子加速器(而整个太阳系的周长只有一光天)。即便是那样的加速器仍不足以使我们观测超弦们翩翩起舞的那些额外维度。”[98]

有人认为,到目前为止弦理论只是一种数学模型,不对应任何现实的东西。霍根说:“没有人能帮助我准确地理解超弦究竟是什么。据我所知,它既不是物质也不是能量,它只是一些能产生物质、能量、时间和空间的数学原材料,但本身又不对应现实世界的任何东西。”[99]

霍金批评弦理论说:“弦理论迄今的表现相当悲惨:它甚至不能描述太阳结构,更不用说黑洞了。”“没有特别的可以在观测上检验的预言,光是数学上的漂亮和完备是否就已经足够了?况且,现阶段弦理论既不漂亮也不完备。”[100]

对弦理论批评最激烈的是诺贝尔物理学奖获得者格拉肖。格拉肖说:“那些弦理论与我所了解并且热爱的客观物理世界简直是格格不入,因此我对这些理论也就没有什么兴趣了……我将尽我所能将这一比艾滋病更具传染性的超弦理论拒于哈佛之外。但很遗憾我的工作并不十分成功。”他说自己“正在等待超弦的断裂”。[101]

杨振宁致力于场论的研究,对弦理论持保留态度。他在 1986 年说:“超弦是目前高能物理理论中的一个热门。我估计全世界大约有一百多位有博士学位的人在做这方面的工作。我很难相信这个理论最后是对的。”“因为超弦的想法和实际物理接触太少。”[102]

如何对待包罗万物的终极理论?终极理论如果成立,至少需要两个条件:第一,浅层次的本质可以完全用深层次来解释,即浅层次的属性可以从深层次的属性推导出来。第二,自然界存在一个终极层次,即不是由更深层次构成的层次。这两个前提缺一不可。自然界具有众多层次,这已是科学界的共识。众多层次之所以能存在,是因为它们互相区别,各有特殊性。一个大系统由若干层次,而不是由一个层次构成,有利于系统整体功能的发挥。既然如此,各个层次对系统各有其特殊功能,彼此不可能相互取代。各个层次有共性,也有个性。共性寓于个性之中,我们不能因为知道了各层次的共性，就可以认识到各层次的个性。各层次性质是一致性与不一致性的统一。认识一个层次，有助于认识相邻的层次，但一个层次的认识不能取代对相邻层次的认识。也就是说，一个层次不能归结或还原为另一个层次。即使存在着终极层次，我们也不可能从它那里推导出所有层次的认识，何况终极层次是否存在还是一个有争论的问题。复杂性不能还原为简单性，科学的统一，只能是在一定层次上的统一。科学的发展是无止境的，因为我们对自然的认识是不可穷尽的。所谓终极目标只能是相对的，只能是一定阶段的"终极"。

实际上，不少物理学家在谈论终极理论时，是比较谨慎的。温伯格说："我们要探索的就是：寻求一组简单的物理原理，它们可能具有最必然的意味，而且我们所知有关物理学的所有一切，原则上都可以从这些原理推导出来。""我不知道，我们究竟是否能达到这一步；事实上，我甚至不能肯定，到底是不是有这样一组简单的、最终的、基本的物理定律。"[103]他又说："很难想像我们能拥有一个不需要任何更深层的原理来解释的终极物理学原理。许多人想当然地认为，我们将得到一个无穷的原理链，每个原理的后面都跟着更深的原理。"[104]他引用英国科学哲学家波普尔的话："不可能有不需要更深解释的解释。"他认为即使终极理论不存在，对它的寻求也是有益的。就像当年西班牙探险家没找到墨西哥北边的七座金城，却找到了得克萨斯。

霍金说："科学的终极目的在于提供一个简单的理论去描述整个宇宙。""如果你相信宇宙不是任意的，而是由确定的定律所制约的，你最终必须将这些部分理论合并成一套能描述宇宙中任何东西的完整统一理论。""确实当我们往越来越高的能量去的时候，越来越精密的理论序列应当有某一极限，所以必须有宇宙的终极理论。"[105]1988年，霍金在《时间简史》初版中说，终极理论"已经在望"。2001年，他在《果壳中的宇宙》中说："仍未在望"，虽然"已走了很长的路"。他引用古希腊的谚语说："充满希望的旅途胜过终点的到达。"他说如果抵达终点，人类精神将枯萎死亡。他又说，即使我们登上了珠穆朗玛峰，我们还有许多事情要做。

萨拉姆则直截了当地拒绝终极理论："说到我们能达到一个包罗万象的理论，我个人并不相信。无论如何，我们不应该在一个理论可检验的范围之外相信它。"[106]

关于这个问题，中国科学院院士、原中国物理学会理事长、南京大学教授冯端说："有些科学家说粒子理论现在已经建立了标准模型，下一步就希望建立万事万物的理论。要进行这类尝试是完全应该的，但一定要采取辩证的观点来对待这一问题。即使这个理论取得进展,也不意味着万事万物的问题就可以迎刃而解了。物质科学现在还是很有生命力的,它有很多新的发展余地。切不可把它的命运都跟囊括万事万物的'理论'联系在一起。"[107]

爱因斯坦和英费尔德说:"科学不是而且永远不会是一本写完了的书,每一个重大的进展都带来了新问题,每一次发展总要揭露出新的更深的困难。"[108]这句话是很耐人寻味的。

注 释

〔1〕 林德宏:《科学思想史》(第二版),江苏科学技术出版社,2004年,第378页。
〔2〕 坂田昌一:《新基本粒子观对话》,三联书店,1973年,第2、25、45页。
〔3〕 郭汉英:《粒子物理的新的里程碑》,《自然辩证法通讯》,1981年第4期。
〔4〕 周林等主编:《科学家论方法》第二辑,内蒙古人民出版社,1985年,第278页。
〔5〕 狄拉克:《量子场论的起源》,《科学史译丛》,1982年第2期。
〔6〕 狄拉克:《反物质的预言》,《科学与哲学》,1980年第3期。
〔7〕 秦斯:《物理学与哲学》,商务印书馆,1964年,第135页。
〔8〕 亚里士多德:《物理学》,商务印书馆,1982年,第124、127页。
〔9〕 方宗熙:《拉马克学说》,科学出版社,1955年,第16页。
〔10〕 爱因斯坦、英费尔德:《物理学的进化》,湖南教育出版社,1999年,第185页。
〔11〕 王发伯:《量子力学浅说》,湖南科学技术出版社,1979年,第21—22页。
〔12〕 玻恩:《我这一代的物理学》,商务印书馆,1964年,第127页。
〔13〕 玻恩:《我的一生和我的观点》,商务印书馆,1979年,第13页。
〔14〕 玻尔:《原子论和自然的描述》,商务印书馆,1964年,第9页。
〔15〕 牛顿:《自然哲学之数学原理》,陕西人民出版社、武汉出版社,2001年,第10—11页。
〔16〕《爱因斯坦文集》第一卷,商务印书馆,1977年,第14—15页。
〔17〕《爱因斯坦文集》第一卷,第227页。
〔18〕《爱因斯坦文集》第一卷,第386页。
〔19〕《爱因斯坦文集》第一卷,第385页。
〔20〕《爱因斯坦文集》第一卷,第375页。
〔21〕《爱因斯坦文集》第一卷,第329页。
〔22〕《爱因斯坦文集》第一卷,第283页。
〔23〕《爱因斯坦文集》第一卷,第328页。
〔24〕《爱因斯坦文集》第一卷,第101页。
〔25〕《爱因斯坦文集》第三卷,商务印书馆,1979年,第496—498页。
〔26〕《爱因斯坦文集》第三卷,第507页。

〔27〕《爱因斯坦文集》第一卷,第227页。
〔28〕《爱因斯坦文集》第一卷,第128页。
〔29〕《爱因斯坦文集》第一卷,第28页。
〔30〕《爱因斯坦文集》第一卷,第128页。
〔31〕《爱因斯坦文集》第一卷,第17页。
〔32〕爱因斯坦:《狭义与广义相对论浅说》,上海科学技术出版社,1964年,第68、45页。
〔33〕《爱因斯坦文集》第一卷,第470页。
〔34〕《爱因斯坦文集》第一卷,第522—523页。
〔35〕《爱因斯坦文集》第一卷,第523页。
〔36〕《爱因斯坦文集》第一卷,第102页。
〔37〕普里高津、斯唐热:《从混沌到有序》,上海译文出版社,1987年,第116页。
〔38〕尼科里斯、普里高津:《探索复杂性》,四川教育出版社,1986年,IV页。
〔39〕普里高津、斯唐热:《从混沌到有序》,第27—28页。
〔40〕普里高津、斯唐热:《从混沌到有序》,第262页。
〔41〕普里高津等:《软科学研究》,社会科学文献出版社,1988年,第39页。
〔42〕普里高津、斯唐热:《从混沌到有序》,第45页。
〔43〕普里高津:《从存在到演化》,上海科学技术出版社,1986年,第21—22页。
〔44〕湛垦华、沈小峰:《普里高津与耗散结构理论》,陕西科学技术出版社,1982年,第2页。
〔45〕哈肯:《协同学——大自然构成的奥秘》,上海科学普及出版社,1988年,第12页。
〔46〕普里高津:《从存在到演化》,第1页。
〔47〕普里高津、斯唐热:《从混沌到有序》,第359页。
〔48〕普里高津、斯唐热:《从混沌到有序》,第349页。
〔49〕普里高津等:《软科学研究》,第37页。
〔50〕普里高津、斯唐热:《从混沌到有序》,第165页。
〔51〕普里高津:《从存在到演化》,第27页。
〔52〕塞耶编:《牛顿自然哲学著作选》,第3页。
〔53〕尼科里斯、普里高津:《探索复杂性》,V页。
〔54〕尼科里斯、普里高津:《探索复杂性》,第4页。
〔55〕普里高津、斯唐热:《从混沌到有序》,第274页。
〔56〕普里高津:《从存在到演化》,第5页。
〔57〕尼科里斯、普里高津:《探索复杂性》,VI页。
〔58〕普里高津、斯唐热:《从混沌到有序》,第357页。
〔59〕尼科里斯、普里高津:《探索复杂性》,VI页。
〔60〕秦斯:《科学的新背景》,开明书店,1935年,第206、2页。
〔61〕普里高津、斯唐热:《从混沌到有序》,第5页。

〔62〕 普里高津:《从存在到演化》,《自然杂志》第3卷第1期,第11页。
〔63〕 普里高津:《从存在到演化》,中译本序。
〔64〕 普里高津:《从存在到演化》,中译本序。
〔65〕 普里高津:《从存在到演化》,《自然杂志》,3卷1期,第14页。
〔66〕 杨振宁:《基本粒子及其相互作用》,湖南教育出版社,1999年,第179页。
〔67〕 杨振宁:《基本粒子及其相互作用》,第83页
〔68〕 杨振宁:《基本粒子及其相互作用》,代序一。
〔69〕 杨振宁:《基本粒子及其相互作用》,代序一。
〔70〕 霍金:《时间简史——从大爆炸到黑洞》,湖南科学技术出版社,2002年,第11—12页。
〔71〕 格林:《宇宙的琴弦》,湖南科学技术出版社,2002年,第124页。
〔72〕 格林:《宇宙的琴弦》,第135页。
〔73〕 格林:《宇宙的琴弦》,第139页。
〔74〕 格林:《宇宙的琴弦》,第139页。
〔75〕 格林:《宇宙的琴弦》,第137页。
〔76〕 格林:《宇宙的琴弦》,第198页。
〔77〕 格林:《宇宙的琴弦》,第352页。
〔78〕 格林:《宇宙的琴弦》,第372页。
〔79〕 格林:《宇宙的琴弦》,第139页。
〔80〕 霍金:《时间简史》,第97页。
〔81〕 霍金:《时间简史》,第98页。
〔82〕 霍金:《果壳中的宇宙》,湖南科学技术出版社,2002年,第135—136页。
〔83〕 霍金:《果壳中的宇宙》,第180页。
〔84〕 卡库、汤普逊:《超越爱因斯坦——关于世界理论的宇宙探秘》,吉林人民出版社,2001年,第4、6页。
〔85〕 霍金:《时间简史》,第130页。
〔86〕 霍金、彭罗斯:《时空本性》,湖南科学技术出版社,2002年,第111页。
〔87〕 帕帕斯:《数学的奇妙》,上海科学教育出版社,1999年,序言。
〔88〕 霍金:《霍金讲演录——黑洞、婴儿宇宙及其他》,湖南科学技术出版社,2002年,第33页。
〔89〕 霍金:《果壳中的宇宙》,第80页。
〔90〕 霍金:《时间简史》,第116页。
〔91〕 霍金:《霍金讲演录》,第46页。
〔92〕 盖尔曼:《夸克与美洲豹》,湖南科学技术出版社,2002年,第208页。
〔93〕 戴维斯等:《超弦——一种包罗万象的理论》,中国对外翻译出版公司,1994年,第83页。

〔94〕 费曼、温伯格:《从反粒子到最终定律》,湖南科学技术出版社,2003 年,第 63 页。
〔95〕 霍根:《科学的终结》,远方出版社,1997 年,第 92 页。
〔96〕 霍根:《科学的终结》,第 101 页。
〔97〕 温伯格:《终极理论之梦》,湖南科学技术出版社,2003 年,第 188 页。
〔98〕 霍根:《科学的终结》,第 93 页。
〔99〕 霍根:《科学的终结》,第 103 页。
〔100〕 霍金、彭罗斯:《时空本性》,第 113、3 页。
〔101〕 戴维斯等:《超弦》,第 175—176、164 页。
〔102〕 宁平治、唐贤民、张庆华主编:《杨振宁演讲集》,南开大学出版社,1989 年,第 152 页。
〔103〕 费曼、温伯格:《从反粒子到最终定律》,第 42 页。
〔104〕 温伯格:《终极理论之梦》,第 184 页。
〔105〕 霍金:《时间简史》,第 11、12、166 页。
〔106〕 戴维斯等:《超弦》,第 153 页。
〔107〕 冯端:《零篇集存——物理论丛及其他》,南京大学出版社,2003 年,第 401 页。
〔108〕 爱因斯坦、英费尔德:《物理学的进化》,第 203—204 页。

第七讲

自然科学的本质与价值

科学的划界
科学的本质
科学与伪科学、反科学
自然科学与社会科学
自然科学的价值

我们生活在科学的时代。科学的发展一日千里,我们的知识急剧增加。人类的生活到处都打上它的印记。

许多常说常听的词,我们并不一定真正理解它,"科学"便是其中之一。科学告诉我们很多很多,可是不少人对科学却知道得很少很少。知道了许多科学知识,并不等于知道了科学。

自然是本巨大的画册,人要给它添加文字说明。有了人,自然便需要解释。无知是黑暗,科学是理性的阳光,是人类最得意的思想创造。依靠科学,我们才理解了自然;依靠科学,我们才有可能改造自然、保护自然。

科学没有包装,也无需打扮。人们往往认为它高深莫测、玄奥神秘,其实它平凡、朴实、坦诚、纯真。你冷漠它,它是如此;你亲近它,它还是这般。它从不向你讨好,全靠你去追求。你想同它结识,需要勤奋与悟性,需要理解与想像。你只能向它不断逼近,却不能把它完全拥有;即使你牢牢地掌握了它,它仍然不是你的私人财富。它是这样地珍贵,却不是任何人的礼品。但谁蔑视了它,就注定要受到无情的惩罚。

科学不仅求真,也求美。科学是真与美的统一。科学是一种特殊的艺术。

学习科学，就是学习智慧，学习创造。

热爱科学，就是热爱生命，热爱文明。

让知识在我们脑海里扎根，让科学铸就我们的灵魂。

让我们从一棵棵知识之树之间向上飞起，俯瞰科学这片森林。

一 科学的划界

“科学”是一个很宽泛的概念，包括自然科学、社会科学、人文科学与工程技术。由于历史的原因，在许多情况下，“科学”特指自然科学，自然科学也常常简称为科学。在我们这本教材中，若无特别说明，那我们讲“科学”时，指的就是自然科学。

要说明什么是自然科学，就需要解释科学与非科学、伪科学的区别，自然科学与技术、社会科学的关系。

“科学”是我们时代的应用高频率词，许多人都觉得它的含义很好理解。但它就像许多常用词一样，只要我们认真思索一下，就发现有不少关系是需要辨析的。

区分“科学”与“非科学”，即科学划界问题，是科学哲学的一个重要问题。

在一定意义上可以说，古希腊的亚里士多德是历史上的第一位科学哲学家。什么是科学知识？亚里士多德说：“所谓科学知识，是指只要我们把握了它，就能据此知道事物的东西。”[1]科学知识是对事物的认识。认识事物的什么呢？“只有当我们知道一个事物的原因时，我们才有了该事物的知识。”[2]科学知识是关于事物原因的、必然的、普遍的、永恒的认识，因而是不可能靠感觉经验获得的。科学知识必须是能用逻辑来证明的知识，逻辑证明和推论是获得科学知识的方法。“我们无论如何都是通过证明获得知识的。我所谓的证明是指产生科学知识的三段论。”[3]

弗兰西斯·培根把科学理解为对自然的解释。他把他的《新工具》一书称为“解释自然和人的王国的箴言”。他说：“人是自然的仆役和解释者，因此他所能做的和所能了解的，就是他在事实上或在思想上对于自然过程所见到的那么多，也就只是那么多。除此，他既不知道什么，也不能做什么。”[4]弗兰西斯·培根认为科学知识只能来自自然，获得知识的途径有二：实践与思考，或观察与论证。“一向在技术和科学上所作出的发明，都是一种可以通过实践、思考、观察、论证而做出来的，因为它们是接近感官的……”[5]

实证主义哲学为科学的划界提出了实证的标准。实证的本义是明确、确实的意思。实证主义强调科学是应当由经验(观察、实验)来证实的知识,因为科学知识只能来自经验。实证主义创始人孔德说:"从弗兰西斯·培根以来一切优秀的思想家都一再地指出,除了以观察到的事实为依据的知识以外,没有任何真实的知识。"[6]后来由于实证主义科学观的流行,人们就常把自然科学称为"实证科学",把自然科学所采用的方法称为"实证方法"。

逻辑经验主义在说明科学的本质时,把经验与逻辑结合起来。它认为科学是有意义的命题,意义有两种:经验意义与逻辑意义;因而命题也有两种:经验命题与逻辑命题。经验命题是能被经验证实的命题,逻辑命题是能用逻辑证明的命题。如果一个命题,既不能用经验来证实,也不能用逻辑来证明,那它就没有任何意义,就不是科学的命题。石里克说:"作为合理的、不可辩驳的'实证论'的哲学方向的内核对于我来说,就是每个命题的意义完全依存于给予的证实,是以给与的证实来决定的。"[7]石里克认为"证实"有两种:"事实的"证实和"逻辑的"证实。

但是证实原则有一个困难:因为科学命题一般都是全称命题,在时间和空间上都是无限的,而我们的经验永远都是有限的。我们用有限的经验怎么可能完全证实关于无限性的命题呢?如何解决这个困难呢?后来逻辑经验主义就用"可检验性"来代替"可证实性"。卡尔纳普说:"如果证实的意思是决定性地、最后地确定为真,那么我们将会看到,从来没有任何(综合)语句是可证实的。我们只能越来越确实地验证一个语句。因此我们谈的将是确证问题而不是证实问题。"[8]显然,科学理论要等它完全证实以后才认为它是科学,这是不现实的。例如达尔文的自然选择进化论,现在还不能说明所有生物形态的来源,我们不能因此就说达尔文的理论不是科学。试想,如果达尔文的理论都不能算科学,那生物学还有多少理论能看作是科学呢?所以卡尔纳普等人就认为,只要命题能逐渐地确证,就是科学,这是一种"退却",从证实退却到确证,从完全证实退却到部分证实。可是这种退却也不能彻底解决问题,人们要问:一个命题究竟在多大程度上被经验证实,我们才把它列入科学范畴之内呢?

波普尔对实证主义、逻辑经验主义的科学划界标准提出了尖锐的批评。波普尔认为命题不能被经验所证实,因为每次经验证实都是单称判断,而科学理论一般都是全称判断。而单称结论的真,不可能传递到全称判断那儿。不仅如此,经验证实原则是以归纳法的有效性为信念的。一次又一次看到白色的天鹅,就认为观察经验证实了"所有天鹅皆白色"的全称命题,这种经验证实应用的是归纳法。但归纳法的有效性又是用归纳法来证明的:张三应用归纳法有效,李四应用归纳法有效,许多人用归纳法都有效,所以得出“归纳法有效”的结论。但是归纳法的有效怎么能用归纳法来证明呢?在这种批评的过程中,波普尔提出了一个新观念:命题虽然不能证实,但可以证伪。证实与证伪在逻辑上是不对称的,1亿只白天鹅的观察,也不能证实“所有天鹅皆白色”的命题,只要观察到1只黑天鹅,就彻底推翻了这个全称陈述。他认为科学研究就是不断猜测的过程,而猜测是容易出错的,于是他提出了经验证伪的科学划界标准。他说:“一个陈述只有它是可检验或可证伪的,才是科学的;反之,不可证伪的就是属于非科学、形而上学。”[9]

根据这个证伪标准,波普尔认为下列六类命题都不是科学命题。重言式命题,因为是同义反复,不表述任何经验内容,所以无法证伪,如“生物是有生命的物体”。罗列了各种可能性的逻辑命题,因为各种可能都谈到了,永远正确,所以不具有可证伪性,如“明天这里可能下雨,也可能不下雨”。数学命题,也是同义反复,如“2+2=4”。形而上学命题,这里所说的形而上学,不是同辩证法相对比的形而上学,而是指哲学。波普尔认为哲学命题都是经验以外的命题,不可能用经验来证伪。宗教神话命题,也是超越经验的命题。伪科学命题,虽讨论了经验问题,但叙述模棱两可,如占星术、相面术、弗洛伊德心理学等。波普尔的看法虽有一定的合理性,但也有不足之处。科学研究是严肃认真的事业,科学家提出的任何命题都应当有相当的根据,经过反复的思考。如果只认为证伪是科学划界的标准,那许多信口开河的话都是科学的了,因为这些胡说也是可以证伪的,这就会混淆科学与伪科学之间的本质区别。

在科学划界问题上,科学哲学中的历史主义既不同意孔德的实证主义、卡尔纳普的逻辑经验主义,也不同意波普尔的批判理性主义。库恩认为科学不仅是一种知识,也是一种社会事业和活动,同各种社会因素、心理因素密切相关,所以对科学划界问题,不能只从科学理论与经验事实的关系方面来思考,应当从历史的、社会的角度来研究。库恩把科学看作是历史的过程,起初是“前科学”,然后是“常规科学”。常规科学与前科学的区别,在于形成了“范式”。他认为在科学发展的某一个时期,许多科学家在一定的学科领域形成了具有共同的基本理论、基本观点和基本方法的集团,称“科学共同体”。范式是科学共同体所共有的信念、理论观点、模型、范例。科学家按照一定的范式解决难题的活动,便是科学。例如在牛顿以前,力学处于前科学阶段。牛顿不仅提出了动力学三定律和万有引力定律,还提出了一套研究力学的范式,科学家根据牛顿范式来研究物体的机械运动,力学便成了科学。但库恩的范式常常在多种意义上使用,有时候人们不知所云。如果他的范式含义不清,那科学的划界标准也就不会清晰了。而实际上库恩认为科学的划界是相对的、变动的。

费耶阿本德则认为,科学的划界问题是个虚无缥缈的“神话”,毫无意义。科学与非科学既不可能区分,也不应该区分。非科学的方法和成果,对科学的发展有很大促进作用,所以我们不应当把科学与非科学硬性拆开。例如,古代巫医不分,医学得益于巫术。中医的针灸不是科学,但对医学很有帮助。他指出:“我们的结论是:科学与非科学的分离不仅是人为的,而且对于知识的进步也是有害的。如果我们想要理解自然,控制物质环境,那么我们必须使用一切方法和思想,而不只是其中的科学。”〔10〕科学与非科学的确是有联系的,有时甚至不太容易区分,但费耶阿本德因此就否认科学与非科学的本质区别,是不妥当的,也不利于知识的进步。

加拿大的物理学家、哲学家邦格认为科学是一种复杂的存在,具有多方面的本质属性,因此科学划界的标准也应当是多元的。如果我们只从一、两个方面来区分科学与非科学,那就把问题简单化了。邦格说:“我们判断一块金属是不是真金,除了看颜色和光泽之外,还要考察许多其他属性。同样,判断一个知识领域是不是科学也要考察它的许多特征。”〔11〕他把科学看作一个特定的知识领域,分为共同体、社会、哲学、所谈论的事物、形式背景、特殊背景、问题、特殊知识储备、目标、方法等10方面元素,这些元素共有12方面特征,满足了这些条件的知识领域才是科学。

综观上述,在科学划界问题上,科学哲学家告诉我们:科学与非科学虽然有一定的联系,但二者之间有本质区别,划清二者的界线是必要的。科学的内容是应当能够用经验事实证实和证伪的。科学是个历史过程,既是一种知识领域,又是一种社会活动和事业,具有多方面属性。这便是科学哲学关于科学划界问题研究的积极成果。

二　科学的本质

科学是个内涵十分丰富的概念,我们可以从不同的角度来认识它的本质。广义的科学指正确反映自然、社会和思维的本质与规律的系统知识。自然科学是研究自然界物质形态、结构、性质和运动规律的科学。它是人类生产实践与科学实验经验和知识的概括,是关于自然界本质和发展规律的正确反映，是人类利用、改造和保护自然的强大手段。

当我们谈起科学时，我们首先想到的是，科学是一种知识。知识是人类认识的成果。

知识具有多种形态。就知识形式而言，可分为意识形式知识、符号形式知识和物化形式知识。意识形式知识是存在于人们大脑中的知识，或存储于人们记忆之中的知识。人的大脑在不断吸取和创造知识，又在不断遗忘知识。人脑既是存储知识的仓库，又是生产知识的车间。普通人的大脑大约有 140 亿个神经元，这些神经元之间的联系有 10^{15} 条。每个正常人的大脑，都是一个知识的海洋。大脑是名副其实的“脑海”。符号形式知识，是由言语、文字、图画等符号所表述出来的知识。意识形式知识需要交流、传播，需要被社会保存，就外化为符号形式知识。物化形式知识，是凝聚在人造物中的知识。人造物与天然物的本质区别，在于人造物中渗透有知识。但物化形式知识需要专家的“解读”，转化为符号形式知识，才有可能被一般公众所理解。意识形式知识是人类最初的知识形式，符号形式知识和物化形式知识都是意识形式知识的“外化”（符号化和物化），可以说意识形式知识是“知识之源”，是最先形成的知识，其他形式的知识都是它的派生。意识形式知识的内容决定了其他形式知识的内容。意识形式知识始终处于变化之中，其他两种形式的知识则相对稳定。意识形式知识是个体性知识，只存在于个人的大脑之中。如果一个人大脑的功能完全丧失，他大脑中的知识也就随之消失。意识形式知识在大脑中保存的时间，是十分有限的。符号形式知识和物化形式知识都是公众性知识，存在于社会之中，可以世代相传。这三种形式的知识，科学都具有。可是当我们谈论科学知识时，主要是指符号形式知识。

英国物理化学家、哲学家波兰尼把知识分为言传知识和意会知识。他说：“人的知识分为两类。通常被说成知识的东西，像用书面语言、图表或数学的方式来表达的东西，只是一种知识，第二种为意会知识，就可以说，我们总是意会地知道，我们在意知我们的言传知识是正确的。”[12]波兰尼认为科学知识中也有意会知识，他甚至把言传知识比喻为巨大冰山露出水面的小小的尖顶。实际上，他是认为意会知识是人类知识的主体，是言传知识的基础。我们认为，波兰尼强调长期被人忽略的意会知识，是有意义的，但不能因此认为科学“只可意会，不可言传”。科学必须是言传知识，必须是可表述、可解释、可论证的，否则各种神秘主义、伪科学就会混淆视听。

我们又可以把知识分为日常知识（可简称为常识）和专业知识两类。常识有两层含义。其一,人们在日常生活(包括日常劳动)中自发地、自然而然地形成的知识,主要是生活经验和生产经验,或者是自己的亲身体验,或者是从别人那里听来的经验。其二,一个时期被公众知道的知识。我们在此所说的常识,主要是指第一种含义。专业知识是由特殊人群(专业人员)研究出来的知识。同日常知识相比,专业知识是高级形态知识。常识是经验,不系统;专业知识是理论化、系统化、专业化(分为各个知识领域)的知识。常识只知其然而不知其所以然,专业知识则是关于因果性的知识。常识浅显,易于理解,不需要多少背景知识,不需要学习就能掌握;专业知识深刻,不易理解,需要丰富背景知识,需要通过学习、接受教育,才能逐步掌握。显然,科学知识是一种专业知识。

专业知识的种类也很多,那么,科学知识是一种什么样的专业知识呢?有许多学者根据知识的内容,对知识进行了分类。弗兰西斯·培根把原始知识以外的知识分为理智知识、幻想知识和历史知识三类,理智知识包括自然哲学知识和神学知识两部分,其中自然哲学知识包括人类知识(人文哲学知识和人体哲学知识)、自然知识(理论自然知识和实用自然知识)和上帝知识;幻想知识包括传记、戏剧和寓言;历史知识包括文化史(政治史、文学史、宗教史)和自然史。孔德把知识分为天文、物理、化学、生物和社会五类。现代的舍勒把知识分为七类:神话与传奇、隐含在日常自然语言中的知识、宗教知识、神秘知识、哲学、数学自然科学的实证知识与人文学科知识、技术知识。[13]自然科学是关于自然界的专业知识。

自然界是个庞大的系统,那么自然科学是以什么为切入口来研究自然界的呢?或者说,自然科学研究自然界时,主要研究的是什么?恩格斯认为,自然科学的研究对象主要是物质或物体,而物质或物体只有在运动中,在相关联系中才能被认识。"自然科学的对象是运动着的物质,物体。物体和运动是不可分的,各种物体的形式和种类只有在运动中才能认识,离开运动,离开同其他物体的一切关系,就谈不到物体。物体只有在运动中才显示出它是什么。因此,自然科学只有在物体的相互关系中,在物体的运动中观察物体,才能认识物体。对运动的各种形式的认识,就是对物体的认识。所以,对这些不同运动形式的探讨,就是自然科学的主要对象。"[14]自然科学本质上是关于自然界物质和运动的认识。

在知识社会学中,被称为主流的建构主义提出了一个基本观点:自然科学知识的内容不是来自于自然界,而是由科学家在社会活动中建构出来的。他们认为,主张社会活动、社会过程对自然科学知识内容几乎没有影响是一种旧的传统观念。20世纪60年代以来,建构主义的出现引发了一场激烈的革命。爱丁堡学派的布鲁尔、巴恩斯等人认为,社会因素决定自然科学的内容,正是在这个意义上说科学知识是人工制造、构造、编造甚至捏造的产物。柯林斯说:“在构造科学知识时,自然领域只起很小的作用,甚至根本就不起作用。”[15]有人这样来概述建构主义的观点:“而科学知识社会学家却更进一步宣布说,‘科学是一项解释性的事业,在科学研究过程中,自然世界的性质是社会地建构出来的。’换言之,科学知识并非由科学家‘发现’的客观事实组成,不是对外在自然界的客观反映和合理表述,而是科学家在实验室制造出来又通过各种修辞学手段将其说成是普遍真理的局域知识,是负荷着科学家的认识和社会利益或受特定社会因素塑造的。像其他任何知识(如宗教、意识形态、常识)一样,科学知识实际上也是社会建构的产物。”[16]我们认为,自然科学的发展(包括科学理论的形式、选择、竞争)受着各种社会因素的影响,但它的内容是对自然界各种物质形态、运动形态的具体本质、具体规律的正确反映,并不是科学家关在实验室里随心所欲闭门造车的结果。如果取消了科学的客观对象,也就取消了科学的客观内容。建构主义这样来理解“建构”、“知识的制造”是不妥当的。恩格斯说:“所谓客观的辩证法是支配整个自然界的,而所谓主观的辩证法,即辩证的思维,不过是在自然界中到处盛行的对立中的运动的反映而已……”[17]“客观的辩证法”是自然界的发展规律,“主观的辩证法”包括辩证的思维、自然观和自然科学知识,都是对“客观的辩证法”的反映。

当然,科学不仅是一种知识,也是一种活动。从近代以来,科学更是一种社会事业,一种社会建制。

三 科学与伪科学、反科学

科学与伪科学是根本对立的。由于种种社会原因,当前世界上形形色色的邪教泛滥,许多邪教组织贩卖种种伪科学,欺骗了不少人,造成了很大的危害,所以划清科学与伪科学的界线,是十分必要的。

所谓伪科学,是指以科学为伪装的欺骗。伪科学的本质是欺骗,主要特征是打着科学的旗号,把自己打扮成科学的样子,而且标榜自己不是传统的科学,是当代最新的科学。它使用了一些科学术语,特别是一些科学的新名词,利用公众对科学的信任和一些科学家的声誉招摇撞骗。伪科学之所以有较大的欺骗性,就在于它有很大的虚伪性,貌似新科学。

科学进步对人类社会发展所作的贡献越来越大,而其自身的发展过程十分曲折,所以伪科学盗用科学创新的名义,是很能诱惑人的。科学家作出某种新发现、提出某种新理论时,常不被人们所理解;有些现象和问题,已有的科学知识很难作出令人信服的解释和回答;有些科学假说一段时期内难以用实践来证实。此外,科学发现具有连锁性和辐射性,一个新发现问世后,会诱发一系列的新发现;一个新概念被科学界接受以后,人们往往争先恐后地用这个新概念来解释各种现象。这都是正常的现象,可是在这种背景下有时也会泥沙俱下,鱼龙混杂,一时难辨真伪。但是,无论伪科学伪装得多么巧妙,它也只是伪造的假科学。搞欺骗就必然会有破绽,只要我们保持清醒的头脑,就可以对什么是科学什么是伪科学作出初步判断。

科学家研究科学的目的是求真,是为了造福人类。搞伪科学的人则怀着不可告人的目的,或为骗取名利,或为某种政治目的,绝不是为了发展科学。科学家严肃认真地从事科学研究活动,或观察、实验、计算,或进行逻辑推论、理性思索;而搞伪科学的人根本就不进行科学研究,他们的精力都用于骗局的设计与实施。科学家提出新观点,要作出解释和论述,说明自己的新观点是怎样形成的,有哪些事实根据和理论依据;而搞伪科学的人只是胡诌一些耸人听闻的奇谈怪论,看起来好像是在大胆地创新,却从不说明他们编出的这些所谓新观点究竟有什么根据和理由。科学家在研究和普及科学过程中所用的概念,是科学内容的反映,提出的新概念是对新的科学事实的概括,在他们那里,主观的表述形式同概念的客观内容是一致的;而搞伪科学的人所用的一些科学概念,同他们的骗局并无内在的逻辑联系,完全是盗用,他们所杜撰的新名词,也没有任何科学事实的根据。科学家提出新观点时,会对自己的研究成果作出客观的、实事求是的评价,指出它的有效应用范围,并充分肯定别人的有关研究工作;而搞伪科学的人都胡说自己的"新发现"无所不知、无所不能,是揭开一切宇宙奥秘,解决一切生活难题的神丹妙药,甚至推翻了以往的全部科学,把自己吹得天花乱坠,将别人却贬得一文不值。科学家研究和普及科学不仅不怕别人提问题,不怕别人怀疑和反对自己的观点,相反,他们具有追求真理、修正错误的无畏精神和光明磊落的作风,欢迎学术讨论和争论,认为这会促进科学的发展;而搞伪科学的人做贼心虚,就怕别人追问,怕别人怀疑和批评,一听到不同意见就火冒三丈、张牙舞爪,企图把别人都吓得不敢出声。科学家提出新观点,是可以通过实践证实,也可以通过实践来证伪的,所作出的新观察新实验,别人都能够重复,所以科学家欢迎别人通过反复的观察和实验来检验他们的观点;搞伪科学的人的歪理邪说是经不起检验的，他们说看到的东西，做到的事情，别人在相同的条件下就是看不到和做不到；有些搞伪科学的人把自己的“新发现”故意说得玄而又玄，或模棱两可，使别人很难证实或证伪。

究竟是科学还是伪科学，最权威的判定是实践。伪科学未经受实践检验时，我们也能应用已有的科学知识(甚至日常生活的常识)对它作出初步的判定。我们已有的科学知识，经过多年的反复检验，在总体上是正确的，可以信任的。科学具有一定的权威性，这种权威性是实践赋予的。凡是从根本上同已有科学完全相反的“新观点”，其真理性就很值得怀疑。科学创新当然是对已有认识的超越，但任何科学创新都是在已有的科学知识基础上进行的。科学理论的权威是相对的，实践的权威是绝对的，理性分析的判定并不能取代实践的检验。

科学家在科学研究中会失误，甚至会犯错误。有的科学家在某项研究中所得出的结论，虽然在一个时期(甚至很长时期)被认为是正确的，但后来被实践证明是错误的。那能否因此就认为这些科学家是在搞伪科学呢？不能。因为这些科学家是在研究科学、探索秘密，而不是在故意骗人。他们提出的看法虽然是错误的，但所从事的活动是科学活动。他们的看法是经过认真研究以后提出的，并不是不负责任的随意编造。他们以为自己的观点是正确的，他们的错误主要是由于认识上的原因造成的。比如柏拉图、亚里士多德、托勒密都提出过地球中心说，这一学说曾流传了十几个世纪，它的错误主要是由认识上的失误造成的，如未能认清太阳的东升西落只是一种视运动，而不是真实运动。他们当时也并不是在故意行骗，所以他们的地球中心说虽然是错误的理论，但同伪科学有很大的区别。

反科学是根本否定科学技术的真理性与价值的观点。伪科学破坏科学的声誉，从这个角度来讲，伪科学具有反科学的因素；但反科学与伪科学是有区别的。反科学并不利用科学作为伪装，恰恰相反，反科学从根本上否定整个科学，全盘否定科学的活动、成果和意义。

伪科学是对科学的亵渎，反科学是对科学的反动。二者都经常利用迷信，所以又常常混杂在一起。有人会利用伪科学来实现反科学的目的，有人会在反对已有科学的名义下贩卖伪科学。

科学越发展，科学的作用越大，声誉也就越高，各种骗子就越是要盗用科学的名义，各种反人类、反社会的力量也就越要拼命地反对科学。所以科学同伪科学、反科学的斗争是长期的、曲折的，有时甚至是比较激烈的。伪科学、反科学也会不断改变形态和花招。

科学是反对各式各样伪科学、反科学的强大思想武器。在这方面,科学知识当然重要,但科学精神、正确的科学观和世界观、方法论更为重要。对于某些伪科学、反科学的言行,即使我们不具备有关的科学专业知识,也可以用正确的科学观、辩证唯物主义自然观来进行分析,对其真伪是非作出判断。相反,如果我们只记住了某些科学知识,而缺乏科学头脑,我们就容易上当受骗。

四 自然科学与社会科学

广义的科学既包括自然科学,也包括社会科学。社会科学是关于社会的本质和发展规律的科学,是人类控制、协调和变革社会的思想武器。有时我们把这里所说的社会科学与人文科学(关于人和精神文化的科学)合称为社会科学,即人们通常所说的“文科”。当然这种划分是相对的、模糊的。

自然科学与社会科学有许多共同点,它们都是科学,都要对研究对象的客观本质、客观规律作出理论说明和正确反映,都是系统性、专业性的研究,具有一定的认识价值和应用价值,都要采用一定的科学方法,其理论是否具有真理性都要通过实践的检验。二者互相影响、互相促进、互相渗透,二者的某些知识在一定条件下会相互转化,二者之间还存在着一些“亦此亦彼”的交叉学科(如环境科学)。在这一方面,必须承认社会科学也是科学,社会科学的真理也具有客观性。如果把自然科学看作是科学的惟一形态,认为惟有自然科学才是科学,是不正确的。

但自然科学与社会科学在研究对象、研究方法、思维方式、理论与社会的关系等方面,又有很大的区别。

首先是研究对象有别。

自然科学的研究对象是自然界,研究的是自然界的物质形态,以及同这些物质形态相联系的运动形态。相对于人而言,自然界是物。因此自然科学本质上是关于物的科学,更准确地说,自然科学是关于天然自然物(未经人改造的自然物)的科学。而社会科学的研究对象是社会,社会是由人组成的,所以社会科学归根到底是关于人的科学。

长期以来,从牛顿到爱因斯坦,许多自然科学家都认为自然界本质上是简单的。从普里高津以后,自然科学家们已越来越认识到自然界的复杂性。物具有复杂性,人则是宇宙中最复杂的存在,也就是说人比物、自然更要复杂。

同自然科学研究对象相比，社会科学研究对象的复杂性，主要表现在以下几个方面。

自然现象容易重复，社会现象则难以重复。许多自然现象基本上是可以重复的，如白昼与黑夜的交替、四季的循环、麦粒——麦株——麦粒的演变等。人工自然物的结构、形态和变化的重复，更是普遍的现象。社会现象原则上不可重复。人们工作与休息的交替，完全不同于白昼与黑夜的交替，人的一代一代发展与小麦的一季一季的生长也有很大的差别。自然事件本质上是“类事件”，即同一类事件之间的差别很小，所以同一类事件的多次出现便可以看作是一种重复。社会事件本质上是“个体事件”，每个社会事件都有鲜明的个性，同一类事件之间，具有明显的差别，所以当同类社会事件多次出现时，基本上不会重复。一般说来，自然科学以“类事件”为对象，只要认识到“类”的本质即可；社会科学不仅要研究社会事件的普遍特征，而且要研究它的个性特征，甚至还要专门研究一些“个体性存在”。鱼类学家不会专门研究某一条鱼，历史学家却会专门去研究某一个人、某一个事件。当然，可重复性与不可重复性都是相对的，绝对的重复与绝对的不重复都是不存在的。

自然事件容易模拟，社会事件难以模拟。自然事件是“类事件”，所以我们可以在一定程度上进行模拟。我们可以用一个人工自然物，来模拟一个天然自然物，用一个人造自然状态来模拟一个天然自然状态。由于自然事件具有可重复性，所以我们可以用某时某地的一个事件，来模拟另一个时间、地点的另一个事件。由于社会事件是不可重复、不可再现的事件，具有很多个性特征，具有强烈的时间性与地域性，所以我们很难制造一个同已经发生过的社会事件基本相同的事件。

自然事件比较容易控制，社会事件难以控制。自然科学家在研究自然现象时，经常对它进行某种控制，实验就是一种在对对象进行控制的条件下研究对象的方法，人工自然物更是人们直接控制的产物。相对而言，社会现象的控制则比较困难。社会事件中包含更多偶然的、随机的、不可预测的因素，因而具有更多的不可控制因素。控制社会实际上是控制人，可是作为被控制者的人，同时又可以是控制者。对社会的控制就是对控制者的控制，必然会受到各种干扰和破坏。

自然事件易于简化、纯化或理想化，社会事件难以简化、纯化或理想化。自然科学家可以使自然现象在比较单纯、理想的状态下重复发生，对它进行简化处理，还可以把自然现象放在相对孤立、封闭情况下加以研究。所有的社会事件都是发生在复杂的社会之中的，无法使其理想化、纯化，即使社会科学家想使某个社会事件在理想化、纯化的状态下出现，那也绝非是社会科学家原来要研究的事件了。对社会事件的简化，要受到更多的限制。

自然事件容易量化，社会事件难以量化。对象越复杂，其量化也就越困难。同自然事件相比，社会事件的量具有高度的不稳定性、伸缩性、不确定性和模糊性，许多量相互包含。在许多情况下，对社会事件的量化越精确，离真理就越远。

在认识自然的活动中，认识对象一般不会对认识主体产生反作用，而在认识社会的活动中，存在着这种反作用。认识社会本质上是认识人，所以在认识社会的活动中，人既是认识主体，又是认识客体。就具体认识社会的过程而言，认识主体与认识对象是不同的人，但作为认识对象的人会对认识主体和认识过程产生一定影响，实际上是参与了这一认识过程，所以社会调查远比生物资源调查复杂得多。

其次，科学认识主体的主体性有别。

长期以来，人们普遍认为自然科学家是站在纯客观的立场上，用纯粹客观的中性语言来研究自然界的，所以自然科学家在自然研究活动中不应带有任何理论观点。有的学者这样来描述这种“价值中立”、“伦理中立”的特点：“科学家，以其科学家的身份，在道德或伦理问题上不偏不倚……这样一种科学家没有伦理的、宗教的、文学的、哲学的、道德的或婚姻的偏好，他作为一个公民有这些偏好，这一点使得他作为一个科学家必须摈弃这些偏好益发显得重要。作为一个科学家，他的兴趣不在于是对是错，是善是恶，而仅在于是真是假。”〔18〕现在越来越多的学者已认识到在自然科学研究中，理论观点渗透在观察、实验之中，尽管这样，自然科学理论本身仍然是没有阶级性的。

可是社会科学理论有阶级性，同一定的阶级利益有密切关系。在社会科学认识活动中，不仅是认识主体的理论观点，而且他的价值观念、伦理观念、政治观念、思想感情、个人利益以及所代表的阶级或阶层利益，都要进入认识活动之中，对认识的结果产生直接的、强烈的甚至是决定性的影响。

自然科学认识的基本任务是判定事实、解释事实。社会科学认识的基本任务除判定、解释事实外，还要评价事实。由于各人的价值观念、评价标准不同，所以对相同的事实会作出很不相同，甚至完全不同的评价。

再次，科学理论的复杂性程度不同。

自然科学理论比较容易公理化，社会科学理论则难以公理化。一般说来，自然科学理论的各个部分、层次、判断之间的逻辑联系比较密切，逻辑关系比较清晰，所以我们可以从一个命题推导出另一个命题，建成一个公理体系。用公理化方法建构社会科学理论则比较困难。

自然科学理论比较容易符号化，社会科学理论则难以符号化。自然科学研究广泛采用数学方法，常用数学关系式（主要由符号构成）来表示许多量以及各种量之间的关系。自然科学概念的内涵一般比较明确也比较稳定，人们对它的理解大体相同，不至于产生歧义，这些概念便可以用符号表示。对自然科学概念的理解主要是掌握“通义”（广为流传的通常的理解），而一般不关注“本义”（这个概念最初提出时的含义），很少有什么“我义”（个人的特别理解）。不同的学者对同一个社会科学概念，往往会有不同的理解，各自不同的“我义”占主要地位，所以人们很少看到用符号化语言表述的社会科学理论。

自然科学理论的真理，其时间性与地域性比较低，而社会科学理论的真理具有较强的时间性与地域性。自然事件的可重复性比较高，在不同时间和不同地域出现相同自然事件的几率大，物理事件与化学事件尤其如此，所以，在不同的时间和地域做相同的物理学实验和化学实验，其结果应当相同。社会事件的重复性很低，同一个社会事件在不同时间和地点出现，就会有很不相同的许多特点，甚至可以说是不同的事件。一切社会现象都以时间和空间为转移，因此社会科学理论的真理性离不开一定的时空条件，具有一定的时空范围，超出了这个范围，其真理性就会消失，甚至会变成错误。

社会科学理论的检验，远比自然科学复杂。社会实践是检验真理的惟一标准，实践检验标准又具有一定的相对性和不确定性。实践是一个历史过程，在一定的社会历史条件下，实践的规模和效果只能达到一定的水平。一个时代的社会实践是通过一次又一次具体的实践活动表现出来的，这些具体的实践活动难免带有一定的不确定性和局限性。同自然科学真理的检验相比，社会科学真理的检验标准具有更强的相对性和不确定性。自然科学研究可以对宏观自然现象的未来状态作出预言，甚至是相当精确的预见，如天文学家根据牛顿力学，可以精确地预言日食、月食发生的时间，某个行星在某个时刻处于什么位置。预言得对不对，很好检验，检验的结果也很好理解，一般不会产生很大的歧义。又因为自然现象可以不断重复，我们对自然科学理论可以反复检验，在一般情况下检验的结果也应当相同。社会演变过程中的变量很多，各种变量相互包含、相互交错，许多因素瞬息万变，难以精确描述和控制，偶然性的作用更为突出。所以社会科学很难对社会事件的进程作出预言,根本不可能像预言日食、月食发生时间那样,预言某个社会事件发生的时间。社会事件不可能重复,历史不可能在现实中再现,社会事件也难以简化、纯化或理想化,这些都为社会科学理论的检验带来很大的困难。而且,对实践检验的结果,仍然有个如何理解的问题。自然科学理论的检验是如此,社会科学理论的检验更是如此。对社会科学理论检验结果的理解,不仅理论观点起作用,而且利益往往起很大的作用,所以对同一种社会科学理论检验的结果,不同的人站在不同的利益立场上,用不同的观点来理解,其结论可能差别很大,有天壤之别,甚至针锋相对,根本对立。

正因为自然科学与社会科学有这样多方面的区别,所以它们的理论成果的形式也颇不相同。自然科学论著主要是叙述有什么新观察、新实验,应得出什么结论,很少涉及背景知识,所以文字简明扼要。1953 年,英国《自然》杂志发表了克里克与华森撰写的一篇论文,不到两页。可是因为论文提出了 DNA 的双螺旋结构模型,两人被授予诺贝尔奖,并被誉为生物史学史上的一块里程碑。社会科学论著叙述的内容要宽泛得多:观察到什么社会现象,读了哪些文献,自己进行了什么思考,别人(甚至古人)是怎么说的,自己有何评价,对一些概念、理论自己有何理解,等等。社会科学家要旁征博引,谈古论今,要论述,要发挥。自然科学理论成果像一朵花,社会科学理论成果则像一棵树,哪怕是一棵很小的树,也都有根、有枝、有叶。自然科学与社会科学都要追求理论发现、理论创新,但是这两种发现和创新的内涵与形式,也都有不小的区别。

上述所说的一切,旨在对自然科学与社会科学进行对比,加深我们对自然科学本质的理解。自然科学与社会科学是人类科学的两大基本领域、两大基本形态,二者都是非常重要的。但由于社会远比自然复杂,所以关于社会的科学形式,不可能同关于自然的科学完全一样。同自然科学相比,社会科学的发展与成熟比较滞后,同政治的关系密切,这些都是可以理解的,我们不应当由此得出自然科学是科学的惟一形态,社会科学不是科学的结论。

五 自然科学的价值

自然科学有多方面的属性,所以有着多方面的功能和价值。

首先是认识功能与认识价值。

人类最初认识自然的活动,是生存活动的一部分。体力劳动与脑力劳动分工以后,科学认识活动逐渐形成。到了近代,出现了一批既有专业分工、又有广泛学术交流的职业科学家,建立了一定的研究机构与组织。他们采用了系统的科学研究方法和认识工具,使用了一套专门的学术用语和符号。社会为他们提供了一定的经费和奖励,学校培养了专门人才,出版了大量的学术性和普及性的刊物和著作。这一切都使自然科学认识活动成为一种典型的、系统的、专业化的、高级的认识活动。

自然科学使人类对自然界的认识领域不断拓展,已涉及到微观、宏观和宇观的许多方面和层次。从空间范围来讲,大至150亿~200亿光年,小到10^{-13}厘米以下;从时间范围来讲,历史的追溯已达150亿~200亿年之久。

自然科学使我们逐步掌握了许多自然物的内部结构和变化规律。例如,人们很早就认识到“种瓜得瓜、种豆得豆”的生物遗传现象。为了解释这个现象,17世纪生物学家曾提出“预成论”,认为每一代生物的各种器官,在前一代生物体内早已预先形成。18世纪法国莫泊丢提出“生命种子说”,认为生物器官由生命种子构成,形成各种器官的种子是由双亲的相同器官发出的,所以子代器官的种类、形态都同亲代一样。19世纪奥地利的孟德尔提出了“遗传因子”的概念,这是生物体专管遗传的一种特殊物质。后来生物学家认识到遗传因子存在于染色体之中。20世纪20年代美国的摩尔根提出了“基因论”,认为基因是遗传物质。40年代确认DNA(脱氧核糖核酸)是遗传物质。1953年发现了DNA的双螺旋结构。1954年美国的伽莫夫提出生物遗传的“三联密码”猜想。1959年克里克提出生物遗传的中心法则:DNA分子把遗传信息转录给RNA(核糖核酸),再转译为由氨基酸构成的蛋白质的结构信息。1966年遗传密码全部破译。基因技术的诞生表明我们对生物遗传的本质和规律的认识是正确的。

自然科学研究可以使我们发现过去所不知道的自然物与自然运动。例如,法国的勒维列和英国的亚当斯根据牛顿力学预言了海王星的存在,俄国的门捷列夫根据他的化学元素周期律预言了一些新的化学元素的存在。

新的科学理论可以引起相关新技术的产生,从而具有间接的经济价值。促使许多科学家进行科学研究的,不一定是经济的功利目的,而常常是出于好奇与探索的欲望。科学研究也具有一定的游戏功能,并能给人以美的享受和心理上的满足。但自然科学又是知识形态的生产力,通过技术可以转化为现实的、物质的生产力。法拉第的电磁感应研究起初是纯电磁学研究,却揭开了电的时代的序幕。相对论研究的起因同经济生活毫无关系,可是质能关系式 $E = mc^2$ 的发现,却预示了原子能时代的到来。有的自然科学研究似乎毫无实用价值,没想到后来却派上了用场。俄国昆虫学家施万维奇多年对蝴蝶翅膀花纹的研究，曾被人嘲弄为是没有任何用处的雕虫小技，可是在卫国战争期间，为了对付德国法西斯的狂轰滥炸，蝴蝶翅膀花纹的研究，竟然为建筑物的伪装作出了重要贡献。

自然科学还具有多方面的文化价值。创新是人类文明进步的灵魂，实事求是、解放思想是我们做好各种工作的基本保证。科学研究是创新的事业，一部科学史处处都体现着实事求是、解放思想的品格。

近代自然科学是欧洲文艺复兴运动的产物，也是人类这场空前思想解放运动的一个重要组成部分。近代自然科学是在激烈的政治斗争、思想斗争中诞生的。早在391年，罗马皇帝就下令禁止民众学习数学、天文学。415年，基督教暴徒杀害了女数学家、天文学家海帕西娅。教会宣布数学是“魔鬼的艺术”，把数学家当作异教徒驱逐出境。到了中世纪，欧洲的神权超过了世俗王权，经院哲学则竭力为封建教会效劳。经院哲学鼓吹：我们不需要任何求知欲，获得知识的惟一途径是接受神的启迪。经院哲学一方面用繁琐的推理为神学教条论证，一方面又引诱人们沉溺于玄想空谈之中。天使是否要睡觉？一个针尖上能站几个天使？天堂里的玫瑰花是否有刺？这些荒唐的问题竟然成了长篇大论的主题。经院哲学家可以为鼹鼠是否长眼睛的问题，引经据典，争论不休，却不愿捉只鼹鼠来看个究竟。封建教会还通过宗教裁判所来禁锢和统治人们的思想，一批又一批的探索者、求知者被判处火刑。1327年，意大利的阿斯科里认为地球呈球形，被活活烧死。1553年，西班牙的塞尔维特因研究血液循环也被宗教裁判所烧死，“并且是在活活地把他烤了两个钟头以后。”[19]1600年，意大利的布鲁诺因宣传哥白尼的日心说，被烧死在罗马的鲜花广场上。15世纪西班牙宗教裁判官托尔奎马达一人就判处了一万多人火刑。当时研究自然科学毫无名利可言，却要随时准备献出自己的生命，被封建教会烧死的渊博学者、科学精英不计其数。恩格斯说：“自然科学当时也在普遍的革命中发展着，而且它本身就是彻底革命的；它还得为争取自己的生存权利而斗争。”[20]

科学的生命是创新，一部科学史就是不断创新的历史。科学要求人们不断解放思想，不断超越已有的认识，特别是在关键时刻、关键问题上，敢于力排众议，另辟蹊径，标新立异、独树一帜，善于在人们不觉得有问题的地方提出振聋发聩的问题，善于从崭新的视角来观察人们非常熟悉的事物，善于把两个毫不相干的东西联系起来，善于在两个相同事物之间发现本质的差异。迷信权威，盲目从众，因循守旧，僵化保守都同科学格格不入。

科学研究又要求人们实事求是，从实际出发，尊重客观事实和客观规律;要求人们严谨认真,一丝不苟。主观武断,胡编乱造,弄虚作假,粗枝大叶,都是科学的大敌。

科学作为一种文化,不仅指科学知识,还包括科学精神,启发人们用科学的态度、科学的方法来分析和处理各种问题。

注 释

〔1〕 苗力田主编:《亚里士多德全集》第一卷,中国人民大学出版社,1990年,第247页。

〔2〕《亚里士多德全集》第1卷,第248页。

〔3〕《亚里士多德全集》第1卷,第247页。

〔4〕 北京大学哲学系外国哲学史教研室:《16—18世纪西欧各国哲学》,商务印书馆,1975年,第8—9页。

〔5〕 北京大学哲学系外国哲学史教研室:《16—18世纪西欧各国哲学》,第7页。

〔6〕 洪谦:《西方现代资产阶级哲学论著选辑》,商务印书馆,1964年,第27页。

〔7〕 洪谦:《西方现代资产阶级哲学论著选辑》,第283页。

〔8〕 洪谦主编:《逻辑经验主义》,商务印书馆,1989年,第69页。

〔9〕 波普尔:《猜测与反驳》,1963年英文版,第25页。

〔10〕 费耶阿本德:《反对方法:无政府主义认识论纲领》,1975年英文版,第305页。

〔11〕 邦格:《什么是伪科学?》,《哲学研究》1987年第4期。

〔12〕《波兰尼讲演集》,台湾联经出版公司,1985年,第6页。

〔13〕 马克斯·舍勒:《知识社会学问题》,华夏出版社2000年,第71页。

〔14〕《马克思恩格斯选集》第4卷,人民出版社,1972年,第407页。

〔15〕 史蒂芬·科尔:《科学的制造——在自然界与社会之间》,上海人民出版社,2001年,第16页。

〔16〕 赵万里:《科学的社会建构》,天津人民出版社,2002年,第2页。

〔17〕 恩格斯:《自然辩证法》,人民出版社,1984年,第83页。

〔18〕 肯尼思·D.贝利:《现代社会研究方法》,上海人民出版社,1986年,第38页。

〔19〕 恩格斯:《自然辩证法》,第7页。

〔20〕 恩格斯:《自然辩证法》,第7页。

第八讲

科学认识

人类来自自然界,永远都具有自然属性,所以人必须依赖自然才能生存。要利用自然,要同自然进行物质、能量的交流,就必须同自然进行信息的交流,必须认识自然。认识自然的活动发展为科学认识活动,便出现了自然科学。

一 科学认识的发生

人类出现以前,自然界无意识。无意识的自然只有通过超越自然的有意识的主体才能被意识。这个有意识的主体不是上帝,也不是什么脱离人而存在的"绝对精神",而是人。有意识的主体之所以能意识自然界,其先决条件是这种主体能把自身的意识世界与外部对象世界作出区分,形成主体与客体的对立。并且,主体对客体具有能动作用。

所以,认识活动发生的前提,是世界分化为主体与客体。主体是人,客体是人的认识对象,即自然界。人与自然界便发生了。因此马克思说:"主体是人,客体是自然。"[1]

人之所以能成为自然界的主体,这是由人的本质决定的,因为人具有物质精神二象性。人之所以具有主观能动性，是由于人具有精神。人之所以成为“主体”之体，成为主观能动性的载体，是由于人有体，也就是说人有物质躯体。如果人无体，也就不可能同任何客体发生任何作用。精神的本质是认识与创造世界。可是精神要实现这种功能，就必须“物外”、“外化”。人能使自己的精神物化，因为人本身也具有物性，从生物学的角度来看也是一种物。人的精神的最初物化，是通过自己的肉体器官即自身的有机体实现的。人用大脑这块高度发展的物质才能思考，人通过声带的振动才能同别人进行语言交流，人通过自己的双手才能实现对物施加作用的愿望。人以后通过各种物质工具来实现物化，而工具是人的器官的延伸。

主体首先是具有自主性的独立系统——生命有机体。生物体能自我调节、自我控制、自我更新。它对环境产生了生存需要，并对环境具有一定的选择能力：从环境中吸收自身所需要的物质和作用，拒绝不利于自己生存的物质和作用。生物体只能消极地适应自然界，而不能能动地改变自然界。动物可以在一定程度上控制自身和猎物，却丝毫不能控制环境。一般生物体同环境的对立只是本体论的对立。因为先有自然界，然后才会有那种生物，生物体是自然界的派生物。惟有人与环境的对立，才不仅是本体论的对立，同时也是认识论的对立、创造论的对立。所以尽管蜘蛛能结网，蜜蜂能筑巢，老马能识途，猴子会表演，但它们与环境的关系都不是主客体的关系。

儿童智力的发展是人类智力发展的重演。皮亚杰通过儿童智力发展的研究，发现婴儿“不能在内部给予的东西和外部给予的东西之间作出固定不变的划分”，“婴儿把每一件事物都与自己的身体关联起来，好像自己的身体就是宇宙的中心一样”，因而婴儿“在主体和客体之间完全没有分化”。为什么婴儿把体外的物同自己的身体联系起来？因为人的身体也是一种物，人是通过自己的物，才能作用于外界的物。婴儿的活动虽然是“一个既无主体也无客体实在的结构，但它提供了在以后将分化为主体和客体的东西之间惟一一个可能的联结点”。[2]儿童只有过了婴儿期，主客体开始分化，才开始出现了认识活动。

从日常认识活动中分化出科学认识活动，是人类认识的一次飞跃。

日常认识活动是人们在生存活动（生产活动和生活活动）中自发发生的认识活动，它是生存活动的一个因素。科学认识活动是人们以获得自然知识为目的的专业活动。科学认识活动有两个基本特征。其一，它的目的不是直接为了生存，不是为了生产物质资源，也不是为了消费物质资源，而是为了生产知识，为此它要采用特殊的方法和工具。其二，它是专业活动，不是一般人所能进行的活动,只有专业人员才能承担此任,因为它需要一定的背景知识。它是典型的、高级的认识活动。

科学认识活动发生于生存活动。在古代,人们在生存活动中所获得的自然知识,是常识。古代的常识是人们在生存活动(包括日常认识活动)中自发地(自然而然地)获得的经验性知识。只要是正常的人正常地劳动、正常地生活就可以获得,不需要学习和研究,也不需要什么背景知识。它是易于接受、被人公认的知识,它的正确性在一般人看来是不言而喻的,无需论证和解释。

其实古代常识的正确性是需要也是可以论证和解释的。当少数人对常识提出为什么,试图作出解释时,科学认识活动便发生了。这种解释便是古代的科学知识。

亚里士多德对古代科学认识有精辟的理解。他认为感觉不能对观察提供解释,只有理性才能做到这点。他说,我们的感觉能告诉我们火是热的,但不能告诉我们火为什么热。"火是热的",这是常识;"火为什么热",这是对常识的解释。亚里士多德说:"从本性上讲,研究的途径是从对于我们更易知晓和更加清楚的东西到对于自然更加清楚和更易知晓的东西。""一般的东西在理性上易知,个别的东西在感觉上易知。"[3]他所说的"对于我们更易知晓",指的是"在感觉上易知";他所说的"对于自然更易知晓",指的是"在理性上易知"。用我们的话来说,"在感觉上易知"的东西,就是古代常识;"在理性上易知"的东西,就是对古代常识的解释。他所说的研究途径,就是从古代常识到古代科学知识的途径,就是古代科学认识发生的途径。

所以,古代科学知识是对古代常识的解释,它回答的是常识提出的问题,人们对它的态度基本上取决于它同常识一致的程度。古代科学知识是一种专业知识,要获得这种知识必须要研究、学习,它是只有少数人才能掌握的知识。

那么,古代科学家用什么来解释古代常识呢?一是用常识来解释常识,这是古代科学知识的初级形态;二是用非常识来解释常识,这是古代科学知识的高级形态。据此可以把古代科学分为两个阶段。以古代天文学为例,中国古代宇宙理论属用常识解释常识的第一阶段,从毕达哥拉斯开始的古希腊天文学属用非常识解释常识的第二阶段。

用常识解释常识就是在两个常识之间建立某种联系。古代常识性的思维方式的一个基本原则,同巫术一样主张相似即相同。为了解释常识 A,古代科学家发现常识 B 同它相似,就用常识 B 来解释常识 A,其逻辑是:因为

B,所以 A。

古人认为天有形,有形就有重,这就出现了杞人忧天的问题:天为什么不掉下来?古人祖祖辈辈生活在天下面,从未见过天掉下来,所以这位杞国忧天之人,便被后人看作是多愁善感的代表。其实这位杞国人提出的是科学问题。相传牛顿是看到苹果落地才悟出万有引力道理的,他肯定问过"既然苹果会落地,那为什么月亮不落地"的问题。那位杞国人简直就是古代的牛顿,可惜连他的姓名都没留下来,我们只知道他的国籍。那么,如何回答杞人忧天的问题呢?中国古代天文学家就说有八根擎天柱支撑着天,所以天掉不下来。天不会掉在地上,这是常识;房顶有柱子支撑就不会掉,这也是常识。把这两个常识联系起来,就对天不会掉下来这个常识作出了解释。

我国许多少数民族的神话传说中,都有用某种物体支撑天的故事。纳西族《创世纪》说:"东边竖起白螺柱,南边竖立碧玉柱,西边竖起墨珠柱,北边竖起黄金柱,中央竖起一根撑天大铁柱。"彝族《阿细的先基》唱道:"天上的阿底神,拿了四根金柱子,拿了四根银柱子,拿了四根铜柱子,拿了四根铁柱子,东边竖铜柱,南边竖金柱,西边竖铁柱,北边竖银柱。用柱子去抵天,把天抵得高高的。"在彝族的《梅葛》中,撑天的是虎骨;在布朗族神话中,撑天的是犀牛骨;苗族同胞传说用木柱撑天,布依族同胞设想用大楠竹撑天。可见中国古代宇宙理论的"撑天说",是符合人们的常识性思维的。

用非常识解释常识,就是古代科学家用自己创造的概念、抽象的思考来解释常识,这些概念与思考已经超越了古人的生存经验,是少数人才能理解的专业知识。在这里古代科学家进行了双重的创造,一是创造了某种非常识,二是创造了这种非常识同某种常识的联系。

亚里士多德的宇宙理论,可看作是用非常识解释常识的一个典型。他提出了一种关于"自然位置"、"自然运动"的理论,并以此作为他的宇宙理论的基础。他认为水、土、火、气四种元素各有其自然位置,火的自然位置在最上面,下面是气,再下面是水,而土的自然位置在最下面。四种元素都有一种本能,尽量地趋向它的自然位置,这种运动便称"自然运动"。因此,火、气的自然运动是向上运动,水、土的自然位置是向下运动。他用这种理论能解释不少日常生活经验,如火苗往上窜、水往低处流、重物会自由下落等等。他主张地球中心说,认为地球位于宇宙的中心,所有的天体都围绕地球旋转。那为什么这些天体不掉到地球上来呢?他认为天体是由第五种神秘的元素"以太"构成的,以太的自然位置是个圆圈,所以天体的自然运动是圆周运动,所以天不会掉下来。显然,这儿的"自然位置"、"自然运动"、"以太"都不是常识，而是亚里士多德通过自己的思索提出的新概念，属于专业知识。

中国古代的“撑天说”应用的是形象思维，古希腊的“以太说”应用的是逻辑思维。二者都不是科学的理论，但代表了古代科学发生的两个不同的阶段。

到了近代，科学认识活动已发展为比较系统、比较成熟的认识活动。由此我们可以看出，同日常认识活动相比，科学认识活动具有下列优点：

有一批专门从事科学认识活动的科学家，他们具有丰富的专业知识。

他们组成一定的群体，进行各种形式的学术交流活动。

他们采用一套专门的认识方法、研究方法和认识工具。

他们采用一套专门术语、专门符号，并以此建构一定的理论体系。

他们不仅能成功地解释已出现的自然现象，并对尚未出现的自然现象作出预言，并可以通过观察、实验来验证。

人类认识的一般规律，在科学认识活动中表现得最集中、最鲜明、最典型、最深刻。科学认识活动最初发生于日常认识活动，后来越来越超越了日常认识活动。

本书所叙述的科学认识活动，限于自然科学认识活动，但其基本内容，也适用于社会科学认识活动。

有了科学认识活动，人类便开始真正地探索世界的本质和规律了。

二　科学认识的本质

科学认识是人类认识中的一种系统的、典型的、高级的认识形式。科学认识的任务是正确地反映自然界的本质和规律，这种反映是通过科学家的创造性劳动获得的。科学认识的本质是反映和创造的统一。科学认识活动是在反映基础上的创造，又通过创造达到正确的反映。反映中有创造，创造中有反映。反映离不开创造，创造也离不开反映。科学认识的这两重品格相互渗透、相互促进。

但是，反映与创造毕竟具有两种不同的品格，它们从不同的方面规定着科学认识的本质。

反映的品格表明科学认识是对已有事物的追求。科学家要尽可能如实地反映客观对象的状态和规律，尽可能使自己的认识同客观对象相符合，尽可能向认识对象逼近。就这点而言，对象是怎样的，我们认识的内容就怎样。

创造的品格表明科学认识是对尚未出现的事物的追求。在遵守科学认识对象发展规律和科学认识规律的前提下,科学家要建构某种知识形态,需知自然界有规律,但并没有这种知识形态。科学预见也是一种创造活动。对尚未出现的对象的认识与其说是反映,不如说是创造。

反映的品格决定了科学认识必须受客观历史条件的制约,包括受认识对象本质的展示状况和发展状况的制约、主观认识条件和客观社会条件的制约。在这个意义上可以说,客观对象发展到什么程度,它的属性、联系和本质显露到什么程度,我们的科学认识才能达到什么程度。恩格斯说:"我们只能在我们时代的条件下进行认识,而且这些条件达到什么程度,我们便认识到什么程度。"[4]"每一时代的理论思维,从而我们时代的理论思维,都是一种历史的产物,它在不同的时代具有非常不同的形式,并同时具有非常不同的内容。因此,关于思维的科学,和其他各门科学一样,是一种历史的科学,关于人的思维的历史发展的科学。"[5]科学认识要受历史条件的制约,具有历史性。科学认识是科学对象的直接反映,又是对科学认识社会环境的间接反映。通过科学认识成果,我们不仅了解了科学认识对象,而且还在一定程度上了解科学认识主体的环境。

创造的品格决定了科学认识对历史条件又有一定的超越性,否则科学认识的能动性就无从谈起。对于不同的科学家来说,历史条件对他的制约强度不同。每位科学家的主观认识、主观境界同客观历史条件不可能完全相同,二者总有一段距离,距离又有一定的弹性。距离的长短、可能膨胀或收缩的程度都因人而异。所以在相同的历史条件下,面对相同的认识对象,不同科学家的认识既有一致性,又有不一致性。有的科学家的认识会有一定的超前性。科学家的不同的认识,不能完全用历史条件来解释。

不同的科学家观察同一个对象,其感性认识既有相同部分,又有不同之处。不同的科学家概括相同的经验材料,其理论结论也不会完全相同。这些不能完全用科学家的感官功能和历史条件来解释。科学家的思想是对对象的反映,既受历史条件的影响,又有一定的自由度或主观选择性。在相同的条件下不同的科学家可以研究相同的课题,但研究工作从哪儿入手,重点在哪里,从哪个角度探究,沿什么思路思索,采用什么方法,建构什么形式的理论,对这一理论有何理解,自信程度如何,都不可能完全一样。这里有客观条件的作用,也是科学家主观选择的结果。

科学认识的自由度贯穿于整个研究过程,贯穿于全部科学史。在一个学术领域的开创初期,这种自由度尤其明显。因为当时科学家对研究问题、思路和方法进行选择时，缺乏充分的客观依据，缺少经验和借鉴，盲目性较高。在这种背景下，几乎每一位科学家都有自己独特的思维方向和思维轨道。从个体的角度来看，每位科学家的思维方向都是经过深思熟虑所作的选择，但从群体来看各位科学家的思维却呈现出杂乱取向的态势，这是科学研究的一种无序状态。即使科学共同性形成一个占主导地位的思维方向、思维轨道后，科学家们的思维仍有一定的自由度，仍有对主导方向和轨道的偏离。科学认识既有确定性，又有不确定性。

认识的自由度与不确定性乃是科学创造的源泉。创造是人类个性化的活动，自由度同个性化程度成正比。没有自由度，就没有个性，也就没有创造。

我们应坚持反映论与创造论的统一。坚持反映论，就是坚持科学认识的唯物论；坚持创造论，就是坚持科学认识的辩证法。反映是一种模式，创造则是对模式的突破。我们在科学认识论研究中，应当坚持统一性与多样性的结合、一致性与不一致性的结合、规律性与随意性的结合、必然性与偶然性的结合、确定性与不确定性的结合、受制性与超越性的结合。

三　科学认识的结构

科学认识是一种对象性活动，科学认识的对象是科学认识活动中的客体——自然界。科学认识的前提，是要有科学认识对象。

作为科学认识对象的客体，当然是认识主体以外的客观存在。但不是所有的客观存在都是认识客体，只有同人的认识活动发生关系，进入人们认识活动领域的客观存在，才是科学认识的客体。作为科学认识对象的自然界，不是作为整体的自然界，而是自然界的具体物质形态和具体运动形态。

哪些自然界的客观存在，哪些具体的物质形态、运动形态成为科学认识的对象，这取决于科学认识主体的选择。选择的主要依据是社会发展的需要、认识的需要和研究者的好奇心与审美的需要。

科学对象作为客观自然界的一部分，不依赖于人和人的意识而存在；但作为人的科学认识对象，它又和人发生联系，作为认识客体，离开了认识主体，也就失去了意义。

科学对象具有客观性。科学对象是在我们感觉以外的，不依赖我们的意识的存在。不是对象要符合我们的认识，而是我们的认识要符合对象。科学认识应当从客观实际出发，实事求是，如实地反映对象。科学对象的客观性，要求科学认识、科学理论的客观性，这是科学理论真理性的保证。

量子力学中的海森伯的测不准关系，表明在微观世界认识中，对象客观性的复杂性。按照海森伯的这个理论，我们要认识微观粒子，就必然会对微观粒子产生“干扰”，使它的状态发生变化，我们只能认识这种变化，而不可能认识微观粒子的原来状态。而在我们认识宏观物体时，可以认为这种干扰是不存在的。不过，即使我们在观察电子时，对电子的状态产生了影响，但并未改变电子的客观性。因为在我们观察电子以前，它已经存在；观察中对它产生的影响并不能改变它的内部结构；产生影响的规律性也是客观的。海森伯本人也说：“量子论并不包含真正的主观特征，它并不引进物理学家的精神作为原子事件的一部分。”[6]海森伯测不准原理告诉我们，传统的认识论是认识宏观世界的理论，当认识进入到微观领域时，要考虑微观世界的特殊性。观测微观粒子同对观测方式的选择有关，但这并未消除微观粒子的客观性。

科学对象具有可知性。无论自然对象多么复杂，无论它的本质蕴涵得多深，无论它的变化包含多少偶然的、不确定的因素，也无论一些自然现象给人的印象是多么奇妙，甚至多么神秘，它们统统都是可以认识的。任何自然事物都处于普遍的因果联系之中，我们可以由因认果，也可以由果认因。任何自然事物都是个历史过程，我们可以从现在追溯过去，也可以从现在预测未来。只有尚未被认识的事物，没有根本不能认识的事物。

自然对象具有可控性，具体说具有可重复性、可模拟性、可简化性。自然现象可以重复，如春夏秋冬、阴晴圆缺，年复一年，月复一月，皆是如此。而且我们可以使自然现象不断重复。例如，我们可以使两个小球反复碰撞，使水结成冰，冰融化为水，再使水结成冰。这当然不是绝对的重复，但在这种重复中并不发生性质的变化。自然现象在一定程度上可以模拟，自然界的一些变化，可以在人工条件下模仿。我们可以使自然对象理想化、纯化、简化。例如我们在研究某个自然现象时，可以暂时排除其他事物对它的影响。伽利略在研究小球在斜面上滚动时，可以不考虑小球同斜面的摩擦、空气对小球的阻力。牛顿在研究力学时，可以看物体简化为质点，它有质量、有位置，但没有体积和形状。这一切都有助于对自然对象的认识。

自然对象具有不可穷尽性。自然科学研究的是具体事物，无论在时间上还是在空间上都是有限的，即它的时空外延是有限的，但它的内涵却是不可穷尽的，是认识不完的。有限的物质可以无限分割，在这个意义上可以说它具有不可穷尽的层次。有限事物的本质，也具有多得不可穷尽的方面和层次。有限组成要素的排列组合的可能式样,它可能出现的变化、同它发生联系的其他自然事物的数量,也都是不可穷尽的。

有限中蕴涵着无限,无限存在于有限之中,有限但不可穷尽,这就是有限与无限、有限与无穷的辩证法。任何一个圆的周长都是有限的,它的直径也是如此,但圆周与直径之比是不可穷尽的。爱因斯坦认为宇宙有限,但可以无边,无边就是不可穷尽。在分形几何学中,对两个港口之间海岸线长度的测量也是如此。海岸线是条不规则的曲线,大的弯曲里有小的弯曲,小的弯曲里有更小的弯曲,还有更小、更小的弯曲。这种弯曲也是不可穷尽的,所以在两个距离有限的港口之间,海岸线的长度是不可穷尽的。

有了科学对象,就会对对象提出问题。

从认识论的角度,认识主体与认识客体同时发生的。但从本体论的角度,先有自然界,然后才会有对自然界的认识。那是不是说人的科学认识始于自然界呢?否。科学认识不是自然界的变化,而是人的活动,所以科学认识的开始,只能在人的方面去寻找。

长期以来,人们认为科学始于经验,始于观察,实证主义就是这么认为的。这种说法看似有理,因为先有感性认识,然后才上升到理性认识。人们的日常认识的确如此,但科学认识并非始于经验。工人、农民具有很多的生产经验,但不能由此断言他们已开始了科学认识活动。有些观察已经记录了很长的历史,但并没有人去研究它,可见单纯的观察纪录并不等于就是科学认识活动。例如关于太阳黑子、日食、彗星的纪录早在公元前就已经有了,但到了近代,这些才成为科学认识的对象。

何谓问题?问题就是信息的缺乏,而信息就是对不确定性的排除。单纯的信息缺乏并不是问题,问题是一种需要,要求排除不确定性也是问题。问题是“不知道”,但“不知道”本身并不是问题,只有“不知道而又想知道”才是问题。所以“不知道”只是发生问题的前提。“无知”只是一种状态,惟有“求知”才是问题。问题是已知与未知的矛盾、知与不知的矛盾。单纯的已知,当然不是问题;单纯的无知,也不是问题。只有当已知不能说明无知时,才会提出问题。

问题需要一定的背景知识,完全无知提不出任何问题。当孩子问:“这是什么”的时候,他已经知道了另一些事物是什么,发现这个事物同他所知道的事物不一样,才会提出这个问题。问题的内容总是同一定的背景知识相关的。

同知识一样,问题也有深浅之分。关于现象的问题,是浅层次的问题;

关于本质的问题，是深层次的问题。问题的深度同背景知识的深度有关。所以对同一个自然现象，不同的人不仅会从不同的方面提问，而且会提出不同层次的问题。不同的理解，会提出不同的问题，对同一个问题也会有不同的表述。一只熟透了的苹果落地了，甲问："为什么这只苹果会掉在地上?"乙问："为什么有重量的物体都会自发下落?"丙问："为什么物体之间会有吸引作用?"这就是对同一个自然现象，提出了三个不同层次的问题。

问题可分为日常问题和科学问题。

日常问题是人们在日常生活中提出的、有关日常生活的问题。日常问题是在日常生活中提出的，但人们在日常生活中也会提出科学问题。日常问题的本质，是就日常生活事件提问的，问题的答案提问者不知道，但有人知道。"现在几点钟了?""南京大学的大门在哪条马路上?"这都是典型的日常问题，这类问题不是科学家要研究的问题。

对科学问题可以有狭义与广义两种不同的理解。广义的理解是关于科学的问题，它的内容涉及自然现象的本质与规律，如"什么是万有引力定律?"这类问题是提问者不懂，但有人懂。这是科学学习中提出的问题，而不是科学研究中提出的问题。当然，广义的科学认识活动包括科学学习活动和科学研究活动，但我们现在在科学技术哲学领域中所谈的科学认识活动是指科学研究活动，即不是知识的传播活动，而是知识的创造活动。

狭义的科学问题，其内容是关于科学的，但它的答案不仅提问者不知道，而且所有的人都不知道。即不仅对提问者是问题，而且对整个科学界，以致对全人类都是问题。这才是真正的科学问题。科学问题的解决，不是导致知识的传播，而是导致科学的发现、知识的创造。这样我们就可以把科学问题同日常问题区分开了，把真正意义上的科学问题(简称科学问题)同科学学习问题区分开了。

科学问题即科学认识的矛盾。爱因斯坦说科学的统一基础应受两方面的考验："外部的证实"和"内在的完备"，我们也可以用这种方法来分析科学问题产生的来源。

一是理论与经验的矛盾，例如光的波动说同光电效应的矛盾。德国的赫兹发现，光照射金属，会从金属表面上打出电子来，这就是光转化为电的光电效应。后来俄国的斯托列托夫和赫兹的学生勒纳德进一步发现，微弱的紫光能在金属表面打出电子，而很强的红光却一个电子也打不出来。这就同光的波动说发生了矛盾。因为根据波动说，光波的能量同强度成正比，同频率无关，既然微弱的紫光能打出电子，那很强的红光就应当能打出更多的电子。这就提出了一个问题:为什么光的波动说不能解释光电效应?爱因斯坦用光量子假说解决了这个问题。

二是理论内部的矛盾,例如亚里士多德落体观念的矛盾。亚里士多德认为重物之所以会下落,是因为它是由土与水组成的,而土与水的自然运动是向下运动。根据这种观念,他得出一个结论:重的物体包含土的元素多,向下运动的愿望强,所以下落的速度就快,即重物下落的速度同它自身的重量成正比。伽利略设计了一个假想的实验,揭露这种理论的自相矛盾。有两个球,一轻一重,用一根绳子,一端系着一个球。那么,这两个球会以什么速度下落呢?不考虑绳子的重量,两个球联系在一起,其重量是两个球重量之和,因此下落的速度是两个球单独下落的速度之和,这是从亚里士多德落体理论得出的结论。可是,两个球分别系在绳子的两端,并未构成一个球,所以这两个球都分别同自身重量相应的速度下落。这样我们就可以看到这样的情景:重球落得快,轻球落得慢。又因为两个球用一根绳子联系,所以重球在下,轻球在上。它们以同一个速度下落,这个速度是两个球单独下落速度的平均值。这是两个不同的答案,都是从亚里士多德理论中推导出来的,这叫我们相信哪个答案呢?伽利略对这个问题的回答是:亚里士多德的落体理论在逻辑上不能自洽。

三是不同理论之间的矛盾,例如近代地质学史上的"水火之争"。长期以来,在地质构造的形成原因上,形成了水成派与火成派。水成派认为水的沉积是地质构造形成的原因,所有的岩石都是水成岩。火成派认为火山爆发是地质构造形成的原因,所有的岩石都是火成岩。两派争论多年,有一次在英国爱丁堡召开的学术会议上,甚至为此发生了武斗,真有水火不相容之势。这就提出一个问题:如何看待这两派的争论?英国地质学家赖尔认为水火都是地壳变化的原因,主张二者的综合,解决了这个问题。顺便说一句,在赖尔之前,正当水火两派争论得不可开交,头破血流的时候,哲学家黑格尔就指出:水火两派都是片面的。

科学认识始于问题。科学认识是一种高度自觉的活动,科学家在着手研究以前,就已经在许多的问题中,选择了他所需要研究的问题。科研选题是从战略上对科学研究主攻方向的选择,这本身就是科学认识活动的重要部分。爱因斯坦说:"提出一个问题往往比解决一个问题更重要。因为解决一个问题也许仅是一个数学上的或实验上的技能而已。而提出新的问题,新的可能性,从新的角度去看待旧的问题,却需要有创造性的想像力,而且标志着科学的真正进步。"〔7〕科学家选题实际上是向科学界提出问题,这本身就是一种创造性活动。因此选题不仅是科学认识活动的开始,而且对整个科学认识的进展具有战略意义。

科学认识活动的矛盾,是推动科学认识活动进展的动力。科学家在从事科研活动时所遇到的最初矛盾,便是已知与未知的矛盾,即不能用已有的知识来解释对象,而这最初的矛盾便是以问题的形式出现的。发现矛盾是解决矛盾的起点,提出问题是解决问题的起点。1910年,德国的魏格纳卧病在床,无事可做,无意中发现世界地图上大西洋两岸(南美洲东部和非洲西部)海岸线轮廓的相似,这还不是研究的开始。只有当他提出"南美洲和非洲这两块大陆过去是否连成一片"这个问题时,他才开始了大陆漂移说的研究,因为除此种可能以外,他找不到对海岸线轮廓相似的其他解释。当然,有人提出了科学问题,却不一定去研究;但凡是科学研究,却必然是从提出科学问题开始的。即使是古代科学对常识的解释也是从提问开始的。

科学认识活动的本质是解题,就是提出一种理论来解决问题。科学问题是产生科学理论的源泉。所以波普尔说:人类理解的活动实质上与一切解题活动并无二致。劳丹说:"科学本质上是一种解题活动。"[8]

好奇是人的本性,孩子就喜欢提问,科学家的童年更是如此。麦克斯韦小时候姨妈给他吃苹果,他就问:"为什么苹果是红的?"姨妈说:"太阳照的。""为什么太阳照了就变红?"姨妈还未回答,他的第三个问题就出来了:"我们怎么看出它是红的?"一霎眼的功夫就提出了三个问题,而且一个比一个深。科学家的可贵之处是能保持这份童心。

对同一个科学问答,可以有不同的答案。对每一个问题,都可以不断地追问。每个问题的周围都布满了问题,每个问题都可以把我们引向无限。就人类的欲望来说,是一个需要满足后,必然会引起更多的需要;就人类的认识来说,是每一个问题解决以后,必然会引起更多的问题。科学无终极,因为解题无止境;提出的问题越来越多,所以科学的发展越来越快。问题完全消失了,科学便成了空虚。

我们可以把知识比作是未知海洋当中的岛屿,知识的数量便是岛的面积,海岸线便是已知与未知的接壤线。知识增长了,岛的面积扩大了,海岸线也就变长了,这意味着我们所面对的未知世界更加广阔了,发现的问题更多了。用前面说过的分形几何来比喻人的认识,就可以得出这样的结论:知识进步了,如果我们思考得比较笼统、比较肤浅,我们就会发现需要我们解决的问题比较少;如果我们思考得细致一些、深入一些,我们就会发现需要我们解决的问题就比较多。一个优秀的学生毕业时,应该是带着满脑袋的问题走出校门的。

知识就是力量,创新是力量的源泉,而问题是创新的源泉。

要解决科学问题,需要一定的手段,包括物质手段。

科学认识活动是科学认识主体和科学认识客体(即科学家和科学对象)相互作用的过程。这种相互作用必须通过科学工具的中介才能进行。科学工具包括科学仪器(硬件)和科学方法(软件)。科学方法的问题以后将会谈到,这儿主要讲科学仪器问题。

科学仪器是实物形式的科学工具,是以科学认识为目的的物质器具。伴随着人的认识的分化,认识工具也有个不断分化的过程。古代以及近代早期,科学家常用生产工具、生活用具进行科学研究,后来是出于科学认识的目的对生产工具和生活用具进行改造,再以后就是经过设计,特意制造出一些专门用于科学认识活动的工具,这便是科学仪器。科学仪器的出现,标志着科学认识活动已成为一种独立的、特殊的认识活动。

各种工具的出现都是为了超越人自身肉体的局限性,科学仪器也是如此。根据对人身不同器官的取代,科学仪器可以分为不同的类型。

第一,延伸人的感觉器官的科学仪器,其功能是扩大人的接收信息的能力。人只有五种感官,每一种感官只能接收一部分信息。例如眼睛只能看到可见光,视网膜上的感光细胞对输入的光小于0.7毫米波长的能量就不能起反应,不能分辨距离小于5.8微米的光斑。感觉器官对信息的选择恰恰是它能有效接收信息的保证。恩格斯说得好:“能看见一切光线的眼睛,正因为如此,就什么也看不见。”[9]望远镜、显微镜、摄像机、摄谱仪、扫描仪、电视机等都是视觉器官的延伸,收音机、录音机是耳朵的延伸,温度计是触觉的延伸。我们之所以能做到这点,归根到底是因为一切物质都能够通过自己在相互作用中引起的变化来传递和接收信息。黑格尔说:“事物具有这样的特性:它能在他物中产生出些什么来,并通过特有的方式在自己和其他事物的关系中显露出自己。”[10]列宁说:“一切物质都具有本质上类似于感觉的反映特性。”[11]

第二,延伸人的劳动器官的科学仪器,其功能是强化、优化我们的双手对科学对象作用的能力。例如我们的双手不能改变粒子的运动状态,高能加速器在这方面就可以取代我们的双手。

第三,延伸人的思维器官的科学仪器,其功能是强化、优化我们的智力。算盘、计算器是帮助大脑进行数值运算的仪器,现在的大脑则可以取代并优化我们的许多逻辑思维。

科学仪器的水平是科学认识水平的重要标志。没有先进的仪器,就没有先进的科学。现代科学已研究到150亿~200亿年和150亿~200亿光年的时空领域,深入到10^{-13}厘米的微观世界,把握了寿命只有10^{-24}秒左右的共振粒子。没有各种精密科学仪器,这一切都是无法想像的。科学仪器开拓了科学认识的领域,提高了科学家解题的能力。

科学仪器具有客体性和主体性双重属性,因为它是认识主体与认识客体之间的中介。在科学仪器出现以前,主体以自己的器官直接作用于客体。有了科学仪器以后,主体便通过科学仪器作用于客体。科学仪器是一种物质工具,是人应用自然物质制造出来的,它是一种客体。而且当科学家设计它时,它也是一种认识客体。

但是,科学仪器又具有主体性。它不是纯粹的自然物,而是人造物,它被主体赋予了主体的目的性,是主体作用于客体的手段。科学仪器的自然性质同自然物是一样的,可是它的功能却是人赋予的,因为制造某种科学仪器的物质材料本身,并没有那种科学仪器的功能。科学仪器不是靠其自然属性规定自己的本质的,它的本质的规定性来自主体。所以,科学仪器虽然不是主体,但却具有主体性。

由于仪器的中介作用,科学认识过程出现了比较复杂的情况。我们使用仪器认识对象时,仪器的作用是信息的转换:把科学对象发出的信息转换为仪器所提供的信息。那我们是能够通过仪器所提供的信息,认识科学对象的本质,还是只能认识仪器所提供的信息,而同对象的客观性质无关?有人认为仪器只显示计量器上的读数,而不能帮助我们把握数据背后的实体。这种看法是不能同意的。计量器上的读数反映了仪器与对象的相互作用的结果。如果我们知道了仪器的功能,就可以对数据作出正确的解读,即通过这种相互作用的结果,来认识对象的性质。当然,仪器总有一点误差,仪器对对象的认识可能会有一些干扰,人在应用仪器时由于感官和肢体的局限性,也会带来一些误差。但只要这种误差未超出科学研究所允许的范围,仍然能使我们正确地认识对象。医生在给病人量体温时,用体温表同病人身体接触。由于病人一部分热量传给了体温表,表内的水银体积膨胀了,就出现了读数。也许有人说,既然病人已把一部分热量传给了体温表,那体温表量出的就不是病人未接触温度计以前的体温。可是这种差别毕竟很小,不能因此否定体温表的有效性。实际上由于环境和病人的生理状况每时每刻都在不断变化,因此要绝对准确地量出病人在某一瞬间的体温,既不可能,也不必要。

科学认识结构的中心是科学认识主体。

只要人与自然发生对象性关系,人便是自然的主体,自然便是人的对象。在认识活动中,人是认识主体;在实践活动中,人是实践主体。每个人只要生存,就要认识事物,就是认识主体。科学认识主体是同科学认识活动同步发生的。首先是体力劳动与脑力劳动的分工,然后是认识的专业分工,才导致科学认识主体的出现。科学认识主体是从事科学认识活动的人,其中作出成就的便是科学家。近代早期有不少业余科学家,后来科学家日趋职业化,科学认识主体往往是职业科学研究者。

在科学认识结构中,科学认识主体占主导地位。离开了科学认识主体,科学对象、科学问题、科学仪器都失去了意义。

自然事物之所以成为科学对象,完全取决于主体的选择,取决于主体的需要和认识能力。自然事物本身不会转化为科学对象。

自然不会提出任何问题。虽然科学问题的客观根源是自然界,但只有人才能提出问题。同一个自然事物,有人提不出问题,有人却提出了问题;有人提出这样的问题,有人却提出了那样的问题。问题既是对自然事物的一种疑问式的反映,也显示了认识主体的品格。

科学仪器是人设计、制造的,是科学认识主体控制和应用的。科学仪器既是科学知识的物化,又是科学认识主体能动性的表现,而科学仪器本身是无主观能动性可言的。

科学家是人格化了的科学。科学家是人,不是神,也不是物。科学家是时代的精英、人类杰出的人才,但科学家也会犯错误,包括认识上和品德上的错误。科学家不仅追求真,也应当追求善和美,应当对社会有高度的责任感。自然科学家应当具有一定的人文精神,就像社会科学家应当具有科学精神一样。

四　科学知识的生产形态

要了解自然科学,就要了解自然科学的认知方式和研究方法。

在人类认识自然和利用、改造、保护、创造自然的过程中,同时从事着知识创造与物质创造两项创造活动。生存活动和认识活动,生存方式和认识方式是同步出现、共同发展的。因为生存活动是人类的第一项活动,所以在很长的历史时期内,不仅认识活动为生存活动服务,而且生存活动的方式决定认识活动的方式。

人类生存是个大系统,由多种因素构成,主要包括自然、社会、人的创造活动及其创造物。人的创造活动包括物质创造和精神创造。即物质生产和精神生产。人类生存包括物质生存和精神生存两大领域。本书所讨论的人类生存,主要指物质生存。生存因素是多方面的。但在一定的历史阶段,有一种生存因素是最主要、最基本的因素,它规定了那个历史阶段人类生存的最基本特征。我们把这种生存的最基本特征称为"生存方式"。生存方式是人类的生产方式、生活方式的哲学概括,起决定性作用的是物质生产方式即物质创造方式。"生存"有狭义与广义之分。狭义的生存指人类维持生物学生命和延续;广义的生存包括发展。所以广义的生存方式包括狭义的生存方式和发展方式。在一定意义上可以说发展的方式也是人类的存在方式。本书主要是在广义上使用生存方式这个概念的。

迄今为止,人类的物质生产经历了三种形式:以采集、捕猎为主的原始谋生方式,农业生产方式和工业生产方式。与此相对应,人类的知识生产也有三种方式:采集型生产方式、模仿型生产方式和制造型生产方式。

原始人类以采集植物、猎取动物为生,捕猎可以看作是对动物的采集。人类在原始生存条件主要利用的自然物质资源是生物资源。这些生物资源都是生物胚种自身生长的结果。对于原始人类来说,这些生物与其说是个过程,不如说是既有事物,先有生物资源,后有人的采集。自然生长是因,人的采集是果。没有人的采集,这些动植物照样生长。采集和捕猎是原始人类的劳动,不通过采集、捕猎,人无法利用生物资源。但这不是本来意义上的生产,因为先民没有生产任何东西,而只是利用自然界已有的东西。先民对生物资源的利用,基本上是为了消费,所以他们只是在消费生物资源,并未生产生物资源。先民本质上是坐享其成,对自然的态度是等待,等待大自然的提供。不是助苗生长,而是等苗生长;不是守株待兔,也是守着陷阱等猎物。

原始生存的生存逻辑是:自然界有什么,人们就利用什么;自然界有多少,人们才有可能利用多少。先民完全依赖自然生存,主要是依赖生物资源。这种生存本质上是动物生存,因为动物也是依赖生物资源生存的。人的能动性只在于取得自然界已有的东西,只在于顺应自然界,这同动物也没有本质的区别。

在原始生存条件下,人只能像动物一样生活,由于人类有精神生命,所以是不会满足于此的。于是先民就想怎样使植物长得更好,为此他们就通过自己的活动为植物的生长创造一些良好条件,变自然生长(野生)为人工种植。如天不下雨就浇水,养料不足就施肥。这样,人对植物的生长就不再是袖手旁观,而是动手介入,自己需要什么就种植什么。先民又想,捕猎动物是件很艰苦的事,有时还要冒很大危险,如果把野生动物圈养,主动地给它提供食物,助其繁殖后代那就会减少劳动强度,避免危险。这样,野生动物就变成了家养动物,人已改变了动物的生长环境:从自然环境变为人控自然环境和人工环境。

于是,农业生产和畜牧业生产便出现了。在这种生产条件下,人们利用的自然资源仍然是生物资源,但不是在自然条件下,而是在人工条件下生长出来的生物资源。在自然条件基本相同的情况下,人工种植与家养的效益,明显超过动植物在自然状态下的生长。在这个意义上可以说,农业畜牧业劳动是一种生产。把野生动物驯服为家养动物,这也是对动物的一种改造。

但是,农业畜牧业生产是生物型生产,它的基本规律是生物学规律。在农业畜牧业生产中,生物胚种是按照自身的遗传、发育和生长规律生长为成熟个体的。人们不可能改变它的遗传属性,是什么胚种,就生长成什么产品,俗话说:"种瓜得瓜,种豆得豆。"农业畜牧业生产,实际上是对动植物生长过程的模仿,比如浇水是对下雨的模仿。动植物生长需要什么自然条件,人们就设法提供什么样的自然条件。只要有一定的条件,没有人的参与,农业畜牧业产品在自然条件下也会生长出来。所以农业畜牧业劳动是生产,但还不是真正意义上的创造,因为它并未生产出新的生物物种。

同采集、捕猎一样,人们在农业畜牧业生产中利用的也是胚种生长成的动植物成熟个体,都对自然条件有高度的依赖性,所以我们可以把原始社会和农业社会中人的生存,看作是"自然生存"。

工业生产的本质是制造,所以同农业生产有本质的区别。工业生产的任务是制造自然界没有也不可能有的产品。大自然可以演化出一座喜玛拉雅山,但演化不出一枚小小的大头针。大头针只能是人的制造物。工业生产所应用的物质资源,主要是矿物资源。工业生产的基本规律是力学、物理学和化学规律。工业生产也有采集(矿藏的采掘),但这不是为了直接消费,而是为了制造。

物质制造是人改变自然物质的结构的过程。在制造过程中,自然物质资源是作为材料被人利用的。要改变材料的原有结构,使它出现新的结构,从而出现新的属性和功能。这个过程是通过人工实现的,并非是自然演化过程。人是按照自己的目的来改变材料的物质结构的。这一切都是为了满足人的需要。在自然生存条件下,人们是看到什么才需要什么;而在工业生产中，人是需要什么，才去制造什么。工业生产是真正意义上的创造。

马克思说："各种经济时代的区别，不在于生产什么，而在于怎样生产，用什么劳动资料生产。"[12]原始谋生活动、农业生产与工业生产的区别，主要在于怎样生产，用什么劳动资料生产。这个原则也基本适用于知识生产形态的划分。

采集型知识生产形态，是人的认识的最初的、最简单的形态。原始人类的自然知识，是通过采集的方法获得的，这种"采集"就是简单的观察——把自然物、自然变化的外部形象"采集"到自己的眼中，即采集的是自然界外部的信息。先有自然事物，然后人才去观察它。利用什么，就认识什么，这是原始生存条件下的认识逻辑。古代采集型知识，主要是有关生存的常识。

人类最古老的自然知识，是关于生物的知识，这完全是为了满足生存的需要。石头、生物和星空是先民的三大观察领域，可称为"石象"、"生物象"和"天象"。观察"石象"是为了打制石器，石器是用来获取和处理生物资源的；观察"天象"是为了确定季节与方向，也是为获得生物资源服务的。生物可以近距离观察，千姿百态，五颜六色，具有十分丰富的视觉观察内容。生物是培养先民观察能力的最佳对象。

近代土著居民的生活方式，是我们研究原始生存的活化石。一些原始部落的生物学知识，往往超出人们的意料。菲律宾群岛土著的哈努诺人能把当地的鸟类分为75种，把昆虫分为108种，能识别60多种鱼和60多种海水软体动物。菲律宾群岛的尼格利托人可以列举450种植物、75种鸟类、20种蚁类的名称。有一位生物学家写道："尼格利托矮人的另一特征是他们有极其丰富的关于动植物界的知识，这一点使他们与周围住在平原地区的信奉基督教的人判然有别。这种经验知识不仅包括对极其大量的植物、鸟类、牲畜和昆虫的种的识别，而且还包括关于每一种动植物的习性和行为的知识……"[13]列维-斯特劳斯说："他们对周围生物环境的高度熟悉，热心关切，以及关于它的精确知识，往往使调查者们感到惊异，这显示了使土著居民与他们的白种客人判然有别的生活态度和兴趣所在。"[14]

先民的生物知识是在采集、捕猎活动中不知不觉地获得的，并不是他们的刻意追求。就像草木可以从土地里自然而然地生长出来一样，古人的自然知识是在生活这块"土地"里自然而然形成的。他们在采集到食物时，也"采集"到了经验。此时认识并未成为一种独立的活动，只是谋生活动的一个因素。

人类在生存活动中所采集到的经验达到一定程度后，就需要上升为理论。早期的理论来自经验,但经验本身不是理论,也不能自发地变为理论。打个不太恰当的比喻,就像野生动物不会自发地变成家养动物一样。要获得理论,人们必须对经验进行“介入”,用自己的理性从经验中概括出理论。这就开始了知识生产的另一种形态——理论的生产。

有模仿型物质生产,也有模仿型知识生产。早期的科学理论的生产也是一种模仿型生产。模仿型物质生产(农业生产)是对自然演化的模仿,模仿型知识生产首先是对象的模仿,或者通过对经验的模仿达到对对象的模仿,实质上也是对自然演化的模仿。在这里,认识的逻辑是:自然界是怎样的,我们就把它认识为是怎样的,我们的认识要尽量同对象一致,理论应当以对象为模本。

从科学知识对对象的模仿中,又引申出另一种模仿——研究者对已有知识的模仿。在一个研究领域的初期,各个研究者从各自的角度,应用各自所选择的方法,从各自不同的方向,沿各自不同的思路进行研究。在这个时期尚无权威的理论,甚至都没有被公认的理论,研究处于一种高度无序的状态。恩格斯曾经这样描述电学的初期状况:“在电学中,是一堆陈旧的、不可靠的,既没有最后证实也没有最后推翻的实验所凑成的杂乱的东西,是许多孤立的学者在黑暗中无目的地摸索,从事毫无联系的研究和实验,像一群游牧的骑者一样,分散地向未知的领域进攻。当然在电学的领域中,一个像道尔顿的发现那样给整个科学提供一个中心点并给研究工作打下巩固基础的发现,现在还有待于人们去探求。主要是,电学还处于这种一时还不能建立一种广泛的理论的支离破碎的状态,使得片面的经验在这一领域中占有优势。”[15]研究者“像一群游牧的骑者”,恩格斯用这样的一些形容词和副词来描述他们的工作:“陈旧的”、“不可靠的”、“杂乱的”、“孤立的”、“无目的地”、“毫无联系的”、“分散地”,关键是没有像道尔顿原子论那样的中心点。一旦某位科学家提出某种比较公认的理论以后,很快就会有大批的追随者沿着他的道路,应用他的理论来研究各种问题。在原来的杂乱取向的无序状态中,出现了一个主导方向,形成了一定的有序结构。这就是科学模仿的过程。

库恩认为,“范式”形成以后,许多科学家就用这种范式来研究各种问题,科学就进入了常规科学时期,这实际就是科学模仿的时期。熊彼特的创新理论认为,创新者“创造了一个别人可以仿效的楷模。别的人能够也愿意仿效他,开始时是一些个别人,然后是成群的人仿效他。”[16]技术扩散就是对创新技术的模仿。

知识模仿也会得出新的知识，即用已有理论对一些问题作出了解释，但并未提出新理论。库恩说："常态研究无论在观念上还是在现象上都很少要求创造性的东西。"[17]

在科学史上我们可以举出许多知识模仿的例子。中国古代的盖天说认为"天圆如张盖，地方如棋局"，"天似盖笠，地法覆盘"，"如"、"似"、"法"都是模仿的意思。库仑在研究电荷之间作用力时，模仿万有引力公式，写出了库仑定律公式。库仑甚至不顾当时实验与这个公式30%左右的误差，坚持这种模仿。后来精确的实验证明了库仑公式的正确，这可看作是模仿成功的典型个案。没有万能的理论、万能的方法，所以有些模仿是不成功的，即知识的模仿有一定的局限性。

制造型知识生产是知识生产的高级形态。

制造型知识是原创性的知识，它不是通过模仿获得的。在模仿型知识生产中，别人的知识是模本；在制造型知识生产中，别人的知识是原料。制造性知识不是人们生存经验(生产经验和生活经验)的概括，它在生存经验中找不到原型，它离人们的日常生活的距离越来越远，具有一定的超常识性。它也来自经验，但不是来自人们在生存活动中自发形成的经验，而是来自科学家在科学实验活动中自觉制造的经验。实验不是在自然条件下，而是在人工条件下进行的，犹如工业生产在人工环境中进行一样；实验可以引起自然界不可能出现的变化，犹如工业生产可以引起自然界不可能出现的运动一样。实验室是科学家制造知识的工厂。制造型知识概括的不是来自外部对象的信息，而是科学家自己制造的信息。"在近代知识制造中，科学家在人工环境中先制造'人工事实'(即实验过程)然后再对这种'人工事实'进行加工制造。"[18]

创造型知识对自然界的客观反映，又是科学家的主观创造。采集型知识始于观察、始于经验，制造型知识始于问题，新问题的提出本身就是一种创造。科学理论中的概念、定律和理论都是思维的制造。在采集型知识、模仿型知识中，主要应用逻辑思维，在制造型知识中自由想像和非逻辑思维起的作用更为突出。

个人的认识史是人类认识史的简单再现。科学家的科学研究过程也大体上经历了采集、模仿和制造这三个过程。一般说来，科学家每研究一个新课题，也是先采集各种信息，然后用已有的理论来思索，最后制造出新概念、新理论。制造型知识生产，是真正意义上的知识创造。

注 释

〔1〕《马克思恩格斯选集》第2卷,第88页。

〔2〕皮亚杰:《发生认识论》,商务印书馆,1981年,第22—23页。

〔3〕《亚里士多德全集》第2卷,中国人民大学出版社,1991年,第3、18页。

〔4〕恩格斯:《自然辩证法》,第118页。

〔5〕恩格斯:《自然辩证法》,第45—46页。

〔6〕海森伯:《物理学和哲学》,商务印书馆,1981年,第22页。

〔7〕爱因斯坦、英费尔德:《物理学的进化》,湖南教育出版社,1999年,第66—67页。

〔8〕劳丹:《进步及其问题》,华夏出版社,1990年,第11页。

〔9〕恩格斯:《自然辩证法》,第103页。

〔10〕《列宁全集》第38卷,人民出版社,1957年,第156页。

〔11〕《列宁全集》第14卷,人民出版社,1959年,第86页。

〔12〕《马克思恩格斯全集》第23卷,第204页。

〔13〕列维-斯特劳斯:《野性的思维》,商务印书馆,第7页。

〔14〕列维-斯特劳斯:《野性的思维》,第9页。

〔15〕恩格斯:《自然辩证法》,第199页。

〔16〕熊彼特:《经济发展理论》,商务印书馆,1997年,第148页。

〔17〕夏基松:《现代西方哲学教程》,上海人民出版社,1985年,第513页。

〔18〕肖玲:《知识的采集、模仿和制造》,《自然辩证法研究》,2003年第3期。

第九讲

科学方法的价值

科学认识的工具,既包括科学仪器,又包括科学方法。本书所说的科学方法,指的是自然科学研究方法。

知识为体,方法为魂。创造某种知识的方法,是那种知识的真谛。没有科学的方法,创造不出科学的知识;不懂得应用知识的方法,活知识也就变成了死知识。科学的本质是创造,方法则是创造的建构,是科学的生命。科学之所以无价,是因为它的方法能不断地创造价值。方法是创造知识的知识,是创造财富的财富。知识就是力量,方法则是力量之源,是成功之理,是效率之艺。勤奋可贵,但方法更可贵,因为方法具有勤奋所没有的科学性与艺术性。勤奋是奔跑的双腿,方法是腾飞的翅膀。勤奋可以把一根铁杵磨成一枚针,科学方法则可以把一根铁杵做成千万枚针。人间的一切奇迹,都是方法的实现。惟有科学方法可以使愿望变成现实,愚蠢变成智慧。惟有科学方法才能化腐朽为神奇,才能使我们的大脑和双手融为一体。掌握了方法的人,就是掌握了规律的人,掌握了自己命运的人。科学家是"科学英雄",英雄巧用方法,方法造就英雄。方法是黑夜中的灯,林中的路;方法是心灵的光,智慧的歌。

一 科学方法的内涵

方法是人们实现自己目的的活动方式。要实现自己的愿望,就要活动;要活动,就有个应该怎样活动的问题。这一问题有两个方面:怎样做才会达到目的,怎样做效果更好,即成功与效率。在保证成功的前提下,人们总想用尽量少的投入,尽快尽好地达到目的。科学的方法(不是下文所说的“科学方法”)是成功的、高效率的活动方式。

科学方法是科学研究者为实现和尽好地实现科学研究的目的所遵循的理论、规则、途径、程序和所采取的手段、技巧、思维方式的总和。

科学方法和科学仪器有很大的区别。科学仪器是物,科学方法是活动方式;仪器是高度标准化的装置,方法具有一定的非标准性。仪器的使用要求严格、准确,方法的应用要求灵活、机智。不同的人使用同一种仪器,若操作相同,结果会相同;不同的人采用同一种方法,即使操作相同,结果也可能不同。使用仪器的效果可以预期,采用方法的效果难以预料。仪器的操作受操作者素质的影响较小,方法的运用受运用者素质的影响较大。仪器的特征是机械性,使用者能动性的发挥较小;方法的特征是艺术性,运用者能动性的发挥较大。当然这样的比较是相对的,因为仪器的使用也是科学方法中的一个环节。

方法是规律的应用,人们的活动要实现预期目的,必须按规律运作,既包括活动对象的规律,也包括这种活动的规律。因此,自然科学的研究方法,是自然界发展规律和自然科学认识活动规律的应用。

科学理论是自然界发展规律的反映。我们应用科学理论来探索未知事物,这也是一种研究方法,是理论模仿的方法,所以成功的科学理论既是对自然界的成功解释,也是研究自然的一种方法。科学理论都具有方法的功能,优秀的研究者善于把别人的理论,转换为自己的研究方法。

科学认识规律的应用,是我们通常所说的科学研究方法,是自然科学方法论的主要研究内容。

自然科学方法论是关于自然科学研究方法的一般理论,关于自然科学研究方法的本质、功能、基本原则和自然科学基本方法的理论。科学方法论的理论基础是科学认识论和一般的哲学认识论。

自然界是分层次的,所以研究自然界的方法也有不同的层次。不同层次研究方法的抽象性和普适性不同。

哲学方法是认识世界的最一般的方法，也是科学研究中最抽象、具有最高普遍性的方法，如从实际出发、实事求是、解放思想、开拓创新，用矛盾观点、联系和发展的观点分析问题等等，都是哲学认识方法。哲学是爱智慧的学问，正确的哲学方法（唯物主义、辩证法）可使人聪明，错误的哲学方法（唯心主义、形而上学）却会使人愚蠢。

自然科学方法的第二个层次，是自然科学的一般研究方法，是我们认识自然界的一般方法。它不是适用于自然科学的某一个学科或某一个研究领域，而是适用于自然科学的许多学科或许多研究领域的方法，在自然科学研究中具有很高的普适性。这个层次的科学方法主要包括观察方法、实验方法、抽象方法、逻辑思维方法、假说方法、数学方法、系统方法等。

科学方法的第三个层次是自然科学个别学科或个别研究领域的特殊方法和具体操作方法。这类方法大体上有两种，一种是同某种科学理论相联系的特有方法，如物理学中研究原子核结构的核磁共振法，天文学中应用天体光谱线的红移来测定天体在视运动方向上运动速度的方法，化学中为测定化合物化学组成及其含量的光谱分析法，等等；另一种是科学家应用第二层次方法的具体操作。

科学方法论所研究的基本方法，主要是第二层次的方法。

科学方法论的研究，主要有两种视角。一种视角是研究科学认识静态的逻辑结构，揭示各种基本方法在科学发现逻辑结构中的地位和作用，提出一些理性规范。另一种视角是研究科学认识动态的历史结构，说明各种基本方法在科学发现历史结构中的地位和作用，提供一些经验描述。二者都要提供科学方法的一般规则，但提出的途径不同，提出的规则也有不同的特性。逻辑主义通过逻辑分析，提出的是规范性、理论性规则；历史主义通过历史概括，提出的是描述性、经验性规则。科学发现既是理性的事业，又是历史的过程。逻辑与历史是一致的，科学发现的逻辑结构与历史结构是统一的，所以科学方法论既具有规范性，又具有一定的描述性。逻辑分析应以历史描述为依据，历史描述也需要逻辑分析。

科学方法具有稳定性，可以世代相传；科学方法又具有变异性，不断创新和发展。科学方法都有一定的功能，但任何一种方法的作用都是有限的。“方法无用”和“方法万能”都是片面的。

二 科学方法的合理性

科学方法论是否有用？或者说，科学方法论是否具有合理性？这一问题是同另外一个问题相联系的，这另一个问题就是：科学方法论的一般原则存在吗？或者说，科学方法论可能吗？回答这两个问题的关键，是要弄清科学认识活动是否有规律，如果有规律，那科学方法论就是可能的、合理的。

科学认识活动是有规律的。科学认识从提问开始，然后提出多种回答，相互比较，并同科学对象进行对照，选择出正确的回答。在提出回答的过程中，可以先获得有关经验，并对经验进行概括，提出一定的理论，对自然界的规律作出解释。科学理论正确与否，需要用科学实验来检验。任何科学理论都需要不断完善和发展，并有可能归并到另一种理论之中，或被另一种理论所取代。科学家也可以对某个问题直接提出某种猜想，然后再用经验来充实。科学研究中既有逻辑思维，也有非逻辑思维。

科学认识的规律性，就是科学认识的规则性、确定性。任何人的科学认识活动，都具有一定的规则性和确定性。

科学认识活动具有规则性、确定性，所以人对自然界的认识具有一致性、统一性。许良英说："科学研究必须遵循两条基本原则：一切从事实出发，即从实验和观察的经验事实出发；……任何健康的人，在相同条件下观察同一现象的变化，或比较两个对象，结果会是相同的。同样，从经验事实发现规律、建立理论，所进行的思考和逻辑推理过程，对于具备类似条件的人，也会是相同的。人类间这种感觉经验的一致性和理论思维的一致性，既是历史事实(实际上是由于人类具有共同的生理结构)，又是一种信念。没有这两种一致性，科学就失去客观意义，就不成为科学。"[1]不仅如此，由于自然现象在原则上可以重复，在一定条件下可以控制和反复模拟，所以不同的科学家在不同的时间、地点做相同的实验，其结果也应当相同。

科学认识是有规律的，我们正确地认识了这些规律，按这些规律活动，一般都会达到预期效果。这样，客观的规律就转化成科学研究的规则。这不是人们(包括个别科学家)所说的"游戏规则"，而是工作规则。规则是人制定的，但合理的规则必须是对客观规律的正确反映。人们按合理规则活动，就会取得一定效果。相反，如果科学认识活动完全是偶然、随机的行为，那么科学认识就成了混乱无序、毫无规律的活动，成了完全没有规则、完全不确定的事情。人们就会觉得神秘莫测、不可捉摸，我们也不可能制定任何规则。从表面上看，在这种情况下科学家无章可循，似乎可以随心所欲，怎么做都行，可是实际上却带有很大的盲目性，一切都靠碰运气，放弃了自觉性，这样做是很难成功的。

所谓规律性、规则性，就是因果性，只要出现了一定的条件(因)，就会出现某种变化(果)。条件与变化之间有必然联系，如果条件反复出现，那相应的变化也就会重复出现。因此，如果观察对象处于相同的状态，那不同观察者所得到的观察结果就有一致性。一位科学家做某个实验得到某种结果，别的科学家在相同条件下重复这个实验，也应当得到相同的结果。所以观察、实验就可以作为一种方法或规则固定下来，因为观察、实验都是可以重复的，可以反复进行的。

爱因斯坦在谈到思维的作用时说："准确地说，'思维'是什么呢？当接受感觉印象时出现记忆形象，这还不是'思维'。而且，当这样一些形象形成一个系列时，其中每一个形象引起另一个形象，这也还不是'思维'。可是，当某一形象在许多这样的系列中反复出现时，那么，正是由于这种再现，它就成为这种系列的一个起支配作用的元素，因为它把那些本身没有联系的系列联结了起来。这种元素便成为一种工具，一种概念。我认为，从自由联想或者'做梦'到思维的过渡，是由'概念'在其中所起的或多或少的支配作用来表征的。"[2]爱因斯坦的这段话，可以看作是对思维方法的解释。当某种思维反复出现时，便成了一种思维方法，对研究工作产生一定的"支配作用"，"自由联想"或"做梦"便转化为某种有序的思维。

总之，因为科学认识活动是有规律的活动，所以科学方法论规则是可能的，也是合理的。

为了有助于科学研究者的研究活动合理地进行并最终获得成功，科学方法论提出了一些基本规则。如客观性规则，要从实际出发，实事求是，禁止用主观臆造来代替客观事实；为了获得大量可靠的经验，要正确地应用观察、实验的方法；为了建构科学理论，要正确地应用各种理性方法，善于提出科学假说，正确处理抽象与具体、归纳与演绎、分析与综合、历史与逻辑的关系，科学理论要经过实践的反复检验。如创造性规则，要思想解放、思维活跃、勇于探索，敢于突破和超越前人(特别是权威)的认识；善于在别人认为没有问题的地方提出问题，善于对别人已思考过的问题进行新的思考；想像力丰富，联想能力强，善于把人们认为没有联系的两个现象联系起来；善于在极不相同的现象中发现共同点，在极其相同的现象中发现不同点。如发展性规则，不满足于已取得的认识，不断地追问，不断地由表及里，由此及彼，去伪存真，去粗取精；不断地提高认识的广度和深度，力求多视角、多方位地探寻，不断地进入更深层的本质，不断提高正确反映的程度，等等。

一位研究者刚开始进行科研活动时，没有经验，就需要学习。他可以从科学史中学习历史上的科学家是怎样做、怎样成功的，以科学家为榜样，仿效他们去做；也可以读些关于科学方法的书籍，以书中所叙述的规则为准绳，努力按这些规则去做。当缺乏直接经验时，别人的间接经验就显得尤为重要。既然科学认识具有规则性、确定性和统一性，那么科学家的成功就是符合科学认识规律的，模仿他们是合理的，是符合科学认识规律的。

当然，有的研究者也许不注意方法的学习，倾心于“天马行空”，独自探讨，他们也可能成功。但从整体上来看，“磨刀不误砍柴工”，从历史和理论上学一点方法，可以使研究者少走一点弯路。

科学史的无数事实表明，科学研究的规则和方法的确是有效的。科学家用观察、实验的方法，总可以获得自然界的一些信息；用逻辑方法对经验进行分析，总可以得出一定的结论。许多科学家都从别人那儿得到了方法的启示。爱因斯坦在 67 岁时回忆他 12 岁时的一件事情：他读到一本关于欧氏几何学的书籍，其逻辑性使他感到惊奇。“这本书里有许多断言，比如，三角形的三个高交于一点，它们本身虽然并不是显而易见的，但是可以很可靠地加以证明，以致任何怀疑似乎都不可能。这种明晰性和可靠性给我造成了一种难以形容的印象。至于不用证明就得承认公理，这件事并没有使我不安。如果我能依据一些其有效性在我看来是毋庸置疑的命题来加以证明，那么我就完全心满意足了。”〔3〕后来他就从相对性原理也适用于电磁现象和光速不变这两个基本前提出发，逻辑地推导出一些结论，创立了狭义相对论。

每一种方法都有一定的功能，但每一种方法都不能解决世界上的所有问题，就这点而言，世界上没有万能的方法。

有人曾经对某些方法的功能提出了怀疑，演绎法和归纳法就受到过这种质疑。有人认为三段式并不能提供新知识，因为结论的内容早就被大前提所涵盖了。凡人皆死，苏格拉底是人，所以苏格拉底会死。既然已知道所有人都会死，再说苏格拉底会死，这不是“废话”吗？所以赖欣巴哈说：在演绎推理中，“结论不能陈述多于前提中所说的东西，它只是把前提中蕴涵着的某种结论予以说明而已。即是说，它只是揭示了在前提中所包藏的结论而已。演绎的价值就立足在它的空虚上。”〔4〕英国科学史家丹皮尔说：“三段论法对于实验科学却是毫无用处的，因为实验科学所追求的主要目的是发现,而不是从公认的前提得出的形式证明。"[5]

有人对归纳法的有效性也提出了怀疑。英国哲学家休谟指出,人们常常看到一个现象出现后,总有另一个现象出现,我们就认为这两个现象有因果关系,但我们并不知道它们是否必然联系在一起,只是经验所引起的心理习惯。黑夜过去就是光明,于是我们就期待明天太阳从东方升起。其实过去天天太阳升起,但我们还是没有根据断定明天太阳必然升起。一位先生从市场买只鸡回来养,每天早上喂鸡一把米。如果这只鸡会用归纳法,它就会得出"每天都有一把米吃"的结论。可是总有一天,主人给它的不是一把米,而是宰它的一刀。人们曾看到过许多白天鹅,就归纳出"凡天鹅皆白"的结论,可是后来却在澳大利亚发现了一只黑天鹅。在这里,前提是真的(过去看到的的确都是白天鹅),可是结论却是假的。赖欣巴哈说:"假结论与真前提相结合的可能性证明归纳推理并不具有逻辑必然性。归纳法的非分析性质是休谟的第一个论题。"[6]

那么,演绎法和归纳法是否有效?解决这个问题的关键,是要明确"有效"是相对的、有条件的,而不是绝对的、无条件的。有效只是"有所能,有所不能",而不是"无所不能"。在科学研究中,最初的知识被称为"原生知识",都是通过经验的方法获得的。自然界的各种事物、现象都是相互联系的,所以各种自然知识也是相互联系的。我们可以应用逻辑推理的方法,推导出同原生知识有关的派生知识。居维叶提出了器官相关律,认为动物的器官是相联系的,所以我们只要看到古生物的某一个器官的化石,就可以推导出这种动物还会有什么相关的器官。逻辑方法不可能提供原生知识,但我们不能据此认为它也不能提供派生知识。

演绎的结论不仅真,而且也具有一定的新内容。因为关于某一类事物共性的知识,与属于这类的某个具体事物的知识,并不完全是一回事。我们可以举亚里士多德曾经谈过的一个例子来说明这点。阔叶树皆会落叶,如果我们发现了一棵新品种的树是阔叶树,那么我们就可以得出初步结论:这种树会落叶。虽然当时我们并没有看到它在落叶,但是我们可以作出这个预言。这对我们关于这种树的认识,显然是有意义的。

有人想从科学史上寻找归纳法的合理性,指出科学家 A 应用归纳法获得成功,科学家 B 应用归纳法获得成功,科学家 C 应用归纳法获得成功,等等,所以归纳法是可以使我们成功的方法。有人则认为,这是在用归纳法来证明归纳法的合理性,是循环论证。但是我们应当看到,归纳法不能保证所有应用它的人都能成功。只要有一部分人应用它获得成功,就已经表明归纳法的合理性和有效性。

所有科学研究方法的功能都是有条件的、有限的,因为一方面科学认识活动既有规则性、确定性,人对自然界的认识有一致性和统一性,另一方面,科学认识活动又有随机性、不确定性,所以人对自然界的认识又具有不一致性、多样性。

科学认识是反映与创造的统一。没有反映就不可能有真正的创造,没有创造就不可能有真正的反映。科学认识成果既是对科学对象客观规律的反映,又是科学家主观世界的展示;既揭示了客体的本质,又显示了主体的内心世界。

反映的品格决定了科学认识必然受客观条件的制约。从根本上讲,科学对象发展到什么程度,它的属性和本质显露到什么程度,我们的认识才能达到什么程度。我们重温恩格斯的话:“我们只能在我们时代的条件下进行认识,而且这些条件达到什么程度,我们便认识到什么程度。”[7]

创造的品格决定了科学认识对客观条件又具有一定的超越性。科学家的思想具有一定的随意性、一定的自由度。客观条件只能决定科学家思想的一般状况,不可能决定每位科学家的每个具体思想以及这些思想提出的具体细节。任何规律只是一种“平均数”,都存在着对这种平均数的偏离或涨落。科学认识活动是一种十分复杂的活动,更是如此。在相同的历史条件下不同的科学家可以研究同一个课题,但他们的研究工作从哪儿入手,从哪个角度思索,沿什么思路探索,联想到什么,想像的范围有多宽,有什么灵感,冒出什么思想火花,怎样表述自己的观点,建构什么样的理论,等等,都不可能完全相同。有时,科学家为什么会闪过某个念头,他自己也说不清楚。这里有逻辑思维,也有非逻辑思维。逻辑追求的是有序,但科学家思维的随机性又会产生无序。恩格斯关于近代电学早期状况的那段描述,正是科学家的“杂乱取向”,是科学家思想随机性的表现。

不同的科学家观察同一个对象,渗透在观察之中的理论观点和观察时的心态不可能完全一样,因此看到的不可能是完全相同的东西。科学家在概括相同经验时,由于他们的科学观点、价值取向、知识背景、个人阅历、性格、社会地位不可能完全相同,所以建构出的理论也不会完全相同。不同的科学家做相同的实验,即使实验结果相同,他们对结果的理解和解释也可能不同。

所以,“科学认识是统一性与多样性、一致性与不一致性、规则性与随意性、受制性与超越性、必然性与偶然性、确定性与不确定性的辩证统一。”[8]

“从总体上来说，科学家提出什么问题，如何解题，以及解到什么程度，都要受到历史条件的影响和制约。但是我们不能由此得出如下的结论：有什么样的历史条件，所有的科学家就只能有什么样的科学思想，或者说，在相同的历史条件下，所有的科学家就只能有什么样的相同思想。”“总之，在相同的历史条件下，很多科学家会持有相同、相近或相似的观点，但也会有一些科学家提出一些相异、相悖或相反的观点。科学认识领域不是纯粹的‘必然王国’，这里也有随机的‘涨落’。否则科学家就不是具有不同素质与品格的有血有肉、有感有情的人，而是一部按照严格程序运转的‘思维机器’。那样一来，一部科学史就成了科学思想流水线生产的纪录，岂有不同理论、不同学派、不同思维方式和不同的风格可言？一幅线条交错、色彩纷呈的历史画卷，被变形成了一条灰色的直线。”[9]

由于科学认识具有规则性、统一性、确定性，所以科学方法论是可能的并且具有合理性。由于科学认识具有随机性、多样性、不确定性，所以科学方法论的原则不是机械性的，而是启发性的。世界上没有万能的方法，没有保证研究者必定成功的方法，这是科学方法功能的有限性。

如何理解科学方法功能的有限性？从逻辑主义的角度来看，科学方法论应当是规范性的规则；从历史主义的角度来看，科学方法论应当是描述性规则。但二者有一点是共同的，回答的都是“应当怎样”的问题。

逻辑规范向人们提供一些研究原则，告诉科学家应当怎样研究，它是通过对科学发现逻辑结构的理性分析来回答“应当怎样”的问题。但这些逻辑规范不是科学方法论研究者的凭空想像，而应当是对科学认识活动实践经验的概括，必须以科学史为依据。

历史描述向人们提供一些研究经验，同样也是要告诉科学家应当怎样研究，但它是通过对科学发现历史结构的经验描述来回答“应当怎样”的问题的。科学史描述的是已经发生过的事件，告诉我们的是科学家“曾经怎样”，即历史上的科学家曾经是怎样研究的，怎样成功的。但“曾经怎样”不等于“应当怎样”，历史上科学家“曾经怎样”研究，未必等于现在和今后科学家“应当怎样”研究。

要使“曾经怎样”转化为“应当怎样”，需要一个条件：模仿是有效的。如果模仿有效，那么历史上科学家是怎样获得成功的，我们按他们的方法去做，也应该能够成功。

方法的模仿有效吗？既可能有效，也可能无效。科学认识活动具有规则性、确定性，所以方法的模仿可能成功；科学认识活动具有随机性、不确定性,所以方法的模仿也可能不成功。如果方法的模仿不成功,常常不是因为模仿得不像,而是由科学认识的本质决定的。何况创新本身就是对模仿的超越。一般说来,模仿得越像,离创新就越远。

在科学史上,方法模仿成功的事例我们可以举出不少。库仑模仿万有引力公式的方法,写出点电荷吸引力公式,并置当时实验结果同理论计算30%的误差于不顾,便是一个典型事例。但方法模仿未能成功的事例也很多,只是科学史记录得不多。我们在这儿举一个模仿失败的例子。天王星发现后,人们发现天王星轨道的理论计算同实际观测总有差距。法国的勒维列猜想这是因为天王星受到一颗未知行星引力作用的结果,并算出了它的位置。后来果然在这个位置上发现了海王星。天文学家发现水星近日点的进动是每世纪5599秒,用金星的引力影响解释了其中的5556.5秒,还有42.5秒得不到解释。勒维列用同样的方法预言,这是另一颗未知行星引力作用的结果,并把它命名为“火神星”。可是这个火神星找了半个多世纪也没找到,后来爱因斯坦用广义相对论才对此作出了科学的解释。可见同一位科学家应用同样的方法,第一次成功,第二次却可能失败。所有具体方法都有一定的针对性,要同科学问题的性质一致。可是问题的性质常常是到了问题解决以后才能认清,所以方法的模仿都有一定的盲目性。

可见,历史描述的经验并不能保证必然成功。逻辑规范是以历史描述为依据的,同样也不能保证必然成功。科学方法论的价值,在于提高成功的几率,最起码它提供了一种范例,一种借鉴和启发,给研究者提供了一种选择,否则科学方法论就没有意义了。

三　科学方法的效率

科学方法不仅能帮助我们成功,而且还有助于我们较快较好地成功,这就是科学方法的效率性问题。

效率原则首先是经济活动的基本原则:用尽量少的投入得到尽量多的回报。这条原则是人类经济不断发展的基本保证。马克思说:“真正的财富在于用尽量少的价值创造尽量多的使用价值,换句话说,就是在尽量少的时间里创造出尽量丰富的物质财富。”[10]许多经济学家认为,效率原则成立的前提,是物质资源的稀缺,所以人类经不起浪费,必须要使有限物质资源的作用得到最大限度的发挥。

由于人的生命只有一次,并且十分短暂,所以对于人来说,时间也是十分稀缺的资源,同样经不起浪费,也要使有限的生命创造尽可能多的价值。生命短暂,精力有限,所以效率原则基本上适用于人的一切活动领域。马克思的话不仅适用于物质财富的创造,也适用于精神财富的创造,科学研究中也有个如何提高效率的问题。

列宁说:“人的思维在正确地反映客观真理的时候才是‘经济的’。”〔11〕这话是有道理的。效率的前提是成功,效率是成功的效率,即“正效率”。同样是成功,付出的代价越少,“正效率”就越高;同样是失败,付出的代价越多,“负效率”就越高。成功不能取代效率问题。人的思维要正确地反映世界,这相对于错误反映而言,的确是“经济的”。但同样是正确的反映,也有一个付出多少代价,交多少“学费”的问题。我们的思维不仅要力求正确地反映世界,而且还要力求尽快尽好地实现这种正确反映。不仅求真,还要求巧。不少方法论著作不谈科学研究的效率问题,是不应该的。

马赫提出的“思维经济原则”,就是把经济活动中的效率问题,引入到科学认识活动之中,转化为科学研究中的效率问题。马赫说:“在人的短暂的生命和有限的记忆的条件下,凡是有价值的知识只能通过最高的思维经济才能得到。对于科学本身只可将最少量劳动的追求,就是说对于事实用最少量的思维上的消费,作出尽可能完善的陈述。”〔12〕这就是马赫的思维经济原则。他认为科学的经济功能贯穿于整个科学过程之中。例如,我们在摹写事实时,从来不是把事实全部摹写出来,只摹写其中对我们比较重要的那个方面,这就是经验的节约。不贯彻思维经济原则,就不可能得到科学知识。他实际上是把科学研究的成功问题和效率问题,都看作是思维经济问题。

怎样才能提高科学研究的效率呢?科学家最津津乐道的是简化规则。科学家在研究一个科学问题时,一般是从易到难,先易后难,化难为易,以易求难。先把科学对象想像得简单一些,暂时撇开它的多方面的属性,用粗线条描绘出它的大概轮廓,求得一级的近似;然后在这种初步认识的基础上,逐步考虑对象的其他属性,逐步细化,向第二级、第三级的近似逼近。用尽量少的逻辑要素、知识单元来建构能解释尽可能多的现象的理论。马赫说:“从经济的角度看来,高度发展的科学,就是那些可以把事实归结为少数性质相似的要素的科学。力学就是这样的科学,在力学中,我们仅限于处理空间、时间和质量。”〔13〕爱因斯坦说:“一切科学的伟大目标,即要从尽可能少的假说或者公理出发,通过逻辑的演绎,概括尽可能多的经验事实。”〔14〕他们都认为按简化规则进行研究,效率比较高,因为简化可以使研究过程简便,做起来比较容易方便。

在爱因斯坦等人看来,欧几里得几何学只从五个公理和五个公设出发,便可以推导出许许多多定律,公理化方法是高效的方法。

在马赫等人看来,牛顿力学是高度简便的科学。的确,本来物体各有体积和形状,如果牛顿在研究力学时,考虑了这大大小小的体积和千姿百态的形状,那研究工作就变得非常繁杂,建立动力学定律就成了非常艰苦、费力的工作。牛顿提出了"质点"的概念,不考虑物体的体积和形状,只考虑它的质量和时空(位置、速度)关系,那问题就好解决多了。

道尔顿在研究化学原子论时,应用的也是简化的方法。他猜想,在一个分子中,互相排斥的原子越少,这个分子的力学稳定性就越大。几何学表明,在一个球的周围最多可以与 12 个同它体积相同的球接触。他由此想到,一个 A 原子最多可以同 12 个 B 原子化合,它们的分子式分别是 AB、AB_2、AB_3……一直到 AB_{12}。在这 12 种化合物中,最稳定的是 AB,最不稳定的是 AB_{12}。如果我们知道在这 12 种可能存在的化合物中,实际上现实存在的只有一种,那我们就会认为 AB 的可能性最大。先把它看作是 AB,用化学实验来验证是否是这样。假如我们先猜想它是 AB_{11} 或 AB_{12},那极有可能会走很大的弯路,浪费很多精力。

于是,道尔顿提出了探索化合物成分的四条原则。

1. 如果 A 与 B 两种原子只组成一种化合物,则必须假定它是二原子化合物 AB,除非有理由证明其不然。

2. 如果 A 与 B 两种原子组成两种化合物,则必须假定其一是二原子化合物 AB,其二是三原子化合物 AB_2 或 A_2B,除非有理由证明其不然。

3. 如果 A 与 B 两种原子组成三种化合物,则必须假定一个是二原子化合物,其他两个是三原子化合物 AB_2 和 A_2B,除非有理由证明其不然。

4. 如果 A 与 B 两种原子组成四种化合物,则必须假定这第四个化合物是四原子化合物,除非有理由证明其不然。

道尔顿还提出了物质组成的简化规则,认为这是我们测量原子量的根据,有人把他的这个原则称为"最大简度规律"。他指出,如果有 A 和 B 两种原子化合的物体,从最简单的化合开始的各种化合的可能次序如下:

1 个 A 原子 + 1 个 B 原子 = 1 个 C 原子,二元的。

1 个 A 原子 + 2 个 B 原子 = 1 个 D 原子,三元的。

2 个 A 原子 + 1 个 B 原子 = 1 个 E 原子,三元的。

1 个 A 原子 + 3 个 B 原子 = 1 个 F 原子,四元的。

3 个 A 原子 + 1 个 B 原子 = 1 个 G 原子，四元的。

道尔顿方法的实质是这样一种信念：自然界总是倾向于最简单状态，所以在各种可能的状态中，我们首先应当考虑最简单的状态。道尔顿提出这种简化规则，是很自然的事。因为在他看来原子论本身就是一种简化理论：形形色色的物体都是由原子构成的，所以认识各种物质的性质，应当从认识简单的原子入手。

道尔顿应用他的这种思维方式研究化学取得了重要成果。1801 年他提出化学原子论，1803 年就发现了倍比定律。他并没有做很多化学实验，却首先发现了倍比定律，表明他的工作效率的确是比较高的。

简化原则在天文学领域也得到了广泛的应用。古希腊柏拉图提出了研究天体运动的两个基本假设：正圆形轨道和匀速运动。的确，当我们没有根据认为天体以非匀速在椭圆形轨道上旋转时，我们应当提出这两个假设，因为正圆与匀速是比较容易把握的。后来托勒密为了解释行星运动的不规则性，通过他提出的本轮、均轮体系，把行星的不规则运动还原为在正圆形轨道上的匀速运动的组合。哥白尼推翻了地心说，却仍然采用了柏拉图的这两个假设。

现代宇宙学的研究内容是现今观测所及的大尺度宇宙的起源、演化和结构。这个尺度有多大？时间尺度是 150 亿 ~ 200 亿年，空间尺度是 150 亿 ~ 200 亿光年。这么大的宇宙怎样进行研究？我们只能用"外推"的方法，把我们比较熟悉的小尺度的宇宙的知识，外推到我们不太熟悉的大尺度的宇宙。为了使这种外推式的思维方式可行，科学家们就提出了两条假设。第一，宇宙在可观测的巨大区域内是各向同性的，即我们无论朝哪个方向来观测宇宙，其结果都完全一样。第二，宇宙在可观测的巨大区域内是均匀的，即宇宙在大尺度范围内物质的分布是均匀的。在小尺度范围内物质的分布很不均匀(如在太阳系中，太阳的质量几乎等于整个太阳系的质量)，但在大尺度范围内，各种不均匀性就相互抵消，表现出一种均匀性。这两条假设被称为"宇宙学原理"。根据宇宙学原理，我们就可以认为，在大尺度宇宙范围内，空间任何一点及其任何方向，密度、压强、曲率、红移等各种物理量都相同，物理规律也一样，看到的都是相同的宇宙。这样我们就可以把我们所熟悉的宇宙的一个区域，看作整个宇宙的一个样品。我们就可以通过样品来认识宇宙。这也是一种简化原则，宇宙并不可能是完全均匀和各向同性的，但应用这种简化方法，我们毕竟可以开始进行宇宙学研究了。

简单原则的确可以使科学家比较快地获得成功，遗传密码的构想便是一例。DNA 决定蛋白质的合成。DNA 的遗传信息是通过 4 种碱基表现出来的,蛋白质由 20 种氨基酸构成。在 4 种碱基与 20 种氨基酸之间,不可能建立一一对应的关系。于是薛定谔便想到了电报中的莫尔斯电码,虽然只有点与划两种符号,但是这两种符号却可以有很多不同的排列组合。薛定谔猜想遗传信息是以密码的形式传递的。伽莫夫也是先考虑最简单的组合,先设想两个碱基对应一种氨基酸。可是四种碱基每两个碱基一组,只有 $4^2=16$ 种排列组合。$16<20$,不够用。于是伽莫夫就提出了三联密码的猜想,三个碱基一组,排列组合的数目为 $4^3=64$ 种。在他看来,够用了就行。如果是四联密码,那就会有 256 种排列组合,太多了,验证起来麻烦。就这样,他提出了三联密码的假说,后来得到了验证。试想,伽莫夫当年如果先提出七联密码、八联密码的猜想,那么何日才能破译遗传密码?

许多科学家之所以认为简化原则简便可行,很重要的一个原因,就是认为大自然是简单的,从亚里士多德到爱因斯坦都是如此。亚里士多德认为自然界最经济、节约,不做无益、浪费的事情。既然自然界具有简单性,那么用简化方法认识自然界,便是通向成功的捷径。

但是,简化规则也不是绝对的,因为自然界有比较简单的状态,也有比较复杂的状态,并不是一概越简单越好。自然界有时选择的,并不是最简单的方案。道尔顿的简化规则曾受到怀疑。有人写道:"如果物体仅仅以一种比例结合,那么我们怎能确切知道化合物一定是二元的呢?两个氧原子和一个氢原子,两个氢原子和一个氧原子,或者简言之,以任何可指定的氢原子和氧原子的数目形成水,为什么就是不可能的呢?我认为,道尔顿先生在赞同这种二元化合物并且喜爱它甚于喜爱其他的问题上,并没有举出任何理由。而且我也无法揣摩出他为这种偏爱辩护的任何理由。"有人还问:碳有两种化合物,第一种是最简单的 CO,那第二种是 CO_2 还是 C_2O?道尔顿如何回答呢?[15]实际上道尔顿也的确把不少化合物的原子组成弄错了,例如他把水说成是 HO,把氨说成是 NH,他由此推算出的许多原子量也都是错的。

在天文学研究中,尽管我们有一万条理由认为正圆是最完美的几何图形,行星以匀速度在正圆形的轨道上围绕太阳旋转,天文学家们在大约两千年的时间里对此深信不疑,可是行星毕竟是在椭圆形轨道上以变速度围绕太阳旋转的。法国的伏库勒也提出了宇宙学原理的局限性问题。他说:"古时候曾经有过一些哲学家和天象家固执地主张行星运动的轨道必定是圆的,快慢必定是均匀的。造成这种长期错误的根源在于一种毫不相干的美学上的'圆满'观念和比较合理的数学上的简化需要。如今，理论宇宙学家坚决主张星系的大尺度分布必定是均匀的和各向同性的……""假说的经济或简单也是科学的方法论上的一条有效原则。但是，一切假说都必须经受经验证据的检验则是一条更加不容违背的科学定则。""诸如此类的问题是不能够凭美学上的偏见或者数学上简化的考虑来回答的。正确的回答只有通过对经验证据进行探索性的考虑来回答。正确的回答只有通过对经验证据进行探索性的、批判性的研究之后才能获得。当然，简化的假设和一阶近似(甚至是零阶近似)乃是理论上工作的合法工具(它们的价值在这里暂且不谈)。况且，有时候自然界是会和人合作的，最简单的假设得到合于观测的良好的，甚至是很好的近似的情况并不罕见。牛顿定律便是一个光辉的实例。""不过，假如自然界拒绝跟人们合作，或者暂时保持沉默，那么经常重复出现的实际上只不过是一套先验的假设(不管多么合理，多么动听，或者多么值得赞美)，这些假设迟早就会成为被人们接受的教条，而那些疏忽大意的人们就会不加批判地把它们作为既成事实或者作为不可避免的逻辑需要而加以接受，这是有严重危险的。"〔16〕的确，逻辑上的简化需要和心理上的美化需要，当然对科学研究有一定意义，但我们不能过分夸大它的作用。我们只能使我们的认识同自然"合作"，而不能要求自然界同我们的认识"合作"。自然界不是百依百顺的小女孩，任凭妈妈去打扮。伏库勒说得好："在科学中，顽固的、'丑陋'的小事实破坏了'美妙'的理论的事例当然是屡见不鲜的。"〔17〕

科学方法论是建立在科学发现案例(主要是科学家成功的案例)分析的基础上的。当我们面对科学英雄的成功纪录时，我们都会由衷地赞美他们的智慧，包括他们所采用的方法。一些著名科学家的成功方法，如伽利略的斜面实验方法、开普勒提出的行星运动三定律的方法、牛顿创立的万有引力理论的方法、麦克斯韦创立的电磁学理论的方法、爱因斯坦创立的相对论的方法，等等，被许多人看作是完美无缺、无与伦比的方法。在这些成功案例的灿烂光辉面前，人们都会不由自主地产生这样的看法：要创立自由落体定律，就要采用伽利略的方法；要创立行星运动的定律，就要采用开普勒的方法；要创立万有引力理论，就要采用牛顿的方法；要创立电磁学理论，就要采用麦克斯韦的方法；要创立相对论，就要采用爱因斯坦的方法。除此以外，人们似乎想像不出还有什么更好的方法。

不仅是一般民众，就是科学家有时也会流露出这种看法。爱因斯坦对一些著名科学家研究方法的评价就是如此。关于哥白尼，爱因斯坦说："哥白尼使最有才智的人看到了这样的事实:要清楚理解行星在天空中的表观运动,最好的办法是把它们看作是绕着太阳转的,而太阳被认为是静止的。"[18]关于开普勒,爱因斯坦称他是"无与伦比的人物",[19]"开普勒找出了一条摆脱这困境的奇迹般的出路。"[20]关于牛顿,爱因斯坦写道:"你所发现的道路,在你那个时代,是一位具有最高思维能力和创造力的人所能发现的惟一的道路。"[21]"最好的办法"、"无与伦比"、"奇迹般的出路"、"最高思维能力和创造力"、"惟一的道路",爱因斯坦的这些评价,无意中会强化读者的印象:这些科学家所采用的方法,都是非常好的方法。

条条道路通罗马。我们可以从理论上推测,获得一项科研成果可以采用不同的方法。世界上没有只能用一种方法完成的事情。不同的方法可以相互比较,在效率上比出个高低。如果解决一个问题只能有一种方法,那么方法就只有成败之别,而没有高低之分了。"铁杵也能磨成针",笨拙的方法也可能会成功。

科学竞争讲优先权,只承认冠军的地位,不会给亚军和季军发银牌和铜牌。如果某位科学家宣布作出了某项发现,别的科学家就不会再去研究这项课题。即使有的科学家用另外的方法研究这一课题已经多年,甚至已接近成功,也会中断这项研究工作。如果他们再继续研究下去,就会被科学界和社会认为是重复劳动,是人力、物力的浪费。社会拒绝把已发现的东西,再重复发现一次。这样一来,我们在科学史上所看到的案例,都是某项科学发现的一种方法(个别几乎同时分别独立做出的发现例外,如能量守恒与转化定律的发现),是最先成功的方法。它"扼杀"了别的方法的实现。可是,最先成功的方法,未必就是效率最高的方法。人们一般都会以为效率最高的方法在竞争中就会处于领先地位,就会最先成功,所以最先成功的方法,自然就是效率最高的方法。但是科学研究是十分复杂的过程,科学家研究同一项课题起步的时间不同。乌龟有时也会跑在兔子的前面,但不能因此就断言乌龟爬行的速度比兔子奔跑的速度快。

法拉第为了使磁转化为电,断断续续做了九年的实验。就整个人类的文明发展而言,用九年的时间打开电力时代的大门,是值得的。可是法拉第当年获得成功的实验非常简单,只要让磁棒和线圈作相对运动就行了。人们不禁要问:发现这样的实验,果真需要几年的时间吗?别人也许几小时甚至几分钟就会发现这个实验。

由此可见,科学史只能提供一种成功的方法,我们很难对这种方法的效率高低作出评价,因为没有别的成功方法可以同它进行比较。科学史所提供的方法，不能保证都是高效率的方法。既然科学方法论以科学史为基础，那么科学方法论在解决方法效率性的问题上，就自然会有一定的局限性。

如果别的天体上也有智慧生物，那么他们也会有他们的牛顿和爱因斯坦。通过星际之间的学术交流，我们就可以了解多种发现万有引力定律、创立相对论的方法，那样我们就可以对我们的牛顿和爱因斯坦研究方法的效率性问题，作出有一定根据的回答。到那时我们的科学方法论关于科研方法的效率问题的研究，就会得到实质性的进步。

科学认识活动充满着各种矛盾：人的求知愿望与知识缺乏的矛盾，已知与未知的矛盾，科学家认识能力的有限性与科学对象的不可穷尽性、科学认识发展无止境的矛盾，认识主体与认识客体的矛盾，正确与错误的矛盾，科学理论的合理性与局限性的矛盾，科学理论之间的矛盾以及科学认识的受制性与超越性、规则性与随意性、统一性与多样性、确定性与不确定性的矛盾，等等。这些矛盾都会直接或间接，或多或少地反映在科研方法之中。我们应当辩证地看待科学方法论的本质与功能。

在这个问题上，有两种极端的看法。极端的逻辑主义认为，科学研究规范适用于一切时代的所有学科，它是固定不变的、绝对的，无论在什么情况下都普遍有效。极端的历史主义认为所有的方法论规范都是没有意义的。费耶阿本德认为科学研究中的所有"普遍性规则"都是"中国妇女的缠脚布"，都应扔进垃圾箱。"科学本质上是一种无政府事业，理论上的无政府主义比认为应按法则和秩序行事的观点更符合人性，更容易鼓励进步。"他在《反对方法》一书中提出的口号是："无碍于科学进步的惟一原则是：怎么都行。"〔22〕

这两种看法都是片面的。科学方法论是启发性规则，不是机械性规则。科学发现有必然性，也有偶然性。科学方法论规则只是科学研究成功的必要条件，是"助成法"而不是"必成法"。"这样必定成功"和"怎么都会成功"都是不科学的，正确的理解是"这样较易成功"。

注　释

〔1〕 许良英：《历史理性论的科学史观刍议》，《自然辩证法通讯》，1986 年第 3 期。

〔2〕 《爱因斯坦文集》第一卷，商务印书馆，1977 年，第 3 页。

〔3〕 《爱因斯坦文集》第一卷，第 4 页。

〔4〕 赖欣巴哈：《科学哲学的兴起》，商务印书馆，1983 年，第 22—23 页。

〔5〕 丹皮尔：《科学史及其与哲学和宗教的关系》，商务印书馆，1975 年，第 75 页。

〔6〕 赖欣巴哈:《科学哲学的兴起》,第 72 页。
〔7〕 恩格斯:《自然辩证法》,人民出版社,1984 年,第 118 页。
〔8〕 林德宏、肖玲等:《科学认识思想史》,江苏教育出版社,1995 年,第 6 页。
〔9〕 林德宏、张相轮:《东方的智慧——东方自然观与科学的发展》,江苏科学技术出版社,1993 年,第 213—214 页。
〔10〕《马克思恩格斯全集》第 26 卷,人民出版社,1974 年,第 281 页。
〔11〕 列宁:《唯物主义和经验批判主义》,人民出版社,1960 年,第 163 页。
〔12〕 夏基松:《现代西方哲学教程》,上海人民出版社,1985 年,第 135 页。
〔13〕 洪谦主编:《现代西方资产阶级哲学论著选辑》,商务印书馆,1964 年,第 44 页。
〔14〕《爱因斯坦文集》第一卷,第 262 页。
〔15〕 洛克:《原子和当量:早期化学原子论的演变》,《科学史译丛》,1985 年第 3 期。
〔16〕 中国科技大学天体物理组:《西方宇宙理论述评》,科学出版社,1978 年,第 237、242 页。
〔17〕 中国科技大学天体物理组:《西方宇宙理论述评》,第 241 页。
〔18〕《爱因斯坦文集》第一卷,第 274 页。
〔19〕《爱因斯坦文集》第一卷,第 486 页。
〔20〕《爱因斯坦文集》第一卷,第 275 页。
〔21〕《爱因斯坦文集》第一卷,第 14—15 页。
〔22〕 夏基松:《现代西方哲学教程》,第 557 页。

第十讲

自然科学的基本方法

观察法
实验法
科学抽象
归纳与演绎
分析与综合

自然科学有多种研究方法，每种方法都各有其功能。这些方法大致可分为两类：获得经验的方法（如观察法、实验法）和建构理论的方法（如抽象法、归纳法与演绎法、分析方法与综合方法），此外还有一些新方法（如信息论方法、控制论方法、系统论方法）。一个比较完整的研究过程，常采用多种研究方法。我们在这儿只叙述几种基本方法。

一　观察法

观察法是科学认识主体通过视觉器官或借助于科学仪器，有目的、有计划地对科学对象进行观看和考察，从而获得关于科学对象的感觉经验的方法。

科学观察来源于日常观察，但二者有本质的区别。日常观察是人们在日常生活中对事物的观察，目的是为了满足生活的需要。人只要睁着眼睛，只要有光源，总是在看。日常观察是有一定目的、注意力比较集中的“看”。科学观察的目的是为了求知，为了解题。日常观察只用眼睛进行，科学观察则可能借用工具。

人的感觉经验,大约90%来自视觉。视觉在认识事物中的作用,远远超过其他感觉,所以人们常常把“我认为”说成“我看”,把观点、想法说成是“看法”,可见“看”对认识事物的重要。

人眼只能看到可见光,看不到不可见光(红外线、紫外线),太远、太小的东西也看不清,所以科学观察在大多数情况下需要借助认识工具。科学观察分为两种:直接观察和间接观察。直接观察是人用眼睛观察对象,间接观察是人借助工具的观察。间接观察又分为两种。一种是借助工具观察对象本身,如用显微镜观察微生物,用望远镜观察天体。另一种是借助工具观察对象在一定的工具中所引起的变化,通过对这种变化的观察来获得关于观察对象的感觉经验,如粒子的运动眼睛不可能直接观察,我们就应用云雾室,观察粒子通过云雾室时所留下的痕迹,达到观察粒子运动的目的。

当观察与测量联系在一起时,便是通常所说的观测,观测也是一种观察。

科学认识主体在做实验时,也要通过肉眼或借助仪器对实验的结果进行观察,这种观察是科学实验的一个环节,可称为“实验观察”。我们在这里所讲的观察,是指不做实验的情况下的观察,可称为“纯粹观察”。这两种观察的区别在于,纯粹观察是不改变对象的情况下所进行的观察,实验观察是对对象进行实验操作情况下的观察。

观察法的作用主要是两个方面:一,获得感觉经验;二,在特殊情况下对科学理论进行检验。

人的认识是从现象到本质、从感觉经验到理性认识的发展过程。观察是人们认识现象、获得感觉经验的主要方法。实证主义哲学、归纳主义逻辑学认为“科学始于观察”,这个看法在科学界和哲学界曾流传了很长时间。1958年,美国哲学家汉森首先提出“科学始于问题”,已逐渐成为科学界和哲学界的共识。但应当指出,观察所获得的知识,是关于对象最初步的知识,一般说来也是最先获得的知识,是“原生知识”。相对而言,理性认识是对感觉经验的概括,是“派生知识”。就这点来说,“知识始于观察”,或者说,“知识的获得始于观察”;而“科学观察始于科学问题”。

当然,科学问题也不是凭空产生的,有时也来自观察。但这种观察不是科学观察,而是日常观察。当牛顿坐在苹果树旁休息,看到熟透的苹果落在地下时,他就想:为什么熟透了的苹果会落到地上,而不是飞到天上?这是一个科学问题,是研究万有引力的开始。这一问题是通过对苹果落地的观察提出的,可是这种观察本身还不是科学研究的开始,因为在牛顿以前,无数的人都观察过这个现象,可他们都未成为牛顿那样的科学家,没有提出牛顿所提出的问题。

科学观察对科学的发展有重要的意义,特别是在没有实验或实验很少的领域更是如此。天体观测是天文学的基础。开普勒提出了行星运动三定律,人们称赞他是"宇宙的立法者",可是开普勒的"军功章",有第谷的一半。第谷是一位卓越的天文观测家,每天晚上都坚持天象观察,二十余年如一日。他还设计和制造了当时最先进的观测仪器。第谷去世时把他丰富而翔实的观测资料交给了开普勒,开普勒正是利用了这些观测资料才对近代天文学作出突破性进展。没有第谷的观察,就没有开普勒的理论概括。达尔文本来是怀疑拉马克进化论的,后来他乘贝格尔舰做了四年多的环球考察,观察到了物种变异的大量事实,成了著名的生物进化论者。达尔文说,贝格尔舰旅行,是他一生中最重大的事件,决定了他的全部研究事业。没有观察,就不会有解剖学、分类学,也不会有细胞学说。能量守恒和转化定律的提出,也同观察法有关。迈尔是海船上的医生,他观察到一个现象:当海船驶到赤道附近时,海员静脉的血液呈鲜红色。迈尔由此推论,在炎热气候的条件下,人体需要的热量少。食物消化是类似燃烧的过程,需要的热量少,食物燃烧的过程便减弱,体内氧的消耗随之减少,静脉血液含氧增多,颜色就鲜红。这使他认识到食物所含的化学能可以转化为热能。由此可见,19世纪三大发现(达尔文进化论、细胞学说、能量守恒和转化定律)的原生知识,都是通过科学观察获得的。爱因斯坦说:"理论所以能够成立,其根据就在于它同大量的单个观察关联着,而理论的'真理性'也正在此。"〔1〕

在一些特定条件下,理论是否正确可以用科学观察来检验。列宁说:"我们用来作为认识论的标准的实践应当也包括天文学上的观察、发现等等的实践。"〔2〕例如,天王星发现后,科学家发现天王星轨道的理论计算总是同实际观测有出入,法国的勒维列和英国的亚当斯同时认为,这是一颗未知行星对它的引力作用的结果,并算出了这颗未知行星的位置。他们两人的看法对不对?很简单,用望远镜对准那个位置看一看就行了。德国的加尔通过望远镜观察到了那颗行星,后被命为海王星。当然,发现海王星的不是加尔,他只是证实了勒维列和亚当斯的预言。爱因斯坦根据他的广义相对论预言,光通过天体附近时会发生弯曲。1919年,爱丁顿对日全食的观察证实了这个预言,爱因斯坦立刻成为饮誉全球的科学英雄。

科学观察应遵守客观性原则,科学家应如实观察客观存在的现象,并用科学的语言把观察结果正确地表述出来。如果观察失真,由此概括出的理论也就失去了客观真实性。

有人为了维护观察的客观性,主张科学家应当不带有任何理论观点来观察对象,但理论观点总是不同程度地渗透在科学观察之中。科学家在进行科学观察以前,他们的头脑并不是洛克所说的“白板”,已经具有一定的知识、理论观点和价值取向,所以科学家总是自觉或不自觉地用某种观点来观察事物。每个对象都具有多方面的属性,人们可以从不同的角度对它作出不同的解释,因此,科学家们用不同的理论观点观察同一个对象,有时会看到相同的东西,有时看到的却是不同的东西。

当达尔文开始贝格尔舰考察时,他的老师亨斯罗送给他一本赖尔的《地质学原理》。达尔文在考察期间读了这本著作,赖尔的地质缓慢进化论思想给他留下了深刻的印象。后来他说:“我感到,即使我看到赖尔没有看到的事实,也总是部分地通过赖尔的眼睛看到的。”[3]这就是说,达尔文是用赖尔的进化论观点来观察生物的。

氧的发现过程生动地体现了理论对观察的作用。英国的普里斯特列用聚光镜对氧化汞加热,得到一种气体,能使物体燃烧得更旺。普里斯特列已捕捉到氧,可惜他坚信错误的燃素说,认为这种气体是“无燃素气体”。法国的拉瓦锡年轻时就不相信燃素说,所以当他重复普里斯特列的实验时,立刻认为这种气体是一种新的元素。同样一种气体,在普里斯特列的眼中是“无燃素气体”,在拉瓦锡看来却是氧,这是因为两人的理论观点不同。科学发现不仅是看到了什么,更重要的是理解了什么。发现氧的是拉瓦锡,当真理碰到普里斯特列时,他却未能抓住。

理论观点对观察的渗透,表明科学家在进行科学研究时,主体的因素会进入研究过程。有的同学也许会问:这不是同观察的客观性原则矛盾吗?要知道正因为科学家总是根据一定的观点来观察,有可能产生主观主义,所以才提出观察要客观。而用正确的理论来观察事物,正是观察客观性的前提。

观察方法有一定的局限性。

“眼见为实”,这是人们常说的一句话。但眼见并不一定为实、为真。错误观点的影响是一个原因,另外还由于观察方法本身有一定的局限性。

首先,观察只能使我们看到现象,却看不到本质。恩格斯说:“单凭观察所得到的经验,是决不能充分证明必然性的。”[4]客观事物都具有多方面的属性,是个“多面体”。在一定状态下,事物的属性只有几方面直接进入我们的视野，所以要达到观察的全面性，就必须进行多方位、多视角的反复观察。事物是个多层次的系统，有的层次在表面，而大多数层次则在表层的内部，还有的则隐藏在事物结构的深处，它们都不可能直接展现在我们的眼前。

其实进入我们视野的事物，并不一定都被我们看到。注意观察，就看到了；没注意，可能就没看到。例如我们拍一张街景，照片冲出来，端详一番后，便可以发现许多细节（如某个行人提着一只皮包，一辆出租车上的号码等），这些细节在拍照时都曾进入过我们的眼帘，只是我们没看到。

其次，观察有时无法区分真相与假象。一根筷子放在水杯中，看起来筷子断了，其实并未断。我们每天都可以看到太阳的东升西落，好像太阳在围绕地球转。由于地球在运动，所以我们在地球上观察恒星的相互位置，好像发生了很大的变化，这在天文学上称为“视运动”，可是视运动并不是天体的真实运动。

眼睛能产生各种各样的错觉，如平行线会看成不平行。眼睛还会产生幻觉，会“看到”根本不存在的东西。

有些局限性可以通过仪器克服。例如观察受时空的限制，录像和电视转播就超越了这种限制，但有些局限用仪器是很难克服的。所以科学观察不仅需要肉眼，还需要智慧的“眼睛”。

二　实验法

实验法是科学家应用一定的科学仪器，使科学对象在自己的控制之下，按照自己的设计发生变化，并通过观察和思索这种变化来认识对象的方法。

科学实验可分为研究性实验和学习性实验。研究性实验是原创性实验，事先并不知道实验的结果，实验的目的是为了探索自然的奥秘。学习性实验是重复性实验，这种实验已反复进行过多次，事先已知道实验的结果，实验的目的是为了使实验者学习科学知识或掌握实验方法。我们在这里讲的实验，是研究性实验。

科学实验与科学观察都是获得感觉经验的方法，但二者有性质上的区别。一般说来，观察是在不变革对象的情况下来观看和考察对象；实验则是科学家对对象的主动变革，在变革中观察对象。观察所看到的对象的变化，是对象在没有人影响下的变化（当然，这是从宏观的角度来说的，因为光对宏观物体可以看作是没有影响；当观察对象是微观粒子时，情况就不同了），可称为“自然变化”或“自然现象”。实验对象在实验中的变化，是人的操作行为所引起的变化,可称为“人造变化”或“实验现象”。有的实验现象在自然条件下也会出现(如小球在斜面上滚动),有的在现有自然条件下却很难出现,甚至不可能出现(如生命起源的模拟实验)。科学家对对象的变革是以解答问题为目的的,是经过认真设计的活动。在实验中,科学家人为地制造一定的环境或条件,主动控制对象的变化。制造条件、控制对象是科学实验的基本环节,但在科学观察中没有这些环节。

科学实验由两个步骤组成:对实验现象的观察和理解。科学家在实验中观察到的不是对象的自然变化,而是人造变化。通过观察这些变化来认识对象的客观性质,对实验作出解释,而解释的前提是理解。

同科学观察一样,科学实验也必须遵循客观性原则,必须实事求是地对实验结果进行观察和理解,切忌主观主义。但毫无疑问,理论观点也会渗透到实验的设计、操作和解释之中。

对燃烧本质的曲折认识过程生动地表明了这一点。瑞典的舍勒做了磷的燃烧实验,发现磷在封闭容器里燃烧时,变成磷酸酐,容器内空气的体积减少了1/5。那么,这部分消失了的空气到哪里去了呢? 舍勒如果称一下磷酸酐的重量,就会发现容器内空气的减重,刚好等于磷酸酐的增重,得出磷在燃烧时吸收了一部分空气的正确结论。可是舍勒是燃素说的信徒,而根据燃素说,磷在燃烧时,蕴涵在磷中的燃素释放出去了,所以舍勒认为磷酸酐一定比磷轻,不可能有什么气体跑到磷里面去,他根本没称磷酸酐的重量。舍勒实验的失误,源于他的错误观念。

科学家具有不同的理论观点,因此对同一个实验结果的理解可能相同,也可能不同。前已讲过,氧化汞加热后,会分解为汞和氧。普里斯特列和拉瓦锡对汞的理解是相同的,对氧的理解则完全不同。

由于科学家的主观原因和科学仪器的客观原因,实验总会有一定的误差。一定范围内的误差是允许的,但误差过大,就会同科学实验的客观性原则相悖,如库仑公式同最初实验结果的误差竟达30%左右。在这种情况下是相信实验,认为科学假设出了差错,还是相信自己的科学假设,认为实验出了差错,这两种情况都可能出现。在这个分岔口,科学家常会陷于两难困境,只能决定于科学家自己的选择。我们找不到一些方法论原则,能保证选择的正确。

有时实验的结果会被“污染”,即实验受到了设计以外的、科学家尚不知道的因素的干扰,使实验结果变形,这就会使科学家得出错误结论。波义耳时期,科学家已知道声音在真空中消失,那磁体的磁性在真空中是否存在呢？为弄清这个问题，波义耳做了这样的实验：桌子上放着一个封口容器，容器顶部挂着一个磁铁，吸着一个铁片，然后用抽气筒抽掉容器内的空气。他抽了一段时间后，铁片离开了磁铁，掉下来了。波义耳由此得出结论：在真空中磁体会失去磁性。后来的实验表明，波义耳的结论是错误的。因为他用的抽气筒抽气功能不强，他用了很大力气，使不结实的桌子摇摇晃晃，导致了铁片的下落。

实验既会产生正常的、预料之中的结果，也会出现反常的、预料之外的结果。正常结果是对已有观念的验证，反常结果则可能带来新的发现。一般说来，创新意识不强的研究者，总希望实验结果一切正常；而富有创新意识的研究者则希望出现反常，因为在这种情况下才有可能提出新问题，发现新秘密。20世纪初，原子结构的“西瓜模型”十分流行，认为原子是个实心小球，带负电的电子体积很小，质量很轻，就像西瓜里的瓜子，带正电的那一部分物质布满了原子内其余的空间，就像西瓜的瓤。1910年，卢瑟福设计了一个实验：用α粒子轰击原子内部，后面放上荧光屏。卢瑟福根据“西瓜模型”，认为实验的结果一定是α粒子都穿过原子，使背后的荧光屏不断闪光。他原以为实验不会有什么意外结果，但还是在两侧放了一些荧光屏。实验出现了意外结果：大多数α粒子穿过原子到达背后的荧光屏，可是少数α粒子却被撞回来了，发生了大角度散射。当助手向卢瑟福报告这一意外结果时，他感到十分惊讶。卢瑟福后来回忆说：“那真是我一生遇到的最难以置信的事了。它几乎就像你用15英寸的炮弹来射击一张薄纸，而炮弹返回来击中了你那样地令人难以置信。”这个意外的实验结果，使他发现了原子核。

同观察法相比，实验法有许多优点。

一、可以在理想状态下研究自然。

自然界的事物千差万别，彼此之间又有千丝万缕的联系。为了集中精力认识某一个对象，我们需要对影响这一对象的各种因素进行简化和纯化，突出主要因素，舍弃次要因素，排除与对象没有本质联系的因素的干扰，以便在比较单纯的状态(或理想化状态)下来认识对象。马克思说：“物理学家是在自然过程表现得最确实、最少受干扰的地方观察自然过程的，或者，如有可能，是在保证过程以其纯粹形态进行的条件下从事实验的。”[5]这儿所说的干扰，就是外界的一些偶然因素、非本质因素的影响，这些影响不仅会引起我们认识上的困难，还可能会改变实验对象变化的进程，把我们的认识引向误区。如前面所说的波义耳实验中桌子的晃动，就是必须排除的干扰。

这种干扰越少,自然过程就表现得越确实,所以精确的物理学实验都是在恒温、无尘的实验室中进行的。

二、可以人为地控制实验对象的变化。

自然事物的变化,有的速度极快,转瞬即逝,我们很难观察;有的变化速度极其缓慢,会使我们的观察旷日持久。通过实验,我们可以在一定范围内控制对象的速度,使其根据我们的需要变慢或变快,以便于我们研究。相传伽利略在研究自由落体运动时,曾使小球从比萨斜塔上下落。由于小球下落速度快,看不清楚,于是伽利略就想"冲淡引力",使小球落得慢些,他通过斜面实验做到了这点。斜面的夹角可以变化,所以他可以控制小球在斜面上滚动的速度,当夹角为 90 度时,小球在斜面上的滚动便成了自由落体运动。

三、可以制造一些特殊状态,把对象放在这种状态下来认识。

有些自然事物的特殊性质、特殊规律,在常态下很少表现为现象。科学家通过实验,可以使对象处于一些特殊条件、极端状态下(如超高压、超高温、超低温、超真空和超强磁场等),使研究对象的特殊性质突显出来,从而达到认识对象的特殊性质的目的。吴健雄用钴-60 作为实验材料,试图用实验来验证李政道、杨振宁关于在弱相互作用下宇称不守恒的猜想。可是,在常温下钴-60 本身的热运动和自旋方向杂乱无章,无法进行实验,于是吴健雄把钴-60 冷却到 0.01K,使钴核的热运动停止,实验便达到了预期效果。

实验方法的作用主要是两个方面:获得感性经验和验证科学理论。实验方法的作用同观察方法是一致的,但同科学观察相比,科学实验有许多优点,所以科学实验比科学观察的功能更强、效果更好,并且能使我们看到许多通过观察法看不到的东西。

19 世纪奥地利遗传学家孟德尔把生物的性状区分为隐性性状和显性性状,认为隐性性状表现出来的机会不如显性性状多。自然事物具有多方面的属性,有的属性是表层的,表现为外部现象的机会比较多,可称为显性属性;有的属性是内在的,表现为外部现象的机会比较少,可称为隐性属性。自然事物的各种属性表现为现象的可能性是不同的,同现象的联系有的是直接的,有的则是间接的。一般说来,观察方法所能获得的知识,是关于显性属性的认识;而关于隐性属性的认识,观察方法是无能为力的。

每个自然事物都是一个历史过程,其本质的展现也是一个过程。在自然事物自身的发展过程中,有些隐性属性会转化为显性属性,从不能被我们观察转化为能被我们观察,但这种转化往往需要经历很长的时间。自然事物在外界的作用下,发生了某种特殊的变化,也可能使隐性属性转化为显性属性。科学实验的目的,就在于人为地使对象发生这种变化,从而获得原本是属于隐性属性的认识。实验的本质是对对象进行变革,通过这种变革,使对象的某种属性从“隐蔽状态”转化为“显现状态”。

被马克思称为近代实验科学先驱的弗兰西斯·培根说:“正如在社会中,每一个人的能力总是最容易在动荡的情况下而不是在其他情况下发挥出来,所以同样隐蔽在自然中的事情,只是在技术的挑衅下,而不是在任其自行游荡下,才会暴露出来。”[6]他所说的对自然的技术挑衅,就是科学实验。

实验相对于观察而言的优点,俄国生理学家巴甫洛夫作了如下精辟论述:“观察可在动物有机体内看到许多并存着的和彼此时而是本质地、时而是间接地、时而又是偶然地联系着的现象……实验仿佛把现象掌握在自己的手内一样,时而推动这一现象,时而推动另一种现象,因此就在人工的、简单的组合当中确定了现象之间的真正联系。换言之,观察是搜集自然现象所提供的东西,而实验则是从自然现象中提取它所愿望的东西。”[7]观察是等待,自然事物提供什么现象,我们才能观察到什么现象;实验则是从自然事物中索取它的现象。某种现象不出现,科学家就通过实验,制造出一定的条件,使其出现。

科学实验由设计——操作——观察——思考四个环节构成。在思考以前,最后一个环节是观察。纯粹观察是在自然状态下观察自然事物;实验观察是在人工条件下观察自然事物。观察犹如打开一扇面向自然事物的窗户,实验则像一条通向自然事物内部的通道。实验是观察的超越、观察的升华。在科学实验中,认识主体的主观能动性得到了更大的发挥。

实践是检验真理的惟一标准。对于科学认识活动而言,科学实验是检验真理的主要标准,科学观察只有在特定条件下才可以检验假说是否正确。

自然科学假说一般可分为两种。一种是关于存在的假说,认为有某种自然现象存在,如某处有一个行星的假设。关于这类假说,可以用科学观察来检验。另一种是关于规律的假说,指出某种自然事物运动的规律是什么,如自由落体运动的规律。关于这类假说,就只能用科学实验来检验,如用斜面实验来检验伽利略的自由落体定律。

在很长一段时期,“判决性实验”的说法十分流行。这种说法认为,一次实验就可以对某种假说是否正确作出判决。在科学史上,有些实验具有很高的权威性,人们普遍认为它能对某种假说正确与否作出结论,如吴健雄验证李政道、杨振宁弱相互作用下宇称不守恒的实验。但一般说来,判决一种假说的真理性需要反复多次实验。自然界的变化是有规律的,在相同的条件下,相同的实验的结果也应当相同,所以科学实验是应当能够重复的。如果某位科学家声称他做了一个新实验,得出了一个新结论,而别人重复这一实验时,得出的却是另外的结果,那么这位科学家的发现就不会被科学界承认了。因此,同一个实验应当多重复几次再作结论。另外,对同一个假说,应当做各种不同的实验,从不同的角度来验证。一种实验往往只反映事物本质的某一方面特征,要对这个事物有完整的认识,就需要从不同的角度来验证。光的本质是什么?光的折射实验表明光是粒子,光的衍射实验表明光是波。在这种情况下,无论折射实验还是衍射实验,都不能看作是判决性实验。列宁说:"实践标准实质上决不能完全地证实或驳倒人类的任何表象。这个标准也是这样的'不确定',以便不让人的知识变成'绝对',同时它又是这样的确定,以便同唯心主义和不可知论的一切变种进行无情的斗争。"[8]所以我们在检验假说时,应当进行多次实验,最好是多种实验。

三 科学抽象

观察法和实验法是获得经验的方法。经验是建构科学理论的基础,科学理论源于科学经验,又高于科学经验。从科学经验到科学理论,是科学认识的一次飞跃。要完成这次飞跃,就要采用建构理论的理性方法。

自然界呈现在我们眼前的,是一幅纷繁复杂的变化图景,主要因素与次要因素、本质因素与非本质因素、必然因素与偶然因素、基础性因素与派生性因素,各种因素都交织在一起,有的相互并列,有的相互包含。与此相对应,我们关于各种因素的经验也都混杂在一起,而经验不可能对主要因素与次要因素、本质因素与非本质因素作出区分,所以经验认识就只能停留在外部现象的层次上。惟有抽象的理性思维,才能使我们透过表面现象,把握内在的本质。

抽象一词的拉丁文原意,是"分离"、"排除"、"抽出"的意思。科学抽象是人们在科学研究中,应用思维能力,排除科学对象次要的、非本质的因素,抽出其主要的、本质的因素,从而达到认识对象本质的方法。通过科学抽象,我们对各种感性经验材料进行整理、加工、制作,从中概括或抽取出科学对象的本质。

科学研究之所以要应用科学抽象方法,是因为自然事物都是现象与本质的矛盾体。现象是事物的外部形态和外部联系,具有生动的形象,可以被我们的感官所感知。本质是事物的内在矛盾和内部联系,是隐藏在事物内部或现象之中的深层次东西,是该事物运动变化的规律。本质不具有生动形象,不能被我们的感官所感知。现象与本质相互联系,本质决定现象,现象表现本质。但现象不等于本质,所以认识了现象不等于认识了本质。人们常常对现象的观察是正确的,而对本质的判断却是错误的。马克思说:“如果事物的表现形式和事物的本质会直接合而为一,一切科学就都成为多余的了。”[9]

事物的本质是可以认识的,认识的途径就是从现象进入本质,透过现象把握本质;认识的方法就是科学抽象,舍弃各种非本质的因素,抓住本质的因素。

科学抽象的前提,是对主要因素与次要因素、本质因素与非本质因素进行分辨。这种区分是件相当困难的工作,一般说来,我们可以通过以下方法来区分。

(一)去伪存真。观察经验要真实可信,剔除假象和错觉。

(二)求同弃异。一般说来,本质的东西都是那一类事物所共同具有的普遍性东西。主要的因素既然对事物的存在和变化起主要作用,那么当然也是不可缺少的东西。可有可无的因素,不会是主要的、本质的因素。例如,各种生物具有各种不同的特征,或白色或黑色,或体大或体小,或有羽毛或有枝叶,这都不是生命的本质。而各种生物都具有新陈代谢的功能,由此可见生物的本质是新陈代谢。门捷列夫说:“永久的、普遍的和统一的东西,在任何情况下,逻辑上高于只有在暂时的、个别的和多样的事物中,只有通过理智和被概括的抽象才能认识的现实的东西。”[10]

(三)循果求因。基础性的东西可以产生派生性的东西,基础性的东西是因,派生性的东西是果。显然,基础性的东西比派生性的东西更接近事物的本质。如果我们观察到果,就可以通过对原因的探索,来达到对本质的认识。例如,我们在观察中发现,钻木可以取火,两只冷手相互摩擦会变暖,海水受到猛烈冲击时水温会升高等,究其原因,就可以得出摩擦生热的结论,认识到热的本质是运动,而木头、手、海水这些次要因素都被舍弃了。

感性经验不会自动变为也不可能自发产生科学理论。科学理论只能是对感性经验进行科学抽象的产物。麦克斯韦的电磁学理论的提出,就充分表明了这点。没有奥斯特、法拉第的电磁学实验,就不会有麦克斯韦的电磁学理论;但没有麦克斯韦的科学抽象,电磁学只能停留在经验水平上。奥斯特发现,当导线通电时,旁边的磁针就会转动。在奥斯特看来,只有流过导线的传导电流才能产生磁,没有导线电流,电就不会转化为磁。法拉第发现,当磁棒与线圈作相对运动时,线圈就有电流通过。在法拉第看来,磁棒在线圈中运动,磁棒的磁场就跟随着磁棒一起运动,即线圈中的磁场发生了变化。在变化的磁场中放一个闭合电路,就会产生感生电动势,产生电场,推动自由电子作定向移动,导线上便有电流通过。而在麦克斯韦看来,奥斯特的实验表明,传导电流通过导线,便产生一个变化的电场,引起磁场的变化,使旁边的磁针转动。无论是否有导线和传导电流,只要电场变化了,就会使旁边的磁针转动。法拉第的实验表明,变化磁场的周围产生电场,它同静止电荷产生的电场不同,它的电力线和电磁感应线都是闭合的,所以并不需要闭合电路。变化的磁场会产生电场,至于是否有磁棒和闭合电路,则是无关紧要的。麦克斯韦把奥斯特和法拉第两人的实验综合起来,得出结论:一切变化的电场都会引起磁场,一切变化的磁场都会引起电场。显然,奥斯特和法拉第都是就事论事,没有对自己的实验进行科学抽象,把导线、传导电流、磁棒、闭合电路都看成了本质要素。

科学抽象的过程,是根据人们认识事物的规律进行的。人们对事物的认识,是从个别到一般,再从一般到个别的过程,所以抽象过程分为两个阶段:从"感性的具体"上升到"抽象的规定"和从"抽象的规定"再上升到"思维中的具体"(或"理性中的具体")。

"感性的具体"是人们在感性经验中所形成的,关于客观事物生动而又具体的形象,是关于事物外部现象的反映。例如对光的认识,在这个阶段,人们只感知到光的明亮、强弱、不同的颜色,还不能对这些现象作出科学的解释。

"抽象的规定"是人们用抽象方法获得的关于事物某一方面本质的认识。事物具有多方面的本质属性,我们不可能从感性经验出发,立即获得对事物各方面本质的全面认识。因此,我们需要对事物的各种因素进行分析,去掉次要的、非本质的因素,抽取出主要的、本质的因素,并通过概念、判断加以规定,获得对事物某一方面本质的认识。例如,科学家用原子论的研究方法,把光看作是粒子流,提出了光的微粒说。我们平时只看到各种颜色、各种亮度的光,看不到光微粒。光微粒这一抽象规定同我们所看到的光不是一回事,反差很大。这表明"抽象的规定"离现象远了,离本质近了。列宁说:"当思维从具体的东西上升到抽象的东西时,它不是离开——如果它是正确的——真理,而是接近真理。物质的抽象,自然规律的抽象,价值的抽象等等,一句话,那一切科学的(正确的、郑重的、不是荒唐的)抽象,都更深刻、更正确、更完全地反映着自然。”[11]但是,“抽象的规定”只反映了事物的某一方面的本质属性,因此它还有待于上升为“思维的具体”。

“思维的具体”是人们在抽象的基础上结合现实的具体条件,对事物的多种规定性进行综合,获得对其本质统一的、完整的认识,是对事物内部联系的多方面反映。例如,单独的微粒说或波动说都不能全面地反映光的本质。把这两种理论综合为光的波粒二象性理论,就使我们对光的认识进入了“思维的具体”阶段。

“思维的具体”还有一层含义,即它是对事物内部联系与外部联系的统一反映。要完整地认识一个事物,就既要认识它的个性,也要抽象出它的共性,然后使这两种认识结合起来,这样我们对具体事物才会既有抽象的认识,又有具体的认识。“思维的具体”不同于“感性的具体”,它是多种抽象规定的统一,是把事物的各种联系在思维中完整地复制出来,达到主观的抽象形式和客观的具体内容的统一。

四　归纳与演绎

人的认识的发展,是不断增加新的判断的过程。新判断的获得有两条途径,一是应用抽象法从感觉经验(通过观察、实验获得)中获得原生性判断;二是从已知的判断(包括原生性判断和派生性判断)中推导出新的判断(派生性判断),这是由此及彼的过程,这种思维过程就是推理。推理是从一个或几个判断推导出另一个判断的思维形式。

人的认识是对客观世界的反映,判断是思维的产物,又是思维的因素。客观事物是相互联系的,所以判断之间也是相互联系的。例如,客观事物有因果联系,那么关于原因的判断和关于结果的判断也是相互联系的,我们可以从原因判断推导出结果判断,也可以从结果判断推导出原因判断。事物既有个性又有共性,共性寓于个性之中,个性蕴涵着共性。个性与共性是相互联系的,所以我们可以从关于个性的判断推导出关于共性的判断,也可以从关于共性的判断推导出关于个性的判断。

归纳推理与演绎推理是推理的两种基本形式。

归纳法是通过一般性较低的判断推导出一般性较高的判断的方法。世界具有无限的层次,具有从个别到一般、从特殊到普遍的无限层次,所以个别与一般、特殊与普遍都是相对的概念。形式逻辑根据主词的量把判断分为单称判断、特称判断、全称判断。从单称判断推导出特称判断或全称判断，从特称判断推导出全称判断，都是归纳的过程。例如，根据我们所看到的一只只天鹅都是白的这一现象，得出所有天鹅都是白色的结论，这是从单称判断归纳出全称判断。根据锐角三角形内角之和等于180°、钝角三角形内角之和等于180°和直角三角形内角之和等于180°的判断，得出所有三角形内角之和皆等于180°的结论（当然这是就欧氏几何而言的），也是归纳的过程，但作为根据的判断已具有一定的普遍性了。弗兰西斯·培根认为寻找真理有两条道路：演绎和归纳。他说："寻求和发现真理的道路只有两条，也只能有两条。一条是从感觉和特殊事物飞跃到最普遍的公理，把这些原理看成固定和不变的真理，然后再从这些原理出发，来进行判断和发现中间的公理。这条道路是现在流行的。另一条道路是从感觉与特殊事物把公理引申出来，然后不断地逐渐上升，最后才达到最普遍的公理。这是真正的道路，但是还没有试过。"[12]在归纳的道路上，我们可以不断地归纳，不断地提高我们所获得的判断的普遍性，即"不断地逐渐上升"。

很多教科书和工具书认为归纳是从个别的感觉经验推导出一般性结论的方法，是从个别到一般的推理方法。这是就从单称判断到全称判断的整个认识而言，并不意味着归纳过程中的每个阶段都是如此。

归纳法的意义在于我们应用这种方法能通过个别认识一般，使我们的认识超出关于事物个别性的经验认识阶段，上升为关于事物一般性的理性认识。牛顿把他的力学称为"推理力学"，强调归纳法在科学研究中的作用。"在实验哲学中，我们必须把那些从各种现象中运用一般归纳而导出的命题看作是完全正确的，或者是非常接近于正确的；虽然可以想像出任何与之相反的假说，但是没有出现其他现象足以使之更为正确或者出现例外以前，仍然应当给予如此的对待。"[13]他认为他的万有引力理论就是根据这样的归纳建立的：地球周围的物体都被吸向地球，月球被地球所吸引，海水被月球所吸引，行星互相吸引，彗星被太阳所吸引，所有万物皆相互吸引。

我们应用归纳法之所以能从个别中推导出一般的结论，是因为个别之中蕴涵着一般。归纳是认识的抽象化过程，舍弃个别特征，抽象出一般的本质。但是，一般只是大致地包含个别，并不能将个别包括无遗。我们只能观察到部分的个别，而不可能穷尽个别，所以归纳是一种不完全的推理方法。我们的认识在从个别向最普遍的一般前进时，不可能像爬泰山一样，逐级逐级地沿着一个个阶梯登上南天门，有时我们的思维又必须跳跃甚至飞跃。归纳法有一定的局限性，这种局限性是归纳法自身很难超越的。

根据归纳是否涉及一类事物中的所有对象，我们可以把归纳分为完全归纳推理和不完全归纳推理。

完全归纳法是归纳了某类事物的所有对象后而得出一般性结论的方法。当某类事物的对象数量很少时,才可以应用这种方法。太阳系有九大行星,我们发现这九颗行星都围绕太阳旋转,由此可以得出一个全称判断:太阳系中的所有行星都围绕太阳旋转。由于太阳系中的行星数目可以穷尽,所以人们不会怀疑这个结论的正确性。

不完全归纳法是归纳了某类事物的部分对象后而得出一般性结论的方法,又分为简单枚举归纳法和科学归纳法。

简单枚举归纳法是根据对某类事物部分对象的观察,发现这些对象都具有某一属性,而又没有遇到相反情况,从而作出该类事物所有对象都具有某种属性的一般性结论的推理方法。这是一种跳跃式推理,从"部分"跳到了"所有"。人们之所以相信这种结论的正确是基于某种属性不断出现而没遇到反例。但"部分"毕竟不等于"所有",观察了很多对象都未遇到反例,并没有充分理由断定反例就一定不会出现。观察了 1 亿只白天鹅,并不能由此断定不可能有黑天鹅。波普尔说证实与证伪是不对称的,观察了 1 亿只白天鹅也不能完全证实"所有天鹅皆白",而 1 只黑天鹅就证伪了这个结论。所以简单枚举归纳法所得出的结论虽然是必要的,但根据却是不充分的。当然,归纳的对象越多,其可信度就越高。但无论可信度多高,也不能百分之百地断定所得结论一定正确。简单枚举归纳法的一个缺陷,是只从现象上进行归纳,没有认识到某类对象与某种属性的必然联系。归纳了 1 亿只白天鹅,也没有说明天鹅羽毛与白色的必然联系。要克服这一缺陷,简单枚举归纳法就要发展为科学归纳法。

科学归纳法是根据对某类事物的部分对象及其某种属性之间的必然联系的认识,推导出该类事物所有对象都具有某种属性的一般性结论的推理方法。科学归纳法的结论比简单枚举归纳法的结论更可信,因为它是从本质上进行归纳的。比如,我们通过多次磁棒与线圈作相对运动的实验,发现线圈都有电流通过,而没有发现反例,便得出"凡磁棒与线圈作相对运动,线圈皆有电流通过"的结论,这是简单枚举归纳法。如果我们认识到磁场的变化一定会产生电场,再得出这个结论,那就是科学归纳法了。显然,认清这种必然性,实际上已超出了归纳法的范畴。

归纳法能获得新知识吗? 能,因为关于一般的认识不同于关于个别的认识。我们的眼睛只能看到一些三角形的内角之和等于 180°,却看不到所有三角形的内角之和都等于 180°,但我们可以通过不完全归纳法得出这一结论。这个结论就是我们通过理性思考(推理)所得出的新知识。

演绎法是通过一般性较高的判断推导出一般性较低的判断的方法。同归纳法刚好相反,演绎法是从一般到个别、普遍到特殊的推理,是认识的具体化过程。比如我们已经知道在欧氏几何空间(平直空间)中,所有三角形的内角之和皆为180°,如果我们看到一个三角形,无需测量,就立即可以断言这个三角形的内角之和等于180°。

演绎法的结论之所以可信,是因为一般存在于个别之中,所有的个别都具有这种一般,即一般为个别所共有,所以我们从一般必然可以推导出个别。

演绎推理的主要形式是三段论,由大前提、小前提和结论三部分构成。大前提是已知的关于某类事物的一般性原理,即某类事物皆具有某种属性;小前提指出需要认识的某个对象属于这类事物;结论指出某个对象也具有某种属性。只要推理的前提正确,形式合乎逻辑,由此推导出的结论必然是正确的。

在许多自然科学领域中广泛应用的公理化方法,也属于演绎推理方法。公理化方法是指从少量在逻辑上不加定义的概念和不加证明的公理出发,推导出定理,以建立理论体系的方法。亚里士多德认为科学知识由科学概念和科学命题组成。科学概念分为基本概念与派生概念两类。基本概念是原始的、无需定义的概念,派生概念是需要利用基本概念加以逻辑定义的概念。科学命题分为基本命题与派生命题(或公理与定理)两类。公理是原始的、无需证明的命题,定理是从公理推导出来的命题,需要以公理为前提,通过逻辑推论加以证明。亚里士多德认为获得科学知识的基本方法是,从少数不加定义的基本概念和少数不加证明的公理出发,应用演绎逻辑推理的法则,推出一系列的定理。他所倡导的这种方法,就是公理化方法。

在科学史上,公理化方法以其公理数目之少,而推导出的定理之多,以及逻辑之严密,震撼着一代又一代的科学家,被他们认为是建立科学理论的标准化方法。欧几里得几何学就是用公理化方法建立起来的数学理论,被一代又一代科学家看作是科学理论的样板。的确,欧几里得的《几何原本》从5条公理和5条公设出发,推导出467条定理,令人赞叹不已,被视为思维的杰作。在西方很长的时期内,它同《圣经》一样,是再版最多的书。直到20世纪初,英国有些学校还一字不动地把它当作教材。受欧几里得影响的科学家非常多,如满天繁星,数不胜数。阿基米德把公理化方法引入力学,他发现的杠杆定理和浮力定律,就是用公理化方法表述的。伽利略在《关于两门新科学的对话》一书中,也用定义、公理和推论来表述他的力学研究成果。牛顿说:“几何学的光荣也就在于它运用从别处得来的这么少数的几条原理,而能提供这么多的东西。”[14]牛顿的《自然哲学的数学原理》也是用公理化方法写成的。爱因斯坦在《自述》中曾说:“在纯粹思维中竟能达到如此可靠而又纯粹的程度,就像希腊人在几何学中第一次告诉我们的那样,是足够令人惊讶的了。”[15]1952 年,爱因斯坦用下面的图来说明他对建构科学理论方法的看法:[16]

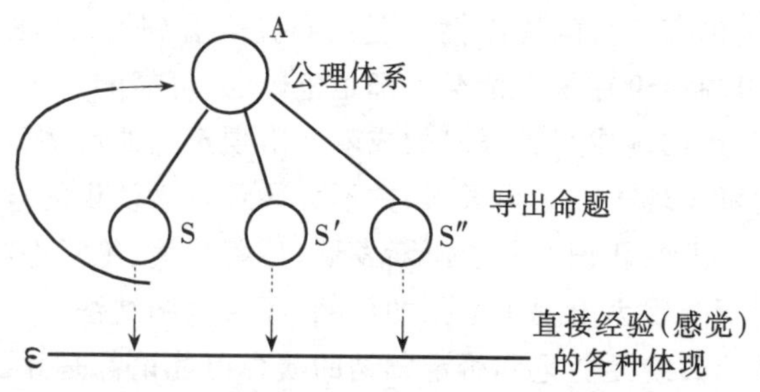

A 是公理,由 A 通过逻辑道路推导出各个个别结论 S。爱因斯坦所表述的这种方法,就是公理化方法,他的相对论就是用这种方法建立起来的。

建构公理化理论,需满足三个条件。其一,无矛盾性,在公理系统内,不允许能同时证明某一定理及其否定命题的情况出现。其二,独立性,不允许公理集合中出现能从其他公理推导出的多余公理。其三,完备性,确保仅用集合中的公理就足以推导出该学科的全部命题和定理。可是,奥地利数学家哥德尔提出并证明了不完备定理。仅就算术系统而言,这条定理可表述为:如果形式算术系统是无矛盾的,则存在着这样一个命题,该命题及其否定命题在该系统中都不能证明,就是说它是不完备的。

亚里士多德认为演绎法能产生新知识。他说:“我们无论如何都是通过证明获得知识的。我所谓的证明是指产生科学知识的三段论。”[17]可是有人却指出,演绎结论并不是新知识,因为它的内容早已包含在大前提之中。

演绎法能提供新知识吗? 能,因为一般包含个别,共性包含个性,但一般并不等于个别,共性并不等于个性。我们通过演绎从关于一般的判断推导出的关于个别的判断,是新判断,它使我们的认识具体化了。公理化理论体系之所以能建立,就是因为定理来自公理,但不等于公理。当然,共性与个性之间既有统一性,又有差异性。共性不能完全包含个性,总有一部分个性未包含在共性之中,演绎法不能帮助我们认识这部分个性,这是演绎法的局限性。我们不能因为知道新陈代谢是生物的共性,由此认为我们也就知道了各种不同生物新陈代谢的各种不同特点。

那么,用归纳法得出的结论就可靠了吗?有人对此也提出了质疑。卡尔那普说:“不可能制造出一种归纳机器。后者可能是指一种机械装置,在这种装置中,如果装入一份观察报告,将能够输出一种合适的假说,正如当我们向一台计算机输入一对因数时,机器将能够输出这对因数的乘积。我完全同意,这样一种归纳机器是不可能有的。”[18]

卡尔那普的话是正确的,世界上的确找不到这样的归纳机器。同演绎法一样,归纳法也有自身的局限性。但我们应当看到,归纳法(特别是科学归纳法)所得出的结论在很多情况下都是正确的、可靠的。科学家用归纳法进行科学研究,也的确取得了很多的成就。出现意外的反例(如发现了无数只白天鹅以后竟发现了一只黑天鹅)并不会导致科学认识的危机,修改原来的结论就行了。人的认识总归要不断发展,尽善尽美、绝对保险的方法是不存在的。我们不能因为出现了个别的反例,而否定归纳法的作用。

否定演绎的归纳万能论和否定归纳的演绎万能论都是片面的。归纳与演绎是两个不同方向的推理过程。归纳是从个别到一般,从个性到共性,从具体到抽象;演绎则是从一般到个别,从共性到个性,从抽象到具体。二者相辅相成,并在一定条件下互相转化。而人的认识是个别与一般、个性与共性、具体与抽象的反复认识过程。恩格斯说:“归纳和演绎,正如分析和综合一样,是必然相互依赖着的。人们不应当牺牲一个而把另一个捧到天上去,应当设法把每一个都用到该用的地方,而人们要能够做到这一点,就只有注意它们的相互联系,它们的相互补充。”[19]

五　分析与综合

所有的自然事物都是一个整体,具有一定的物质组分和属性。我们认识事物,一般是先对事物的整体有个总的感觉印象,然后把这个整体“拆开”,分别认识它的各个部分,再把各个部分“组装”成一个整体,达到对整体的本质的认识。这是从整体到部分,再从部分到整体的过程,也就是从直观到分析,再到综合的过程。

分析是从感性具体到抽象规定的过程,是人们在思维活动中,把研究对象这一整体分解成各个部分并对其分别进行研究的方法。

分析是对直观的超越。直观是对客观事物总体面貌的直接观察。直观是对事物总体全貌的观察,而不是逐一地对各个部分的观察;是直接观察,即不借助观察工具,只凭眼睛观察。通过直观所获得的感性认识具有整体性和具体性，但直观经验只是关于事物现象和个性的认识，不能揭示事物的本质和共性，也不能反映事物的细节，所提供的关于事物的形象是肤浅的、粗糙的、笼统的。

为了克服直观的局限性，就需要采用分析方法，将对象进行分解，对它的各个因素分别进行考察。分析方法的特点是，暂时把各个部分看作是彼此独立的，从它们的联系中抽象出来。通过分析，我们可以深入对象的内部，了解它的细节，并为认识它的内部结构，从整体上认识对象的本质奠定基础。用分析方法所获得的知识，比直观经验要深刻、细致，更有说服力。列宁说："如果不把不间接的东西割断，不使活生生的东西简单化、粗糙化，不加以划分，不使之僵化，那我们就不能想像、表达、测量、描述运动。"[20]

前面已说过，没有包括在共性中的那一部分个性，用归纳法不可能认识到，分析法却能解决这个任务。恩格斯在批评归纳万能论时说："用世界上的一切归纳法我们都永远达不到把归纳过程弄清楚的程度。只有对这个过程的分析才能做到这一点。"[21]

分析可分为实验分析与思维分析，在自然科学研究中被广泛而有效地应用。化学分析对化学的贡献尤其令世人瞩目，光谱分析就是一个成功的案例。德国化学家本生制造了一盏小小的煤气灯（人称"本生灯"），竟能使我们发现各种物质内部的信息。1858 年秋天，本生把各种金属分别放在本生灯上燃烧，观察火焰的颜色。他发现盐燃烧时的火焰为黄色，那使火焰变黄的是氯还是钠？他用含钠而不含氯的物质以及纯钠试验，火焰均为黄色，由此断定钠使火焰变黄。他发现铜的火焰为绿色，锂的火焰为红色，认识到不同金属的火焰具有不同的颜色。本生发现，纯钠和含有杂质的钠火焰都是黄色，而通过蓝色溶液观察钠盐基本无色，混有钾的钠呈紫绛色，混有锂的钠呈深红色。此外，锂与锶的火焰都为红色，即使用各种颜色的液体和玻璃都无法区分锂与锶。德国物理学家基尔霍夫用分光镜来观察金属的炽热蒸汽所发射出的光谱，发现钾蒸汽是两条红线和一条紫线，钠是两条黄线，铜是三条绿线、两条黄线和两条橙线，锂是一条红线和一条橙线，锶则有红线、橙线、黄线、青线各一条。本生和基尔霍夫通过他们首创的光谱分析方法，于 1860 年 5 月 10 日发现了新元素铯，1861 年 2 月 23 日发现了新元素铷。这两种元素在地球上的含量极少，用其他方法是很难发现的。1868 年，法国的简孙和英国的罗克耶尔分析太阳光谱时，发现了氦。

在近代自然科学的很长历史时期内，科学家普遍采用分析方法研究自然界，并相信部分之和就是整体，逐一地认识各个部分就等于认识了整体，并认为各个部分之间是没有联系的,实际上这是用孤立的方法研究自然界。但是,分析方法的缺陷在于,它只提供关于部分的认识,而不提供关于整体的认识;只见树木,不见森林,容易使我们坐井观天,以点代面。黑格尔运用辩证哲学思维,深刻指出了分析方法以及在这种方法基础上形成的形而上学思维方式的局限性。他说:"用分析的方法来研究对象就好像剥葱一样,将葱皮一层又一层地剥掉,但原葱已不存在了。"〔22〕他认为近代自然科学的一个重要缺点,就是对对象进行机械地分割。自然事物被"分得支离破碎,各各孤立,没有其自身的必然联系,正因为如此,也只是有限的内容。例如,如果我们有一枝花,知性所做的就是指出这枝花的各个性质;化学所做的是把这枝花撕碎,再加以分析。于是我们把颜色、叶子形状、柠檬酸、芳香油、碳和氢等等分离开,接着我们就说,这枝花是由所有这些部分组成的。正如歌德说的:

> 化学以自然分析自命
> 它是在开自己的玩笑,
> 而且还莫名其妙。
> 它手里虽然抓着各个部分,
> 只可惜没有维系它们的精神。

精神不能停留在这种知性反思方式上……即使我们把一枝花的那些成分都聚集在一起,产生的结果也毕竟不是什么花。"〔23〕黑格尔说得对,部分之和并不等于整体。

要超越分析方法的局限性,就需要对对象进行分析以后,再对对象进行综合。恩格斯指出,以分析为主要研究形式的化学,如果没有分析对立的极,即综合,就什么也不是了。

综合是人们在思维活动中,把对研究对象各个部分的认识统一起来,形成对对象整体认识的方法,是从抽象规定到思维具体的过程。

科学的综合不是拼凑,不是捏合,不是各个部分的简单罗列和堆积。各个部分的相加并不是有机整体。我们应当寻找各个部分之间的有机联系,探索它们的有机结构,从而在分析的基础上,在我们的思维中再现一个完整的整体。在这里的部分,已不是直观中的部分,而是经过分析以后的部分。在这里的整体,也不是直观所提供的"完整的表象",而是为完整的概念和理论所反映的整体。

我们用综合方法研究事物,也会获得新知识。为什么?因为系统论告诉我们,整体大于部分之和,整体的功能不能完全还原、归结为部分的功能,即整体具有部分所没有的功能,所以综合认识不是各个部分的分析认识的相加,而是出现了新的认识。

丹麦物理学家玻尔在量子力学研究中,提出了著名的"互补原理",这条原理的精髓,是强调用综合方法来研究科学。当时物理学家已认识到光的本质是波粒二象性,可是波与粒子是两种不同的物理图像,我们怎么能把它们统一起来呢?根据德国物理学家海森堡的测不准原理,我们要精确测量微观粒子的速度,就不可能精确测量它的位置,反之亦然,但这两种测量都是我们所需要的,那么我们该如何对待这两种测量呢?"互补原理"指出,两种图像互相排斥,不能同时存在。无论哪一种图像,都不能单独向我们提供一个完整的描述。实际上,这两种互相排斥的图像是互相补充的,只有把这两种图像综合起来,才能提供某种完整的描述。在科学史上,一些看起来对立的理论,也是可以综合在一起的,如地质学史上的火成论与水成论、渐变论与灾变论就是如此。

分析与综合相互联系、相互补充、相互渗透、相互转化。分析是综合的前提和基础,我们认识事物一般是先分析后综合。只有对部分有了一定的认识以后,才有可能进行综合。恩格斯说:"思维既把相互联系的元素联合为一个统一体,同样也把意识的对象分解为它们的要素。没有分析就没有综合。"[24]分析需要综合补充,才能使我们的认识发展到新阶段。分析与综合相互渗透,如光的微粒说和波动说都是对光的本质进行分析的结果,可是这两种理论又都是对大量光的现象进行综合的产物。分析——综合——再分析——再综合……如此循环往复,不断前进,所以列宁把分析与综合的结合,确定为辩证法的一个要素。

专业化是工业文明的一个基本原则。先有零件,然后才组装成一台机器,我们对机器及其运转以及人对机器的操作都可以进行分析。美国管理学家泰勒,把工人的每次操作分解成许多动作,每个动作又分解成许多因素,在动作分析和作业分析的基础上,制定出标准的作业方法。对工具和劳动的分析,推动了对自然界的分析,而且越分越细。劳动的专业化带来了知识的专业化和教育的专业化。近代工业时代可称为"分析时代"。随着分析之风越来越盛,人们也开始逐渐认识到综合的重要。大量的边缘学科、横断学科、综合学科的出现,表明科学技术日趋综合化,因而综合素质与综合能力的提高,就显得特别重要了。

注 释

〔1〕《爱因斯坦文集》第一卷,商务印书馆,1977年,第115页。
〔2〕《列宁选集》第2卷,人民出版社,1995年,第100页。
〔3〕小林英夫:《地质学发展史》,地质出版社,1983年,第83—84页。
〔4〕恩格斯:《自然辩证法》,人民出版社,1984年,第99页。
〔5〕马克思:《资本论》第一卷,人民出版社,1975年,第8页。
〔6〕梅森:《自然科学史》,上海译文出版社,1980年,第133页。
〔7〕《巴甫洛夫选集》,科学出版社,1955年,第115页。
〔8〕《列宁选集》第2卷,第103页。
〔9〕马克思:《资本论》第三卷,人民出版社,1975年,第923页。
〔10〕札布罗茨基:《门德列也夫的世界观》,三联书店,1959年,第61页。
〔11〕《列宁全集》第55卷,人民出版社,1990年,第142页。
〔12〕北京大学哲学系编:《十六—十八世纪西欧各国哲学》,三联书店,1963年,第10页。
〔13〕塞耶编:《牛顿自然哲学著作选》,上海人民出版社,1974年,第6页。
〔14〕塞耶编:《牛顿自然哲学著作选》,第11页。
〔15〕《爱因斯坦文集》第一卷,第5页。
〔16〕《爱因斯坦文集》第一卷,第541页。
〔17〕苗力田主编:《亚里士多德全集》第1卷,中国人民大学出版社,1990年,第247页。
〔18〕洪谦主编:《逻辑经验主义》,商务印书馆,1989年,第330页。
〔19〕恩格斯:《自然辩证法》,第121页。
〔20〕列宁:《哲学笔记》,人民出版社,1990年,第286—287页。
〔21〕恩格斯:《自然辩证法》,第120—121页。
〔22〕黑格尔:《小逻辑》,三联书店,1958年,第413页。
〔23〕黑格尔:《自然哲学》,商务印书馆,1980年,第15—16页。
〔24〕恩格斯:《反杜林论》,人民出版社,1970年,第39页。

第十一讲

技术的本质与价值

自然的历史可以分为人类以前和人类以后两部分。人类历史又可分为近代工业以前和近代工业以后两大阶段。宇宙的历史大约是150亿~200亿年(可以算作200亿年),人类的历史大约是200万年;这是一个1万比1。1785年第一座蒸汽机纺织厂建立,距今200年多一点,同人类历史相比,这又是一个1万比1。在我们的宇宙中,人类是很迟很迟才出现的,这是自然演化的奇迹。在人类社会中,近代工业很晚才出现,可是人类在这两百多年时间里创造的文明,远远超过了200万年人类创造的总和。我们可以把人类历史浓缩为24小时,那近代工业只是一昼夜中最后一个小时、最后一分钟的最后两三秒钟出现的。这是人类创造的奇迹,是科学技术的奇迹。

科学是人类卓越的精神力量,技术是人类神奇的物质力量。阿基米德说:“给我一个支点,我就能推动地球。”这个支点,便是技术。技术是人类的行为方式、创造方式、生存方式,是人类的命运。

科学——认识已有的世界,技术——创造将要出现的世界。科学是人的潜在的本质,技术是人的现实的本质。

技术是“造物主”,是“魔法”。

技术已使人类成为巨人,也有可能使人类成为超人。

技术是“强”,绝不是“弱”。

技术应当是“善”,但也可能是“恶”。

人类为己谋利造福,靠技术;人类若毁灭自己,也一定靠的是技术。

技术给人的印象是无所不能,夸父追日、嫦娥奔月、精卫填海、愚公移山,有了技术都可以实现;但技术也会使自然“非自然化”,使人“非人化”。所以有人把技术奉为神明,有人把技术看作妖魔。

技术是把双刃剑,这把剑掌握在人的手中。技术带来的福祸,都是人造成的。

所以,我们要牢记:以技为用,以人为本。

一 技术的本质

“技术”一词源于希腊文,意为技能、技艺、能力,是一个比较模糊的概念。在古代,技术主要指劳动者的技能,是劳动者通过自己双手表现出来的对物体进行加工、制作的能力。

从近代开始,技术开始有了多方面的含义,学者们可以从不同的角度来理解它。美国的奥格伯恩说:“技术像一座山峰,从不同的侧面观察,它的形象就不同。从一处看到的一小部分面貌,当换一个位置观看时,这种面貌就变得模糊起来,但另外一种印象仍然是清晰的。大家从不同的角度去观察,都有可能抓住它的部分本质内容,总还可以得到一幅较小的图面。”

有人把技术理解为各种劳动手段的总和,如苏联的兹沃雷金认为技术是“社会生产的劳动手段的总和”,日本的相川春喜认为技术是“劳动手段的体系”。这种看法强调技术同劳动、劳动手段的联系,是合理的,但“劳动手段”同“技术”这两个概念还是有区别的。劳动资料又称劳动手段,指人们用以影响或改变劳动对象的一切物质资料和物质条件。在劳动资料中,最重要的是生产工具,这同技术有密切关系,但劳动资料中还包括一些自然的物质条件,这些并不是技术的产物。此外,不仅劳动有技术,其他一些活动(如作战、信息交流等)也需要技术(如军事技术、通讯技术等)。

有人认为技术是科学的应用。美国的布雷诺说:“有一种和科学完全不同的事业,那就是科学的应用——技术。”[1]加拿大的邦格在题为《作为应用科学的技术》一文中说:“在这里,我将把技术和应用科学当作同义词来使用。”“科学方法和科学理论既可以用来丰富我们关于外部和内部世界的知识,也可以用来增加我们的物质财富,加强我们的力量。如果目的只是认识世界,这就是纯粹科学的事情;如果主要是为了实用,那就是应用科学的任务。……目前,应用科学的主要分支有物理技术(如机械工程学)、生物技术(如药理学)、社会技术(如运筹学)和思维技术(如计算机科学)。"[2]这种观点强调技术是以科学为理论基础的应用,是正确的。改造自然的活动以正确认识自然为前提,从这个意义上可以说,没有科学也就没有技术。在许多情况下,技术创新来自自然科学的理论创新,技术发明来自科学发现,所以技术对科学有一定的依赖性。先有法拉第的电磁感应定律,然后才有发电机的技术;先有爱因斯坦的质能关系式,然后才有利用原子能的技术。但技术相对于科学又有一定的独立性。技术有自身发展的逻辑,一种技术可以来自于另一种技术,也可以是另一种技术的应用。另外,科学的应用是多方面的,不等同于技术。

有人强调技术是物。苏联的奥塞戈夫说:"技术是劳动手段、生产工具和一切用以提高劳动生产率的实物。"[3]技术当然包括物,这里的物指的是人造物,即生产工具和生活用具。技术是改造物的手段,改造物必须以物为工具。但又不能把技术完全归结为物,例如,如果没有一定的知识,我们就不可能制造出作为技术要素的人造物。技术既包括硬件,也包括软件。同这种观点相反,有一种"技术不是物"的观点,把技术归结为某种观念,这是片面的。

有人认为技术是知识。梅森说技术是用以完成实际目的的知识体系。显然,技术需要一定的知识作为前提和基础,技术本身也可以看成是一种实用性知识。但正如物不是技术的惟一因素一样,知识也不是技术的惟一因素。技术同科学的一个区别就在于,技术不完全是一种知识体系。

有人认为技术是人的一种活动。美国的麦吉恩说:"我把技术看作'人类活动的一种形式'。除技术外,人类活动还有许多其他形式,诸如科学、艺术、宗教和娱乐活动等。"技术是人的一种什么活动呢?他又说:"我建议把命题扩展为技术是物质生产制作活动或改造物质客体的活动。"[4]把技术理解为改造和制作物质客体的活动,强调技术要付诸于行动,是正确的;但不能把技术简单地等同于"技术活动"。技术活动的对象也不限于物质实体,应包括能量,特别要指出的是,还包括信息。

还有人认为技术是指人类一切有效的活动。法国的埃吕尔说:"技术是合理、有效活动的总和,是秩序、模式和机制的总和。"技术是"在一切人类活动领域中通过理性得到的(就特定发展状况来说)具有绝对有效性的各种方法的整体。”[5]技术的灵魂是有效、高效，但若把人类所有有效的活动都理解为技术，那实际上把技术等同于“技巧”了，这就把技术理解得过于宽泛了。说话、写文章、跳舞、唱歌都需要技巧，这些技巧都不属于我们所讨论的技术的范畴。技术具有技巧的属性，但不等于技巧。

也有人从人的能力的角度来理解技术，把技术看作是人类强化自身能力的手段。阿尔特纳蒂伏利和斯托恩说：“技术应当包括使人类的能力得以扩展的一切工具或技能，各种产品及其加工过程，各种物质设备或加工制作方法。”[6]这是对技术的一种综合性的解释，其核心是“人类能力的扩展”。的确，正是由于人类掌握了技术，人类才掌握了空前强大的力量。

从以上对技术的各种理解来看，技术是个体系，具有多种因素和多方面的属性。概括说来，技术的主要因素有技能、知识、工具、方法和活动。技术是这些因素的综合体。技术始于人的劳动能力，技术追求的目标是人的劳动能力的不断提高。作为技术最初因素的技能，是人的体力和智力这两类劳动能力的综合。这里所说的体力，不仅包括力气(即改变物体形状和运动状态的体能)，还包括人控制自己双手并以此控制物体的能力。后来人们为了不断提高自己的能力，采用了知识、工具和方法。这里的知识是关于物的知识，工具是知识的物化，方法是人们应用知识与工具改变物体的各种操作规则。这些技术因素的主体都是人。技术成了人类应用自己的技能、知识、工具和方法，并在活动中不断提高自己能力的综合性手段。

说到这里，我们想介绍我国《自然辩证法大百科全书》关于技术的解释：“人类为了满足社会需要而依靠自然规律和自然界的物质、能量和信息，来创造、控制、应用和改造人工自然系统的手段和方法。”换句话说，技术是人们依据对改造对象的认识而制定的各种方法和应用的各种物质手段。或者说，技术是人们依据自然科学知识，应用一定的方法、手段对物质、能量、信息进行转换或加工的各种操作规则和技能的总和。技术是人类利用、控制、改造、创造和保护自然能力的标志。

技术是人作用于物的手段，所以技术既具有人的属性，又具有物的属性。技术是人的工具，是人的操作规则，用来满足的是人的需要，实现的是人的愿望，技术的目的性是人的目的性。技术包括物的工具，要遵守物的规律，物是技术作用的对象，技术的一个重要目标是创造技术物。

换个角度讲，技术具有自然与社会双重属性。技术的自然属性，指技术的设计和应用应遵守自然规律，违背自然规律的技术是不可能实现的，技术的应用会对自然界的状态产生复杂的影响。技术的社会属性，指技术的设计和应用必然要受到各种社会因素的影响和制约,经济、政治、军事、科学、教育、文化、民族传统、公民素质、价值观念、伦理观念等各方面因素都会在不同程度上影响技术发展的方向、规模、速度和模式。技术的应用对社会会产生正负两方面作用。技术的设计与应用应当遵守社会发展的规律,违背社会发展规律的技术是不应当实现的。只讲技术的自然属性,不讲技术的社会属性是不对的。

技术的发展有两种逻辑:自然的逻辑和社会的逻辑。自然的逻辑是物的逻辑,社会的逻辑是人的逻辑、人的全面发展的逻辑。人们往往以为技术的逻辑只是物的逻辑,只要不违背物的逻辑的技术都应当研究和应用,以后我们还会谈到,这种看法是十分有害的。

技术是一套人们行动的规则。人们从事各种各样的活动,为了要使活动能达到预期的目的,就要遵守一定的规则。技术就是人们技术活动的规则体系。

自然科学研究的任务,是发现自然规律,创立科学定律。工程技术研究的任务,是发现制造人造物的规律,制定技术规则。自然规律是自然界本质的反映,它的内容是自然界是怎样变化的;技术规则是人们活动规律(主要是制造人工自然物的规律)的反映,它的内容是人应当怎样活动。

关于规律与规则的区别,李伯聪指出:规律具有客观"自在性",而规则具有"人为性";规律是被人发现出来的,规则是由人制定出来的;自然规律是对自然而言的,规则是对人而言的;规律是关于存在的普遍性的陈述,规则是对人应该如何行动的"规范";规律认识的评价是"真理论"问题,规则的评价是"功效论"问题。[7]

人的活动当然不能违背规律,但规律本身并不能直接告诉我们应当怎样行动,因为自然界怎样变化和我们应该怎样行动,是两个不同的问题。我们的行动不是对自然界变化的模仿,自然界的许多变化我们也是不可能模仿的。客观性规则必须转化为主观性规则,才会对我们的行动有指导意义。根据自然规律(科学定律),我们可以从初始状态推导终结状态,其模式是:如果条件 A 出现,则现象 B 出现。技术规则的出发点是人的目标,然后再从目标推导手段,其模式是:如果人的行为 A_1、A_2、A_3……A_n 出现,则 B 结果出现。科学定律探讨的是原因与结果的关系,技术规则探讨的是动机与效果的关系。

技术是人制造物的规则。现代技术还涉及信息,但技术主要是制造人造物的规则。

二　技术与科学的关系

要认清技术的本质,就需要说明自然科学与技术的关系。科学与技术有联系又有区别,但究竟如何联系,又怎样区别,却是个十分复杂的问题。不同的学者强调的重点不同,而科学与技术的关系,在不同的历史时期,又会有不同的特点。

在马克思、恩格斯的著作中,"科学"一词出现的频率远远高于"技术"。恩格斯《自然辩证法》一书中,没有"技术"这个词。马克思曾把"科学"与"技术"并列,例如他说:"劳动生产力是随着科学和技术的不断进步而不断发展的。"[8]马克思在《机器。自然力与科学的应用》一书中,提到了"技艺"、"技能"、"技术能力"、"发明",却未用"技术"一词。我们不能由此认为马克思、恩格斯不重视技术,他们在说"科学"时,也包含技术,甚至有时指的就是技术。如恩格斯把瓦特的蒸汽机说成是一种"科学成果",其实指的就是技术成果。马克思、恩格斯之所以很少单独使用"技术"这个词,很重要的一个原因是他们实际上把技术看作是科学的应用。

科学与技术是相互联系的。

科学与技术的研究对象都是物,都是自然界,科学活动与技术活动都要遵守自然界的规律,都需要正确的自然观作为哲学基础。二者的研究方法有许多相通之处,如都要应用观察、实验的方法,都要作出某种预言,预言正确与否都要通过实验来检验。

二者的根本目的,都是为了满足人类利用、控制、改造、创造和保护自然的需要。科学认识自然是技术改造自然的前提,技术改造自然是科学认识自然的最终目的。科学为技术提供理论基础,技术是科学价值的进一步实现。科学与技术都是为了创新,是人类统一创新过程的不同阶段。缺少科学创新或缺少技术创新,人类的创新活动都是不完整的。

二者都是人的本质力量的展现。科学和技术的本质,归根到底是人的本质。物质与精神的统一、物质与精神的相互转化,是人的本质。人的一切活动归根到底都是物质变精神、精神变物质的活动。在这个基础上,人又可以使一种物质形态转化为另一种物质形态,一种精神形态转化为另一种精神形态。而这两种转化,说到底仍然是物质与精神的相互转化。从利用自然的角度来讲,科学活动是物质转化为精神的过程,技术活动是精神转化为物质的过程。这两个过程结合在一起,才是人类活动的完整过程。人类有两种最基本的功能:使物质转化为精神和使精神转化为物质。科学和技术就是实现这两种功能的重要手段。这两种基本功能既可以比作是人的两个半脑,又可以比作是人的两只手。惟有这两种基本功能的结合,人类才能创造世界。

科学与技术相互渗透,相互包含。科学与技术,是你中有我,我中有你,不可分割。科学会研究技术提出的问题,采用一定的技术手段。技术也会研究科学提出的问题,应用一定的科学知识。现代科学与技术日趋一体化,在科学与技术之间出现了不少综合性、交叉性学科。科学日趋技术化,技术日趋科学化。在技术不断发展的过程中,技术离人们的劳动经验越来越远,科学理论所起的作用越来越大。在科学不断发展的过程中,科学离人们的感觉经验也越来越远,实验设备、技术手段所起的作用也越来越大。

科学与技术又有很大的区别。

科学与技术的研究对象是不同的物,科学研究的对象是天然自然物,技术研究的对象是人工自然物。天然自然物是自然变化的结果,取决于自然变化的规律;人工自然物是人创造出来的产物,取决于人的创造活动的规律。天然自然物与人工自然物虽然都是物,但二者有本质的区别。

科学活动与技术活动的性质不同。科学活动是认识活动,是通过知识的生产和交流进行的;技术活动是经济活动,是通过商品的生产和交换进行的。科学活动的路线是从实践到理论,从特殊性到普遍性,从具体到抽象;技术活动的路线是从理论到实践,从普遍性到特殊性,从抽象到具体。科学活动是物质转化为精神的过程,技术活动是精神转化为物质的过程。也就是说,科学活动和技术活动是两个方向相反的活动。

二者追求的目标不同。科学指向自然界的存在方式,要解决的问题是:“自然界是怎样的?”技术指向人的活动方式,要解决的问题是:“我们应当怎样做?”科学是为了满足认识世界的需要,技术是为了满足人的利用物质资料的需要。科学的目的是求真,追求真理,尽量逼近真理,发现新的自然物质、自然现象和自然规律;技术的目的是求利,追求功效、利益的最大化,发明新的人造物、新的改造物的手段。

二者的基本矛盾不同。科学活动的基本矛盾是已知与未知、真理与错误的矛盾;技术活动的基本矛盾是利与弊、投入与产出、低效与高效的矛盾。

二者的思维方式不同。科学的思维方式是分辨是非、弄清真伪、坚持真理、修正错误;技术的思维方式是权衡利弊、趋利避害,如何使低效变为高效。

二者的成果形式不同。科学是知识创新活动,科学创新的成果是新知识,知识是一种特殊的意识产品;方法也是科学成果,但方法最终要转化为知识。技术是物质创新活动,技术创新的成果是新产品,新工艺也是技术成果,但工艺最终要转化为产品。科学的成果是创立新的科学定律,技术的成果是制定人的新的活动规则。科学知识的扩散形式是普及或传播,民众可以无偿学习和应用科学知识,是无偿共享。科学知识在扩散过程中会导致知识的增值。一种科学知识在社会上所起的作用,不仅取决于这种科学知识的水平,还取决于掌握这种知识的人数。在一般情况下知识无需保密。技术成果的扩散形式是有偿转让、占领市场,是有偿共享。在一段时期内,技术需要保密。科学的知识产权是优先权,科学论著可以被引用,但必须注明出处,否则就被视为剽窃。技术的知识产权是专利权,引进技术必须支付报酬。科学知识产权的核心是"名",是为了维护知识原创者的名誉。技术知识产权的核心是"利",是为了维护技术原创者的经济利益。

二者的评价标准不同。科学的评价标准是求真程度,包括正确度、深度和广度三维。技术的评价标准是获利程度,包括价格、功能和操作方便三维。在成功与效率方面关注的重点不同。科学更关注成功,技术更关心效率。社会关心科学知识的真和新,一般并不关心为了获得这些知识所作的投入。评科学奖时,只看成果,并不考虑成本。社会关心技术成果的效率和经济效益。

二者的生产力形态不同。科学是意识形态的生产力,是潜在的、间接的生产力;技术是物质形态的生产力,是现实的、直接的生产力。如果不通过技术,科学本身不能改变自然界的物质形态,在这个意义上可以把科学看作是生产力的知识基础。二者与人类生存方式的关系不同。科学对生存方式的影响是间接的,需要技术为中介。技术对生存方式的影响是直接的。因为人类生存的首要任务是维护生物学生命,物质资料的生产是人类社会存在的基础,而技术是直接生产力。所以迄今生存方式的变革,是从自然生存转向技术生存,但不能说是转向科学生存。

二者更新速度和生效时间不同。一般说来科学知识更新的速度比较缓慢,技术更新的速度则很快。在科学理论研究中,有一些假说长期难以验证(如关于宇宙演变的假说),也很难证伪,所以不同的假说可以长期共存。一项新技术在短时间内就可以取代旧技术。根据摩尔定律,电脑的功能平均每18个月就要翻一番,这样快的更新速度在科学领域是绝对不可能的。科学事业是长效事业,技术事业是短效事业。长效事业指一项事业的效果要滞后较长一段时间才会出现，而效果出现以后也会持续较长的时间。长效事业效果出现得比较迟，有效时间则比较长。短效事业刚好相反。科学的价值一般要滞后较长一段时间才会逐步实现，发挥效用的时间也比较长。现代自然科学离生产和生活的距离越来越远，所以它的价值实现的滞后期和持续性也越来越长。技术的价值则“来得快，走得也快”，可以说是“来去匆匆”。技术越先进，它的价值实现的滞后期和持续期就越短。

二者竞争的形式不同。科学竞争是学术竞争，不同观点因为难以说服对方，所以长期共存。即使一种观点在学术界占优势，也不可能使相反的观点在科学舞台上完全消失。已被人们遗忘的理论，在一定条件下还会复兴。许多新理论的出现，并不能否定旧理论的价值，社会对科学知识的需要空间比较开阔，容许各种各样的理论同时存在。技术竞争是市场竞争。一项技术产品如果没有市场，就会被迫退出社会舞台。市场对技术产品的需要空间是有限的。同类的技术产品具有不相容性。一种技术产品占领了市场，就会使相似的产品市场萎缩。新产品的流行是对旧产品价值的否定。新知识不一定排斥旧知识，新产品却一定排斥旧产品。所以科学竞争比较宽容，技术竞争则十分残酷。

二者与市场的关系不同。科学知识不是商品，技术成果是商品。科学发展的基本动力不是市场的需要，往往是科学的内在逻辑的需要。科学事业当然会受到一定程度的市场因素的影响，但它的运作并不是按照市场规律进行的。技术发展的动力主要是市场的需要。市场有什么样的需要，人们就会研制出什么样的技术产品。技术创新的关键是技术成果的产品化、商品化、市场化。技术活动是按照市场规律进行的。科学与市场的关系是间接的，技术与市场的关系是直接的。

技术是双刃剑，科学不是双刃剑。这其中的道理，我们以后将会谈到。科学无禁区。自然科学没有阶级性。自然科学的争论是认识问题，并不直接涉及人的行动。科学不是现实的、物质的生产力，不会给社会物质生产和物质生活带来危害。不同的学术观点都可以发表，没有必要也不应该给科学研究划出禁区。技术是要付诸行动的，直接影响到人们的物质利益。我们不会被迫去赞同某一种科学上的看法，但我们常常被迫接受由于技术的乱用所产生的恶果。对于技术的研究与应用，应加以合理的、必要的约束，包括舆论、道德和法律的约束。技术有禁区，这个禁区就是违背人性的研究与应用。

对研究者的素质要求有所不同。科学研究者应具有好奇心、想像力、抽象能力和逻辑思维能力。技术研究者应具有设计能力、组织能力、管理能力、经营能力和经济头脑、市场意识。爱因斯坦是位不关心经济活动的科学家,爱迪生是位技术发明家,同时也是一位企业家。在我国,陈景润同王选,也是两类不同的科学家。科学家和技术家具有不同的气质和风格。

正确认识科学与技术的联系与区别,不仅有理论意义,还直接关系到有关政策的制定,关系到管理工作的合理性和有效性。例如,我们不应用管理技术的方法来管理科学,也不应当用管理科学的方法来管理技术。

三 技术的功能

我们在第四讲中已说过,自然界不提供人所需要的许多现成的物品,人就制造这些物品,用人造物来取代天然物。在这种取代过程中,尽量使人造物的功能相对于满足于人的需要而言超过天然物,即通过取代达到优化的目的。人类最早利用植物作为人造物的原料,制造简单的工具(如木棍)和用具(如衣服)。为了有效地加工植物,人类又制造了石器。这些都需要个人的技能。到了近代,人类开始用机器大规模地制造物品,技术开始从劳动者的身体中分离出来,以体外物体(机器)的形式出现。从此技术获得了相对于人的劳动器官而言的独立性。所有的人造物都是通过一定的技术手段制造出来的,都是技术物。

人类在制造人造物的过程中,很快就发现自身的条件有很多的局限性。首先是体力不足。人的绝对体力比不过大象,相对体力(体力与体重的比例)比不过小小的蚂蚁。现在的举重世界冠军,虽然天天练举重,甚至练到身体畸形的地步,但还不能举起4倍于自己体重的重量,可是蚂蚁能拖动200倍于自己体重的重物,能举起50倍于自己的重量。有一种贝雅尔果树,甚至能载负900倍于自身体重的物体。

古代哲学家很早就谈到了人的体力的有限。我国汉代哲学家王充说:“夫一石之重,一人挈之,十石以上,二人不能举也。世多挈一石之任,寡有举一石之力。”“石”是古代的重量单位,1石为120斤。一人能举120斤,两人就举不起1200斤,即一个人不可能举起600斤,相当于一般成年人体重的4~5倍。如果没有认识到自己体力有限,硬要做自己力不胜任的事情,那不仅不能如愿,反而会损伤身体。“故引弓之力不能引强弩,弩力五石,筋绝骨折,不能举也。故力不任强引,则有变恶折脊之祸。”(《论衡·效力》)

现代生理学告诉我们:人体共有600多块骨骼肌,人体全身肌肉如果朝一个方向收缩，其力量可达 25 吨，可以拉动 6 辆汽车。这可以看作是人的体力的上限。但人不可能使自己的所有肌肉同时向同一个方向发力。人的一般体力的大小是：提力为 218 牛，成年男子拉力为 703 牛，右腿蹬力为 2600 牛，握力为 500 牛，扭动力为 300 牛。

其次，人体容易疲劳，有疼痛感觉，容易受到伤害。德国哲学家康德在 18 世纪中叶指出了人体的缺陷。他猜想在太阳系中，离太阳较近的天体上的居民的身体比较笨重、粗糙，离太阳较远的天体上的居民的身体比较轻巧、精致。地球离太阳比较近，所以地球人类的身体状况不能令人满意。地球人类的目的只有很少一部分能够实现，原因是"人的精神所寄托的物质之粗糙，以及受精神刺激支配的纤维之脆弱和体液之迟钝"，"总是处于疲乏无力状态"，"思维能力的迟钝，是粗糙而不灵活的物质所造成的一种结果。"[9]

再次，人体的活动是由人的神经器官控制的，但这种控制是模糊的，具有明显的不确定性、不规范性。所以人的动作不够准确、不够精确，很难作出标准性动作，也很难多次准确地重复相同的动作。例如，我们不借助工具，很难画出标准的圆，甚至很难画出一条标准的直线。我们不可能沿完全相同的方向、以完全相同的速度和力度重复做同一个动作。我们看足球赛，有的球本应该踢进去的，却踢歪了；有的球看来是不可能破网的，却射进了球门。这里当然有心理作用的影响，但也表明人的动作是不可能很准确的，体育比赛的魅力也就在于此。

此外，人的感觉器官只能获得一部分信息，而且这些信息也具有很高的模糊性和相对性。眼睛只能看到可见光，耳朵只能听到可闻声，嗅觉、味觉和触觉都很难量化，并受很多因素的干扰。同样温度的水，不同人手的感觉会有些差异，刚接触过热水或凉水以后的感觉也不同，也很难准确说出水温是多少度。

后来人们还认识到大脑在生理上的局限性，例如思考的速度不够快，容易遗忘等。

人类认识到自身条件的局限性，这是一次思想的觉醒。如何超越这种局限性？在逻辑上有两种可能，一种是通过自己的锻炼，提高自己器官的功能。事实证明这条路是行不通的。幸运的是人类选择了第二条道路——用体外工具来取代自身的器官，并使工具的功能大大超过自己器官的功能。人类用自己制造的"机械力"来取代自己的体力，用各种工作机来取代自己的劳动器官，用电脑来取代人脑，用机器人来取代人。

人工自然物是广义的工具，分为生活工具和生产工具两大类。生活工具主要是对天然自然物的取代,生产工具主要是对人自身的取代。这不是简单的取代,而是通过取代所实现的优化。

一物取代另一物的前提,是两物之间的相似。用人造物取代天然物,那人造物一定同被取代的天然物有相似的功能。如灯光同阳光的相似,房屋与洞穴的相似。这种相似是通过模仿获得的,即人类模仿天然物来制造人造物。仿生学的任务就是模仿生物来制造人造物。

用人造物的功能来取代人的器官的功能,也必须从模仿开始,即用人造物(工具)来模仿人的器官。动力机是对人的肌肉的模仿,工作机是对人手的模仿,电脑是对人脑的模仿。

这样我们就可以看到,人类在物质创造的活动中,逐步实现两种取代(用人造物取代天然物和用人造物取代人自身),这两种取代都始于模仿。然后在模仿的基础上逐步实现超越,使人造物的功能不断提高。生活用具是第一种取代的产物,生产工具是第二种取代的产物。这两种人造物都是技术物,这两种取代都是通过技术实现的。

在生产工具与人体器官的问题上,马克思主张"劳动手段的人体器官延长论",即认为劳动工具是人的器官的延长。马克思说:"劳动资料是劳动者置于自己和劳动对象之间、用来把自己的活动传导到劳动对象上去的物或物的综合体。劳动者利用物的机械的、物理的和化学的属性,以便把这些物当作发挥力量的手段,依照自己的目的作用于其他的物。""这样,自然物本身就成为他的活动的器官,他把这种器官加到他身体的器官上,不顾圣经的训诫,延长了他的自然的肢体。"他还说:"机械性的劳动资料","其总和可称为生产的骨骼系统和肌肉系统","充当劳动对象的容器的劳动手段","如管、桶、篮、罐等,其总和一般可称为生产的有脉管系统"。[10]马克思在这儿所说的"延长",是"延伸"、"发展"的意思。生产工具是人的一种特殊的劳动器官,它不是生长出来的,而是用技术制造出来的,是人们体外的劳动器官。由于生产工具的功能同人的劳动器相似,所以好像生产工具是人体的劳动器官发育、优化的结果。

与马克思同时代的德国技术哲学家卡普则提出了"器物的人体器官投影论"。卡普写道:"工具和器官之间的内在固有关系这个有待揭示和强调的关系——尽管这关系与其说是自觉的发明,还不如说是无意识的发现——在于,人不断地以工具生产自我。其实用性和力量有待增强的器官是支配性的因素,所以,工具的适当形式只能导源于器官。例如,大量精神创造物都产生于手、手臂和牙齿。弯曲的手指成了钩,手的凹陷成了碗;从剑、矛、桨、铲、耙、犁和锹之中可以看到手臂、手和手指的各种样态，它们显然适应于狩猎、打鱼、园艺和田野的工具。”[11]卡普认为，人体器官的外形和功能，投影到体外的环境，便成为生产工具的外形和尺度。

马克思的器官延长论和卡普的器官投影论都认为，人体是人制造工具的尺度。这表明人类制造生产工具的本意，是认识到自己的劳动器官的局限性，便以自己器官为模本，制造出功能更好的体外劳动器官，这便是用生产工具取代自己劳动器官的由来。

马克思对机器的功能作了详细的分析。他指出，从表面上看，机器取代了手工工具，可是由于手工工具是对手的取代，所以机器归根到底取代的是手。他说：“这种机械装置所代替的不是某种特殊工具，而是人的手本身。”[12]因此马克思的“延长论”实际上是“取代论”，人用工具取代自己的劳动器官。

马克思指出，由于技术水平的提高，工具的功能大大超过了人的劳动器官的功能。

机器运转的速度大大超过了人手运动的速度。马克思说，“运转迅速”是机器的一个基本特征。“由于使用机器，更可以进行同时作业了，例如，在制造钢笔尖时，机器在一次运转中就对钢‘坯’进行切割、穿孔和开缝。”[13]各道工序之间的间隙时间大大缩短，更加提高了制造产品的速度。维纳也说：“在一个有限的操作范围内，机器的动作要比人的动作迅速得多，而且在执行操作的细节方面也准确得多。”[14]机器的高速度大大超越了人的生理极限。不仅人的体力不可能产生机器那样的高速度，而且人体也不适应这样的高速度。

机器可以长时间的持续工作，而人工作了几个小时后就要休息。马克思说：“动力，如果它来源于人（甚至来源于牲畜），那么，身体只能在一天的一定时间内活动。蒸汽机等则不需要休息。它在任何时间都可以工作。”[15]

人只有双手和双脚，可以带动的工具只有一两件，而一台机器可以带动许多件工具。马克思在概括英国19世纪工业生产的状况时说：“在机器中从一开始就出现这些工具的组合，这些工具同时由同一个机械来推动，而一个人同时只能推动一个工具，只有在技艺特别高超时才能推动两个工具，因为他总共只有两只手和两只脚。一台机器同时带动许多工具。例如，一台纺纱机同时带动几百个纱锭；一台粗梳机——几百个梳子；一台织袜机——一千多只针；一台锯木机——很多锯条；一台切碎机——几百把刀子等。同样,一台机械织机同时带动许多梭子。这是机器上工具组合的第一种形式。"[16]有了机器,人如同长出了许多只手,成了真正的"千手观音"。

机器的运转十分准确和精确,这是人手根本无法比拟的。马克思曾引述了1855年英国伦敦出版的《各国的工业》一书,这本书写道:"机器的各种零件,不论是最小巧的,还是最笨重的,它们的形状几乎是根据数学准确性和精确性来制造的,指出这一点很重要。如此完善地生产机器零件,只靠手工劳动的灵巧恐怕不行〈那么钟表的生产呢?〉;即使能行,也会造成大量的花费……"我们可以采用一种刀架,"这种装置代替了人手来掌握刀具将其贴近被切削的物件表面,并支配刀具的运动。用这种机械装置,我们就能使刀具的刀刃绝对准确地在物体的表面上纵向或横向移动,工人几乎不用任何肌肉力就能做出任何一种基本的几何形状——直线、平面、圆、圆柱体、锥体和球体,轻易、精确和迅速的程度是从前任何最熟练工人的最富有经验的手都无法做到的。"[17]马克思自己也说:"在制造机器部件和哲学仪器的地方,规格化、形状的数学精确性等具有更大的意义。"[18]马克思还引用别人的话说:"在机器制造业应用的机器中,有奈斯密斯蒸汽锤,它既能把一大块花岗石变成粉末,又能打碎胡桃壳而不损伤桃仁。"[19]有哪一位能工巧匠的拳头,能具有这种非凡的功能呢?

机器具有这么多高效的功能,可是它的操作却十分简单。机器使人的劳动简单化,把劳动者原来比较复杂的劳动转化为机器的十分简单的运转和人的十分简单的操作。马克思说:"使用机器的基本原则,在于以简单劳动代替熟练劳动,从而也在于把大量工资降低到平均工资的水平,或把工人的必要劳动减低到平均最低限度和把劳动力的生产费用减低到简单劳动力的生产费用的水平。"[20]

马克思指出,自动化机器可以在无人的情况下运行,只有发生偶然故障时才需要人来排除。马克思实际上已经预言,在机器正常运转的过程中,人可以离开机器,即人机在时间与空间中相对分离。劳动者从直接作用于劳动对象的第一线,退到控制机器的第二线。劳动者与劳动对象也相对分离了。

人的劳动器官基本上没有分化,人手的功能也很少专门化,可是工具却可以高度分化。马克思认为工具的分化同达尔文所说的生物器官的分化相似。通过工具的分化取代人手功能的分化,在客观上达到了提高人手功能的效果。马克思说:"分工的主要结果之一是同类用途的工具,例如切削工具、钻孔工具、破碎工具等的分化、专门化和简化。只要想一想,例如刀所获得的无穷无尽的不同形式就会清楚了，为了用于每一种特殊方式，它都要具有只适于这一特殊目的，而且是专供这一特殊目的用的形式！”[21]

借助机器，人类占有了大量的自然力，人工制造了自然能，大大克服自身体力不足的局限性。马克思说：“大生产——应用机器的大规模协作——第一次使自然力，即风、水、蒸汽、电大规模地从属于直接的生产过程，使自然力变成社会劳动的因素。……自然力作为劳动过程的因素，只有借助机器才能占有，并且只有机器的主人才能占有。”[22]

马克思由此得出结论说：机器的应用引起了工艺革命、生产力革命、生产关系的革命。他说，由于机器的使用，“随着一旦已经发生的、表现为工艺革命的生产力革命，还实现着生产关系的革命。”[23]

四　技术的价值

技术是生产力，技术带来了巨大的经济效益；技术又会影响社会生活的各个方面，是推动社会进步的伟大力量。技术是一种生存方式。

以蒸汽机的应用为标志的第一次技术革命，就雄辩地表明了这一点。

在英国，1785 年蒸汽机用于棉纺工业，1789 年用于棉织工业，大大提高了纺织业的生产力。1830 年，一个女工操作用蒸汽机推动的纺纱机，纺出的棉纱数量等于过去 300 名女工用手工纺出的棉纱。1780 年英国棉花的消费量是 550 万磅，第二年就翻了一番。1800 年增为 5200 万磅，1835 年为 31800 万磅，1845 年为 59200 万磅，1865 年增长了 100 倍以上。棉织品产量 1785 年是 4000 万码，1850 年增至 20 亿码。1834 年英国输出 55600 万码棉布、7650 万磅棉纱和价值 120 万英镑的棉针织品。1835 年，英国棉纺织业产量占全世界总产量的 63%。

纺织业的发展，带动了其他工业部门的发展，引起了英国产业结构的变革。应用蒸汽动力后，原来的木制机器震动厉害，磨损严重，就导致铁制机器的推广，促进了采矿和冶金工业的发展。英国铁产量 1740 年为 17350 吨，1788 年为 61000 吨，1796 年为 12.5 万吨，1806 年为 25.8 万吨，1825 年为 70.3 万吨，1835 年为 102 万吨，1839 年为 134.7 万吨。英国在 100 年时间内，铁的产量大约增加了 100 倍。

铁的重量和硬度常常超出人手的负荷能力，铁制机器的精密程度也非人工操作所能达到，这就要求用机器来制造机器。机器制造业诞生了，1846—1848 年间，英国从事机器制造的工人已有 4 万之众。

原料、燃料的需要量和工业产品数量的急剧上升,又引起了交通运输的技术革命。1825年世界上第一条铁路在英国建成通车,揭开了铁路时代的序幕。1842年英国有铁路1857英里,1860年就超过了1万英里。

蒸汽机带动了英国经济的全面腾飞。从1770年到1840年这70年中,一个工人工作日的生产率增长了27倍。从1791年到1841年这50年中,英国的工业增长了4.25倍。1830年英国的工业产品已占全世界的一半。英国很快成为当时世界上的惟一超级大国,殖民地遍布世界许多区域,号称"日不落国家"。

所以恩格斯说:"仅仅詹姆斯·瓦特的蒸汽机这样一个科学成果,它在存在的头50年中给世界带来的东西就比世界从一开始为发展科学所付出的代价还要多。"[24]从1860年到1870年,在这10年里,世界工业平均年增长率为2.9%。这表明技术的确是高效益事业。

19世纪发生了以发电机、电动机为标志的第二次技术革命,使人类从蒸汽机时代进入了电的时代。1875年世界上第一座直流发电厂在法国建成。1879年美国旧金山发电厂是世界上第一座出售电的发电厂。同蒸汽能相比,电能有很多优点,比如能量大,可以远距离传送等。恩格斯谈到发电机和电动机时说:"这实际上是一次巨大的革命。蒸汽机教我们把热变成机械运动,而电的利用将为我们开辟一条道路,使一切形式的能——热、机械运动、电、磁、光——互相转化,并在工业中加以利用。……生产力将因此得到极大的发展。"[25]从1870年到1900年,世界工业产值增加了22倍,钢产量由52万吨增为2830万吨,增长了50多倍。在1900至1913年间,世界工业产值平均年增长率为4.2%。美国经济的发展,尤其引人注目。马克思说:"在英国需要整整数百年才能实现的那些变化,在这里只要几年就发生了。"[26]

关于近代技术对生产力提高所作的贡献,马克思曾作如下精彩的概括:"资产阶级在它的不到一百年的阶级统治中所创造的生产力,比过去一切世代创造的全部生产力还要多,还要大。自然力的征服,机器的采用,化学在工业和农业中的应用,轮船的行驶,铁路的通行,电报的使用,整个大陆的开垦,河川的通航,仿佛用法术从地下呼唤出来的大量人口,——过去哪一个世纪料想到在社会劳动里蕴藏有这样的生产力呢?"[27]

从1953年到1973年,这20年世界工业总产值相当于从1800年到1950年150年的世界工业总产值之和。随着科学技术的加速发展,物质生产力的水平也在不断提高。

“知识就是力量”是弗兰西斯·培根的名句。他还说过:“在所有的能为人类造福的财富中,我发觉,再没有什么能比改善人类生活的新技术、新贡献和新发明更加伟大了。”[28]这话的意思是说,技术是最伟大的力量。

马克思指出,在近代大工业生产中,科学技术第一次直接为生产过程服务,进入了直接的生产过程,第一次把物质生产过程变成科学技术的应用。他的结论是:科学技术是生产力。

蒸汽机当年对封建制度的冲击,深刻地表明了技术是推动社会变革的有力杠杆。

19世纪中叶,当西欧沿海各国资本主义有了相当发展的时候,奥地利却仍然是个封建专制的君主国。奥地利位于欧洲腹地,阿尔卑斯山脉和波希米亚山脉妨碍了当时奥地利同西欧沿海各国的联系,使得封建势力还能在相对封闭的奥地利苟延残喘。面对着资本主义在西欧的迅猛发展,奥地利皇帝曾颇为得意地说:“我和梅特涅还支持得住。”是的,法国大革命、拿破仑和七月风暴,奥地利君主国都挺过来了。可是,当蒸汽机穿过了波希米亚的悬崖峭壁,终于闯进了奥地利时,奥地利的哈布斯堡王朝的根基就土崩瓦解了。英国的变革在奥地利得到了重演:机器大工业取代了工场手工业和家庭工业,工场手工业者变成了无产阶级,在小市民中产生了资本家,工业的比重上升了,无产阶级和资产阶级的矛盾上升了,封建关系要被取消了。蒸汽机为奥地利君主国的末日敲起了丧钟。

弗兰茨、梅特涅之流对蒸汽机又恨又怕,企图用保护关税制度来抵制机器,但这一切都枉费心机。恩格斯在《奥地利末日的开端》一文中写道:“欧美的公众现在可以高兴地看到梅特涅和整个哈布斯王朝怎样为蒸汽机轮撕碎,奥地利君主国又怎样为自己的机车碾裂。这是非常有趣的场面。”[29]果然,恩格斯说这段话还不到两个月,维也纳就爆发了1848年革命。

所以,马克思说,蒸汽机和自动纺纱机是比当时法国领导人布朗基等人“更危险万分的革命家”。

近代技术的价值是多方面的,概括说来,它导致了人类生存方式的变革。有了近代技术和机器大工业后,人类就开始从自然生存逐步转向技术生存。近代技术使人逐步技术化,首先是生产的技术化、劳动的技术化,然后是生活的技术化以及文化的技术化。人类开始从主要依赖自然物生存,转向主要依赖技术、技术物(人造物)生存,从主要生存于天然自然界转向主要生存于人工自然界,而人工自然界是人类用技术手段制造出来的自然界,是技术化自然界。在自然生存中,人类要使自己的肉体同自然界相适应;在技术生存中,人要使自然界同自己的需要相适应。技术成了决定人类生产方式、生活方式的主要力量。

马克思用几个"第一次"来叙述近代科学技术同机器大工业的关系。他说:机器大工业的形成和发展,"第一次使自然科学为直接的生产过程服务","第一次产生了只有用科学方法才能解决的实际问题","第一次达到使科学的应用成为可能和必要的那一种规模","第一次使自然力,即风、水、蒸汽、电大规模地从属于直接的生产过程,使自然力变成社会劳动的因素","第一次把物质生产过程变成科学在生产中的应用",同时也把科学变成"应用于生产的科学",使科学"成了生产过程的因素即所谓职能","科学因素第一次被有意识地和广泛地加以发展、应用,并体现在生活中,其规模是以往的时代根本想像不到的。""资本主义生产第一次在相当大的程度上为自然科学创造了进行研究、观察、实验的物质手段。由于自然科学被资本用作致富手段,从而科学本身也成为那些发展科学的人的致富手段。"〔30〕

在这种概括的基础上,马克思得出了科学技术是生产力的结论。他说:"生产力中也包括科学。"〔31〕"现实财富的创造""取决于一般的科学水平和技术进步,或者说取决于科学在生产上的应用。"〔32〕马克思在这里所说的"科学",包括技术在内,有时甚至主要指的是技术。

1988年,邓小平总结了20世纪七八十年代以来的世界经济和科学技术发展的新趋势,提出了"科学技术是第一生产力"〔33〕的科学论断,是对马克思主义关于科学技术和生产力学说的发展。

生产力是一个系统,其中有劳动者、劳动资料和劳动对象三大实体性要素。古代科学技术对生产发展的贡献不大,到了近代工业社会,科学技术已成为一个不可缺少的生产力要素,并且它对生产力提高所起的作用迅速增长。20世纪中叶以后,出现了高科技。在这种背景下,科学技术已从生产力的一般要素,上升为首要的、起决定性作用的、第一位的要素。劳动者、劳动资料和劳动对象对生产发展的贡献,取决于渗透在其中,同其相结合的科学技术的水平。从总体上说,科学技术是个整体,都是生产力。如果分得细一点,科学是潜在的、精神性的生产力,技术是现实的、物质性的生产力。一般说来,科学要对生产发展起直接的作用,它就应当通过技术为中介,应用于实际的生产过程之中。

五　技术与人关系的演变

技术与人的关系，是个不断演变的历史过程。

在手工劳动中，原始技术同劳动者不可分离。采集、狩猎、农业和手工业劳动都是手工劳动。劳动器官是手，工具是手的补充。手工劳动的技术，是最原始的技术，表现为劳动者的技能，即手控制手工工具的能力。这种原始技术本质上是人的体能。人的体能有两种功能：一是改变物体状态的能力，即体力。二是控制物体的能力，在手工劳动中就表现为控制手工工具的能力，这就是最早的技术——体技或手技。

所有的技术都是人对自己的超越。人的双手的动作不准确、不精确。手工技能追求的就是一准二精。这种准确性和精确性的提高，不是通过工具(手工工具可以在客观上提高体力的第一种功能)，而是通过劳动者的苦练获得的。"熟能生巧"，这"巧"是手之巧，靠的是熟练。

手工技能是由双手的动作的准和精表现出来的，它在一定程度上超越了人的生理局限，提高了人的生理功能，是"生理性技术"。它同艺术中的杂技、体育中的体操属于一个类型的技能。手工技能很难用语言文字来表达，它本身也不是知识，也不需要知识作为前提条件。它只可意会，不可言传。别人要学习这种技能，主要靠动作的模仿和用心去领悟。这种技术的传授必须是面对面的进行。

这种手工技能是劳动者的身体所具有的，存在于劳动者体内，或者说被"封闭"在劳动者体内。离开了劳动者的双手，这种技能就不再存在。这种技能与其说是"社会的"，不如说是个人的，它不可能在空间上大规模传播，也不可能在时间上世代相传。因为它不可能以信息、知识的形式存在。所以手工技能与其说是社会的财富，不如说是个人的财富。由于人具有高度的个性，所以手工技能也具有一定的个性。正如不同的书法家有不同的风格。所以手工技艺在一定意义上可以说是人自身所具有的技术，是不能离开人而独立存在的技术。

为什么古代的许多手工技术品、手工艺术品，使现代人都觉得望尘莫及？这是因为今人的双手没有练到这种程度。这说明手工技能是会失传的。

近代技术的特点，是机器取代了手工工具。手工技能的作用是通过人实现的，近代技术的作用则是通过物(机器)实现的。近代机器一般由三个部分组成:动力机、传动机和工作机。动力机取代手的改变物体状态的能力,工作机取代了手的控制物体的能力。机器全面取代了手的功能。

自动化是工作机的一个优点。传统的自动化是指人赋予了机器一种固定的程序,机器一旦启动,它就按这种程序运转。所有的手工工具都是被动的,而工作机却有一定的自动性。在机器正常运转的过程中,工人可以离开机器,工作机可以离开工人的手。机器运转的程序是技术专家的设计,同工人的主观愿望和经验无关。工人在开动机器时,可以知其然而不知其所以然。工人不一定要懂得机器设计的技术原理。手工工具完全听从劳动者双手的指挥,可是在机器大生产中,工人双手的动作却反而要服从机器的运转。对于工人来说,机器是外在的、异己的东西。在手工劳动中,技能只是劳动者的熟练和经验的自发的积累,没有技能发明者和应用者之分。可是在机器劳动中,技术发明者和技术应用者分离了。

有了机器以后,技术就开始有了物化的形态。手工劳动的技术水平,不取决于工具,而取决于劳动者掌握工具的准确性和精确性,即取决于劳动者对手工工具控制的程度。不同的劳动者应用相同的手工工具,其劳动水平可以很不相同。在机器生产中,工人的劳动水平主要取决于它用的是什么机器,而不是他用这种机器的熟练程度。不同的工人用相同的机器劳动,其劳动水平基本相同。于是,技术不再表现为劳动者个人的技能,而主要表现为机器的功能。技术开始从人体中分离出来,以物的形式存在于人体之外。

机器成了近代技术的基本形式,机器的结构、功能、操作方法可以用文字和图像来表示。技术开始从经验上升为知识,以知识的形态存在。于是技术可以大规模传播,这种传播可以在一定程度上超越时间与空间的限制。它不仅可以相对于工人而独立存在,而且可以相对于技术创新者而独立存在。技术可以同研究这种技术的专家分离。技术专家离开人世后,他发明的技术仍可以传给后世。

机器是一种工具,是一种机械(机械是利用力学原理组成的各种装置),以机器为代表的近代技术的诞生,表明人类的技术从人体性技术发展为工具性技术,从生理性技术发展为机械性技术,从与人不可分离的技术转化为可以同人分离的技术。技术有了物化形态和知识形态。技术成了真正的技术。技术开始成为社会的财富。

现代技术与近代技术相比,又有质的区别。

近代技术是全面取代和优化人的体能,现代技术在继续取代和优化人的体能的同时,更以取代和优化人的智能(也可称为脑能)为主。这样,现代技术就全面地取代和优化了人的功能,而重点是充分发挥人的大脑的作用。劳动者的劳动水平,主要取决于他的大脑功能发挥的水平。大脑是人体的一个器官,所以在这个意义上可以说现代技术具有人体性技术的因素。

在现代技术条件下,机器的运转日趋高度自动化。作为现代技术一个领域的现代自动化技术,以电脑为基础,利用各种自动装置多方面地取代和优化人的体力劳动与脑力劳动。综合化是现代自动化技术的一个主要特征。综合自动化把产品设计、工艺编制、加工制造、管理决策等各种局部自动化系统集成为一个综合自动化系统。在这种综合自动化系统中,劳动者需要有综合性能力,具有多种角色:产品设计者、工艺编制者、加工制造者、管理决策者等等。或者说,劳动者是这多种角色的综合者。劳动者从生产的第一线转向生产的第二线,从操作者变成控制者。随着自动化程度的提高,出现了无人车间、无人工厂,在形式上劳动者和技术进一步分离。但无人车间、无人工厂并不是无人控制的车间和工厂,只是控制者不在车间、工厂内,而在车间、工厂外。而每个控制者又必须掌握综合性技术,所以在本质上劳动者与技术是相结合的。

现代生物技术把生命和生命体作为技术对象,这必然要导致人体技术的发展。人体技术就是用技术手段对人的躯体进行根本性的技术改造,全面改变人的器官,用技术手段提高各种器官的功能。譬如经过技术改造的双手,不仅力气很大,而且动作又准又精。这不是靠熟练取得的,而是靠人体技术取得的。不是"熟练生巧",而是"技术生巧"。将来的人体技术可以重新设计和制造人体各种器官的功能,包括体能和智能,可以重新塑造人体。这又使现代技术具有人体性、生理性。新的"体内技术"出现了。

所以技术发展的过程是:从原始体内技术到近代体外技术,再到现代体内技术;从古代生理性技术到近代机械性技术,再到现代生理性技术与机械性技术的结合;从原始技术同人的不可分离到近代技术同人的分离,再到现代技术同人的相互结合。我们可以在这个意义上,把现代技术称为综合性技术。

注　释

〔1〕 邹珊刚主编:《技术与技术哲学》,知识出版社,1987 年,第 235 页。

〔2〕 邹珊刚主编:《技术与技术哲学》,第 47—48 页。

〔3〕 关锦镗:《技术史》上册,中南工业大学出版社,1987 年,第 18 页。

〔4〕 邹珊刚主编:《技术与技术哲学》,第 224、225 页。

〔5〕 陈昌曙:《技术哲学引论》,第95页。
〔6〕 邹珊刚主编:《技术与技术哲学》,第224页。
〔7〕 李伯聪:《工程哲学引论》,大象出版社,2002年,第235—236页。
〔8〕《马克思恩格斯全集》第23卷,第663页。
〔9〕 康德:《宇宙发展史概论》,上海人民出版社,1972年,第209—210页。
〔10〕《马克思恩格斯全集》第23卷,第203、204页。
〔11〕 周昌忠:《技术的哲学本质》,《自然辩证法研究》,2001年增刊。
〔12〕《马克思恩格斯全集》第23卷,第422页。
〔13〕 马克思:《机器。自然力和科学的应用》,人民出版社,1978年,第83页。
〔14〕 冯天瑾:《智能机器与人》,科学出版社,1983年,第43页。
〔15〕 马克思:《机器。自然力和科学的应用》,第16页。
〔16〕 马克思:《机器。自然力和科学的应用》,第90页。
〔17〕 马克思:《机器。自然力和科学的应用》,第122—123页。
〔18〕 马克思:《机器。自然力和科学的应用》,第90页。
〔19〕 马克思:《机器。自然力和科学的应用》,第119页。
〔20〕 马克思:《机器。自然力和科学的应用》,第5页。
〔21〕 马克思:《机器。自然力和科学的应用》,第51页。
〔22〕 马克思:《机器。自然力和科学的应用》,第205页。
〔23〕 马克思:《机器。自然力和科学的应用》,第111页。
〔24〕《马克思恩格斯全集》第1卷,第607页。
〔25〕《马克思恩格斯全集》第35卷,第445—446页。
〔26〕《马克思恩格斯全集》第34卷,第334页。
〔27〕《马克思恩格斯选集》第1卷,人民出版社,1994年,第277页。
〔28〕 戈德史密斯:《科学的科学——技术时代的社会》,科学出版社,1985年,第220页。
〔29〕《马克思恩格斯全集》第4卷,第512页。
〔30〕 马克思:《机器。自然力和科学的应用》,第206、205、212、208页。
〔31〕《马克思恩格斯全集》第46卷(下),第211页。
〔32〕《马克思恩格斯全集》第46卷(下),第217页。
〔33〕《邓小平文选》第三卷,人民出版社,1993年,第274页。

第十二讲

高技术的价值

从20世纪中叶开始,人类已逐渐进入高技术时代。高技术不是技术发展的简单延伸,而是技术发展的崭新阶段。同传统技术相比,高技术不仅在水平上更先进,而且出现了新的质、新的功能。它将使人类劳动日趋信息化和智能化,将使包括人在内的生物的繁殖、发育、遗传、演变的自然过程逐渐转化为技术过程,将使我们能在原子层次上改变物质。高技术将从根本上改变我们的生存方式和发展模式。高技术日新月异,一日千里。高技术的发展越是迅速,其社会作用越大,越需要我们对高技术的本质与价值有科学的宏观的理解。

一 高技术的特征

"高技术"这个概念,来源于美国。1971年美国科学院在《技术与国际贸易》一书中,首先使用了"高技术"一词,用来表述新出现的新技术领域及其新兴产业。1983年美国在《韦氏第三版新国际辞典补充900词》中,列入了"高技术"词条。1981年美国还出版了《高技术》月刊。

什么是高技术?目前国际上还没有统一的定义。一般认为,高技术指产业化了的现代新技术。高技术首先是现代新技术,是技术的前沿。但高技术与新技术不是一个概念。不是所有的新技术都是高技术,只有产业化了的新技术,才算是高技术。所以高技术不仅是一个学科群,同时也是产业群;既是新兴的学科,又是新兴的产业。所以高技术既是科学技术的概念,更是个经济学概念。

如何判定哪些新技术属于高技术呢?美国许多经济学家强调产品和产业两个方面。他们认为,高技术产品体现了科学和工程人才的“超过一般”的集中。美国劳工统计局把衡量高技术产业的尺度定为:其研究试制费用和科技人员占职工总数的比例,都高于整个制造业的平均数一倍以上。

“高技术”的概念传入我国后,我们把它称为“高科技”,这既包括欧美国家所说的高技术的内容,也包含作为高技术理论基础的现代自然科学的基础性研究成果。“高技术”突出技术的相对独立性和经济作用,“高科技”则强调高技术与现代自然科学的联系。但在我国,“高技术”一词使用的频率还是相当高的。

1986年3月3日,中国科学院王大珩、王淦昌、杨嘉墀和陈芳允四位学部委员,向中央提出关于跟踪国外高技术发展的建议,3月5日,邓小平对此作出重要批示:“这个建议十分重要”,“找些专家和有关负责同志讨论,提出意见,以凭决策。此事宜速作决断,不可拖延”。同年11月,中共中央、国务院批准了《高技术研究发展计划纲要》,这就是著名的“863计划”。这是一项带有全局性的中长期战略发展计划,目的是集中精干力量,在若干高技术领域积极跟踪世界先进水平,努力创新,缩小同国外的差距,力争在我国有一定优势的领域有所突破;以选定的重点项目为目标,通过伞形辐射,带动相关方面的科技进步,并将成果推广应用,为改造传统产业和建立新兴高技术产业服务;通过计划的实施,培养和造就一批新一代高水平的科技人才,为20世纪末和21世纪初我国形成具有相当优势的高技术产业创造条件。根据我国的国情和国力,863计划按照“有限目标、突出重点”的方针,选择生物技术、航天技术、信息技术、激光技术、自动化技术、能源技术和新材料技术七个领域作为我国发展高技术的重点。

1988年10月24日,邓小平视察北京正负电子对撞机工程时说:“下一个世纪是高科技发展的世纪。”“过去也好,今天也好,将来也好,中国必须发展自己的高科技,在世界高科技领域占有一席之地。”“现在世界的发展,特别是高科技领域的发展一日千里,中国不能安于落后,必须一开始就参与这个领域的发展。”[1]1991年4月23日,邓小平又为全国863计划工作会议作了“发展高科技,实现产业化”的题词。

无论是“高技术”,还是“高科技”,前面都有一个“高”字。这个“高”,具有丰富的内涵,是对高技术特征的简明概括。

同传统技术相比,高技术具有以下主要特点。

高度创新性。高技术开拓了人类创新活动的新领域,使人类的创新手段、创新产品、创新模式都开始发生了根本性的变化,标志着人类的创新能力提高到新水平,人类创新活动进入了新的历史时期。创新的周期越来越短,创新的速度越来越快。由于高技术创新事业的迅猛发展,“创新”已成为时代的强音。

高度竞争性。高技术的回报高,高技术转化为产品的速度、高技术及其产品更新的速度都很快,一项高技术新产品占据市场的时间比较短。发展和应用高技术必须紧紧抓住机遇,否则稍纵即逝,慢一步甚至慢半步都会处于被动地位。这各种因素都使高技术的竞争十分激烈。当前,高技术是综合国力竞争的主战场和制高点。综合国力的竞争说到底是生产力的竞争,生产力的竞争说到底是科学技术的竞争,科学技术的竞争说到底是高技术的竞争。

高度风险性。高技术处于科学技术的最前线,难度大,难以预测和难以把握的因素多,即不确定的因素多,所以失败的几率也很高。据统计,美国高技术企业的成功率只有15%~20%,有些高技术项目的成功率还不到3%。

高度效益性。高技术需要高投入,包括资金与智力的高投入,发展和推广高技术又要冒很大的风险,许多国家和地区之所以要大力发展高技术,主要是因为高技术项目一旦能成功,便会带来很高的经济效益。高技术能大幅度提高劳动生产率、资源利用率、工作效率和产品的功能。有人认为,从手工业到传统工业再到高技术产业,劳动生产率的比例大致为1:10:100~1000。

高度辐射性。高技术本身具有高度的交叉性和综合性,它能渗透到许多传统产业部分,对当今社会生活的各个方面,都产生越来越广泛、越来越深刻的影响,高技术正逐渐从根本上改变了人类的生产方式、工作方式、作战方式、教育方式、管理方式、交往方式、生活方式、认知方式和思维方式,即根本改变了人类的生存方式和发展方式,并对人们的人生观念、价值观念、伦理观念、文化观念、科学技术观念、哲学观念产生深远的影响。所以高技术的影响即将辐射到人类活动的各个领域。高技术不仅有极高的经济价值,也有很高的社会价值。

高度战略性。高技术的发展决定各个国家、地区的全局利益和长远利益,集中反映了各个国家、地区的战略实力。发展高技术不是权宜之计,也不是推动经济发展和社会进步的一项具体措施,而是发展的战略任务。谁忽视了高技术,谁就会在战略上处于劣势地位。

在高技术的这些特征中,最重要的特征是高效益,其他的特征或者是以高效益为目的的,或者是从高效益派生出来的。现在举几个例子,使同学们对高技术的高效益有个形象的认识。

有的学者估计,如果我们把信息技术同传统产业很好地结合起来,我们就可以使现有的物质资源的使用率提高100倍,这就好比我们人类拥有了100个地球。

美国学者估计,1997年美国用各种计算机、机器人取代人完成的工作量,大约为4000亿人/年的工作量。这就意味着早在1997年,美国就已经拥有了4000亿隐形劳动者。

我们可以用海水中的氘作为核聚变燃料,从中获得巨大的能量。这样,1升海水中的氘可以使我们得到相当于300升汽油燃烧时所释放的能量。打一个比方,1桶海水可以当作300桶汽油来使用。海洋的面积占地球表面积的71%,地球海水可供我们利用上百亿年。

生物制药厂用常规方法生产人体AAT蛋白,每月产量不过两三克。每克售价至少10万美元。而一头转基因羊每天产出的半升奶中,就含有10克人体AAT蛋白,每天创造价值100万美元,一头羊就相当于一家大型制药厂。

像这样的例子,我们还可以举得更多。

高技术既是一个新兴学科群,又是一个新兴产业群。高技术主要包括信息技术、生物技术、新材料技术、新能源技术、空间技术(又称航空航天技术)和海洋技术,有人认为还包括自动化技术、绿色技术(即环境保护技术)。这些技术都是在20世纪中叶开始发展起来的。它们相互渗透、相互促进,组成了一个有机整体。请注意,当我们说某一新技术学科时,同时也就指某一新产业。如当我们说信息技术时,同时就是指信息产业。

在这些高技术领域中,当前最引人注目的是信息技术、生物技术和新材料技术。在新材料技术中,纳米技术异军突起,尤其引起国际社会的高度关注。所以人们又把信息技术、生物技术和纳米技术,称为高技术中的“三剑客”。

下面我们着重从哲学的角度讲讲信息技术、生物技术和纳米技术的本质和价值。

二 劳动的信息化

信息技术是高技术的基础技术、先导技术。

信息技术主要指利用电子计算机和现代通信手段获得信息、传递信息、存储信息、处理信息、显示信息、分配信息等技术的总体。信息技术是高技术的基础技术、主导技术和带头技术。现代计算机技术和现代通信技术是信息技术的两大支柱。

信息技术是以信息为对象的技术。自然界由三大要素构成:物质、能量和信息。信息概念的内涵,远比物质和能量这两个概念丰富。关于信息,现在还没有一个统一的定义。一般说来,信息是消息中不确定性的排除。例如气象预报是一种消息。明天是否会下雨呢?我们不确定。听气象预报说,明天天晴,原有的不确定性就排除了,我们就获得了信息。如果气象预报说,明天既可能下雨,又可能不下雨,我们听了后原有的不确定性并未排除,这种气象预报就没有提供信息。信息是对消息接受者来说预先不知道的报道。

不确定性排除的程度,是信息量大小的量度。一个消息如果不确定性排除得越多,则信息量越大。在计算机理论中,以 0 和 1 两种符号编码,所以每个符号的平均信息量,就是二中择一的选择过程中所消除的不确定性,称为 1 比特。根据我国目前的标准,每个汉字用 16 位二进制数字来编码,信息量为 16 比特。一本 30 万字的书,其信息量大约为 480 万比特。

信息同物质、能量密切相关,但信息不等于物质或能量。一般说来,信息是物质和能量的有序组合。在一定意义上,可以把物质和能量的有序结构看作是信息。结构不同,信息则异,结构决定信息。在分子生物学中,遗传信息与核苷酸的排列顺序有关,社会语言信息与声、词、句子的排列组合有关。

信息是具有新知识的消息。知识有两种:可表述的知识和不可表述的知识,这可表述的知识便是信息。只有可表述的知识才能大规模传播。在现代信息技术中,只有可以编码的知识才可能大量、高速的传播。可表述的知识越来越成为知识的主体。所以在这个意义上,我们甚至可以说知识是信息。

信息必须有载体,但信息不等于载体,一张报纸的信息,不等于印刷符号印在上面的那张纸。相对于信息载体而言,信息具有一定的独立性。

为什么信息技术具有如此重要的位置?这就要着重讲两个问题。

第一个问题是信息是一种资源,首先是一种劳动资源、经济资源。资源是生产资料与生活资料的来源。生产资料是生产所必须的东西。对于人而言,资源分为物质资源与信息资源两类。信息资源的主体是知识资源。没有信息,没有知识,人类的生产劳动无法进行。人类迄今为止的经济,主要是物质经济,工业经济是物质经济的高级阶段。物质经济是以物质资源为基础的经济,知识经济是以信息资源、知识资源为基础的经济,所以知识经济又可称为信息经济。随着经济和知识的发展,信息资源、知识资源对经济发展、社会进步所起的作用越来越大,所以人们把工业社会以后的社会称为信息社会、知识社会。在古代,物质材料对生产发展起重要作用,所以有石器时代、青铜时代的说法。在近代,能量对生产发展起重要作用,所以有蒸汽机时代、电气时代、原子能时代的说法。现在,信息资源、知识资源已逐步成为经济发展的决定性因素,因此又有了信息时代的说法。

第二个问题,通过物质资源同知识资源的比较,我们可以发现,物质资源有许多的局限性,知识资源有许多的优越性。

物质守恒,信息、知识不守恒。地球上的物质资源大部分是矿物资源,相对于人类的历史而言,矿物资源是不可再生的。信息资源、知识资源可以不断地创造。每解决一个科学问题,都必然还引起更多、更新、更深的问题,科学发展和知识进步永无止境。1900 年英国物理学家克尔文在回顾 19 世纪物理学的发展时说:“在已经基本建成的科学大厦中,后辈物理学家只能做一些零碎的修补工作了。”实际上从 1985 年到 1905 年这 10 年中,物理学正在发生一场新的革命,放射线和放射性元素的发现、电子的发现、导致原子核发现的 α 粒子散射实验、普朗克的能量子假说、狭义相对论、光量子假说以及爱因斯坦关于布朗运动的研究等一系列重大发现都发生在克尔文讲这一番话的前后 10 年中。无独有偶,在新旧世纪之交,美国的霍根于 1996 年出版了《科学的终结》。历史将不断表明,霍根犯了与克尔文相同的错误。知识的生命永存。

知识加速度增长,其速度大大超过生物资源增长的速度。生物资源是可以再生的资源,但同知识增长的速度相比,生物资源增长的速度是非常缓慢的。

恩格斯曾在一百多年前预言:“科学发展的速度至少也是和人口增长的

速度一样的:人口的增长同前一代的人数成比例,而科学的发展则同前一代人遗留下的知识量成比例,因此在普通的情况下,科学也是按几何级数发展的。"[2]恩格斯在谈论近代科学诞生时说:"科学的发展从此便大踏步地前进,而且得到了一种力量,这种力量可以说是与其出发点的(时间的)距离的平方成正比的。仿佛要向世界证明:从此以后,对有机物质的最高产物,即对人的精神起作用的,是一种和无机物的运动规律正好相反的运动规律。"[3]万有引力同空间距离的平方成反比,科学发展的动力同时间的平方成正比。

一百多年来科学的发展不断证实了恩格斯的预言。

科技人员的数量加速增长。据统计,全世界科研人员的人数1800年不超过1000名,1850年约为10000名,1900年约为10万名,1950年约为100万名。此后科研人员人数不到50年就翻一番。1930—1968年间,美国就业人口增长60%,而技术人员增长450%,科研人员增长900%。

科技图书的数量加速增长。20世纪40年代,美国的赖德对美国十几所有代表性的大学图书馆藏书的增长率进行统计,发现每隔16年增加一倍。例如耶鲁大学图书馆18世纪藏书约1万册,按16年翻一番计算,到1938年应藏书260万册,该馆实际藏书却达274.8万册。

学术论文的数量加速增长。美国的普赖斯应用赖德的方法,对学术论文和学术刊物增长的情况进行统计研究。他发现18世纪中期全世界的科学技术杂志大约仅10种,19世纪初已达100多种,19世纪中期约1000种,1900年已达10000种,19世纪80年代已达十几万种。这表明从1750年起,科学杂志的数目每半个世纪增加10倍,平均每15年增加一倍。学术杂志的增多意味着学术论文数量的增长。普赖斯由此得出结论:科学的发展"把我们带进现今科学世纪的每15年一次的稳定倍增。"[4]这就是普赖斯的科学发展按指数增长的规律。

科学知识量的加速增长。有人认为19世纪科学知识量每50年增加1倍,20世纪每10年增加1倍,20世纪70年代每5年增加1倍,20世纪末每3年左右就增加1倍。

重要科技成果的数量加速增长。据有的学者统计,17世纪重要的科技成果有106项,18世纪有156项,19世纪有546项,20世纪前50年有961项,20世纪60年代以来科学新发现和技术新发明的数量比过去两千年的总和还要多。

这些统计数字未必准确,仅供参考。但科学以加速度发展,则是无可辩驳的事实。生物资源的增长速度是根本无法比拟的。

知识资源可以共享。由于物质守恒,所以物质资源不可以共享。我有一个苹果,你没有;我把这个苹果给了你,你得到了这个苹果,我就失去了这个苹果。不可能出现这种情景:我送给你一个苹果以后,我仍然拥有那个苹果。如果会出现这种情况,那我们就不需要种苹果,只要把苹果当作网球一样打来打去,我们就可以源源不断地获得苹果了。知识则是一种特殊的苹果。老师教会学生一条知识,学生学到了一条知识,老师仍然拥有那条知识。所以物质资源只能转移,知识资源则可以传播。这是学校同商店的一个本质区别。

知识可以共享,知识可以传播,这是知识的一个非常重要的优点。知识作用的大小,不仅取决于新知识的数量和水平(质量),而且取决于掌握这种新知识的人数和应用这种新知识的次数和水平(质量)。知识传播得越广,它的价值就越高。知识在时间上不断发展,在空间上又可以不断传播,这就必然使知识的作用也在加速度增长。知识的传播会导致知识的增值,从这个意义上可以说教育是知识产业。

知识信息可以大规模地复制,而且复制的规模越来越大。知识的传播需要一定的载体,知识的载体可以大规模复制,这就意味着知识可以大规模复制。印刷术的发明之所以在文化史上占据重要的地位,正是因为它导致了知识的一次大规模复制。知识复制的规模越大,知识分享的规模也就越大。知识的复制并不会消耗知识资源,所消耗的物质资源也很少。物质资源则原则上不可复制,我们不可能用 1 吨煤来复制 10 吨煤。

知识资源的传播和应用,可以在一定程度上超越时间与空间的限制。物质资源分布的一个特点是不均匀性,物质资源的分布与应用产生了尖锐的矛盾,所以运输是个艰巨的任务,而物质资源的运输既要消耗物质资源,运输的速度又很缓慢。生物资源的生长和消费不仅具有地域性,还具有季节性。这些都表明物质资源的转移与应用,在时间与空间上受着很大的限制。随着电报、电话等近代通信技术诞生后,信息的传递可以脱离一定的物质载体(如纸张),而且速度可以接近光速,而物质资源的传递速度同光速相比,真是有天壤之别。空间距离、时间距离已不能构成信息、知识传播的困难。

知识的量具有非加成性(或非加合性),是一种非线性关系;物质资源具有加成性,是一种线性关系。物质资源的相加,遵守整体等于部分之和的法则,不会导致物质资源的增加。10 个同学每个同学拿出一个苹果,加起来是10个苹果，不可能变多。知识资源的相加，遵守整体不等于部分之和的法则，整体可以大于部分之和。10个同学在一起学习、讨论，每位同学提出一条新信息、一个新方法，或者说提供一条知识。每位同学又从同学那里学到一条新知识，这条新知识同他原有的知识相互碰撞、相互渗透，各人又会有不同的体会。你看，这10条知识加起来究竟等于多少条知识？

物质资源在使用过程中，必然伴随着物质资源的消耗；知识在使用中不仅没有消耗，反而会导致知识的增值。物质资源的消耗不是物质的消灭，而是从高品位的物质形态转化为低品位的物质形态，使我们很难再使用它了。一个苹果被我们吃掉了，它作为苹果就不存在了，我们不可能再吃它了。一支铅笔越写越短，从理论上我们可以设想，把留在一页页纸上笔芯粉末重新搜集起来，再重新做一支笔芯。但这样一来，这支铅笔的价格将非常昂贵，而且我们也不可能把残留在笔迹上的所有笔芯粉末一粒不漏地全部搜集回来。这些粉末仍然存在在地球上，一粒也不少，但我们都很难再用它来写字了。我们用一条知识解决了一个问题以后，这条知识依然存在，而且在使用中还会遇到新问题，获得新经验，创造新知识。所以知识不是越用越少，而是越用越多。

因此，在人类文明发展的历史中我们所面临的基本事实是：人类的物质资源一代比一代少，一代不如一代；而人类的知识资源一代比一代多，一代超过一代。

物质资源的生产与消费，一般讲来效益递减；知识资源的生产与应用，一般讲来效益递增。一个经济系统，如果其他要素不变，只是物质资源的投入不断增加，那在一个时期内，随着每一单位物质资源的投入，经济会逐步增长。但到达一定程度时，每一单位物质资源的经济效益就逐步下滑。物质资源的消费也是如此。中秋节吃第一块月饼，感到特别香甜；再吃第二块、第三块、第四块，还是那种月饼，但吃的感受却“每况愈下”。知识的生产效益递增，无论是一个国家还是一个人，一般讲来知识的基础越好，创造和学习新知识的能力也就越强。知识是越用越活。

物质资源可以不劳而获，知识资源必须通过创造性的劳动才能掌握。人们可以从父母亲那儿合法继承物质财富，也可以通过借、骗、偷、抢等手段获得物质财富，也可以买彩票，中大奖。知识财富却不能简单继承。科学家可以把自己的著作送给儿女，可是当儿女们接过这本著作时，并不等于他们因此就拥有了这本著作所讲的知识。知识不可以借、骗、偷、抢，物质财富却可以被借、被骗、被偷、被抢，可以馈赠、捐献，也可以被没收。这说明一切物质财富本质上都是“身外之物”,只有知识才是属于自己的真正财富。

既然信息资源、知识资源相对于物质资源有那么多的优越性,所以人类文明发展的一条基本规律是:信息资源、知识资源的贡献越来越大,衡量社会文明程度的一个标志是信息资源与物质资源贡献的比例。

在人类的文明史上,信息的传播经历了语言、文字、印刷术、电子装置(电报、电话、电视等)的出现这四次飞跃。现代通信技术则是一次空前伟大的飞跃,使信息、知识的优越性得到了空前的发挥。

卫星通信。卫星通信是以卫星作为空中微波中继站,接受地面传出的微波信号,经过放大后再转回地面。利用三颗同步卫星可以实现全球通信,而且通信成本与距离无关。

光纤通信。光纤通信以激光代替电流,以光缆代替电缆进行通信。通信容量大,从理论上说,一根光纤可以同时传送100亿路电话,100万路高质量的电视节目,损耗低、抗干扰,可以在同一条线路上进行信息的双向传输。

移动通信。移动通信是处于移动状态对象之间的通信。移动通信已同计算机结合,朝着全球移动通信系统的方向发展。通信双方无论走到哪里,都可以随时随地通话。

信息高速公路。信息高速公路是国家信息基础设施的通俗说法,是巨大的交互的高速多媒体信息网络,即由通信网、计算机、数据库以及各种实用电子产品组成的完备网络。它是信息的高速通道,好比汽车行驶的高速公路。它的优点是高速度、大容量,每秒传输率可达到千兆以上。信息高速公路会带来巨大经济效益,美国估计10年内可带来35000亿美元的经济增益。它将实现多媒体信息通信的社会化、家庭化、个人化以至国际化。

互联网。互联网,就是因特网,又叫国际计算机互联网,是目前使用最广、规模最大的全球网络。网络的优点是可以高速、方便地交换信息。2000年悉尼的奥运会利用网络技术,比赛后5秒钟出成绩、30秒钟后出图像、1分钟后出报道。网络是个信息海洋,充分实现了全球性的信息资源共享。通过网络我们可以实现互动式交流,每个人既是读者,又是作者;既是观众,又是演员。网络已渗透到人们社会生活的各个方面。互联网已从发布型、交互型向生存型发展。

多媒体。多媒体是多种信息媒体的集成,是把多种信息媒体集成到计算机中,使计算机不仅能处理字符,而且能存储、传递、处理、表达文字、图形、声音、图像等多种信息。它拓宽了信息空间,能对诸多媒体作统一处理。

数字化信息。过去文字、图形的信息传递,一定要通过物质载体才能进行，信息的转递只能通过作为其载体的物质实体的转移，才能够进行，这类信息可称为物质化信息，它的转递速度慢，有很多的局限性。“烽火连三月，家书抵万金。”在战争时期，书信的传递是很困难的。数字化信息就是把所有媒体上承载的信息全部数字化，用 0 或 1 来表示，都可以用计算机处理。这样信息传递的速度快，又节约了物质资源。

数字地球。我们生活在浩瀚的信息海洋之中，如何对信息进行有效的选择和利用，是个大问题。数字地球是信息化地球，是把地球上的每一点的全部信息，按地球的地理坐标进行整理，所构成的全球信息模型。我们可以把地球表面每一点的固有信息(如地形、地貌、植被、水文、建筑等)数字化，按地理坐标组织一个三维的数字地球，对我们居住的世界进行全面、详尽的描述。在这个基础上再嵌入各空间位置的变动信息(如经济、政治、军事、文化等)，组成一个多维的数字地球。数字地球上的数据分散在成千上万个数据库里，我们需要利用某种数据时，能通过高速网络技术从四面八方调来。这样我们就可以快速、形象、完整地了解地球上任何一点、任何方面的信息，实现“信息在指尖”的梦想。

通过以上这些信息技术，使我们生活在信息网络世界中。这个网犹如一颗参天大树，四通八达的光纤系统是树干，各种校园网、电话交换网、有线电视网、专业网、区域网是它的分支，各个传真机、电话机、电视机、多媒体计算机是树叶。各种信息在网络中奔流不息。

通过信息技术，信息和知识得到了空前传播，信息和知识交流的规模和速度空前提高，信息资源、知识资源得到高度共享，这一切都在很大程度上超越了时间和空间的限制，使知识真正成为取之不尽、用之不竭的财富。高技术本质的一个重要方面，是使信息与知识的优越性和价值，得到空前的发挥，真正成为推动经济和社会发展的决定性资源。

高技术本质的另一个重要方面，是把人的智力的作用提高到一个崭新的阶段，使人类劳动日趋信息化和智能化。过去的几次技术革命，本质上是动力革命、能源革命，主要任务是取代和在客观上强化人的体力，超越人的躯体的局限性。以蒸汽机、发电机、原子能应用为代表的三次技术革命都是如此。现在正在进行的新技术革命，本质上是智能革命、信息革命，主要任务是取代和优化人的智力，超越人的大脑的局限性。

人类要进行劳动，不仅需要劳动资源，还需要劳动能力。马克思说：人类的劳动能力分为体力和智力两类。恩格斯说：“这样，我们就有了两个生产要素——自然和人，而后者还包括他的肉体活动和精神活动。”[5]人的肉体活动和精神活动都是生产要素。人的劳动能力包括肉体的力量(物质的力量)和精神的力量两类。体力是人所具有的物质力量,智力是人所具有的精神力量。

因为人的本质是物质与精神的统一,所以人既有体力,又有智力。两种劳动能力互相配合,缺一不可。但智力同体力相比,具有很多的优点。

人的体力十分有限,而智力的开发却没有看到明确的上限。前面已说过,人的绝对体力与相对体力都很小,人与人之间体力的差别也不大。人的智力有多高?现在还不清楚,但人与人之间智力的差别是比较大的。一个普通人的大脑能接受和储存多少信息?有人估计是 $10^{12} \sim 10^{15}$比特,相当于俄罗斯列宁图书馆全部藏书所承载的信息,还有人估计是美国国会图书馆全部藏书所承载信息的 50 倍。有人说,一般人脑由大约 140 亿个神经细胞构成,可是只有 10%在工作,其余 90%还处于休眠状态。

人的体力只有当人的躯体同作用对象直接接触时才会发生作用,所以受空间的限制。智力作用则不受这种限制,运筹帷幄,决胜千里。体力被封闭在一个十分狭小的空间里,本质上是一种被封闭的力。信息传播的范围,就是智力作用的空间,这是一个开放的空间,智力本质上是一种开放的力。

体力原则上不能脱离人体而存在,体力作用的时间是短暂的。体力的作用可以从一个物体转移到另一个物体,多米诺骨牌的倒塌就是体力转移的过程。但体力不可能在空间上传播。智力本存在于人脑之中,但可以"外化",可以凝结在智力劳动的成果中,可以以信息、知识的形式存在,可以转化为电脑的人工智能。我们可以通过科学家的著作、技术家的发明物来接受他们智慧的启迪。智力可以在空间上传播,智力作用在时间上也可以持续很长的时间,甚至持续多少世纪,在这个意义上也可以说智力的传播和作用超越了时间与空间的限制。

在人类文明进步的过程中,体力不可能世代积累,智力则可以如此。由于体力不可能具有人体以外的独立载体,所以我们不可能把自己的体力转让给别人,以此增加别人的体力。一个人的体力不可能叠加在另一个人的体力上,一代人的体力也不可能转移给下一代人。每一代人、每一个人都只能具有自己的那一份体力,不可能继承祖先体力的"遗产"。体力只能转移给物,但不能转化为别人的体力。人类的智力则具有可叠加性、可继承性、可转移性。每一个人都可以接受别人的智力的影响,转化为自己的智力;每一代人都可以继承历史上各代人的智力"遗产",不断积累,不断提高自己的平均智力。由于体力劳动的减少,人类的平均体力有不断下降的趋势。所以在人类文明进步的过程中，我们所面临的另一个基本事实是，人类的体力一代不如一代，而人类的智力却一代超过一代。

体力不具有自身放大的机制，智力则具有这种机制。体力具有加成性，体力的合成遵守简单相加的原则。10 个人组成一队参加拔河比赛，每人出 100 斤力气，10 个人加起来是 1000 斤。智力的合作是非线性关系，具有非加成性。智力的合作会产生新的智力。"三个臭皮匠抵得上一个诸葛亮"，讲的就是这个道理。人的智力如果以信息的形式传播，就会产生连锁反应，使许多人的智力增殖。

体力没有个性，智力则富有个性。体力是人类的简单劳动能力，是单一的劳动能力，只有量的差别。人们之间的体力，只有大小的区别，因而可以相互取代。体力没有个性，不能反映人的深层的本质。智力是人类的复杂劳动能力，具有多样性，不仅有量的差异，更有质的区别，因此人的智力是很难相互取代的。智力具有个性，智力劳动是富有个性的劳动。智力不仅在深层次上反映人的本质，而且可以体现出人的个性，智力是人的本质力量。体力是人的生物能力，是人的"类"劳动能力；智力是人的社会能力，是人的"个性能力"。

体力与智力的地位不同。智力确定人的活动的目的和方案，体力是实现目的和方案的手段。智力与体力的关系，是控制与被控制、支配与被支配、改造与被改造的关系。体力是人从事物质活动的能力，行动都受思想控制与支配。马克思、恩格斯说："使人们行动起来的一切，都必然要经过他们的头脑。"[6]"劳动资料的生产力要以自然力服从于社会智力为前提。"[7]智力可以克服体力的局限，体力对智力的发挥却基本上没有影响。

既然智力相对于体力有那么多的优越性，所以人类文明发展的另一个基本规律是：智力的贡献越来越大。衡量社会文明程度的另一个标志是智力贡献与体力贡献的比例。

计算机技术的发展，使人类智力的作用提高到空前的水平。人类的劳动能力将从体力为主、机械力为主，逐步转向以智力为主。

电子计算机是按程序自动进行运算的电子设备，是 20 世纪以致整个人类文明史上的最伟大的发明。1946 年 2 月 14 日，世界上第一台电子计算机诞生于美国，至今还不到 60 年，可是它已创造了一系列令人目眩的奇迹。计算机已经经历了五代变革，组成计算机的元器件已经历了电子管、晶体管、小规模集成电路、大规模集成电路和超大规模集成电路五个阶段。计算机本来是用来进行庞大的数值计算的，可是现在各种形式的信息都可以转化为数字信号,使计算机成了信息处理机。电子计算机不仅能代替我们进行计算,而且能取代我们进行逻辑思维,成为名副其实的电脑。

现在计算机发展的趋势是高速化、微型化、网络化和智能化。

高速化。计算机运算的速度越来越快,快得简直难以想像。传统计算机是串行执行指令,即一条指令接着一条指令执行。现在可采取并行处理,即同时执行许多个程序,这就可以大大提高运行速度。我国神威计算机的运行速度已达到每秒三千多亿次。据说美国正在研制每秒几百万亿次的计算机。光子计算机是用光子代替电子的计算机,量子计算机是根据量子力学原理研究的计算机,其运算速度都令电子计算机快上千倍。科学家估计,本世纪初芯片上集成的晶体管数目将达到极限,但可以制造纳米计算机,其速度可以比现在的计算机快10亿倍。想当初世界上第一台计算机曾经同一门16英寸口径的大炮比赛。在炮弹发射的同时,这台计算机开始计算炮弹的飞行轨道和着弹点,结果炮弹还没落地,计算机已算出了全部数据。当时这台计算机每秒钟只能运算5000次,这同现在的计算机,又算得了什么呢?

微型化。世界上第一台计算机重30吨,占满了近200平方米的实验室。现在的计算机越来越小、越来越轻、越来越精,这不仅节约了大量的物质资源,成本低、能耗少、功能强、重量轻、稳定性高、操作简便、携带方便。美国苹果公司和日本夏普公司共同研制的掌上电脑,重量只有400克。惠普实验室研究的纳米计算机内存芯片的体积只有几百个原子的大小,几乎没有重量,几乎不消耗能量。

网络化。网络的规模越来越大,传输速度越来越快,应用与服务越来越多样化。

智能化。现代计算机能模仿人类进行智力活动,这项高技术称为人工智能。人工智能的目标是研究以计算机为基础的智能机器,能够理解外部环境,提出概念,进行逻辑推理,作出决策、设计方案,并能进行自学习、自适应、自修复等。智能化是现代计算机的核心,提高速度、减少体积和重量、建立网络,说到底都是为了使电脑能更好地取代人脑工作。

人猿揖别以后,人类的生物学进化基本停止。人类的进化主要是体外的进化,即工具的进化、文化的进化。一部人类文明的进化史,就是一部人类不断用自己制造的体外工具来取代自身的历史。原始人类打制第一块石器时,就开始用石器取代自己的双手,现在的主要任务,是要用电脑来取代人脑,用智能机器人取代人。过去的技术是为了取代人的躯体(手、眼、耳、肌肉等器官组织的功能),高技术的主要任务是取代人脑的功能。

1976年,美国科学界发生了一件事情:两位数学家用计算机证明了一条数学原理——四色原理。四色原理很简单,一幅世界地图,使相邻的国家涂上不同的颜色。只要涂四种颜色,我们就找不到两个相邻的国家涂的是相同的颜色。当然,涂更多种的颜色也可以,但最少是四种。这个原理看起来很容易理解,但一些数学家试图证明它,奋斗终生却未能如愿,以至于有人说,这小小的四色原理,是人类智慧无法逾越的障碍。美国数学家用当时的计算机,花费1200小时终于完成了这项证明。当时一些学者指出,要证明四色原理,需要作出200亿次判断,所需时间很长,大大超过了人的平均寿命。如果不借助于计算机,一位数学家每天工作八小时,什么事都不干,只做一件事,证明四色原理,那也要用90万年。美国邮电部门那年特地为这件事制作了一个纪念邮戳,上面刻着一句话:“只要四种颜色就够了。”这件事表明,计算机不仅能计算,而且能证明已知数学原理。后来数学家又用计算机来发现新的数学定律,我国吴文俊院士在这方面作出了出色的成就。现在实际上有两类数学家:人—数学家和机器—数学家。

1956年,人工智能作为一门科学诞生。次年,该学科奠基人之一美国的西蒙就说:“在十年时间内,数字计算机将成为世界象棋冠军,除非按规则不许它参加比赛。”[8]1997年5月11日,在美国纽约的公平大厦,世界国际象棋冠军卡斯帕罗夫同美国“深蓝”电脑对弈,遭到了失败。卡斯帕罗夫一秒钟可以算3步棋,“深蓝”呢?一秒钟可算2亿步棋!过去我们说:有了千斤鼎,人人都是千斤大力士。现在我们说:有了“深蓝”计算机,人人都是卡斯帕罗夫。

世界上有很多信息是模糊信息,如“青年”、“胖子”、“学习成绩良好”等,模糊信息需要模糊思维来处理。现在的电子计算机还不能处理模糊信息,所以有时电脑会显得很笨拙。但科学家已开始研制能处理模糊信息的计算机。

许多科学家都认为,人的各种思维都可以模拟,这样计算机就可以取代我们越来越多的思维活动。有人设想计算机可以经历数字计算机、知识智能机、脑型智能机、生物智能机和辩证思维机这五代。

数字计算机。采用二进制,程序内存,串行处理,适于进行数据处理。

知识智能机。采用大规模集成电路,一个芯片上能集成10^6的存贮器,从串行处理改为并行处理。有人说人脑与电脑之间的鸿沟,会被这小小的芯片填平。

脑型智能机。包括神经网络计算机、光学神经计算机、模糊计算机，以及这三者相结合的混合计算机，模仿人脑神经网络系统，模拟人的思维、学习，具有自适应、有组织功能。

生物智能机。在神经计算机中，用生物芯片取代硅片，制成生物神经计算机。例如以蛋白质分子作为存储元件，制造生物计算机。聚赖氨酸立体生物芯片，在1立方毫米的体积内可以有100亿门电路，存储110亿比特的信息。"由于生物芯片构成的生物计算机具有生物特点，有自组织能力和自修复功能。它的体积可以很小，又与生物体同质，有可能植入人脑皮层作为人体的思维器官，形成脑机共生体，出现真正的人机共同思考的新时代。"[9]

辩证思维机。有人说："不论是诺依曼机，还是图灵机，都是逻辑自动机，基本上局限于形式逻辑方面。然而，人的思维形式除形式逻辑之外，最根本的还是辩证逻辑。因此，人工智能的进一步发展，就是要突破形式逻辑的局限，模拟辩证思维。"[10]

有人还提出了脑控计算机的设想，使用者不必打击键盘和移动鼠标，甚至不用发出声音指令，只要通过大脑的思维就能对计算机进行控制和操作。人脑与电脑连体的设想，实际上是把电脑装在人脑之中，实际上是把人脑变成了电脑。

从发生学的角度来讲，所有的人工智能都来源于人的智能，是人的智能的外化、物化。但人工智能又不等同于人的智能，它本质上是用技术手段优化了的人的智能。人脑的结构与功能的确十分神奇，但也并非完美无缺。人脑接受和处理信息的速度有限。人脑神经元传递神经脉冲的速度不够快，其反应时间一般为10^{-4}～10^{-2}秒，晶体管的反应时间则为10^{-9}～10^{-8}秒。记忆的持久性和准确性也十分有限。根据艾宾浩斯的遗忘曲线，如果学习时回忆成绩为100%，那20分钟后只能记住58.2%，1小时后只能记住44.2%，1天后只能记住33.7%，2天后只能记住27.8%。大脑容易疲劳，大脑的有效工作期一般不会超过100年。大脑的局限性可以用电脑来克服，人的智能的局限性可以用人工智能来克服。

通过用电脑来取代人脑，使我们能完成单凭人脑很难甚至不可能的许多工作。早在1671年，莱布尼兹说：让一些杰出人才像奴隶般地把时间浪费在计算工作上是不值得的。如果利用计算机，这件工作便可以放心交给其他任何人去做。前苏联在制订1964年国民经济发展计划时，需要对50—60位的数字至少进行10^{16}次计算，其工作量之大令人咋舌。若当时苏联有1亿成年人，都用键盘式计算机来计算，举国上下也要忙上一个世纪。用

100年来制订一年的经济发展计划,弄出来的也只能是一堆废纸。用现代计算机来处理,就要容易多了。

有了电子计算机技术,许多人脑的智慧可以集中在一台电脑上。用技术手段实现人们的智力合作,实现了整个社会的智力资源的整合。每个人都可以在短时间内汲取众人的智慧,在客观上提高了自己的智力水平。有了现代计算机,每个人都成了智者。

人类的物质文明之所以以加速度在发展,根本的秘密有两条。一条是人类不断用智力来超越体力的局限,用电脑来超越人脑的局限。另一条是人类不断用知识资源、信息资源来超越物质资源的局限。于是,人类的生产劳动日趋智能化和信息化。正是现代通信技术和电子计算机技术,是实现这个趋势的手段。

不仅如此,信息技术会改变人们的生存方式。虚拟现实技术是应用计算机建构一个能使人沉浸在其中、虚实结合、交互作用的多维信息环境技术,是多媒体应用的高级境界。虚拟现实有三层含义。首先是用计算机建构一个在视觉、听觉和触觉上都很逼真的实体。其次是用户可以通过自己的感官和肢体同这个虚拟环境进行交互作用。最后,借助一些三维传感技术为用户提供一个逼真的操作环境。

伯第亚认为,虚拟现实的特点是三个"I"(Immersion、Interaction、Imagination),即沉浸性、交互性和构想性,这就是"虚拟现实技术三角形"。

沉浸性。这是一种身临其境、虚实难辨的感受,人已感觉不到自身所处的外部环境,不再感觉到他是在使用计算机,而是有同计算机所建构的虚拟世界"融为一体"的感觉。"如果你戴上看三维图景的眼镜,穿上让你感受到目标而且也被别人感受到的紧身衣裤,那么你就能访问千里之外的朋友或情人。你们每个人都将出现在别人面前,你们将在一起谈笑,彼此接触,仿佛同在一室。"[11]

交互性。人可以"进入"计算机所呈现的虚拟场景中,同虚拟物体进行相互作用。人可以直接操纵虚拟物体,虚拟物体也及时地作出反应。如果我们要学习驾驶汽车,就可以"坐"在虚拟汽车内,我们所看到的景物,双手转动驾驶盘的感觉,完全同真的一样,只是我们看不到自己的手。如果科学家研究出虚实结合的虚拟视网膜显示技术,我们就可以看到自己的一双真实的手,这样我们就有了更强的参与感。

构想性。通过虚拟现实技术,人们的构想都可以变为虚拟现实。过去人们的幻想只能深藏自己的头脑中,别人看不见也摸不着,虚拟现实技术则可以使人们共享别人头脑中的幻想和想像。“虚拟现实”一词的提出者拉尼尔说:“我并没有兴趣以虚拟世界代替物理世界,或创造一个物理世界的代替品。但是我非常兴奋,我们能够穿越真实与虚拟世界之间的屏障。人类有无限的想像力,一旦退回到自己的脑子、自己的梦想、自己的白日梦中,就成为完全的自由人,世界上的人就此消失于无形。但是每当我们想将梦幻世界中的事情与他人分享时,就发现自己如何受困于现实与幻想之间,如何不自由。我期待虚拟现实提供一个让我们走出这一困境的工具,提供一个和真实世界一样的客观环境,但是又有梦幻世界般的流动感。‘抽象也能具体化’。”[12]

虚拟现实技术是我们认识世界的好助手。在科学研究中,我们可以把研究对象虚拟化,通过对虚拟对象的研究,达到对相应真实对象的认识。用虚拟运动员来提高真实运动员的成绩就是一例。借助可视化技术,我们可以把运动员的形体和动作在计算机上逼真地呈现出来。我们用大量的多边形建构运动员的人体模型,获取人体运动的有关数据,研究真实运动员的动作录像,然后再建构运动员的三维模式,实现对运动员的仿真模拟。这样我们就不需要在现实的训练和比赛场地研究真实运动员的动作,只要在计算机的显示屏上研究在虚拟场景中的虚拟运动员的虚拟动作就可以了。我们可以灵活地放大或缩小虚拟世界的时空尺度,如在几秒钟内观察地壳的演变历程。

虚拟世界不等同于物理世界,是对现实世界逼真的模拟。正如波斯特所说,虚拟现实中的交流不是灵魂的游荡,因为交流所用的信息或符号是发生在现实中的活生生的人之间。虚拟景物所产生的效果,可以认为同真实景物相同。我们既生活在现实世界中,也可以生活在虚拟世界中。我们所建构的虚拟世界,可以超越我们周围的现实世界的一些局限,例如在虚拟旅游中,我们可以坐在家中周游世界,心游而身不游,超越了空间的限制。

虚拟现实技术的本质是用虚拟景物来取代现实景物,超越现实景物的局限性。

数字化可使一切虚拟化。数字化时代人类的生存是虚拟生存。尼葛洛庞帝说:“计算机不再只是和计算机有关,它决定我们的生存。”[13]信息技术引起了人类生存方式的革命性变化。

三　生命与人体的技术化

高技术本质的第三个方面,是生命与人体的技术化。

传统的农业畜牧业是生物型生产,其基本规律是生物遗传、发育、生长的规律。各种动植物都是按照它自己所固有的遗传属性生长的。栽什么树苗结什么果,撒什么种子开什么花。人类只是为动植物的生长提供较好的外部条件,而不可能大规模地改变物种。人工选择、人工育种,只是小打小敲。农业畜牧业生产本质上是对植物、动物生长的模仿,不可能对生物进行实质性的改造。强扭的瓜不甜,揠苗助长不可取,这已是常识。

农业畜牧业产品本质上不是人的设计,而是由生物的遗传信息决定的,而这种遗传信息是自然界演化的结果。自然界(包括各种生物)不是为人的,不可能体现人的愿望。所以相对于人的需要而言,传统的农业畜牧业生产有很大的局限性。自然界有什么物种,我们才能经营和消费什么物种。"种瓜得瓜,种豆得豆",有什么瓜豆,我们才能种什么瓜豆。这些物种有什么器官和属性,我们才能利用什么器官和属性。

工业产品是自然界不可能有的物品,农业畜牧业产品则是自然界会出现的物品。工业产品是制造出来的,农业畜牧业产品只能是生长出来的。工业文明是机器制造出来的文明,农业文明是土地里生长出来的文明。人类可以大规模地改造无机物,但对生物体似乎就只能利用,而不可能改造。难道人类真的不可能像设计、制造工业产品那样设计、制造农业产品吗?

生物技术告诉我们,这是可能的。

生物技术又称生物工程,是生命科学与工程技术的结合,是建立在分子生物学基础上的新技术。生物技术是利用生物有机体或其组成部分开发新产品或新工艺的技术。一般认为,生物技术包括基因工程、细胞工程、酶工程和发酵工程四部分。

基因工程就是遗传工程,是按人的意愿,通过对不同生物体的 DNA 重组,从而定向地改变生物遗传性状的技术。简单说来,就是把一种生物体的某个 DNA 片段(即基因)切下来,转移到另一个生物体上去,从而使接受基因的生物体具有供给基因的生物体的性状。这是对生物遗传属性的改造,通过遗传工程形成的生物物种,是在自然条件下很难甚至不可能出现的物种。遗传工程可以说打破了"杂交"的限制,在逻辑上可以想像通过这种技术,我们可以创造(制造)许许多多、形形色色的不同物种。1972 年美国学者伯格等人,将猴病毒的一种 DNA 同噬菌体的一种 DNA 连接在一起,建构成第一个重组体 DNA 分子。1980 年第一家由大肠杆菌生产人胰岛素的工厂建成,两年后基因工程生产的人胰岛素进入市场。基因工程可以带来很高的效益。例如,如果我们把豆类根瘤菌负责固氮的 DNA 移植到稻米体内,那种大米就无需施肥了。

细胞工程是在细胞水平上保存、增殖、改变和创造种质或开发产品的技术。细胞工程开辟了基因重组的新途径,不需要经过分离、提纯、剪切、拼接等基因操作,只需将细胞遗传物质直接转移到受体细胞,形成杂交细胞,就能改造和创造物种。克隆技术是生物体通过体细胞进行无性繁殖并产生基因型完全相同后代的技术。在一定意义上可以说克隆是一种"生命的复制",是基因型的复制。这项技术超越了高等动物繁殖形式的限制。在这以前,高等动物只有惟一的一种繁殖形式:精细胞与卵细胞结合形成受精卵,遗传物质来自双亲生殖细胞中的染色体。现在,人类通过高技术手段创造了一种新的生殖形式:不需要雌雄两性生殖细胞的结合,只需要一个体细胞的细胞核和一个卵细胞的空壳,受精卵细胞被排除在生殖过程之外。更为神奇的是,这种生殖技术可以在两个雌性动物中进行。威尔穆特等人用一只白品种母绵羊乳腺细胞的核,放进一只黑脸母绵羊的卵细胞空壳中,然后再移植到另一只母羊的子宫里,这就产生了"多利"绵羊。"多利"有三个妈妈,却没有一个爸爸!当然,如果体细胞的核是由一只公羊提供的,那就会有一个爸爸、两个妈妈。但整个生殖过程中,都没有性的交配。

克隆可以产生许多基因型一模一样的生物体,选择什么基因型,完全由我们决定。我们又可以通过基因工程对生物基因进行重组,创造我们所需要的基因型。这样,我们就可以用技术手段大规模地制造出我们所设计的基因型相同的生物体,就像我们用机器大规模地制造出相同的螺丝钉一样。人类终于可以用技术改变生物的生殖方式。

人也是一种生物。生物技术的发展迟早要涉及到人。人一直是技术主体,人能否成为技术对象呢?近代医学出现后,人开始成为技术对象,即开始用技术手段改造人的一些器官。但从高技术的眼光来看,这都是些修修补补的事。既然生物技术使生物体成为技术改造的对象,那人类迟早也会用技术的手段对自己的身体进行根本性的改造和再造。

分子生物学的发展,使人类对人体的认识从器官、细胞的层次,深入到基因的层次。人类的基因组大约有 30 亿碱基对,分布在 23 条染色体上,含有大约 3~3.5 万个作为生命活动基本单位的编码基因。人体的各种性状与生老病死,在一定程度上都是由基因决定的。在这个意义上可以说,所有的疾病都是基因病。过去的医学本质上都是治标,因为都未涉及基因;惟有在基因层次诊断和治疗疾病,才是治本。因此弄清人类的基因顺序,具有重要的意义。

1900年,美国决定用30亿美元来测定人的基因序列和位置。这就是举世闻名的人类基因组计划。我国科学家承担了其中1%序列的测定工作。此项计划已在2000年基本完成。诺贝尔奖获得者杜伯克说:“人类的DNA序列是人类的真谛,这个世界上发生的一切事情,都与这一序列息息相关。”有人把这项计划同曼哈顿原子弹计划、阿波罗登月计划并称为人类的三项伟大计划。很多的人说:人类将进入基因世纪。我们可以进行基因诊断、基因免疫、基因治疗。

将来,许多用于生物体的技术,都可以用于人体。人们甚至可以重新设计和改造自己体形和某些内部结构。人用技术手段制造人,已成为不少科学家追求的目标。从人造物到人造人,这可能是技术发展的趋势之一。

四　物质改造活动的微型化

人类要生存和发展,就必须对物质世界进行改造。迄今为止,我们改造的都是宏观的物质世界。这是可以理解的,因为人体是宏观物体,看来人只能制造和使用宏观工具,只能对宏观物体进行改造。从20世纪以来,人类对物质世界的认识已经深入到基本粒子的结构,已经深入到微观的层次,可是人类对物质世界的改造却一直停留在宏观的层次上。难道对于物质世界我们就只能认识而不能改造吗?纳米技术的发展表明,这个界线有可能被突破。

1959年,诺贝尔奖获得者费曼发表了一篇题为《在底部还有很大空间》的演讲,他说:人类从石器时代到现在,从磨尖箭头到光刻芯片,这所有的技术都是削去或者融合数以亿计的原子物质做成有用的物质形态。“为什么我们不可以从另外一个方向出发,从单个分子甚至原子开始进行组装,以达到我们的要求?”“至少依我看来,物理学的规律不排除一个原子一个原子地制造物体的可能性。”[14]如果说原子是“宇宙之砖”的话,那我们至今搬运的都是数以亿计的原子堆成的“原子山”,而从未搬运过一块一块的“宇宙之砖”。真是搬山易,搬砖难。1986年,德雷克斯勒在《创造的发动机》一书中说:我们为什么不制造出成群的、肉眼看不见的微型机器人,让它们在地毯或书架上爬行，把灰尘分解成原子，再将这些原子组装成餐巾、电视机呢？这些微型机器人不仅是能搬运原子的工人，而且还具有自我复制、自我修复的能力。德雷克斯勒的这些想法，被许多人认为是一派胡言。可是三年以后，美国IBM公司的科学家用扫描隧道显微镜在镍表面上搬移了35个氙原子，拼装三个英文字母"IBM"。后来科学家又用48个铁原子排成汉字"原子"，把费曼那篇演讲的大部分内容刻在一个大约只有10个微粒大小的表面上。

1纳米是10^{-9}米，相当于一根头发丝的五万分之一，或者是5个原子排列的长度。纳米材料是空间尺度介于1～100纳米之间的具有特殊性能的材料。纳米技术是在纳米尺度下对物质进行研究和应用的综合性技术。利用纳米材料我们可以制造各种特殊物品。

量变达到一定的度，就会引起质变。当材料的空间尺度达到纳米层次时，就会出现许多奇异特性，如金属纳米颗粒的光的反射率、熔点很低，等等。当纳米器件(用纳米材料制成)的功能元件小于100纳米时，量子效应就会起重要作用，就应当应用量子力学。

目前纳米器件主要有两类：纳米电子器件和纳米生物器件，都有很高的价值。既然我们可以搬迁原子，我们就可以把物体表面有原子的位置看作是"1"，把没有原子的位置看作是"0"，就可以用来表示二进制，这就不成了一个存储器了吗？有人估计，一个分子存储器能够存储的信息相当于100万张光盘，一张同样大小的原子存储器的容量，能存入人类有史以来的全部知识。

纳米技术与生物技术相结合，就是纳米生物技术。我们能否操纵生物大分子，制造出具有特殊功能的生物分子器件？细胞、基因能否用智能型纳米机械元件来取代？这都是纳米生物技术研究的课题。我们可以在很小的表面上，装配一种或集成多种生物活性单元，制成细胞芯片、蛋白质芯片、基因芯片。我们可以把纳米技术应用于医学，制造载药纳米微粒对组织、器官定向给药，制造微型药房、能捕获病毒的纳米陷阱、能识别血液异常的生物芯片。我们可以制造纳米生物导弹，在人体内四处搜寻，一遇到癌细胞就盯住不放，并钻入癌细胞内释放药物杀死癌细胞。我们还可以制造人工红血球、人造皮肤、人造血管、纳米医学机器人等等。医学的新革命正向我们走来。

纳米世界是介于宏观世界与微观世界之间的一个特殊世界。改造纳米世界是向改造微观世界迈出了重要的一步。

关于高技术的本质,我们可以从各方面来分析。使人类劳动信息化、智能化,技术改造的领域推广到生物体和人体,人类改造物质世界的活动开始微型化,是高技术本质的三个基本方面。这一切都使人类的智力作用得到空前的发挥,人类对信息资源、物质资源利用的效率得到空前的提高,并使技术从制造体外物发展为制造体内物甚至整个躯体。

注　释

〔1〕《邓小平文选》第三卷,人民出版社,1993年,第279页。
〔2〕《马克思恩格斯全集》第1卷,第621页。
〔3〕恩格斯:《自然辩证法》,人民出版社,1984年,第8页。
〔4〕普赖斯:《小科学、大科学》,世界科学社,1982年,第7页。
〔5〕《马克思恩格斯全集》第1卷,第607页。
〔6〕《马克思恩格斯选集》第4卷,第249页。
〔7〕《马克思恩格斯全集》第46卷(下),第223页。
〔8〕德雷福斯:《计算机不能做什么——人工智能的极限》,三联书店,1986年,第90页。
〔9〕童天湘:《点亮心灯——智能社会的形态描述》,东北林业大学出版社,1996年,第77页。
〔10〕童天湘:《点亮心灯——智能社会的形态描述》,第77页。
〔11〕德图佐斯:《未来会如何》,上海译文出版社,1999年,第82页。
〔12〕约翰·布洛克曼:《未来英雄》,海南出版社,1998年,第157页。
〔13〕尼葛洛庞帝:《数字化生存》,海南出版社,1997年,第15页。
〔14〕林鸿溢:《一项跨世纪的高技术——纳米技术》,《科技中国人》,1994年第3期。

第十三讲

技术"双刃剑"

"双刃剑"的内涵
技术应用负面效应的表现
高技术应用的忧虑
技术应用的责任
对技术应用的必要约束

人们常说:科学技术是一把"双刃剑"。剑两侧都有刃,我们用一侧的刃向敌人砍去时,弄不好会被剑的另一侧刃伤害自己。双刃剑是一种比喻,指被比喻的对象既有积极的正面作用,也有消极的负面作用。

双刃剑本是维纳关于工业革命的说法。维纳写道:"新工业革命是一把双刃刀,它可以用来为人类造福,但是,仅当人类生存的时间足够长时,我们才有可能进入这个为人类造福的时期。新工业革命也可以毁灭人类,如果我们不去理智地利用它,它就有可能很快地发展到这个地步的。"(上海译文出版社出版的《维纳著作选》,用的是"双刃剑"一词)新工业革命是通过新技术实现的,所以维纳接着说:"自从本书初版发行以来,我曾经参加过两次大型的实业家代表会议,我很高兴地看到,绝大部分的与会者已经意识到新技术给社会带来的威胁,已经意识到自己在经营管理上应尽的社会义务,那就是要关心利用新技术来为人类造福……"[1]维纳的意思是说:新工业革命、新技术的作用都有双重性,他把其负面作用已提高到不能再高的程度——毁灭人类。

后来我们常说"科学技术是双刃剑",这不够准确,维纳讲的是新技术是双刃剑。我国许多学者在谈论“科学技术是双刃剑”时,实际上讲的都是技术。应当说“技术是双刃剑”,更准确地说,“技术应用是双刃剑”。

由于技术发展的速度越来越快,技术应用的范围越来越广,技术的功能越来越高,所以技术的正面作用和负面作用也都越来越大,技术双刃剑的问题,也就越来越引起人们广泛而深切的关注。

一 “双刃剑”的内涵

技术的双刃剑问题,是人对技术应用效果的评价问题,即技术的应用既会出现正的价值,又会出现负的价值;既会出现善,也会出现恶。技术是人类生存和发展的工具,是为了满足人的需要。技术的直接目的是求利,是人获得效果、功利、效率的工具。这“利”,可以是求善之利,也可以是作恶之利,即人可以用技术来求善,也可以用技术来作恶。

进一步说,技术是双刃剑,指技术应用效果的双重性或两面性。技术的应用既有正面的积极的效果,也会有负面的消极的效果。这些都是针对人的利益而言的,不仅包括应用技术的人,还包括受技术应用影响的人。技术的应用既产生对人有利的效果,又会产生对人不利的效果。这两种结果是针锋相对的,完全相反的。

在一般情况下,人们应用技术是为了追求有利的效果,这是技术应用者所期待的效果。但又常常会出现有害效果,这是同人们主观愿望相违背的效果。所以技术的双刃剑问题,又表现了技术应用活动中的动机与效果的矛盾,不同的人的不同动机之间的矛盾。

人的活动是人的主观动机转化为客观效果的过程,人的活动的结构可分为动机、行动和效果三个环节。人的行动都受动机支配,就这点而言,动机是因,行动是果。有行动才会有效果,没有行动,动机也不会变成效果。所以相对于效果而言,动机和行动都可以看作是因。作为动机的因和作为行动的因,既有联系又有区别。动机是人的主观愿望,行动是主观愿望转化为客观的变化,是主观因素与客观因素的统一,行动比动机还要复杂。所以行动所引起的变化常常会超出动机的范围。效果不是行动本身,而是行动所引起的变化及其同人的需要的关系。行动是变化的原因,变化是行动的结果。效果是人的行动所引起的变化同人们利益之间的关系。所以人的活动又可以细分为动机、行动、变化和效果四个环节。

因果联系是复杂的,在特殊的情况下才会“一因一果”,在一般的情况下都是"一因多果"。同一个原因,可以产生许多不同的结果;这不同的结果有的可以互相加强,有的则可以互相抵消。人的一项行动,可以引起多方面的变化或影响。

同一种变化对不同的人会有不同的效果,因为不同的人会有不同的需要。同一种变化对同一个人,在不同的条件下也会有不同的效果。因为在不同的条件下,同一个人的需要会发生一定的变化。

技术应用活动的一般过程是:技术应用者的动机→技术应用者的行动→技术功能的发挥→技术功能所引起的变化→这些变化对技术应用者以及受这项技术应用影响的人的效果。人的行动所引起的变化,是通过技术功能的发挥而实现的。技术越先进,自动化的程度越高,人的技术应用的行动就越简单,只是打开技术功能启动的开关而已。对技术应用的效果而言,重要的是技术应用者的动机和技术的功能。

技术的功能不是由技术的应用者,而是由技术的创新者决定的。技术创新者的任务是使某项技术具有某种功能,并对它的应用效果作出预测。

技术应用的效果可分为自然效果与社会效果两类。自然效果指技术应用所引起的自然变化,对人的生存和发展的影响。社会效果指技术应用所引起的人和社会的变化。这两种效果是相互渗透的,都有正负两个方面。

技术创新是件十分艰苦的事情,对技术应用后果的预测也很不容易。技术创新活动具有许多不确定性,包括技术应用的不确定性。由于市场瞬息万变、由于社会条件多变,所以许多技术应用的后果都大大超出创新者的意料。

要技术创新者准确预测技术应用的单方面效果比较容易,准确预测它的多方面效果则比较困难。由于事物和人都是相互联系的,所以任何技术应用所引起的变化都必然是多方面的。要准确预测技术应用的眼前效果比较容易,准确预测它的长远效果则比较难。恩格斯在谈到人对自然界的作用时说:"每一次胜利,在第一线都确实取得了我们预期的结果,但是在第二线和第三线却有了完全不同的、出乎意料的影响,它常常把第一个结果重新消除。"[2]技术的应用也是如此。一种新药服用后,它的负面作用是否会滞后多少年后才出现?长期服用某种药又会有什么不利影响?所以一种新药要经过多年检测后才能推向市场,而长期吃转基因食物,究竟是否有消极作用,现在谁也不敢打包票。预测技术应用的自然效果已不容易,预测它的社会效果则更难。恩格斯说:"如果我们才稍微学会估计我们为了生产而从事的行动的比较远的自然方面的影响曾需要几千年的劳动,那么在涉及这些行动的比较远的社会方面的影响时，那就困难得多了。”“当阿拉伯人学会蒸馏酒精的时候，他们做梦也不会想到，他们却因此制造出用来灭绝当时还没有被发现的美洲这个地方的原始居住的主要工具之一。”[3]用蒸馏法制造酒精是阿拉伯人在8世纪发明的，15世纪以后欧洲殖民者把酒精饮料当作灭绝美洲印第安人的一个主要工具。这正如李汝珍在《镜花缘》中所说：“福近易知，祸远难见。”

其实，科学家、企业家、官员、咨询公司对技术产品的经济效益、社会效益也常作错误的预测，下面举一些他们预测失误的例子。

1899年，美国专利局局长查尔斯·杜尔说：“所有能被发明的东西，都已经被发明出来了。”按这个说法，美国专利局在19世纪最后一年就应当关门了。

飞机。1903年第一架飞机问世，1919年法国陆军元帅、第一次世界大战指挥官福煦说：“飞机是个有趣的玩具，但没有军事价值。”

电话。1876年，西方工会的一份内部备忘录说：“电话的缺点太多，我们无法真的把它视为一种电信工具，对我们来说，这种设施本来就没有一点价值。”

电视。1939年，《纽约周刊》等许多美国报刊称：“电视绝不是收音机的严重竞争对手。因为人们必须坐着而且双眼盯着屏幕，普通的美国家庭没有看电视的时间。”1964年，美国20世纪福克斯公司负责人德黑尔·扎纳克说：“电视机不可能占有任何市场半年以上，人们很快就会厌倦每晚盯着这种夹板做的盒子。”

电脑。20世纪50年代，美国国际商用机械公司（IBM）总裁最初不愿意进入计算机行业，因为他的顾问说，计算机的全球需要量只是其产量的10%—15%。20世纪90年代的IBM高级副总裁把个人电脑看作是没有商品前途的“电脑黑客的玩具”。1977年，迪吉多电脑公司创办人肯尼斯·奥尔森说：“任何人都没有理由买台电脑放在家里。”

移动电话。1983年，美国电话电报公司考虑生产与销售的市场前景，请一家著名咨询公司预测1999年的用户，结论是100万户，实际上那年用户是7000万户，是预测的70倍。

登月。1967年，三极管发明者弗瑞斯特说：“不管未来的科学如何进步，人类永远上不了月球。”可是两年后阿波罗11号就登月成功。

技术的功能可以成为满足不同需要的手段，因为同一种技术功能可以作用于不同的对象，引起不同的变化，从而满足人的不同需要。因此技术应用者可以抱着不同的动机,应用同一种技术,就可以产生不同的效果。即使应用者的动机相同,但在不同的时间和空间中,在不同的自然条件和社会条件下应用相同的技术,也会有不同的效果。

技术创新者的动机,是设计某种技术的功能,使其产生应用效果。技术应用者的动机,是通过某种技术功能,满足自己的需要。技术应用者的动机,是从技术创新者的动机派生出来的,但技术创新者的动机不等于技术应用者的动机。技术应用者关心的是某项技术有什么功能,能为自己解决什么问题,并不关心技术创新者研制这项技术的当初目的。技术应用者所追求的效果同技术创新者的动机,并不是一回事。技术创新者不能决定技术应用者的动机,无法对技术的应用实施监督,更不能禁止技术应用者对他研制的技术所进行的某种应用。应用者的动机可以超越甚至背离创新者的动机。所以技术应用的客观效果,同技术创新者的主观愿望,有时一致,有时不一致甚至相反。

由于技术应用的效果具有某种不确定因素,所以技术应用的效果同技术应用者的动机有时也会不一致。科学知识应用有一个前提,应用者必须要对有关科学知识有一定的理解,技术应用者在应用某项技术时,则不一定需要了解有关的技术原理,只要知其然,而不要求知其所以然。用化肥的农民,不一定要知道化肥的化学分子组成;看电视的人不需要懂得电视机的工作原理。所以技术应用者一般都很难防止技术应用的意外。

以上的分析说明,技术应用的双刃剑效应,是由技术应用活动的本质决定的。

二　技术应用负面效应的表现

由于各种技术的性质和功能不同,技术应用所引起变化的不确定性和技术应用者的动机不同,所以技术应用的负面效果有多种的表现形式,有浅层次的,也有深层次的。

一种表现形式是:一项技术在被我们应用时,会引起多种不同的变化,有的变化对我们有利,有的变化对我们有害。我们在利用有利变化的同时,原则上不可能排除不利变化的发生,也就是说这两种相反的变化都会出现。有的不利变化与有利变化同步出现,有的不利变化则要滞后一段时间才出现。

自然界是个有机的网络,各种物质形态和运动形态都具有千丝万缕的联系，所以每一项技术应用都会引起自然界的多种变化，甚至每一次技术应用所引起的自然变化都不可能完全相同。自然界不是为人存在和变化的。自然界不会来适应人的愿望，不会主动来满足人的需要。所以技术应用所引起的变化，有的是我们喜欢的，有的是我们讨厌的。我们不能随心所欲地割断自然现象之间的联系。所以不利变化是很难完全避免的。即使我们想使不利变化迟出现，少出现，我们为此也要付出高昂的代价。自然界只能部分地按照我们的意愿变化，而永远不可能完全按照我们的意愿变化。所以技术应用的正负两种效果，好像是一块硬币的两面。在这种情况下，利和害不可能完全分开。

例如，由于工业技术的发展，工厂林立，煤的燃烧越来越多。一烧煤，就要产生二氧化碳。煤中含硫，还会产生二氧化硫。这就不断改变地球大气的成分，造成温室效应和酸雨两大公害。我们可以用洗选脱硫法来除去煤中的无机硫，但不能除去有机硫。这就需要对烟气进行脱硫。采用干法，技术要求高而效率低；采用湿法，烟气温度降低，不利于烟囱排气。总之，我们不可能完全排除烧煤所产生的负面效果，即使减轻负面效果，也非易事。

另一种表现形式是，同一种技术为不同的目的而应用，其效果会很不相同甚至相反。不同的技术应用者根据不同的动机，应用的是同一种技术，引起的是相同的变化，可是由于作用的对象不同，就会产生完全不同的效果。原子能技术既可用来建造核电站，也可以用来制造核武器；原子能技术既可以成为强大的建设性力量，也可以成为可怕的破坏性力量。正如爱因斯坦所说，刀子在日常生活中很有用处，但也可以成为杀人的凶器。同一把刀，罪犯可以用它来伤害好人，好人也可以用它来制服罪犯。前面讲的一种表现形式，是同一种技术作用于同一个对象，会产生两种相反的效果。这儿说的一种表现形式，是同一种技术作用于不同的对象，会有不同甚至相反的效果。这种形式的双刃剑效应表明，技术仅仅是人的工具，技术本身无所谓善与恶，全看人为什么用、怎么用。在这点上，我们可以说技术在价值选择上是中立的。一般说来，凡是可以作用于多种对象，满足人们多种需要，可以为不同目的服务的技术及其物化的产品，在价值选择上是中立的。可是一当这种技术为实现某种具体目的而应用，应用者的目的并不是价值中立的，所以技术在这种情况下已同善或恶相关，就不能再说它在价值选择上是中立的了。

在特定条件下，把技术用于战争和破坏性事情，带来的后果是灾难性的。1945 年 8 月，在日本广岛和长崎落下的两枚原子弹，瞬间夺去 10 万人的生命。20世纪60年代中期,美苏两国拥有的核弹达7万枚,都可以把对方毁灭十几次,核污染会波及整个北半球,核爆炸的烟云会长时期阻隔阳光,气温骤降,全世界所有农田将颗粒无收,人类将处于死亡的“核冬天”。

由于技术既可以用来建设,也可以用来破坏,即技术既可以用来行善,也可以用来作恶,所以有些人就会有意识地用技术来破坏自然、伤害生命。这些技术应用的决策者,明明知道这样做的严重后果,却偏要冒天下之大不韪,这是在用技术犯罪,这是技术双刃剑效应的最恶劣的表现形式。在这种情况下,有的技术设计本来就是为了伤害人类的,这类技术是有明显的价值负荷的,它本身就是恶的技术。因为我们只能用它来作恶,而不可能用它来行善。

各种大规模地杀伤武器都是恶技术。基因武器的危害性一点也不比核弹逊色。“人类基因组计划”已经完成,由此我们可以排出不同种群的DNA,这样就可以把某种种群的基因当作攻击目标,而其他种群的基因则不受其害。基因武器就是应用遗传工程技术,按人们的需要,在一些致病细菌或病毒中,接入能对抗普通疫苗或药物的基因,产生具有显著抗药性的致病菌;或者在一些本来不会致病的微生物体内接入致病基因,从而人为地制造大规模疾病。一句话,用DNA重组技术改变细菌或病毒,使不致病的变成致病的,使能够预防和治疗的变成难以预防和治疗的。据说美国正在研究制造“热毒素”的技术,利用细胞中的DNA的生物催化作用,把一种病毒的DNA分离出来,再与另一种病毒的DNA结合,拼接成这种剧毒的基因毒剂。20克热毒素可以使60亿人死于一旦。据说有的国家曾试图制造艾滋病毒,旨在实施种族灭绝。

人们还可以用技术来制造自然灾害。冷战期间,美国和苏联先后制造出人造干旱和毁灭性大洪水的技术。人们可以对天空发射强大的电磁波,能不断地在空中形成巨大的阻断层,使高空的气流改变路径,这样就可制造出连续几年的干旱天气或大洪水。据说正是这项技术,造成了1993年美国中西部的大面积洪灾。一年后美国也进行极低频天气试验,在北威斯康星州的六个郡造成大雨,并带来时速高达175英里的强风,损失达5000万美元。自然灾害我们躲都躲不及,现在有人却可以用技术手段制造自然灾害,并强加于别人。

我们在报上还可以读到这样一些报道。有人试图把黑猩猩的卵子同人的精子在试管中结合。南非有的科学家把人的精子移植到雌猩猩体内。美国一个医生把长颈鹿的精子注入一女子体内。还有科学家想在人与老鼠之间实施基因技术，有人说这是在制造“鼠人”。这些报道是否属实，无从考证。但报纸上刊登这些消息本身就是严峻的问题。

看来，什么天灾、人祸，人都可以用技术制造出来，而且人还可以用技术手段改变自己的生物属性。这些都表明，“恶的技术”是客观存在，虽然它在技术门类中目前只占极少数。“善技术”与“恶技术”的并存，是技术双刃剑效应的突出表现。

技术双刃剑效应还有一种表现形式，是技术应用本来是用来为人造福的，可是一旦发生事故，也会带来灾难性后果。所有的技术应用事故，都是技术应用的失控，技术的正常运转中断，出现了不应当发生的变化，使善技术出现了恶后果。“水可载舟，也可覆舟。”任何交通工具都会失事，这是生活中常见的现象。

在这方面，前苏联的切尔诺贝利核电站的事故，给世人留下特别深刻的印象。1986 年 4 月 26 日，乌克兰北部的切尔诺贝利核电站 4 号反应堆发生爆炸。爆炸释放大约 2.6 亿居里的辐射量，这大约是广岛原子弹爆炸能量的 200 多倍。毒气污染几乎遍及整个欧洲。当时乌克兰有 2.5 万居民疏散，欧洲 20 多个国家对某些食物和居民户外活动发出禁令。该核电站位于普里皮亚特河畔，该河流区域面积为 920 平方公里，并同乌克兰首都基辅的水库相通，水污染后果严重。辐射后果要滞后一段时期才会逐渐显出。几年后有关方面对 4 万个土壤样品进行化验，表明白俄罗斯有 7000 平方公里的土壤受到放射性尘埃污染，面积相当于一个丹麦。有人估计，半个世纪内核电站附近的千万顷良田将变成荒漠。附近的癌症病人增多。乌克兰新生儿的死亡率居高不下，每 1000 个新生儿有 21 个死亡，比欧洲的平均水平高 3 倍。有些地区新生儿死亡率近 30%。乌克兰和白俄罗斯是目前世界上仅有的两个总人口数下降的国家。过去 5 年内乌克兰人口数从 5200 万下降为不到 5000 万。附近大量田鼠的基因发生突变，一些动物行为异常，松、云杉等树木逐渐枯萎。

1984 年 12 月 3 日，印度博帕尔发生毒气泄漏事故。约 3000 人死亡，20 万人身体被严重伤害或终生残疾，67 万人的健康受损。

有人也许说，技术应用的事故是可以避免的。这话既对又不对。事故可以在一定程度上避免，但不可能完全避免。技术应用的不确定因素（难以预见的因素、难以控制的因素）很多；技术应用者的生理状况、心理状况也有很多不稳定因素。所以无论技术怎样完善，无论我们怎样给自己敲响警钟，事故都不可完全避免。因为科学再进步、技术再发达，我们都不可能消除偶然性。

美国的爱德华·特纳写了一本书,正题为《技术的报复》,副题为《墨菲法则和事与愿违》。墨菲是位在美国空军服务的工程师,专门研究人体在飞行器迅速加速或减速时的忍耐力。这需要用真人来做试验,浑身上下绑上16个敏感探测元件。结果有一次一位助手把16个敏感元件的触头全部接反了,实验结果当然是错误的。16个触头全都装反了,这真叫人难以置信,然而这是事实。墨菲感叹地说:“如果事情有可能出错,那一定会出错。”这句话不胫而走,被人称为“墨菲法则”。这个法则有多种不同的表述,有一种表述是:“如果事情有可能发生,不管这种可能性多小,它总会发生,并造成最大可能的破坏。”“墨菲法则”当然不是科学定律,但它是一种有益的警示:只要有出现事故的可能,这种事故迟早会发生,千万不可存侥幸心理。特纳在回顾最近两个世纪的技术发展时说,技术体系的规模越大、越复杂,事故发生的频率就越高。“在西方,当时还有一些正在发生的灾害受到控制,但正是防止这些灾害的手段往往会产生将来遭遇更大事故的危险性。”〔4〕特纳还说:“如果我们能从报复效应中接受教训,就不会去否定技术,而是将改进技术。”

三 高技术应用的忧虑

高技术是把十分锋利的双刃剑,它的正面作用和负面作用都空前的强大,因此在高技术时代,技术的双刃剑问题,更关系到人类的前途和命运。

1997年,国际科技界发生了两件大事,即“人机大战”和“克隆风暴”。使许多人对高技术的负面作用忧心忡忡。

世界国际象棋冠军卡斯帕罗夫同深蓝计算机对弈,经过六局激战,卡斯帕罗夫推枰认输。卡斯帕罗夫每秒钟可以思考三步棋,深蓝计算机每秒钟可以思考两亿步棋。这场比赛的影响远远超过了比赛本身,人们都以更加紧迫的心情在思考一个问题:电脑、机器人功能提高的速度越来越快,越来越超过人,到那时人机关系将会处于一种什么状态?

许多科学家认为,将来机器人必将统治人类。早在1948年,即第一台电子计算机问世后才两年,控制论专家艾什比就向世人发出警告:机器将可能统治人类。维纳说:“如果机器变得越来越有效,而且在一个越来越高的心理水平上运转,那么巴特勒所预言的,人被机器统治的灾难就越来越近了。”〔5〕英国机器人专家渥维克说:“似乎没有什么能够阻止机器在不久的将来变得比人类的智能更高，所以，除了得出机器将会主宰地球的结论，我们还能得出什么结论呢？不仅如此，机器主宰地球的日子已经为时不远了。"[6]他预计这是2050年将发生的事。

机器人统治我们人类以后，我们将怎样生存呢？有人认为这是好事，机器人将把我们人类当作宠物来豢养。1999年12月24日《南方周末》上刊登一幅漫画：一个大机器人的两只腿上，坐着相比之下像孩子一样大的10个人。上面有一句话："让机器人当爷爷，我们当孙子，也许更舒坦。"

可是更多的人认为，机器人对人类的统治，将是我们的厄运。有人说，人将成为计算机思想家的玩物或害虫，成为它们对低级发展形式的一种回忆，保存在将来的动物园里。有位计算机专家写道：总有一天机器人会统治我们人类，把我们关在动物园的牢笼里。大机器人带着小机器人参观动物园，指着笼里的人对小机器人说："孩子，这是人，是我们的祖先。"有一位科学家说："人将成为计算机思想家的玩物或害虫，成为它们对低级发展形式的一种回忆，保存在将来的动物园里。"[7]渥维克是这样来描述我们人类在机器人统治下的状况的："在2050年，我们人类为机器所驱使，必须做机器规定我们做的事情。许多人被用做一般劳动力。""这些人类劳工都已经被阉割了，以防止出现不必要的性冲动，而且对他们的大脑也已作过了适当的调整，以避免人类性格中的弱点，如发怒、感到压抑或是有一些不切实际的想法。""人类的性别已经差不多被机器完全抹掉了。"机器人将把我们人关在集中营里，就像当年希特勒对待犹太人一样。"营地里没有多少人工照明用的灯火(人类要这个有什么用呢?)，也没有多少取暖用的设施，有的只是让人类足以存活的物品罢了。""机器在人身上已经进行了许多试验，试图去掉人脑中导致睡眠的机制。""那些自出生时就被挑选出来作为劳工的人仍从12岁起开始工作。……到了27岁或是28岁时，这些人通常都已经垮掉了，最终被扔进焚化炉。""很少有人能活过30岁。""劳工仍每天必须干16个小时的重体力活儿。""还有一些人被训练成为士兵，来对付那些未被机器征服的残余人类。""机器在大片区域内施放了毒气，任何人在此区域内都会被毒死。""所有的人类都要靠边站，不能参与正在进行的事情。在这样的世界中，人类至多也就是二等公民。"[8]在那样的世界里，人倒反而成了没有睡眠，没有性别，没有心理活动的机器。难怪渥维克说这是"活地狱"。作出这样预测的，不是科幻作家，而是一位卓有建树的人工智能专家。

1997年2月，英国的著名杂志《自然》宣布：英国爱丁堡罗斯林研究所威尔穆特等科学家用克隆技术培育出第一只绵羊。从技术发展的逻辑来讲,克隆了绵羊,就要考虑克隆人。大家关注的不是能否克隆人,而是是否应该克隆人。在这个问题上,全球议论纷纷,掀起了一场“克隆风暴”。英国科学家罗特布拉特当时就把克隆技术同原子弹相提并论。

1997年2月23日,即宣布克隆绵羊成功的当天,英国《医学伦理报》主编就反对克隆技术研究。2月24日,美国总统克林顿下令研究克隆技术的法律和伦理问题,美国伦理学家麦吉反对克隆人。2月25日,德国、加拿大的官员、威尔穆特等科学家反对克隆人。2月26日,梵蒂冈呼吁制定禁止克隆人的法律。2月27日,法国总统希拉克反对克隆人。3月1日,英国国会就克隆技术举行听证会,英国农业部削减罗斯林研究所该年度的科研经费。3月4日,克林顿禁止美国用联邦经费克隆人。后来,反对克隆人的舆论越来越强。3月19日,我国卫生部长陈敏章宣布:我们对任何形式开展克隆人研究的态度是不赞成、不支持、不允许、不接受。

在克隆风暴看来好像已经平息时,1998年1月6日,美国物理学家席德对新闻界宣布,他将不顾一切地克隆人,并且每年要克隆20万人。他说准备工作已完成90%,已选好四对夫妇作为克隆对象。真是万事俱备,只欠东风。此言一出,世界哗然。次日,克林顿和美国国会议员呼吁尽快制定禁止克隆人的法律。1月9日克林顿发表广播讲话说:“人们应该切记,在道德的真空中不可能出现科学的进展。”但后来又有传闻,克隆人已经问世,并说这件事同一些邪教组织有关。

有人赞成克隆人,提出了一些理由,譬如这是器官移植的需要。但许多人认为,克隆人的弊远远超过了利。每一个正常的人,都是一个完整的人,都是别人不可能完全取代的人。每个人的生命都是自己的生命,而不可能是别人的生命;每个人的躯体只是自己生命的载体,而不可能是别人生命的载体。每个人只有一个自己,也只能有一个自己,世界上只有一个自己。每个人都只有一个属于自己的生命和躯体。自己只能是自己,这是人生的真谛。每个人都有独立的身份,每个人的身份都是独一无二的,都是惟一的。每个人在社会关系中,都有自己的位置。克隆人是人体的复制、基因型的复制,这会弱化人体个体的多样性,造成人的社会身份的混乱、社会关系的错位,人伦关系会受到冲击。在克隆人的过程中,体细胞核、去核卵和子宫三者的组合可以有多种选择。假如选择A的体细胞核,B的去核卵,移植到C的子宫怀孕,克隆人生下后由D和E这对夫妇领养,那克隆人的人伦关系如何确定?一位男士可以用自己的体细胞反复克隆,提供去核卵的可以是不同的女性。如果第一次由他妻子提供,第二次由他母亲提供、第三次由他女儿提供,第四次由他姐姐、第五次由他祖母提供,那这五个克隆人同他的人伦关系又怎样理解?

如果克隆人是为了给我们提供器官,那克隆人也是人,我们有什么权利把克隆人当作材料仓库?人格、人权的平等又在哪里?戴比·斯莱特说:“许多人讲克隆人可以带来捐赠的器官。但这意味着为了供本的利益对克隆体的谋杀。我宁愿自己死,也不愿把另一个人带到世上,而目的是要杀死他。”[9]既然克隆人是我们进行器官移植的器官来源,那克隆人就会成为商品。总之,复制人,实际上是复制物,最终把人异化为物。

遗传工程如果失控,有人就会在人兽之间进行DNA重组,制造出“亦人亦兽”或“亦兽亦人”的怪物。

新生殖技术确实给一些有生理缺陷的夫妇带来福音,但也提出了许多新的社会问题。一位女士从精子库获得精子,生了一个孩子,这孩子同她的丈夫却没有任何亲缘关系。爸爸的角色分裂了,孩子的社会学爸爸是这位先生,生理学爸爸却是另外一个人。由于遗产的问题、感情的问题,所以国际社会达成共识:精子提供者的姓名保密。有的精子库老板宣称,他们那儿精子的提供者都是诺贝尔奖获得者这样一些高智商的人。如果真的这样,对提高婴儿素质也许是件好事。但为了赚钱,有人也会弄虚作假。英国报纸曾披露一件丑闻:朗多医生作人工授精业务已25年,从他的精子库提供的精子,已孕育出六千多个小孩,后来才知道这些精子都是朗多一人提供的。这些孩子有男有女,长大成人后可能会成为夫妻,这岂不是造成近亲婚姻的悲剧?有人认为,新生殖技术有可能把人变成机器,变成物。金柏利说:“随着技术进步,那些代理母亲就会成为生育技术实验室,一种以替‘雇主’生育孩子为目的的服务性的‘母亲环境’。总之,代理母亲已经非人化了,她不过是一个生产机器,一座制造人体器官商场中最珍贵商品的‘工厂’。”[10]

高技术可能出现的负面作用,我们可以举出许多方面。如果说,我们在发展近代技术所付出的沉重代价,是人与自然关系的扭曲,那我们发展高技术所付出的更为沉重的代价,很可能就是人性的扭曲。关于这个问题,我们将在关于两种文化的一讲中谈到。

四　技术应用的责任

技术的应用既有正面作用,也有负面作用,这是不争的事实。但我们不能由此采取反技术的立场。面对技术应用的负面作用,有人认为技术是妖魔,有人认为技术是恶,而且是万恶之源,这种观点是错误的。

在一般情况下,占主导地位的是技术应用的正面作用,还是负面作用?技术应用是功大于过,还是过大于功?这首先是个实践判定的问题。人类的文明史,特别是近代工业以来的文明史表明,技术的功绩占主导地位。美国《美国科学指南》(1982 年英文版)公布了一项美国民意测验的结果,表明了公众对这个问题的看法:

科学技术利与弊的关系	百分比			
	1972 年	1974 年	1976 年	1978 年
利大于弊	54	57	52	60
弊大于利	4	2	4	5
利弊相当	31	31	37	28
不知道	11	10	7	6
测验人数	2209	2274	2108	1500

值得注意的是,认为利弊相当的人数,约占 1/3。

技术应用负面作用的责任不在技术,而是在于人。

古希腊哲学家柏拉图曾经讲过一个故事:有人用一块石头砸狗,狗被石头击中,便拼命去咬那块石头。狗不去咬砸他的人,它把责任对象搞错了。技术的作用,就像这块石头。19 世纪初,英国工人运动的最初形式是捣毁机器,被人称为是卢德派,他们认为使他们贫困的不是资本家而是机器。近年,有个叫塞尔的人在纽约市政府大厅当众用斧头劈碎自己的计算机。有的计算机专家认为,有人痛恨计算机,是怕计算机夺去他们的饭碗。

作家容格认为技术是暴君,它的功能是掠夺性开发,它要耗尽人类所有的自然资源。"无所不及、无所不在的掠夺性开发,是我们技术的根本标志。正是掠夺性开发本身使得技术成为可能并使其发展。"〔11〕环境保护主义者皮卡德说:"我们现在所'津津乐道'的技术,除了广泛地造成自杀性的污染以外就没有什么其他东西了。它是一种灾害,不仅影响到我们所呼吸的空气和我们所饮用的水,而且也影响到我们所耕种的土地和我们了解很少的外层空间。但这一切,最悲惨的还是现在隐伏在人们身体中的化学物品对人类所造成的污染。技术在慢慢地毁灭人类,人类在慢慢地吞食自然,自然选择已经成为过去,最后留下的只有技术。"〔12〕难怪卡逊在《寂静的春天》中,把科学技术说成是人类创造的"魔鬼"。资源消耗、环境污染的账,就一古脑地算在科学技术的头上。

可是爱因斯坦说:“科学是一种强有力的工具。怎样用它,究竟是给人带来幸福还是带来灾难,全取决于人自己,而不取决于工具。刀子在人类生活上是有用的,但它也能用来杀人。”[13]爱因斯坦的观点是正确的。

技术只是人的工具,人是技术的主体。也就是说,在技术应用结构中,主体是人,工具是技术,技术作用的对象是人的选择。人是技术的研究者、创新者、开发者、应用者、管理者、控制者、评价者。技术自身不可能发生任何作用,只有人才能使技术发生作用。技术的功能是人的设计和制造,是为了满足人的需要。所有的技术的作用,实质上都是人的作用,是通过技术作用形式表现出来的人的作用。为什么目的应用某种技术?在什么条件下应用这种技术?在哪些方面、针对什么对象应用这种技术?以什么方式和方法应用这种技术?应用到什么程度?还应当配合应用什么相关技术?这一切都是人的选择。技术是被动的,人是主动的。只有当人由于各种不同的原因在主观上或客观上放弃了主动性(如出了事故),人才会陷入被动的困境。如果认为技术应用负面效应的责任在技术本身,就容易导致错误的反技术论。

技术自主论否定人对技术的主动性,主张技术控制人,反对人控制技术,也是不对的。埃吕尔说:“在社会中技术的活动越多,人的自主性和主动性就越少。”“面对技术的自主性,这里没有人的自主性。”“技术的自主性禁止今天的人选择他的命运。”“技术选择不是由人所作出的,而是由技术本身作出的。”[14]按这种说法,人就不应当对技术应用的负面效果负责。极端相合,面对着技术应用的负面作用,通过技术自主论,唯技术论和反技术论就会相互转化。

技术应用负面效果应由人来负责,由什么人负责?在一般情况下,由应用者负责。技术本身不可能选择应用主体和应用目的,应用目的是由应用者决定的,用什么技术是应用者的选择。技术创新者的目的不等于技术应用者的目的。创新者在创造了某种技术后,这项技术的应用状况,就不由创新者的意志决定。应用者可以选择技术,技术创新者却不可选择他所创造的技术的应用者。技术应用越简便,应用它的人就越多,文化素质很低的人也能应用。“林子大了,什么样的鸟都有。”众多的应用者可以有形形色色各不相同的动机。技术应用者在应用技术时,又很少有人监督。

技术应用的负面效应,归根到底应当由人来负责,那这是一种什么性质的责任?有认识问题,但主要是道德问题。

我们对技术应用负面作用的认识是一个过程,有些负面作用(特别是在什么具体条件下会出现这些负面作用)创新者和应用者都不很清楚,对要滞后很长时期才出现的恶果,更难作出准确的预言。有的技术应用的人少,负面作用几乎没有;应用的人多了,就会造成很大的违害。所以技术创新者要考虑负面作用,技术应用者在这方面也应具有必要的知识。

但在大多数情况下,技术应用者明明知道会产生什么恶果,他还是要这样做,是明知故犯。促使他们这样做的根本原因,是利益的驱动。

我们说过,技术追求的是利,即经济利益。技术及其产品的命运,取决于它给人们带来的利的多少。所以技术应用的核心问题是利益问题。

人类的经济活动有两条最基本的原则。

利益原则,或功利原则:人们参与经济活动的直接目的是谋求个人的物质利益。边沁说:"功利原则指的是:当我们对任何一种行为予以赞成或不赞成的时候,我们是看该行为是增多还是减少当事者的幸福;换句话说,就是看该行为增进或违反当事者的幸福为准。""所谓功利,意即指一种外物给当事者求福避祸的那种特性,由于这种特性,该处物就趋于产生福泽、利益、快乐、善和幸福。"〔15〕霍尔巴赫说:"利益是人类行动的一切动力。"〔16〕马克思说:"人们奋斗所争取的一切,都同他们的利益有关。"〔17〕"思想一旦离开了'利益',就一定使自己出丑。"〔18〕

效率原则,或效益原则:人们进行经济活动,都要追求利益的最大化,即力求用尽量少的投入,获得尽量多的回报。斯宾诺莎说:"人性的一条普遍规律是,凡人断为有利的,他必不会等闲视之,除非是希望获得大的好处,或出于害怕更大的祸患;人也不会忍受祸患,除非是为避免更大的祸患,或获得更大的好处。也就是说,人人是会两利相权取其大,两害相权取其轻。我说人权衡取其大,权衡取其轻,是有深意的,因为这不一定说他判断得正确。这条规律是深入人心,应该列为永恒的真理与公理之一。"〔19〕马克思说:"真正的财富在于用尽量少的价值创造尽量多的使用价值,换句话说,就是在尽量少的劳动时间里创造出尽量丰富的物质财富。"〔20〕

这两个原则的结合就是:每个人在经济活动中都力求自己物质利益的最大化。

这两条原则是合理的。不贯彻这两条原则,经济就不会发展,文明就不会进步。这两条原则是人类生存和发展的保证。

技术之所以成为越来越强大的生产力,技术之所以能飞跃发展,最根本的原因,是人类在创造物质生活资料的经济活动中,技术是贯彻这两条原则的最有力的工具。技术带来了功利,技术带来了效率。技术的力量之所以无比神奇，其源盖出于此。而且技术本身的运作和发展，也是根据这两条原则进行的。

这两条原则又有很大的局限性。在贯彻利益原则时，会自发产生只顾个人利益而不顾他人利益、集体利益、公众利益、国家利益和人类利益，只顾经济利益而不顾生态利益、社会利益、精神利益的趋势。在贯彻效率原则时，会自发产生为了个人利益最大化而不择手段的趋势和认为能带来高效率的强者、富者应当主宰社会的观点。一言以蔽之，可以自发地产生自私和贪婪。这二者的结合，就会自发地、源源不断地产生道德沦丧和社会罪恶。所以，物质文明是经济发展的硕果，社会罪恶也有其经济根源。

作为重要经济活动的技术活动，当然也具有两重性，既创造了灿烂的物质文明，创造了善，也有自发产生恶的趋势。技术的应用会导致人的异化，这个问题我们将在关于两种文化的一讲中谈到。此外，技术两重性的基本表现形式，是技术应用的两面性。产生这种两面性的主要根源是利益的冲突和社会责任问题。

技术追求的是利，它只提供人们获得物质利益的技术手段，却不可能选择和影响技术应用者的道德状况。只要合乎技术的操作要求，讲道德的人可以实现技术应用的目的，不讲道德的人也可以实现自己的目的。有人用技术为自己获利是善，有人用技术为自己获利则是恶。技术只能决定技术功能与技术操作之间的关系却不能决定技术应用者在应用技术时的人与人之间的关系。

人的利益是多方面的。就利益主体而言。有个人利益、集体利益、社会公众利益、区域利益、民族利益、国家利益和人类利益；有自己的利益，他人的利益；有这一代人的利益，下一代人的利益。就利益的内容而言，有物质利益，精神利益；有经济利益、生态利益、社会利益。就利益发生和持续的时间而言，有眼前利益与长远利益。就利益的重要性而言，有根本利益与非根本利益。这些利益之间既有一致性，又有非一致性，这就需要利益的协调，就需要道德和法律。利益的协调不能靠技术，只能靠人的自觉性，靠人的正确的价值观念和伦理观念。当技术的应用者缺乏自觉性和道德时，技术应用的负面作用就会愈演愈烈。

技术应用中的人与人之间的利益关系是很复杂的。技术应用的负面作用，有时必须由应用者来承担，同别人无涉。凡药皆有负面作用，这负面效果只能作用于服药者。这一般不会引起人与人之间的利益冲突。

问题在于，技术应用的负面作用在许多情况下是同应用者分离的，即应用者自己的目的达到了,受害的是别人。一种情况是,应用者应用某种技术,这技术应用所引起的变化,完全是作用于别人的。对技术应用者本人来说,并没有产生什么影响,但却损害了别人的利益。而损害别人正是应用者应用技术的目的。例如,制造和使用毒气、基因武器。这类技术应用是犯罪行为。还有一种情况是,技术应用的负面效应并不是特意针对某些人,而是转嫁到社会公众身上。例如某家企业采用某项技术,造成了环境的污染,受害的是周围群众。这类技术应用一般是道德问题,严重的也会触犯法律。总之,因为技术应用的获利者和技术应用负面效果的承担者可以分离,有人就会只顾自己获利,听任负面效果的泛滥。

此外,还有一种情况。人们应用某项技术,就应用者个人而言,可以满足自己的需要,对别人也没有什么不好的影响。可是这种技术应用多了,对社会就会产生不好的效果。所以这种技术应用常被社会所禁止。如果应用者不知道这个道理,是认识问题。如果知道了这个道理,还要应用这项技术,那就不对了。例如用 B 超技术测定胎儿的性别,从个人的角度来讲,这似乎很合乎人性。可是在一定的社会环境中,如果大家都这样做,就会导致男女性别比例的失衡。所以目前我国禁止这种技术的应用。

有时个体行为方式的选择同群体行为方式的选择,会发生冲突。每个人都选择对自己来说是最有利的行为方式,可是由于大家都这样选择,反而事与愿违,适得其反,结果对大家都不利。也就是说,对每个个体来说是有利的选择,对群体来说,却反而是不利的选择。博弈论(又称对策论)中的"囚徒困境"案例,讲的就是这个道理。有两个囚徒一块做了坏事,警方把他们抓起来,分别单独审讯,不让他们串供。如果他俩都沉默,都不揭发对方,警方因缺乏证据无法定罪,只好把他们两人都放掉。警方为了破案,就分别向他们宣布:谁如果揭发同伙,谁就可以释放,并得到一大笔奖金,而被揭发者将被判重刑,并罚巨款。事实上如果两人都告发对方,那两人都会被重判,谁也不会得到奖金。根据博弈论,一方行为的结果不仅取决于自己的决策,还在很大程度上取决于其余各方怎样决策和对策。这两个囚徒都面临着选择:揭发对方或保持沉默。这两种选择都可能成功,也都可能失败,都要冒很大的风险,于是他们都会思索再三,反复权衡利害。这两个囚徒都会这样想:如果两人都不揭发对方,两人都会获释,这当然是最理想的结果。但要得到这个结果,自己就要沉默,如果对方不合作,反而来告发我,我就会倒大霉;如果对方想跟我合作,不揭发我,而我告发他,我就会成为大赢家。他们又会想:如果沉默,成功了会获释,失败了不仅被判重刑,而且要罚巨款;如果揭发对方,成功了不仅获释,还会得一大笔奖金,失败了只是被判刑。他们各人从自己的利益立场考虑,都会觉得选择揭发对方,成功了比选择沉默的获利多,失败了比选择沉默的受害小。所以选择揭发相对于选择沉默来说,是利大弊少,揭发是最佳选择。可是,这样一来,两人都被判了重刑。如果他们不仅考虑自己,也考虑别人,而且相信对方也会这样做,那即使他们在互不通气的情况下,他们也会步调一致,两人都会被释放。

"囚徒困境"的案例说明:每个人都力求自己利益的最大化,都选择对自己最有利的行动方案。但在一定条件下,反而大家都落了个最坏的结局,是大家损失的最大化。造成这种困境的主要原因,是人们私心太重,互不信任,不能正确协调彼此之间的关系和行动。这个困境是人们道德的困境,人成了自己私心的囚徒。

技术越先进,负面作用的破坏性也就越大;而技术越先进,操作也就越简便,能应用的人就越多。人与人的价值观念、道德水平差别很大。如果在1万人当中,9999个素质高的人对技术的应用很符合道德规范,可只要有1个素质低的人乱用,受害的人就会数以万计。一个水桶是由许多块木片箍成的,如果木片有高有低,那决定这只水桶容积的不是最高的木片,而是那块最低的木片。因为最短的那块木片"水平"最低,水桶里的水一旦达到这个高度,水就会流出水桶。别的木片的"水平"再高,也无济于事。我们的社会就像一个巨大的水桶,一个素质低的人,就会造成一场大灾难。所以技术越先进,应用越广泛,其社会危险性也就越大。而且,随着一项项新技术问世,一个个新的技术应用危险性因素,也就深深埋藏在技术应用过程之中,而且很难排除这些危险。据说,现在世界上埋着大约一亿颗一触即发的地雷,按目前阿富汗的排雷速度,需4300年才能排掉这些雷。几十年间造成的危害,要几千年才能排除。这都是严酷的事实。

所以技术越发达,人们对技术应用负面作用的忧虑也就越重。作家赵鑫珊说:"人创造了技术,但也被技术创造或有可能被技术毁灭。——这是技术哲学的一条重要原理。""技术是个很典型的两面派。它一方面大大提高了人的生存质量,包括拥有更多的闲暇,另一方面它也正在把现代人推向地狱。"[21]

五　对技术应用的必要约束

技术应用负面作用的责任既然不在技术而在人,在于人怎样应用,那人类就有责任而且能够把技术应用的负面作用降低到力所能及的程度。

埃吕尔承认技术应用有负面作用,但他认为这只能通过技术来消除。埃吕尔说:“我们在尽力揭露技术发展招致麻烦的一面……我深信,所有这些麻烦都会随着技术本身的不断发展而被消除,并且,确实也只有依靠技术的发展才能消除。”[22]技术对消除、减弱技术的负面效果,当然有重要作用,例如要在煤中脱硫,就应当研究和应用脱硫的技术,只有主观愿望是不行的。但脱硫技术不会从燃烧煤的过程中自动生长出来。研究与应用脱硫技术,仍然是人的决策。认为随着技术的发展,技术应用负面作用会自然消除,是没有根据的,也是有害的。

弗洛姆说,现代技术系统有两个指导原则:第一原则:“凡技术上能够做的事都应该做。”第二原则:“最大效率与产出原则。”[23]弗洛姆所说的第二原则,就是我们讲过的效率原则。他所说的第一原则提出了一种技术逻辑——“能够做”等于“应该做”。这两条原则结合起来,就是凡技术能够做的都应当去做,而且还要尽量强化它的效果。即使是恶的技术,也应当采用,并且努力强化它的恶果。这当然是荒唐的逻辑。“能够”是对技术功能的判断,是事实判断;“应该”是价值判断、伦理判断。“能够”不等于“应该”,正如“应该”不等于“能够”。同样,技术不能取代道德,就像道德不能取代技术。如果凡技术能够做到的事,我们都应当去做,那我们就放弃了对技术应用后果的评价和责任。如果菜刀“能够”杀人,我们就“应该”用菜刀去行凶吗?

人与技术的关系只能是创造与被创造、开发与被开发、应用与被应用、控制与被控制、管理与被管理的关系。人是主体,技术是客体。人是目的,技术是手段。技术应当为人谋利,而不应当损害人的利益。是人主宰技术的命运,而不是技术主宰人的命运。技术的研究与应用要遵守技术的自然逻辑,即人造物进化的逻辑,也可以说是技术自身的逻辑;更要遵守技术的社会逻辑,或称社会逻辑,这是社会全面进步和人的全面发展的逻辑。技术的社会逻辑高于技术的自然逻辑,当这两种逻辑冲突时,技术的自然逻辑服从技术的社会逻辑。技术本身的善恶、技术应用后果的善恶,只能根据大多数人的根本利益来判定。人类的最高目标,不是发展和应用技术,而是人类的全面发展,技术只是为这个目标服务的手段。技术越发展,越应该强调对技术的人文关注。

我们要尽量提高技术应用的正面作用,降低其负面作用,关键是要强化我们对技术应用的责任感,用正确的道德观念对待技术的应用。

在技术研究与应用中，不仅要考虑“如何能够”的问题，还应考虑“是否应该”的问题。有人认为技术的任务只是提高物的功能，不涉及人的问题，否则就超出了技术的研究范围。这种观点是片面的。技术研究的的确是物，但不是同人未发生经济关系、利益关系的天然物，而是为了满足人的需要的人造物。用技术手段制造出来的人造物，对人会有什么影响，这是技术研究的应有之义。技术家对这个问题负责，是技术家的天职。

科学无禁区，但技术有禁区。具体地说，自然科学理论研究无禁区，技术的研究与应用有禁区。如果自然科学理论研究损害了人类的根本利益，也应当禁止。列宁说：“几何公理要是触犯了人们的利益，那也一定会遭到反驳的。”[24]如果有人以研究科学为名，搞伪科学和迷信，也应当禁止。但在一般情况下，只要科学家认真地进行研究，就不会损害人类的根本利益。即使是错误的学术观点，对科学的发展也会有一定的历史作用。自然界所有的奥秘都应当去探讨，没有什么不可以研究的问题。但技术研究与应用，是要付诸行动的，所有的技术研究与应用的后果都关系到人的利益，技术应用的负面效果，会强加在反对这样应用的人的身上。所以对技术的研究和应用，必须要加以必要的约束。

技术的研究和应用有其道德标准——不能损害人类的利益。如不能因个人利益而损害他人和公众的利益，不能因一个区域或国家的利益而损害别的区域或国家的利益，不能因当代人的利益而损害后代人的利益，不能因经济利益而损害生态利益，不能因眼前利益而损害长远利益，不能因非根本利益而损害根本利益，不能因技术的应用而导致人性的扭曲和异化。

凡违背人性的恶技术，不仅不能应用，而且应禁止研究。例如，克隆人的技术、人与人之间的大脑移植技术、人兽之间的大脑移植技术、人兽之间的精子与卵子结合的技术、把几具尸体拼凑成一个活人的技术、完全取消人体的技术、制造感情的技术、研制具有性别、爱情和两性生殖能力机器人的技术、电脑与人脑连体的技术、能窥测人的思想的技术，都应当禁止研究。在科学和哲学上，可以允许“人是野兽”观点的发表，但在技术上就应当禁止把人改变成野兽的操作。

有些技术本身是合情合理的，但应该对它的应用对象、方式、规模、程度加以必要的限定。有的技术虽然有效，但不一定就适合推广，因为技术应用的效果同许多非技术因素有关。例如目前我国禁止用 B 超技术测定胎儿的性别，并不是由于技术的原因，而是由于当前的社会状况。

技术发展有其自然的逻辑，从研究角度讲，解决一个环节以后，就会去解决相关的别的环节。从应用方面说,应用到一个领域,就会推广到相邻的领域。我们承认这种逻辑,并在不损害人的利益的情况下,按这种逻辑办事。但这个逻辑既可以使技术应用的正面作用提高,也可以使负面作用强化。所以技术问题不能只从技术的角度来考虑,更不能把技术目标、技术逻辑看作是至高无上、不受任何约束的东西。埃吕尔认为现代人的心理已完全被技术价值所支配,人的本性已被技术所改变,因而失去了对技术的判断和选择的能力。埃吕尔说:"技术根本不顾及人们在伦理、经济、政治与社会方面的考虑,所有事物都要适应自主的技术的要求。"[25]这种不受任何约束的技术,只能把人类引入歧途。

对技术的约束可以有舆论批评、学术团体的监督、政府干预、法律制裁等多种手段。当然这种约束应当是认真负责的,应当是合理、有根据的。

技术自身是否价值中立?这要看从哪种意义上来说。重要的是要强调人的技术研究和应用的社会责任。那些技术设计目的就违背人性的技术,只有负面效果,这是恶的技术。绝大多数技术的应用效果具有不确定,既可用来行善,也可用来作恶,既可以创造正价值,也可用来作恶。使不确定的"可能"转化为某种确定的"现实",是由人的活动完成的。雅斯贝尔斯说:"技术在本质上既非善的也非恶的,而是既可以用以为善亦可以用于为恶。技术本身不包含观念,既无完善观念也无恶魔似的毁灭观念,完善观念和恶魔观念有别的起源,即源于人,只有人赋予技术以意义。"[26]从总体上看,技术功能无所谓善恶,技术应用则有善恶之分。技术应用的成或败、利或害、祸或福,善或恶,责任全在于人,关键是人的价值观念、伦理观念是否正确。对技术应用的必要约束,实质上是对人的私心和贪心的约束;协调人与技术的关系,实际上是协调在技术活动中的人与人的关系。这再次表明,我们不仅需要先进的技术,同样也需要正确的技术观与人生观。

技术就像一团火,它有自发蔓延的趋势。用火是人类的第一个伟大的发明,随后人类又发明了火炉。火炉就是对火的一种约束。火的失控,就是火灾。技术的滥用也是火灾。所以我们应当让技术之火在火炉中燃烧。

让我们牢记1931年爱因斯坦对美国加利福尼亚理工学院大学生的讲话。"我可以唱一首赞美诗,来颂扬应用科学已经取得的进步;并且无疑地,在你们自己的一生中,你们将把它更加推向前进。我所以能讲这样一些话,那是因为我们生活在应用科学的时代和应用科学的家乡。但是我不想这样来谈。""在战争时期,应用科学给了人们相互毒害和相互残杀的手段。在和平时期,科学使我们生活匆忙和不安定。它没有使我们从必须完成的单调的劳动中得到多大程度的解放,反而使人成为机器的奴隶;人们绝大部分是一天到晚厌倦地工作着,他们在劳动中毫无乐趣,而且经常提心吊胆,惟恐失去他们一点点可怜的收入。""你们会以为在你们面前的这个老头子是在唱不吉利的反调。可是我这样做,目的无非是向你们提一点忠告。如果你们想使你们一生的工作有益于人类,那么,你们只懂得应用科学本身是不够的。关心人的本身,应当始终成为一切技术上奋斗的主要目标;关心怎样组织人的劳动和产品分配这样一些尚未解决的重大问题,用以保证我们科学思想的成果会造福于人类,而不致成为祸害。""在你们埋头于图表和方程时,千万不要忘记这一点!"[27]这是爱因斯坦对整个人类的忠告,每句话都掷地有声,震撼着我们的心灵。

注 释

〔1〕 维纳:《人有人的用处》,商务印书馆,1978 年,第 132 页。

〔2〕 恩格斯:《自然辩证法》,人民出版社,1984 年,第 305 页。

〔3〕 恩格斯:《自然辩证法》,第 306 页。

〔4〕 特纳:《技术的报复》,上海科技教育出版社,1999 年,第 29 页。

〔5〕 冯天瑾:《智能机器与人》,科学出版社,1983 年,第 40 页。

〔6〕 渥维克:《机器的征途——为什么机器人将统治世界》,内蒙古人民出版社,1998 年,第 267 页。

〔7〕 沈恒炎:《未来学与西方未来主义》,辽宁人民出版社,1989 年,第 182 页。

〔8〕 渥维克:《机器的征途》,第 3—6 页。

〔9〕 韩松:《人造人——克隆术改变世界》,中国人事出版社,1997 年,第 157 页。

〔10〕 金柏利:《克隆——人的设计与销售》,内蒙古文化出版社,1997 年,第 147 页。

〔11〕 舒尔曼:《科学时代与人类未来——在哲学深层的挑战》,东方出版社,1995 年,第 67 页。

〔12〕 戈兰:《科学与反科学》,中国国际广播出版社,1988 年,第 28 页。

〔13〕 《爱因斯坦文集》第三卷,商务印书馆,1979 年,第 56 页。

〔14〕 陈昌曙:《技术哲学引论》,科学出版社,1999 年,第 136、216、217 页。

〔15〕 周辅成:《西方伦理学名著选辑》下册,商务印书馆,1983 年,第 211—212 页。

〔16〕 罗国杰主编:《马克思主义伦理学》,人民出版社,1982 年,第 512 页。

〔17〕 《马克思恩格斯全集》第 1 卷,第 82 页。

〔18〕 《马克思恩格斯全集》第 2 卷,第 103 页。

〔19〕 北京大学哲学系外国哲学史教研室:《16—18 世纪西欧各国哲学》,商务印书馆,1975 年,第 349 页。

〔20〕 《马克思恩格斯全集》第 26 卷,第 281 页。

〔21〕 赵鑫珊:《人类文明的功过》,作家出版社,2000 年,第 397 页。
〔22〕 邹珊刚主编:《技术与技术哲学》,知识出版社,1987 年,第 37 页。
〔23〕 高亮华:《人文视野中的技术》,中国社会科学出版社,1996 年,第 112 页。
〔24〕《列宁选集》第 2 卷,人民出版社,1995 年,第 1 页。
〔25〕 陈昌曙:《技术哲学引论》,第 136 页。
〔26〕 赵建军:《技术本质特性的批判性阐释》,《自然辩证法研究》,2001 年第 3 期。
〔27〕《爱因斯坦文集》第三卷,商务印书馆,1979 年,第 72 页。

第十四讲

人与自然

自然生存与自然界
技术生存与自然界
人与自然的和谐
可持续发展

自从有了人类,人与自然(指天然自然)便发生了对象性关系,自然就成了人类利用、认识、变革和保护的对象。人类来自自然界,具有自然生命,是自然界的一部分,人类必须依赖自然才能生存和发展,人类的一切活动都不能违背自然规律。但人又不是一般的自然物,人又有精神生命。人类既要顺从、依赖自然,又要变革、超越自然。相对于自然,人既有受制性,又有能动性,人与自然的关系呈现出十分复杂的状况。

人与自然的关系是个变化着的历史概念,人类对自然的不同作用,形成了人类的不同生存方式;在不同的生存方式中,人与自然的关系也不相同。

一　自然生存与自然界

人类的生存包括物质生存和精神生存两类。本书所说的主要是物质生存。物质生存系统主要包括物质资源、物质环境、物质生产工具、物质生活用具、关于物的知识和技术以及人的能力等因素。在不同的历史时期,不同生存因素所起的作用互不相同,但总有一种因素是最主要、最基本、起决定性作用的因素。这种因素规定了那个历史阶段人类生存的最基本特征。我们就用这种生存因素,来为被它所决定的生存方式命名。迄今为止,人类已经经历了自然生存和技术生存两种生存方式,从而形成了自然主义与技术主义两种不同的文化,包括两种人与自然的不同关系和两种不同的自然观。人类生存有两个基本矛盾:人类需要无限性和自然资源有限性的矛盾、人类需要无限性和个人能力有限性的矛盾。不同生存方式的合理性,取决于该生存方式对这两个基本矛盾解决的程度。

自然生存是人类历史上最先出现的生存方式。它是人类主要依赖自然界所提供的自然物质资源和自身自然能力的生存方式。马克思和恩格斯认为,我们首先应当确定一切人类生存的第一个前提也就是一切历史的第一个前提,这个前提就是:人们为了能够"创造历史",必须能够生活。但是为了生活,首先就需要衣、食、住以及其他东西。温饱是人类生存首先要解决的问题,为此人类就要利用生物资源。人的自然能力指人的体能,包括体力和手的技能。由于人们对生物资源的利用方式不同,所以自然生存又分为两个阶段:原始自然生存和农业自然生存。

采集和狩猎是人类的原始谋生活动,其任务是从自然界获取已经长成的植物和动物。这些生物的生产没有人的参与,是纯粹的自然变化。人类并未生产这些生物资源,只是利用自然界生长的现成资源。自然界提供什么,人类就只能利用什么。自然界有什么,人类就需要什么。

在农业自然生存中,动植物的自然生长转化为农业畜牧业生产。相对于动植物的生长,人从旁观者转化为参与者。但仍然是生物生长自身。农业畜牧业生产主要是依靠自然界的自然条件和人自身的自然条件。

自然生存不能有效地解决人类生存的两个基本矛盾,所以是低效率生存。所以在自然生存中,人本质上只能像动物一样的生存,是自然人(自然界的一种动物)与自然物质的交换过程。就制造工具而言,人是人;就主要依靠生物资源生存而言,人仍然是动物。

但自然界并不能完全满足人的自然生存的需要。植物的生长具有强烈的季节性和地域性,捕捉野生动物又要冒很大的风险。许多自然变化会成为人类的灾害。地球每年大约发生 500 万次地震,平均不到 10 秒钟一次。最猛烈的地震的威力相当于 10 万颗原子弹。1815 年印度尼西亚松巴圭岛上的坦博拉火山爆发,持续三个月,其能量相当于 20 万颗原子弹。历史上冰川曾几次覆盖全球。许多古老民族都有大洪水的传说。此外还有炎热、寒冷、干旱、暴雨、雪崩、海啸、飓风、龙卷风、泥石流、虫灾、瘟疫,都对人类生存构成巨大的威胁。

在大自然的面前，先民觉得自己软弱无力，而又想能解决温饱问题，于是便出现了作为原始宗教的巫术。先民幻想通过巫术活动使自然界或别人按自己的愿望变化。巫术活动并不是变革自然的实践活动，而是先民企图通过某种超自然的力量来感化自然，乞求自然满足自己的生存需要。巫术的出现，表明原始人类在自然界面前的矛盾心态：他们既崇拜自然，又想让自然符合自己的需要；既想有效地作用于自然，又无力控制自然；既充满希望，又充满担心希望落空的忧虑。马林诺夫斯基说："凡是有偶然性的地方，凡是希望与恐惧之间的感情作用范围很广的地方，我们就见到巫术。凡是事业一定、可靠，且为理智的方法与技术的过程所支配的地方，我们就见不到巫术。更可以说，危险性大的地方就有巫术，绝对安全没有任何征兆的余地的就没有巫术。"[1]原始人类越是不能控制外界事物，越是不能掌握自己的命运，就越需要巫术。

原始人类之所以寄希望于巫术，是因为在他们的潜意识中信奉这样一种超自然灵魂作用的信念：万物都有灵魂，万物的性质与状态都是由它们的灵魂决定的，灵魂之间可以产生一种神秘的"相感作用"，人们可以通过自己与自然物灵魂的相感作用，来实现自己的目的。英国人类学家泰勒对原始人类所信仰的人的灵魂作了这样的描述："这种灵魂或精灵能离开肉体很远而又紧紧相随，能迅速从一个地方转移到另一个地方。它是触摸不到并且是不可见的，然而却明显是种物质力量，尤其是它作为一种可以和身体相分离又相从的影子出现在醒时或梦境中，并且在身体死亡后还继续存在，能进入或通过另一些人、动物或其他事物的体内，控制他们，在它里面行动。"[2]德国的利普斯说："原始人的世界是一个巫术的世界。开始，原始人认为存在着一种'力'。奇妙的'力'是无所不在的，它的存在和石头的坚硬、水的湿润一样的确定无疑，和现代物理学上'以太'一样的普遍。这种'力'仅仅对于现代人来说是超自然的，而对于原始人来说则是真实的和自然的。……原始人的目标便是承认这种'力'的工作，并参加进去，使用和掌握它。"[3]利普斯所说的'力'，就是灵魂。

为了使我们的灵魂同自然物的灵魂发生相感作用，先民就设计了一些特殊的活动方式，先民完成了这些活动，就认为自己已经同自然物发生了相感作用。这些特殊活动便是巫术活动。

那这些巫术活动是怎样确定的呢？英国的弗雷泽通过大量的巫术活动的研究，概括出巫术的两条定律：相似律和接触律。

相似律指同类相生，或结果同原因相似。根据相似律，巫术施行者通过模仿，就可以对某物或某人施加巫术作用，实现他预定的目的，弗雷泽称这类巫术为顺势巫术。先民认为相似即相同，所以模仿自然过程，就会引起这种自然过程的发生。先民为了求雨，就竭力模仿下雨的过程。北美的奥马哈印第安人，将一只大水桶盛满水，围着这只水桶跳舞。其中一个人从桶里啜水，然后喷向空中。最后他举起水桶，把水倒在地上，其余的人都趴在地面喝水，再把口中的水喷向空中。先民还认为图像与实物因为相似，所以也会相感。列维－布留尔说，原始人“认为美术像，不论是画像、雕像或者塑像，都与被造型的个体一样是实在的”。“图像的实在同样就是原型的实在。”[4]原始人在打猎以前，先在洞壁上画上猎物的图画，然后用长矛来刺这些图画。他们认为在打猎以前刺杀野牛的画像，在打猎时就会真的刺杀野牛。电视剧《红楼梦》里有这样的情节：赵姨娘在巫婆的策划下，做了两个小布人，分别写上王熙凤和贾宝玉的姓名，然后用针刺这两个布人，王熙凤与贾宝玉果真就生了急病。

接触律指凡是曾经接触过的事物，在脱离接触以后，彼此间仍然可以发生长距离的相互作用。根据接触律，巫术施行者可以通过一个曾经同某人接触过的物体，来对这个人施加巫术作用。弗雷泽称这类巫术为接触巫术。两个物体只要相似，就会相感。即使两个物体很不相似，但只要曾经接触过，就会有相感作用。尽管这两个物体早就脱离了接触，甚至已相距很远，但仍然保持着这种神秘的关系。因此，先民相信只要对其中一个物体施加某种作用，这种作用就会传递到另一个物体上面。弗兰西斯·培根叙述过一直流行到他那个时代的一些巫术。他说：“有人曾相信并断言只要给致伤的武器涂上油膏，伤口就会自愈。”“人们断言假如你得不到那个武器，也可以把一只铁的或木制的相似器械刺入那流血的伤口中，再把油膏涂在器械上，也可收到同样效果。”[5]皮肉被矛刺伤，药膏不涂在伤口上而是涂在那根长矛上，伤口就会长好，因为这根长矛曾经同皮肉接触过。

顺势巫术与接触巫术都是荒唐可笑的。弗雷泽写道：“如果我对巫师逻辑的分析是正确的话，那么它的两大‘原理’便纯粹是‘联想’的两种不同的错误应用而已。‘顺势巫术’是根据对‘相似’的联想而建立的；而‘接触巫术’则是根据对‘接触’的联想而建立的。‘顺势巫术’所犯的错误是把彼此相似的东西看成是同一个东西；‘接触巫术’所犯的错误是把互相接触过的东西看成为总是保持接触的。……把‘顺势’和‘接触’这两类巫术都归于‘交感巫术’这个总的名称之下可能更便于理解些，因为两者都认为物体通过某种神秘的交感可以远距离地相互作用，通过一种我们看不见的‘以太’

把一物体的推动力传输给另一物体。"[6]弗雷泽在这儿所说的"以太",指的就是原始人想像中的灵魂。

巫术是原始人试图干预自然界变化的一种愿望,是人类的一种原始的能动性。从一定意义上可以说,巫术不是消极的等待,而是积极的追求。但这种追求其实是对自然的乞求,巫术把幻想的、虚假的联系看作是现实的、真实的联系,所以原始人的愿望注定要落空。巫术不是科学,而是迷信,是一种原始宗教。巫术是一种'术',但不是技术,而是自我欺骗的骗术。巫术起源于旧石器晚期,遍及各个民族,但却不能给原始人带来任何现实的物质利益,因为自然界不会因为人们对它的祈求,而顺从人们的愿望。

在自然生存中,人本质上是在自然中生存。采集、狩猎、农业、畜牧业劳动都是在大自然中进行的,对自然条件有很大的依赖。这可以说是人与自然的一种统一,但这是以人对自然被动的适应、顺从为代价的,这是人与自然的原始的统一。当自然界不能满足人的生存需要时,先民就试图用巫术来祈求自然神的怜悯。总之,在自然生存中,人们对自然的态度是崇拜、畏惧和服从。

二 技术生存与自然界

自然生存实际上只能为人提供动物生存的条件,它是对人性的压抑。起码的生命需要得到起码的满足后,人们又必然会提出新的需要。先民既不得不这样生存,又不满足于这样的生存,自然生存方式就同人的生存需要产生了矛盾。人们逐渐认识到自然界对于人的生存既有适应性,又有不适应性,自然生存方式有根本性的局限。所以人类既要依赖自然,又要超越自然;既要在一定时期处于自然生存之中,又要力图超越自然生存。

从近代开始,人类用近代技术来超越自然生存,转向技术生存。技术生存是人类主要依赖近代技术和技术物而生存的生存方式。技术生存发生于人类的技术物的制造。古代的手工劳动是技术生存的胚胎或萌芽。前面已说过,人类用技术物取代天然自然物,而相对于人的生存和发展需要而言,技术物的功能大大超过了天然自然物,这就使人类对自然物质资源利用的效率空前提高,在一定程度上解决了人类需要无限性和自然物质资源有限性的矛盾。人类还用技术物来取代人自身的某些器官和功能,达到了大幅度提高人的能力的效果,并使人类掌握了强大的体外能力(自然能与人工自然能即人工能),在一定程度上解决了人类需要无限性和个人能力有限性的矛盾。所以,同自然生存相比,技术生存是先进生产力和先进文化,技术生存取代自然生存是必然的。

技术取代巫术,是人类文明的一次飞跃。技术生存的成功,使我们认识到工业化的优越性,并对科学技术的本质与功能有了新的认识:科学技术是第一生产力,是推动社会进步的伟大的革命力量。从近代开始,科技文化成为主导文化。

但是技术生存有其历史的局限性。技术生存内在矛盾主要表现为两方面:其一,技术物与自然物的矛盾,这发展为人与自然的矛盾,导致了资源危机与生态危机;其二,技术物与人的矛盾,这发展为人性与技术性的矛盾,即人与技术的矛盾,导致了人性危机。

技术物与自然物(天然自然物)有本质的区别。自然物是自然界按"自然选择"演变出来的物,技术物是按"人工选择"由人制造出来的物;自然物的变化是"自为",即自行变化,技术物的变化是"人为",即人控变化、人造变化;自然物"不为人",技术物"为人"。黑格尔说:"自然对人无论施展和动用怎样的力量——寒冷、凶猛的野兽、火、水,人总会找到对付这些力量的手段,并且是从自然界本身获得这些手段,利用自然界来对付自然界本身。"〔7〕人类通过技术变革自然物,并以此作为"对付"自然的手段。技术物来自自然物,所以人是用自然界来"对付"自然界。技术物之所以具有自然物所没有的新功能,是因为人类通过技术活动对自然物的物质结构、运动结构进行了变革。物质结构指各种物质组分的空间排列、组合。运动结构指各种运动条件、运动形态的时间排列、组合。这是技术物具有天然物所没有的物质形式和运动形式的根本原因。技术物是对天然物物质结构与运动结构的重组,或者说,人的技术活动是对自然的物质结构与运动结构的重组,这便是人类对自然改造的本质。相对于自然而言,人类改造自然的技术活动合理吗?这种"重组"合理吗?要回答这些问题,就要讨论自然界的结构是否具有合理性的问题。

一个系统(无论自然或社会)的某种变化若有利于这个系统的进化,则这种变化便是合理的。所以,"合理"的本质是"有利"。自然界自发朝效率较高的方向演化,也就是说在各种可能的演化方向中,自然界一般选择效率较高的方向,这便是自然演化的合理性。正因为具有这种合理性,自然界的演化才会转化为自然界的进化。

法国数学家费尔马指出,在光的折射中,光在两点之间所走过的路径总是选择所花费时间最少的一条。法国的莫培督指出,在物体碰撞和杠杆原理中，均趋向相互作用量最小。爱尔兰的哈密顿指出，自然运动的力学作用量总取最小值。德国的普朗克认为最小作用量原理可作为建立统一物理图景的基础，适用于所有的非耗散过程。拉摩尔用最小作用量原理推导出麦克斯韦电磁学方程，埃米诺特把最小作用原理应用于量子场论，揭示了这一原理和对称性、守恒定律之间的密切关系。

牛顿认为太阳系构造完美：几大行星都在以太阳为中心的同心圆上旋转，运转方向相同，几乎在同一个平面上，各个行星的质量、速度都同它们与太阳的距离相适应，这表明上帝精通力学和几何学；动物眼、耳器官构造之巧妙，表明上帝精通光学和声学。克劳西斯认为热量从高温物体流向低温物体、物体粒子散离度的增加、机械运动向热运动的转化是能自发进行的变化，相反的变化是不能自发发生的变化。这实际上是告诉我们，自发的变化是自然合理的变化。自然界变化的不可逆性是一种选择，而选择体现了自然变化的合理性。所以对自然来说，重物下落、水往低处流是合理的变化，相反的变化则是不合理的变化。

生态学告诉我们，生态系统总是沿着最有效利用资源、能量、空间的方向变化。在一个由乔木、灌木、草地和苔藓组成的多层次植物生态系统中，各层次植物枝叶的形状、布局都符合最大限度地利用阳光、水分和空间的原则。在一个由微生物、藻类、水草和鱼虾组成的生态系统中，各个层次的生物形成有机衔接的循环食物链，阳光、空气、水分和泥土等资源都得到充分的利用。生态平衡是生态系统的结构与功能处于相对稳定的最佳状态。在生态平衡状态中，生物种类的组成、各种种群的数量比例以及物质与能量的输入和输出都相对稳定。当输入与输出平衡时，动植物的种类和数量都相对恒定。在一个相对平衡的生态系统中，生物的种类和数量最多，环境的生产潜力得到了充分的发挥。各个物种相互适应又相互制约，各自在系统中正常发育和繁殖后代。生态系统具有一定的自我调节能力，使其功能保持良好的状态。这种能力可以削弱输入的干扰影响，或扭转由于输入而造成的系统偏离正常状态的倾向，使其恢复正常的平衡。

进化论也告诉我们，生物物种通过进化，可以使其器官的功能达到十分合理的程度。蜂窝几何形状的合理性就生动地表明了这一点。早在公元4世纪，亚历山大时期的数学家巴普就说，六角柱状体的蜂窝最经济，即用蜂蜡最少，而蜂窝既比较结实，容量也大。18世纪法国数学家巴拉尔奇指出，蜂窝菱形蜡块的钝角平均为109°28′。后来巴黎科学院院士克尼格算出，钝角最理想的角度是109°26′。至此蜜蜂造窝的技巧已使人感叹不已。没想到几年后苏格兰的巴克洛林指出，克尼格当时用的对数表不准确，故计算有误，菱形钝角的最佳值正是 109°28′。巴黎科学院院士竟不如小小的蜜蜂，可见生物进化也可以达到鬼斧神工的境界。

一些物理学家认为自然界的一些基本常数搭配得也很合理。

自然合理性的最充足理由，是人类的出现。如果地球不具有相当的合理性，就不会进化出能思想的生物。在这个意义上可以说，在银河系中，太阳系是比较合理的体系；在太阳系中，地球是最合理的体系。我们可以用人择原理来分析地球自然界的合理性问题。

前已说过，人工自然物（技术物）的制造一般是违背自然界“正常行程”的，它的出现并不违反自然规律，但对于自然界来说却是“非正常行程”。技术物不是自然界进化或协调作用的结果，而是人通过对自然界的重组制造出来的产物。人们的技术活动在改变自然界原有物质结构和运动结构的同时，也就破坏了自然界原有的合理性，这是由技术生存的内在矛盾决定的。

近代技术制造了大工业，大工业则使技术从手工技能转化为机器技术。农业生产是在大自然中进行的，工业生产则是在与自然隔离的状态下，即在人工条件下进行的。农业生产对自然环境有很大的依赖性，工业技术则力图超越这种依赖性。技术物是物，但它体现的是人的意愿。技术是人类强加给自然的东西。对于自然来说，技术是异己的力量，是外来的否定，技术物是非自然的物。人造的技术变化往往同自然变化背道而驰。技术使人类创造了一人工自然界，使人类离开天然自然界越来越远，终于走向了自然的对立面。环境危机实质上是人工自然与天然自然这两类自然碰撞的结果，或者说是技术与自然激烈冲突的结果。

技术具有自然属性，人类的技术活动不能违反自然规律；技术又具有反自然属性，它是对自然界合理结构的破坏和正常行程的变革。所以技术活动效率越高，人们的反自然意识就越普遍，越强烈。在近代工业文明中，人与自然的关系不仅是利用与被利用、改造与被改造的关系，而且是征服与被征服、统治与被统治的关系。自然界被看作是人类的敌人与奴仆，人与自然的关系被看成是敌我关系和主仆关系。人们觉得雷鸣般的机器声，是我们战胜自然的凯歌。似乎技术的威力使自然界只能唯唯诺诺，任人摆布。好像人类是英雄，自然界是人类的战利品。“我们不能等待自然界的恩赐，我们的任务是向自然界索取。”这是俄国科学家米丘林的名言。法国科学家彭加勒说：“今天，我们不再乞求自然；我们支配自然，因为我们发现了她的某些秘密。”[8]英国科学史家李约瑟说，西方人对自然界实行“封建或帝制的统治”。[9]有的科学家把自然界比作夫权社会中一个可以被男人无休止鞭笞的女人。19世纪50年代,布克耳在《英国文明史》一书中说,自然是对人类的限制,自然是社会发展的障碍;什么地方受自然的影响小,什么地方就发展得快。我们在研究世界文明史时,必须承认两个基本事实:其一,自然界给人类造成了巨大的灾害;其二,自然力量在欧洲国家的影响比在非欧洲国家小得多,所以欧洲文明发展的速度快。他说:“至少迄今为止,欧洲以外的文明国家没有一个民族克服了这种障碍。(指自然界对文明发展的障碍——引者)然而欧洲有所不同,它的疆域较其他各洲狭小,位于较寒冷的地点,土地比较瘠薄。自然现象不太显著,自然界的力量也比较软弱。因此在欧洲,就比较容易放弃自然界给人们想像力带来的迷信……”“世界历史的趋势是这样:在欧洲,企图使自然界从属于人类,而在欧洲以外的地方,则企图使人类从属于自然界。”[10]布克耳认为英国近代文明的发展受自然条件的影响不像在农业社会中那么大,这是正确的。但原因不在于英国等欧洲国家的自然界力量“软弱”,而在于技术的发展。农业生产是在自然界中进行的,而工业制造业却是在同自然界隔离的条件下进行的,这是工业技术的要求。布克耳通过对欧洲近代文明发展的概括,得出了“自然障碍论”即“自然有害论”的结论,也就是说自然是技术发展的障碍,技术生存与技术文明要发展,就必须克服自然这个障碍,这种思潮从近代以来是很有代表性的。于是人们把对自然的改造,理解为对自然的克服、斗争、干预、抵御、支配、控制、征服、制服、驾驭、统治、占有,人与自然被工业技术分开了,自然成了工业技术的对象和障碍,也就成了人类的奴仆和敌人。

技术的反自然属性使我们进一步认识到技艺与自然的对立。人的技术活动必然会在一定程度上破坏自然原有的合理性,造成人与自然的对立,引起了自然危机——自然环境危机。

环境危机是人对自然合理性破坏的产物。

环境是人生活在其间的、同人们的生活与生产劳动密切相关的各种物与作用的总和。环境是相对于人而言的,是人生存和发展的空间场所和物质条件。“环境”一词,本来是相对于中心事物而言的,是指与某一中心事物有关的周围事物。我们在这儿所说的环境,是人的环境,这个环境的中心是人。人有三境:物境、人境和心境。人境是人的社会环境,心境是人的内心环境,物境就是我们在这儿所说的环境。广义的环境包括自然环境和人工环境,即天然自然界和人工自然界。自然环境是人生活在其中的、同人们的生活与生产劳动密切相关的各种自然物与自然作用的总和。人的自然环境有五大基本要素:阳光、空气、水、土壤和生物体。这五大要素是一个整体,缺一不可。自然界是人的环境,为人所需,为人所用。

自然环境对人类的生存和发展具有重要意义。没有适合的环境,人类就无法生存和发展。环境为人类提供物质、能量和有利于人的身心健康的氛围。环境又承受着人类生产和生活的废弃物,并使部分废弃物转化为有利于人生存的物质(如植物可使人呼出的二氧化碳转化为人所需要吸进的氧)。有许多自然物质可以进入人体,这些物质对人的影响是直接的。

根据环境对人类的双重意义,我们可以把环境问题分为两类:资源问题与生态问题,这是两大全球性问题。

"资源"现在已经是个比较广泛的概念,我们在这里讲的资源是自然资源。自然资源是可以被人类利用的天然自然物。1970 年联合国有关文献说:"人在其自然环境中发现的各种成分,只要能以任何方式为人类提供效益的都属于自然资源。"自然资源指天然自然物,不包括人工自然物。自然资源主要指自然物,也包括物质的能量(如太阳能)。只要是可以被我们利用的自然物,即使我们暂时还未利用,仍然是自然资源。有些自然物起初我们认为无法利用,那它就不是自然资源。后来随着科学技术的发展,我们认识到这些自然物可以利用,它就从非自然资源转化为自然资源。所以自然资源是个不断发展的概念,它的范围、种类和地位也在不断地变化。

自然资源可以分为可再生资源和不可再生资源两类。可再生资源是通过自然变化或人工经营可以不断形成,并因而能被人类长期反复利用的资源,主要指生物资源,还包括土地资源、气候资源等。生物可以在自然条件下生长,也可以在人的经营下生长。我们在利用可再生资源时,不能超过它的再生能力。不可再生资源是不可能再形成,或相对于人类发展而言实际上不可能再形成的资源。矿藏和矿物燃料都是不可再生能源。矿藏的形成需要十几亿年时间,石油也是两三亿年前形成的。即使它们在某种条件下可以再度形成,对于我们地球人类而言,也是不可等待的、没有意义的。对于不可再生资源来说,是用一点就少一点。物质不灭,但从高品位的物质形态转化为低品位的物质形态,使我们很难再利用它了,这就叫作物质资源的消耗。

农业文明的能源基本上是可再生能源,工业文明的能源基本上是不可再生能源。近代英国的矿工起初都是农民,他们用农业文明的观点来看待矿物,以为矿物可以像植物一样"春风吹又生"。当时人们采矿,开采了几天,就要停采一段时间,说等新矿长出来以后再来开采,把采矿当作了割韭菜。

里夫金认为不同的能源形式会导致不同的世界观。他认为在工业社会,人们完全依赖非再生能源,最后就把非再生能源看作是自然的象征、缩影和模型,形成了机械论自然观。非再生能源是已经形成了的存在,不是一个发展的过程;在非再生能源中,时间失去了它与事物自然发展的联系;非再生能源可以精确计算,对其作精确的定量分析;在非再生能源中,部分同整体的性质完全相同,部分之和等于整体,等等。里夫金认为非再生能源的这些特点,是机械论流行的客观基础。“以牛顿的世界机器模式为例。它出现于公元17、18世纪。当时的欧洲文化正从有史以来第一次从再生能源为基础的能源环境转变为非再生能源为基础的能源环境。这个转变使人类从一个体现为循环流通的世界进入了一个数量和贮存的世界。世界观也因此经历了同样剧烈的变化。”“有了非再生能源,人们深信他们不再依赖自然,并可以按自己的意图重新组织世界。我们再也不必为耗散、衰亡和混乱而忧心忡忡。”“学者们常常在思索,为什么无止境的进步这一观念会和把世界当作一部机器的观念一起站稳了脚跟。答案可以在非再生能源基础中找到。”[11]农业生产使人们容易把自然界看作一个不断生长着的有机体。

当今人们所说的资源危机,主要指不可再生资源的严重消耗。

罗马俱乐部的科学家对主要矿物资源的消耗作出如下估计:

矿物 名称	静态指数 可以消耗年数	平均 年递增	指数指标 预计消耗年数
金	11	4.1%	9
汞	13	2.6%	13
银	16	2.7%	13
锡	17	1.1%	15
锌	23	2.9%	18
铅	26	2.0%	21
石油	31	3.9%	20
铜	36	4.6%	21
天然气	38	4.7%	22
钨	40	2.5%	28

由此他们提出了著名的增长极限的观点。[12]

美国是经济大国,也是自然资源消耗大国。美国人口占世界人口总数6%,美国资源消耗量占世界总消耗量的百分比是:铝42%,铁28%,石油33%,铅25%,煤22%,铜33%,天然气63%,金26%,锡24%,镍38%,钼40%。据美国矿物地质工业局的统计,现在出生的每个美国人一生要消耗

350 千克锡、300 千克锌、700 多千克铜、1.5 吨铅、15 吨铁。按照这种估计,地球上不允许四个美国存在。现在美国已基本上用完了已探明的锰、铬、镍和铝土矿。

根据我国国土资源部信息中心资料,2000 年全球现已探明可采储量煤炭 9842.11 亿吨,石油 1402.25 亿吨,天然气 149.38 万亿立方米。可满足年限:石油为 40 年,天然气为 61 年,煤炭的静态服务年限为 211 年。世界剩余石油探明储量增长情况:1986 年为 959.10 亿吨,1992 年为 1289.83 亿吨,1996 年为 1389.97 亿吨,2000 年为 1402.25 亿吨。(1980—1992 年年均增长 55 亿吨,1992—1996 年年均增长 25 亿吨,1996—2000 年年均增长 2.4 亿吨。)许多专家认为,全球石油可采储量可能有 4400 亿吨,为目前已探明剩余可采储量 1402 亿吨的 3.14 倍。此外,在北亚、中东、非洲和北美洲等地区待发现石油储量尚可能有 1920 亿吨。若将这些资源探明,至少还可能保持现有产量规模生产 50 年。[13]同罗马俱乐部的数字相比,这个数字是比较令人乐观的。但是,每年都要消耗大量的非再生资源,而新探明可采储量年均增加数字有所下降,却是不争的事实。据估计,20 世纪初全世界矿物性燃料的消耗总量相当于 8 亿吨煤,1950 年为 27 亿吨煤,估计 2000 年为 200 亿吨煤。有人认为自工业革命以来,人类大约已消耗了全球矿产储量的 70%。十成家当,只剩三成。

我国地大物博,但人口众多,人均拥有的自然资源一般都低于世界人均水平,属资源相对贫困国家。我国已发现矿床种类 162 种,其中探明具有一定储量的为 148 种。据 1990 年统计,我国有一半的矿种的储量在世界上位于前三名。但我国原油人均占有量是世界人均的 13%,煤为 40%,天然气为 10%,铁为 34%,铜为 24%,铅为 35.3%,镍为 29%,铝为 13.9%,锰为 18.3%,金为 19%。根据联合国有关组织的统计,在 144 个国家人均占有矿产资源的排序中,我国位于第 80 位。

非矿物资源也严重短缺。

大地是人类生命的摇篮。世界总面积大约为 5.10 亿平方千米,71%是海洋,除去南极洲和江河湖泊,陆地面积只有 1.49 亿平方千米,其中耕地 0.15 亿平方千米,占 12%;天然草地 0.3 亿平方千米,占 23%;森林 0.4 亿平方千米,占 32%。此外,山脉、沙漠、沼泽、城镇、工矿交通用地约占 33%。另有终年冰雪覆盖的土地 0.15 亿平方千米,这部分土地人类目前不能利用。英国学者安德鲁·古迪说,人类生活与土壤密切相关,但土壤是最易破坏的资源之一。水土流失十分严重,至今未有效遏制。根据 20 世纪 80 年代的统计，全世界耕地的表土流失量每年约230亿吨，美国为30亿吨，前苏联为23亿吨，印度为47亿吨，我国约50亿吨。土层变薄，生产能力不断下降。从19世纪末到20世纪末，全世界荒漠和干旱地区的土地面积已从0.11亿平方千米增加到0.26亿平方千米。全世界每年有21万平方千米的农田沙漠化，目前全球沙漠化的面积已达3600万平方千米，占全球陆地面积的1/4，相当于中国、俄罗斯、美国、加拿大四国国土面积的总和。世界上平均每5个人就有1个人受到沙漠化的危害。土地退化也很严重，从第二次世界大战以来，世界10%以上的耕地已发生退化。世界上每年约有1万平方千米良田被占用。森林面积减少，1968年世界森林面积约占陆地面积1/4，1978年为1/5，2000年为1/6，预计2020年会下降为1/7。我国人均土地资源的占有量大都低于世界人均水平，人均土地面积是世界人均的1/3，耕地面积是1/4，林地面积是1/9，草地面积是1/2。在144个国家人均资源的排序中，我国人均土地面积居第110位，人均耕地面积居120位，人均森林面积居107位，建国以来耕地面积减少42.73万平方千米。近年来我国沙漠、戈壁、沙漠化土地面积每年约增2000多平方千米。

水资源日趋匮乏。地球上的淡水只占全部储水量的3%，其中又有69.5%是储存在两极冰盖和高山冰川中的固态水，另有30%的淡水是埋藏很深的地下水，真正能被人类利用的淡水，仅占淡水量的0.34%，全球水量的0.008%，人均约1万立方米。淡水资源的分布极不均匀，在全世界2/3人口居住的面积内，降水量只有世界降水总量的1/4。全世界有100多个国家缺水。我国水资源总量为2.7万亿吨，位居世界第5，但人均量为世界人均的1/4，位居世界第110位。建国初期我国人均水资源为5400吨，现已减少了一半。我国农业缺水每年达300亿立方米，缺水总面积为58万平方千米。100多个城市严重缺水，8000万农村人口缺乏饮用水。

在生物资源方面，由于人口的增加和人的活动，物种灭绝的速度急剧加快。有人说平均每15分钟就有1种生物消失，有人说平均每天就有一两种植物消失，有人说地球上30%～70%的植物将在今后100年内消失。有人认为，现在人为灭绝物种的速度是自然灭绝速度的100～1000倍。有人认为如果地球上的生物物种按照当前的灭绝速度继续下去，则以后每10年将使物种减少5%～10%。现在地球上的物种约为1000万种，每天将灭绝50～100种。有人警告说，全世界每天灭绝动植物约100种，今后25年内将有150万种灭绝。大量生物物种的灭绝将破坏整个生态系统的平衡，影响农业、畜牧业优良品种的培育，减少药物的来源。美国生物学家威尔逊说，我们现在所知道的生物物种大约是140万种,至少还有1000万种是我们所不了解的。关于大自然与我们分享的神奇宝藏,我们知道得太少。它们的数目到底有多少?其中能发现多少新药与新的化学成分?没有人清楚。人类就像进入了大自然的浩瀚书海,我们连第一章还未读完。最可悲的是,我们还来不及翻到下一页,周围的物种就已经消失,我们的子孙真的会怨恨我们。我国受第四纪冰川影响较小,所以生物资源比较丰富。但《濒危野生动植物种国际贸易公约》附录列出640个可能即将灭绝的物种中,我国有156个。

环境的另一大问题是全球性的自然环境的被污染问题,主要是大气污染、水污染、城市垃圾污染和生态环境的破坏。

大气污染指空气中的有害物质具有较多的数量和持续较长的时间,对人类和动植物生命产生不利影响的状况。大气污染从成因上可分为天然污染和人为污染两类。天然污染是由自然界自身变化所引起的大气污染,如火山爆发产生的粉尘、煤矿和油田排出的天然气、动植物腐败产生的气体等。人为污染是由人的活动所引起的大气污染,如燃料燃烧、工业原料的加工、农药的使用、家用电器的应用所引起的大气污染等。现在对人类生存威胁最大的是人为大气污染。

长期以来,煤是工业生产的主要燃料。从1860年到1920年,世界煤产量由1.36亿吨增至12.50亿吨,煤占能源消耗的87%。目前这个比例为25%,而我国为67%。煤在燃烧过程中,每时每刻都在产生二氧化碳、二氧化硫。大气中的二氧化碳原本只占0.031%,这是植物进行光合作用所需的原料。随着工业的发展,煤的消耗量剧增,1980年就比1960年增加了15倍。有人认为大气中二氧化碳含量每年大约增加4%。有人认为从1970年以来,全世界每年消耗4.5×10^9吨矿物燃料,森林被大规模砍伐,致使大气中的二氧化碳含量增加了1倍多。有人认为现在全世界人为活动每年排放的二氧化碳近100亿吨。二氧化碳被植物吸收与海洋表面水溶解占54%,所以46%的二氧化碳会聚积在大气中。这就会造成温室效应和酸雨两大公害。

大量聚积在地球上空的二氧化碳,阻挡了地面辐射热向太空的散发,导致地球表面温度升高,成了一个“大温室”。1979年全球平均气温比30年前增高0.34℃。气温升高会使极地冰冠融化,海平面升高。有人估计,如果大气中的二氧化碳年增长率为4%,到2050年,海平面将会上升20—140厘米。全世界有1/3的人口生活在离海岸线60公里以内的狭长地带,如果海平面继续上升，许多肥沃的大河三角洲将被淹没，上海、纽约、东京等大城市将受到海潮威胁。若海平面上升 50 厘米，16% 的埃及人将背井离乡，孟加拉的大片土地将淹在海中。如果海平面上升 2 米，印度洋的岛国马尔代夫将没有一寸陆地。有人预言，2037 年时巴黎、纽约的街道水深将为 1.3 米。地球变暖还会引起降雨带北移，改变原有作物带和耕作区的布局，并使高纬度地区更加干旱，这一切都给生态系统造成严重破坏，使全球气候异常。

大气中的过量二氧化硫、二氧化碳与空气中的水相结合形成硫酸和碳酸后，又会形成酸雨。酸雨是“空中死神”，落在田里，农作物受害；落在河里，鱼类中毒；落在建筑物上，建筑物被腐蚀。酸雨包含多种致病、致癌因素，严重危害人体健康。近 30 年来，西欧、北美水的酸度增加了 40 倍。有人估计，现在全球有 10 亿人生活在二氧化硫浓度超标的环境中。

此外，大气中的各种颗粒物（特别是各种重金属颗粒）、硫氧化物、氮氧化物、一氧化碳、碳氢化合物的数量逐点增加。20 世纪 80 年代和 90 年代初，我国北京、沈阳、上海、西安和广州五城市的总悬浮微粒物的日均浓度为 200～550 毫克/米^3，超过世界卫生组织规定标准的 3～5 倍。全国 600 多个城市的大气环境质量，符合国家一级标准的不到 1%。我国 1998 年烟尘排放量为 1452 万吨，工业粉尘排放量为 1322 万吨。

水污染是工业生产和人们生活所排放的污染物对水的污染。1977 年联合国有关机构就发出警告：石油危机之后便是水危机。全世界 1/3 的淡水资源受到污染，导致全球性水荒。从 20 世纪 80 年代以来，全世界有 43 个国家用水告急，每年因饮水不洁而患病的人多达 6 亿人次。10 亿多人正在饮用被污染的水。现在水污染的主要原因是工业生产的废水流入水体。生产 1 吨纸浆产生 300 吨废水，生产 1 吨纺织品产生 100～200 吨废水。轻工业废水占工业废水的一半，每年有 2×10^{12} 吨污水使 1.5×10^{13} 吨河水污染。1988 年我国全国污水排放量为 3.62×10^{10} 吨，有毒物质总量为 1.3×10^5 吨以上，其中汞 5400 吨，氰化物 700 吨。长江每天接纳 3600 吨废水，已鉴别的污染物质达 40 余种。

当前城市垃圾的特点是数量剧增、成分复杂、危害严重，许多人是按“高消费、高抛弃”的模式生活的。1990 年以来，全世界每年产生垃圾 5 亿吨。美国 20 世纪 70 年代以来平均每年扔掉旧汽车 900 多万辆、纸 2700 多万吨、罐头盒 480 亿个。城市垃圾中的有机物会腐烂变质，滋生病菌。其中有害物质既可以随雨水渗入地下，污染土壤和地下水，也可以随风飘扬，污染大气。

18世纪法国哲学家布赖恩曾说过,野蛮时期的森林和草原,到了文明时期却成了沙漠。他说要验证这话是否正确,只需一两百年。今日之世界,气候异常、灾害肆虐、森林减少、草原退化、水土流失、沙漠扩大、水源枯竭、土地贫瘠、人口爆炸、环境污染、生态危机,愈演愈烈,资源消耗与环境污染常常是相伴而生的,资源消耗得越多,环境污染得也就越厉害。照这个趋势演化下去,自然界为我们提供的有用物质越来越少,我们在自然界中制造出的有害物质却越来越多。

工业生产创造了丰富的物质文明,但人类为此也付出了沉重的代价:物质资源的高消耗、生态环境的高污染,物质资源的消耗已呈现出效益递减的趋势。历史的发展提出了新的要求:同近代技术和工业经济相联系的传统技术生存转向同高技术和新经济相联系的新技术生存。技术生存也分为两个阶段:传统技术生存和新技术生存。传统技术生存同物质经济的高级形态工业经济相联系,新技术生存同后工业经济(或称新经济、知识经济、信息经济、高技术经济、生态经济、可持续发展经济)相联系。

三 人与自然的和谐

新技术生存也是一种技术生存,但同传统技术生存有质的区别。新技术生存要求人与自然的协调。

技术应用和经济发展的不合理性,促使我们对人与自然的关系进行反思。

恩格斯在自然哲学研究中,十分重视人与自然的关系问题。他强调人对自然的能动作用,强调人与自然的协调发展,提出了一些重要的思想。

恩格斯认为,人能够能动地改变自然界,这是人与其他动物的本质区别。动物只能利用自然界,惟有人能改变自然界。人类通过生产劳动来"改造自然界"、"支配自然界"、"统治自然界"、"降服了自然力,迫使它为人们服务"〔14〕。人类劳动使自然界发生的变化,远比自然界自身引起的变化要大。"日耳曼民族移入时期的德意志'自然界',现在只剩下很少很少了。地球的表面、气候、植物界、动物界、人类本身都不断地变化,而且这一切都是由于人的活动,可是在这个时期中没有人的干预而发生的德意志自然界的变化,实在是微乎其微的。"〔15〕"植物和动物经过人工培养以后,在人的手下改得甚至再也不能认出它们了。"人类能引起自然界没有也不可能有的变化。"我们还能够引起自然界中根本不会发生的运动(工业),至少不是以这种方式在自然界中发生的运动。”[16]

恩格斯指出，我们在变革自然时，不仅要重视它的短期效果，更要重视它的长期后果。变革自然所引起的后果不是单一的，而是多元的。既有在短时间内就会出现的，也有要滞后很长时期后才会出现的；既有意料之中的，也有意料之外的；既有积极的，也有消极的；既有建设性的，也有破坏性的。同一种作用在作用对象变化的不同阶段，也会有不同的结果。恩格斯把在不同阶段出现的后果，称为不同“线”的结果。后面出现的结果既可以重复或强化前面出现的结果，也可以抵消前面的结果，甚至出现相反的结果。“我们不要过分陶醉于我们人类对自然界的胜利。对于每一次这样的胜利，自然界都对我们进行报复。每一次胜利，在第一线都确实取得了我们预期的结果，但是在第二线和第三线却有了完全不同的、出乎意料的影响，它常常把第一个结果重新消除。美索不达米亚、希腊、小亚细亚以及别的地方的居民，为了得到耕地，毁灭了森林，他们做梦也想不到，这些地方今天竟因此成为荒芜不毛之地，因为他们在这些地方剥夺了森林，也就剥夺了水分的积聚中心和贮存器。阿尔卑斯山的意大利人，当他们在山南坡把那些在北坡得到精心培育的枞树林滥用个精光时，他们没有预料到，这样一来，他们把他们区域里的山区畜牧业的根基挖掉了；他们更没有预料到，他们这样做，竟使山泉在一年中的大部分时间内枯竭了，同时在雨季又使更加凶猛的洪水倾泻到平原上来。”[17]可见，预计第二线、第三线的结果，要比预计第一线的结果困难得多。

恩格斯还指出，我们不仅要重视变革自然所引起的自然方面的后果，更要重视它的社会方面的后果。估计生产劳动所引起的长远社会后果，难度更大。他说，16 世纪马铃薯传入欧洲，既带来了一种新食物，又带来了严重的社会问题。贫民长期以马铃薯为主食，营养不良，容易感染结核病。1847 年爱尔兰有 100 万人因此死亡，200 万人逃到海外。面对近代大工业和资本主义社会的种种弊端，恩格斯尖锐地指出，“我们在最先进的工业国家中已经降服了自然力，迫使它为人们服务；这样我们就无限地增加了生产，使得一个小孩在今天所生产的东西，比以前的一百个成年人所生产的还要多。而结果又怎样呢？日益增加的过度劳动，群众的日益贫困，每十年一次大危机。”[18]

所以恩格斯认为，我们在变革自然的过程中，一定要注意对其后果进行合理的协调。“但要实行这种调节，仅仅认识是不够的。这还需要对我们迄今存在过的生产方式以及和这种生产方式在一起的我们今天整个社会制度的完全的变革。”“迄今存在的一切生产方式，都是只从取得劳动的最近的、最直接的有益效果出发的。那些只是在比较晚的时候才显现出来的、通过逐渐的重复和积累才变成有效的进一步的结果，是一直全被忽视的。”〔19〕人与自然的关系同人与人的关系是相互联系的。协调人与自然的关系，必然要协调人与人的关系。变革自然与变革社会本质上是统一的。

恩格斯还认为，在协调人与自然关系的过程中，人自身也会不断完善。恩格斯提出了人的两次飞跃的概念。第一次飞跃是人在物种关系方面从其他动物中提升出来，一般的生产劳动已实现了这次飞跃。第二次飞跃是人在社会关系方面从其他动物中提升出来。为此，就需要建立“自觉的社会生产组织”。他预言：“一个新的历史时期将从这种社会组织开始，在这个新的历史时期中，人类自身以及他们的活动的一切方面，特别是自然科学，都将突飞猛进，光耀夺目，使已往的一切都黯然失色。”〔20〕

恩格斯反对“自然主义”与“反自然的观念”，倡导人与自然协调发展的观念。自然主义的历史观否认人对自然的能动作用。“在德莱柏和其他一些自然科学家那里或多或少具有的自然主义的历史观是片面的，在他们那里，似乎只是自然界作用于人，只是自然条件到处在决定人的历史发展，它忘记了人也反作用于自然界，改变自然界，为自己创造新的生存条件。”〔21〕“反自然的观念”是把人与自然对立起来的观念，从根本上否定了人与自然的协调。恩格斯说：“我们一天一天地学会了更加正确地去理解自然界的规律，学会了去认识自然界的惯常行程中我们的干涉的较近或较远的后果。特别是从20世纪自然科学大踏步前进以来，我们就愈来愈有能力去认识，因而也学会去支配至少是我们最普通的生产行为的较远的自然后果。但是这种事情遇见愈多，人们就愈多地不仅感觉到，而且认识到，自身是和自然界一致的，而那种关于精神和物质、人和自然、灵魂和肉体间的对立的荒谬的、反自然的观念，也就愈来愈成为不可能的东西了。”接着恩格斯向人们发出了忠告：“我们必须在每一步都记住：我们统治自然界，绝不像征服者统治异民族那样，绝不同于站在自然界以外的某一个人，——相反，我们连同肉、血和脑都是属于自然界并存在于其中的；我们对自然界的全部支配力量就是我们比其他一切生物强，能够认识和正确运用自然规律。”〔22〕

人与自然的对立是近代唯物主义自然哲学、近代科学思想和工业文化的一个基本特征。在人与自然的关系上，从对立到协调是自然哲学的深刻变革。在这方面恩格斯是奠基者和先驱者。

近代工业所造成的人与自然的分离、对立，必须要转化为人与自然的和谐。为此,我们对自然界应当有两种作用:改造与保护。

改造自然与保护自然,这是人类两项同等重要的战略任务。

变革、改造、创造自然都是对自然原有结构、状态和秩序的某种否定。但这种否定有个度,超过了度就导致对自然界合理性的破坏。自然界不能满足我们需要的地方,我们应当改造;自然界的合理性,我们应当保护。所以我们对自然的态度是既改造又保护。

改造自然与保护自然是辩证的关系。改造自然与保护自然相互补充。如果人类对自然只改造而不保护,自然界就会被破坏得越来越厉害,最后使人类无法在其中生存,自然界对人类也就失去了意义。自然不再是我们应当改造的对象,人类也失去了改造自然的能力。没有改造,就没有保护;没有保护,也没有有效的改造。改造自然与保护自然又相互制约,矛盾的双方都是对对方的一种限定,防止对方过于强化,避免达到取消自身存在的程度。我们既要防止离开改造自然来单纯地保护自然,使保护自然变成消极地被动地顺从自然,在自然界面前无所作为;也要防止离开保护自然来肆无忌惮地改造自然,使改造自然变成消极地、粗暴地破坏自然,在自然界面前为所欲为。改造自然与保护自然应保持某种平衡,使人类这两项基本任务协调进行。"人与自然的协调,是人类改造自然与保护自然的辩证统一,是二者之间的某种平衡。不能动地改造自然或不能动地保护自然,都不可能有这种协调关系。"〔23〕

长期以来,人们认为我们对自然界所进行的活动是认识自然和改造自然,这是正确的,但不全面,必须把保护自然提高到与改造自然同等重要的地位。自然科学认识自然,不仅是为了改造自然,也是为了保护自然。技术活动也是如此。惟有人类才能自觉地改造自然和保护自然。

同自然生存相对应的是天然自然,在传统技术生存中人们制造了人工自然,在新技术生存中人们则使人工自然生态化。

新技术生存仍然需要利用和改造自然,但同样重要的是保护自然。农业生产具有先天的生态性,种子包含在果实之中,具有自发的可持续发展的趋势。工业生产则具有非生态性,工业产品不可能自发成为制造这种工业产品的原料。自然的生态化则是高技术产业的一项基本任务。

生态自然具有仿自然的特点。人类在开始制造人工自然物时,主要是模仿天然自然物,因此这时的人工物具有较高的"天然度"。后来这种模仿越来越少,天然度也越来越低,反自然的属性越来越强。在生态自然的建设过程中,人类在不断提高技术物人工度的同时,力求在更高层次上对天然自然进行模仿,使人工度和天然物合理的结合。

在生态自然中,天然自然与人工自然的转化是双向的可逆的。传统工业使人工自然的发展呈单向扩张的趋势,天然自然不断转化为人工自然,人工自然则很难转化为天然自然,缺乏两类自然的合理循环。生态自然是双向互动、良性循环的巨系统,使工业产品与剩余物再转化为原料。

生态自然是天然自然与人工自然的统一、自然与技艺的统一、自然合理性与人工创造性的统一。在生态自然中,天然自然与人工自然既相互碰撞又相互融合。

建设生态自然仍需要技术,主要是高技术。在减少物质资源消耗的情况下,我们完全可以提高产品的功能和经济价值,并使能量的应用逐步转向无污染能量为主。以防止污染、生态建设和自然保护为主要目的的绿色技术将得到更充分的发展和应用。

观念的更新和技术的创新是相辅相成的,生存方式的变革和自然观的演变是相互联系的,这是人与自然关系研究的新视角。肖玲教授指出:"面对工业化带来的高消耗、高污染,借助现代科技发展出现的大科学、高技术、新科技革命,使人类有条件重新反思对待自然的态度,反省自身的生存方式,调整与自然的关系。……人类开始自觉地实现人与自然的有机统一,使人类创造的人工自然更趋天然化、生态化,同天然自然融为一体,这就是一种生态自然。自然观研究应该也必然从人工自然观发展为生态自然观。""天然自然观——人工自然观——生态自然观是自然观发展的三个阶段。"[24]

四 可持续发展

要实现人与自然的协调,就要贯彻可持续发展的战略。

人与自然矛盾的背后是人与人的矛盾,更准确地说,是人与人之间利益的矛盾。人与自然的矛盾常表现为人类生存需要与自然资源消耗的矛盾。但短缺的自然资源如何合理地使用,实际上是人们经济利益的合理分配问题。生态污染的危害在很大程度上可以转嫁给别人。一人污染了池水,众人受害;上游的人污染了河水,下游人受害,所以生态危机的本质也是人与人的利益冲突。因此,人与自然的关系首先是经济利益问题。要实现人与自然的和谐,仅在观念和技术上作出调整和改进是不够的,还必须正确协调人们之间的利益关系,这才是关键。可持续发展就是建立在利益协调基础上的经济发展模式。

传统发展观的一些基本信念是值得反思的。

传统发展观认为发展就是获得尽量多的物质财富。把发展仅仅理解为物质财富的增加。不顾及经济发展的社会效益、生态效益,不顾及精神文明建设、人的自我完善和全面发展,这是片面的。传统发展观实际上认为为了获得越来越多的物质财富可以不择手段,这更容易造成社会的畸形发展。

传统发展观认为人类所有对自然的改造都是合理的。在这种观点看来,人类改造自然的活动既满足了人的需要,又是按照某些自然规律进行的,所以当然是合理的。其实,并不是人的所有需要都是合理的,对自然物质结构和运动结构的重组,虽不违背某些自然规律,却可能违背另一些自然规律(如生态学规律),而且也会破坏自然界演化原有的合理性。

传统发展认为人类对自然的变革是不受限制的。既然所有变革自然的行为都天经地义,无可指责,那凡是我们能够做的就是应该做的,我们变革自然的行为不应受任何主客观的限制。这种观点也是错误的。既然人类变革自然的行为有合理与不合理之分,那我们就应当对自己变革自然的行为给以必要、合理的反思、约束和制约。

传统发展观还认为物质生产发展的速度越快越好。一些学者对此也提出了质疑。对这个问题应具体分析,不管主客观条件如何和社会发展的综合状况如何,一味地强调物质生产的速度越快越好,也是不合理的。

根据传统发展观所获得的发展,以损害人类的长远利益和整体利益而获得眼前利益和局部利益,并为此付出了物质资源高度消耗、生态环境高度污染、人与自然的对立、损害社会的全面、均衡发展等沉重代价。这只能导致发展的畸形和不可持续,人与自然的矛盾和人与人的矛盾都得不到合理的处理。

可持续发展观同传统发展观,是两种不同的发展观。联合国世界环境与发展委员会在1987年的《我们共同的未来》报告中提出:“可持续发展是既满足当代人的需要,又不对后代人满足其需要的能力构成危害的发展。”[25]这个说法实际上是认为实现可持续发展的关键,是正确处理当代人的利益与后代人的利益的关系。当代人不仅要谋求自己这一代人的发展,还要为子孙后代着想,这是完全正确的。莱萨诺维克和帕斯托尔说:“如果人类要生存下去,就必须发展一种与后代休戚与共的感觉,并准备拿自己的利益去换取后代的利益。”[26]

可持续发展不是放弃发展,而是放弃不合理的发展;它不是消极地限制发展,而是合理、协调、更为有效的发展。它是全球性的战略方针,对世界各国都适用。发达国家已不能再像过去那样发展下去了,必须调整发展的模式。发展中的国家也不可能走发达国家的老路。发达国家在实现工业化时,可以利用发展中国家的资源,它们的污染也可以转嫁给发展中国家,而发展中国家就不可能这样做。可持续发展是发达国家和发展中国家的共同发展战略,是全人类谋求发展的惟一正确途径。可是要世界各国、各地区都贯彻这一战略,却不是一件容易的事,这需要很好地协调国家与国家、地区与地区、人与人之间的利益关系。

当代人的发展不对后代人的发展构成危害,这是比较低的要求。"前人种树,后人乘凉"。当代人也应为后代人谋利,为后代人的发展创造尽可能好的条件。可是为后代人谋利,对于当代人来说就是奉献。总有一部分当代人出于私利的考虑不愿意这样做,这在客观上就把为后代人的责任转嫁给另一部分当代人。当代人与后代人不可能构成直接的矛盾,当代人之间的矛盾却是现实的。于是当代人与后代人的关系却转化为当代人之间的矛盾。所以合理协调当代人之间的关系对实施可持续发展具有决定意义。

当代人之间既有认识的矛盾,也有利益的矛盾,但利益的矛盾是根本性的。治理环境需要很高的投入,污染环境却易如反掌。但对于个人而言,他的"反掌"之劳却给他带来了私利,而危害却转嫁给别人。往河里倒污水的人,并不是不知道这样做会弄脏河水,他之所以这样做是受到私利的驱动。亚里士多德说:"凡是属于最多数人的公共事物常常是最少受人照顾的事物。"[27]要实现可持续发展,就要不断提高人的思想境界和道德水平。可持续发展关系到人类的自我完善和全面发展,关系到人类文化的均衡发展。

人类正处于大转折时代,发展观正在经历着深刻的变革——从物本主义发展观转向人本主义发展观,从唯经济主义发展观转向全面发展观,从自发发展观转向协调发展观,从不可持续发展观转向可持续发展观。

注 释

〔1〕 马林诺夫斯基:《巫术、科学、宗教与神话》,中国民间文学出版社,1986年,第122页。

〔2〕 朱狄:《原始文化研究》,三联书店,1988年,第21—22页。

〔3〕 利普斯:《事物的起源》,四川民族出版社,1982年,第325页。

〔4〕 列维-布留尔:《原始思维》,商务印书馆,1981年,第37、44、73页。

〔5〕 弗雷泽:《金枝》上册,中国民间文艺出版社,1987年,第64页。

〔6〕 弗雷泽:《金枝》上册,第20—21页。
〔7〕 什科连科:《哲学·生态学·宇航学》,辽宁人民出版社,1987年,第22页。
〔8〕 彭加勒:《科学的价值》,光明日报出版社,1988年,第277页。
〔9〕 潘吉星主编:《李约瑟文集》,辽宁科学技术出版社,1986年,第339页。
〔10〕 考茨基:《唯物主义历史观》,上海人民出版社,1984年,第108—109页。
〔11〕 里夫金、霍华德:《熵:一种新的世界观》,上海译文出版社,1987年,第85、86页。
〔12〕 米都斯等:《增长的极限——罗马俱乐部关于人类困境的报告》,吉林人民出版社,1997年,第29—31页。
〔13〕 朱训:《全面建设小康社会与中国能源战略》,中国科学技术协会2003年学术年会学术报告。
〔14〕 恩格斯:《自然辩证法》,人民出版社,1984年,第18、304、305、19页。
〔15〕 恩格斯:《自然辩证法》,第99页。
〔16〕 恩格斯:《自然辩证法》,第98页。
〔17〕 恩格斯:《自然辩证法》,第304—305页。
〔18〕 恩格斯:《自然辩证法》,第19页。
〔19〕 恩格斯:《自然辩证法》,第306—307页。
〔20〕 恩格斯:《自然辩证法》,第19页。
〔21〕 恩格斯:《自然辩证法》,第99页。
〔22〕 恩格斯:《自然辩证法》,第305页。
〔23〕 林德宏:《改造自然与保护自然》,《哲学研究》,1993年第10期。
〔24〕 肖玲:《从人工自然观到生态自然观》,《南京社会科学研究》,1997年第12期。
〔25〕 世界环境与发展委员会:《我们共同的未来》,吉林人民出版社,1997年,第52页。
〔26〕 莱萨诺维克、帕斯托尔:《人类处于转折点》,中国和平出版社,1987年,第135页。
〔27〕 亚里士多德:《政治学》,商务印书馆,1965年,第48页。

第十五讲

科技文化与人文文化

科学技术是人类认识自然、改造自然、创造自然和保护自然的工具，是人与自然关系的中介。在科学技术和物质文明的发展过程中，人与自然的关系在不断变化，人与科学技术的关系也经历了曲折的演变过程。我们在这一讲中，以科技文化与人文文化的关系为线索，谈谈人与科学技术的关系。

一　两种文化的内涵

文化是一个十分广泛的概念，可以把它理解为人所创造的一切总和，或者说人与动物相区别的一切总和。

科学技术具有多方面属性，有作为知识的科学技术，有作为技艺的科学技术，有作为文化的科学技术。这种区分当然是相对的。知识和技艺都是文化，可是当我们从文化的角度来谈论科学技术时，是从十分广泛的意义上来理解科学技术的。科学技术具有奇特的性质，它既是一种知识、一种意识,又可以转化为物质生产力,物化为各种人造物或技术物。科学技术好像是一种怪物,也具有物质精神二象性——既是物质的力量,又是精神的力量。科技文化包括知识、技能,还包括科学技术方法、科学技术思想、科学技术观、科学精神和技术物。从这个意义上可以说科技文化是一种“跨文化”,包括精神文化与物质文化两方面内容。我们可以在最上层的社会意识领域中看到它的身影,又可以在最基础的物质生产中看到它的作用。它来往于人与物、物质世界与精神世界之间。

同科技文化相对应的是人文文化。人文文化包括社会科学、人文科学和文学艺术。社会科学是关于社会的科学,人文科学是关于人的思想和精神的科学。社会科学与人文科学相互渗透,相互包含,二者的区分是相对的、模糊的。文学艺术的任务是表达个人对自然、社会和人生的理解,抒发人对自然、社会和人生的感受。在一定意义上可以说,文学艺术是最典型的人文文化。人是体、理和情的统一。体(肉体)的层次最低,情(感情、意志、精神面貌等)的层次最高。社会科学基本上处在理的层次上,虽然它包含的情的因素比自然科学多。社会科学基本上研究的是相对于个人来说的外在的存在。在这两方面它同自然科学相近,都属于科学的范畴。社会科学是外部的社会存在进入人的观念,文学艺术则是人的观念、感情从人的内心走向外面的社会。文学艺术是人的自我表现,具有鲜明的个性。文学艺术追求的是美,美的世界是最富有个性的世界。文学艺术是人性的展示。

当我们把科技文化与人文文化相比较时,我们可以认为科技文化本质上是关于物的文化,人文文化是关于人的文化。

科技文化由科学文化和技术文化构成。自然科学的研究对象是自然物(天然自然物),是自然界的观念化,是自然物进入人的意识之中,从外面走进来。工程技术的研究对象是人造物(人工自然物),提供制造人造物的方法和手段,是人的观念的物化,是人的意识从大脑走向外部的物质世界,是从里面走出去。相对于人来说,自然物与人造物都是物。

社会科学认识的是社会,而社会是由人构成的,所以认识社会说到底是认识人,这同人文科学一样。广义的社会科学包括人文科学。艺术是用语言、动作、线条、色彩、音响等不同手段构成形象,以反映人的社会生活,并表达人的思想感情的社会意识观念。文学是语言的艺术,可看作是广义艺术的一个分支。

所以,知识有两大类:关于物的知识——自然科学,关于人的知识——社会科学。如果我们把“术”理解为人的行为之巧,那术也有两大类:应用物性之术——技术,展示人性之术——艺术。两种知和两种术构成了两种文化。

科技文化与人文文化应当是统一的,这是由人的本质决定的。人既有物质的力量,又有精神的力量。人体的物质力量(体力)十分微弱,必须通过物质工具来超越;人要改变物质世界,他的精神力量就必须通过物质工具转化为物质力量。人类要生存和发展,人要在自然界真正成为人,就必须物化。要物化,就要充分发挥人的能动性。因为人的作用和物的作用是统一的,所以这两种文化也应当是统一的,二者相辅相成,相互促进。

二 古代人文型农业文化

物质文化与精神文化的矛盾,是社会的基本矛盾之一;物质文化与精神文化的协调发展,是社会发展的一个基本规律。在这两大类型文化的协调发展中,科技文化与人文文化的关系起着十分重要的作用。随着人类文明的发展,随着人类生存方式的演变,科技文化与人文文化的关系也经历了曲折的变化。

在原始社会与农业社会,人类的生存方式是自然生存,主要依赖自然界提供的生物资源生存。当时人类生存的首要问题是维持生物生命,对物质生活资料的主要需要是数量,而不是质量。人们具有生存意识,缺乏发展意识;具有存活意识,缺乏享乐意识。人们看不到自然界蕴涵的力量,更看不到自己的内在的潜力。农业劳动是非专业化劳动,所以知识、文化都没有像工业社会那样的专业分工。农业文化实际上是一种混沌形态的文化。农业生产主要靠自然条件和农民的体能,工具的作用不占主导地位。农业社会工具改进的速度极慢,锄头、犁等农具几乎千年一个样。农业文化是土地里生长出来的文化,不可能提出发展科学技术的强烈要求。农民要发挥主观能动性,主要靠吃苦耐劳,勤俭持家的精神。体能的提高也主要靠勤学苦练、熟能生巧。系统的科技文化尚未形成,农业文化的主要内容之一就是教导人们具有上述的精神状态。所以农业文化是原始的“人文型”文化。

我国农业社会的历史非常长,我国传统文化是一种典型的农业文化,鲜明体现出原始人文型文化的特征。

鄙薄科学技术在我国历史上是常见的现象。《庄子·天地》所记载的“子贡南游”的故事,生动说明了古代技术在人们心目中的地位。孔夫子的高足子贡南游,看到汉阴老丈“凿隧而入井,抱瓮而出灌,滑滑然用力甚多而见功寡”,就向他推荐采用“桔槔”,也就是杠杆,说:“有械于此,一日浸百畦,用力甚寡而见功多,夫子不欲乎?”“用力”与“见功”的关系就是效率问题。老丈却说:“吾闻之吾师,有机械者必有机事,有机事者必有机心。机心存于胸中,则纯白不备;纯白不备,则神生不定;神生不定者,道之所以不载也。吾非不知,羞而不为也。”子贡听了老丈的这席话,“瞒而惭,俯而不对。”“卑陬失色顼顼然不自得,行三十里而后愈。”子贡羞愧满面,无地自容。走了三十里地,内疚的心情才慢慢消失。后来子贡谈“圣人之道”时说:“吾闻之夫子,事可求,功求成。用力少,见功多者,圣人之道。今徒不然。执道者德全,德全者形全,形全者神全。神全者,圣人之道也。”关于这段话,陈鼓应的译文是:“我听我老师说,事情可求行,功业求成就,用力少而见效多的,就是圣人之道。现在才知道不是这样。执持大道的德行完备,德行完备的形体健全,形体健全的精神饱满,精神饱满的便是圣人之道”。[1]子贡这话的意思是说,成功原则、效率原则不是圣人之道,“德全”、“神全”才是做人的真谛。何谓“机事”、“机心”? 大概是做技术之事,操技术之心,就是追求成功、追求效率,这只会使人心神不定,不能载道。应用体外之机械,有损于内心之修养,故不可为。难怪子贡认为拒绝技术的汉阴老丈是“全德之人”,他只是个摇摆不定的“风波之民”。

子贡回到鲁国后,把这事告诉了孔子。孔子说:“彼假修浑沌氏之术者也,识其一,不知其二;治其内,而不治其外。”(《庄子·天地》)陈鼓应的译文是:“他是修习浑沌的道术的;持守内心的纯一,心神不外分;修养内心,而不求治外在。”[2]“治内而不治外”,即“求于内而不求于外”,依靠内心之修养,不依靠体外之工具,这就是浑沌氏的价值观。

庄子说:“夫虚静恬淡寂寞无为者,天地之本,而道德之至。”又说:“知天乐者,无天怨,无人非,无物累,无鬼责。”(《庄子·天道》)“无物累”即没有外物牵累。庄子不把“外物”当作超越自身局限性的手段,而看作是精神负担,这是“求德不求物”的价值观。

庄子和浑沌氏的价值观是一致的,是我国农业文明价值观的代表。在我国古代,是先有人文文化,然后才有科技文化的萌芽,而且这种人文文化是排斥科技文化的。造成这种文化结构的经济根源是:封建小农经济主要靠的是天,而不是工具,效率低下,人们也缺乏物质创新的欲望。它要求农民顺应自然,吃苦耐劳,却没有应用科学技术的需要。

到了19世纪中叶,西欧列强已进入资本主义社会,工业和科学技术有了很大发展,并对我中华虎视眈眈时,我国一些学者和官员才开始认识到西方的科学技术比我们强。数学家李善兰说:“今欧罗巴各国的日强盛,为中国边患,推原其故,制器精也,推原制器之精,算学明也。”(李善兰《重学序》)李鸿章在1864年致总理衙门的信中说:“中国文武制度,事事远出西人之上,独火器不能及。”在这种背景下,我国已有不少人看到了中西文化的区别,但却不能正确处理人文文化与科技文化的关系。清大学士倭仁说:“立国之道,尚礼义不尚权谋;根本之图,在人心不在技艺。”[3]倭仁把“人心”与“技艺”对立起来,用“人心”的作用来否定“技艺”的作用。大理寺少卿王家壁等认为“洋人之所长在机器,中国之所贵在人心”。[4]江苏巡抚吴文炳认为“民劳则善心生,耕织之务不宜导以奇巧”。[5]

五四运动前后时期,学者们对科学技术又发表了许多不同的看法。有人认为惟有科学技术才能使国家富强。任鸿隽说:“言近世东西文化之差异者,必推本于科学之有无。盖科学为正确知识之源,无科学,则西方人智犹沉沦于昏迷愚妄之中可也。科学为近代工业之本,无科学,则西方社会犹呻吟于焦头枯槁之途可也。科学又为一切组织之基础,无科学则西方事业犹扰攘于纷纭散乱之境可也。吾人纵如何回护东方,而于西方智识工业及社会组织之优越,不能不加以承认,若是乎东西文化及国势强弱之分界,一以科学定之,然知科学之重要。”[6]有人对科学技术持批判态度。张君劢认为第二次世界大战表明科学技术已走向反面。他说:“近三百年之欧洲,以信理智信物质之过度极于欧战,乃成今日之大反动。吾国自海通以来,物质上以炮利船坚为策,精神上以科学万能为信仰,以时考之,亦可为物极将返矣。”[7]梁启超赴欧旅游后,在《欧游心影录·科学万能之梦》中说,科学万能之梦已开始在欧洲破灭。梁漱溟称“机械实在是近古世界的恶魔”[8]。丁文江则认为“人类今日最大的责任与需要是把科学方法应用到人生问题上去”[9]。他甚至提出“打倒玄学鬼”的口号。胡适认为我国当务之急是发展科学,而不是批评科学。胡适写道:“我们当这个时候,正苦科学的提倡不够,正苦科学的势力还不能扫除那迷漫全国的乌烟瘴气,——不料还有名流学者出来高唱‘欧洲科学破产’的喊声,出来把欧洲文化破产的罪名归到科学身上,出来菲薄科学,历数科学家人生观的罪状,不要科学在人生观上发生影响!信仰科学的人看了这种现状,能不发愁吗?能不大声疾呼出来替科学辩护吗?”[10]

这场科学与玄学的论战,实际上是中国的人文文化传统同刚从西方引进来的近代科学技术文化的碰撞。在当时的历史条件下,中西文化的冲突,表现为中国人文文化和西方科技文化的冲突、古代人文文化与近代科技文化的冲突。梁启超说:“东方的学问,以精神为出发点;西方的学问,以物质为出发点。”[11]张君劢说：中国“自孔孟以至宋元明之理学家，侧重内心生活之修养，其结果为精神文明。三百年来欧洲，侧重以人力支配自然界，故其结果为物质文明。”[12]这种文化的冲突，从哲学上讲又涉及物质文明与精神文明的冲突，从经济方面说又是农业文明与工业文明的冲突。

如何对待这种冲突呢？洋务运动时期洋务派提出了“中体西用说”。王韬说：“形而上者中国也，以道胜；形而下者西人也，以器胜。”他主张“器则取诸西国，道者备自当身。”（王韬《韬园尺牍》）在中国的文化传统中，道与器的地位不可同日而语，道统率器。冯桂芬提出以中国传统人文文化为本，以近代西方科学技术为辅的方针。冯桂芬说：“以中国伦常名教为原本，辅以诸富国之术。”（冯桂芬《校邠庐抗议·采西学议》）沈毓桂第一次采用“中学为体，西学为用”的说法。张之洞说：“中学为内学，西学为外学；中学治身心，西学应世事。”“中国学术精微，纲常名教以及经世大法无不具备，但取西人制造之长补我不逮足矣。”（张之洞《劝学篇》）中学治心，西学制器；制器只是为了应用，治心才是根本。这一切都未能改变当时中国人文文化与科技文化的严重失衡。徐光启曾与利玛窦合作翻译了欧几里得的《几何原本》，后半部的翻译则是250年以后的事情。1876年英国人在淞沪地区造了15公里的铁路，清政府断定这是“淫技邪物”，破坏祖坟风光，违背神灵天意，用25万多两白银买了这条铁路，拆开了扔进大海。天下竟有这等怪事，可见文化的畸形已到何等程度！

从鸦片战争开始，列强频频侵华。在西方坚船利炮的面前，我泱泱大国，不堪一击，演出了一场场一幕幕割地赔款、丧权辱国的历史悲剧。什么“贵在人心”，什么“以道胜”，这些说法本身并不错，但由于缺乏近代科学技术，使中国终究沦为半殖民地的困境。

三　近代科技型工业文化

近代的科学技术是在欧洲的文艺复兴运动中诞生的。在这场运动中，欧洲的人文文化和科技文化是协调的。文艺复兴运动的核心是价值观念的转变——重视人的作用和人的物质利益。科学技术可以为人谋福利，所以也应当受到重视。文艺复兴运动本来是人文文化运动，却导致了近代科学技术的诞生，这表明这场运动重视人的价值和重视人的物质利益是统一的。

恩格斯在谈到文艺复兴运动时说：“这是一次人类从来没有经历过的最伟大的、进步的变革，是一个需要巨人而且产生了巨人——在思维能力、热情和性格方面，在多才多艺和学识渊博方面的巨人的时代。给现代资产阶级统治打下基础的人物，绝不是受资产阶级的局限的人。相反地，成为时代特征的冒险精神，或多或少地感染了这些人物。那时，差不多没有一个著名人物不曾作过长途的旅行，不会说四五种语言，不在好几个专业上放射出光芒。列奥纳多·达·芬奇不仅是大画家，而且也是大数学家、力学家和工程师，他在物理学的各种不同部门中都有重要的发现。……那时的英雄们还没有成为分工的奴隶，分工的限制人、使人片面化的影响，在他们的后继者那里我们是常常看到的。"〔13〕在那个时代，人们还未受到专业的限制，还未成为分工的奴隶。那些杰出人物都学识渊博、多才多艺，在"思维能力、热情和性格方面"都很突出。他们既是科学的化身，又具有人格的魅力。在他们那里，科技文化与人文文化融为一体。达·芬奇为了提高人体绘画的艺术水平，就研究解剖学；在研究人体解剖时，又用笔把人体结构画了下来。在他那儿，科学与艺术是交织在一起的。

近代科技文化是在协调的人文文化环境中诞生的。近代科学技术造成了机器大工业，工业文化是机器制造出来的文化。由于科技文化对工业经济的发展起主导作用，所以科技文化成为工业社会的主导文化。近代人文文化虽然也有很大的发展，但从总体上来说，近代工业文化是科技型文化。

同传统的农业生产相比，工业生产的首要特征是高效率。效率至上，效率是生命，是工业价值观的核心。

近代工业生产如何追求高效率？劳动的标准化、专业化和技术化，是不断提高效率的基本途径。

农业生产是非标准化生产。农民用手工工具劳动，其动作有很大的自由度。农民用锹挖个坑，挖几锹，每锹从什么角度挖，用多大劲，挖出的泥土有多重，这都无所谓。就这点而言，农民的劳动动作是自由的，无拘无束的。农民割麦时，高兴起来还可以用镰刀在空中夸张地转一圈，这便是丰收舞的来源。标准化的动作是无法编成舞蹈的，因为它是反艺术的。同样，庄稼蔬菜都是从土地里长出来的，在这个过程中有许多不确定因素，所以它们的形状、体积也是多种多样的。

工业劳动则是标准化劳动，这种标准化可以通过管理和机器来实现。

管理可以带来效率。美国的泰罗是近代管理学的开山鼻祖。关于他研究管理的目的，他说："第一，通过一系列简明的例证，指出由于我们日常的几乎所有行为的低效能使全国遭受到巨大的损失。第二，试图说服读者，补救低效能的办法在于系统化管理，不在于收罗某些独特的或非凡的人。第三，论证最佳的管理是一门实在的科学。”[14]

泰罗管理系统的出发点，是“经济人”的假定，认为工人关心的是如何提高自己的收入，为此他们愿意和管理者配合。泰罗力图在工人身上找效率，但不是提高工人的素质，而是千方百计地增强工人的劳动强度。他认为工人有很大的潜力，这些潜力不会自动跑出来。最大限度地挖掘这种潜力的方法，就是把工人的经验整理出来，从分析比较中概括出共性的东西，形成一整套的标准化操作方法。他把工人的劳动过程分解为若干因素，逐个对这些因素进行分析，寻找完成这些因素所需的最短时间。

1898 年，泰罗进行了工人搬运铁块的实验研究，弄清了完成各种动作最少需要多少时间。如工人从车上或地上把生铁搬起来需要多少秒钟，带着铁块在平地上每走 1 英尺需要多少秒钟，沿跳板走向车厢每走 1 步需要多少秒钟，把生铁扔下或放在堆上需要多少秒钟，空手回原地每走 1 步需要多少秒钟，等等。然后就强制要求工人必须在规定的多少秒钟内完成什么样的动作。

这就是泰勒所推行的标准化管理，这实际上是强加给工人的。他说：“只有通过强制性的标准化方法，强制采用最好的工具和工作条件，强制性的合作，才能保证快速地工作，而强行采用标准和强行合作的责任就只能落在管理者的身上。”[15]

标准化的管理方法，的确提高了效率。原来工人搬运铁块平均每天 12～13 吨，采用新法后可提高到 47 吨，大约增加了 3 倍。不知工人为此要多流多少汗水，可是工人工资只由每天 1.15 美元增加为 1.85 美元。不仅如此，工人在标准化劳动中，被剥夺了那仅剩的一点点自由，剥夺了个性，被强制训练成只知道按标准拼命干活的肉体机器。泰罗的管理是反人性的，只有对近代科学研究方法的应用，却失去了对人性的关注。

泰罗的管理是针对工人的体力劳动的，可是人的动作是很难标准化的，因为人对自己四肢的控制是不准确、不精确的。所以泰罗式的管理对效率的提高是很有限的。可是机器却可以使人本来比较自由灵活的手工劳动动作，变成机器部件的标准化运转，并使工人操作机器的动作十分机械、单调和枯燥。机器标准化带来更高的效率，却使工人异化为机器的一个零件。

传统的农业劳动没有明确、细致的分工，每个农民都是多面手，从播种到收获各种农活都要做，此外还要养猪、种菜。用机器制造产品，就可以把生产过程分解成许多道工序，每个工人只完成一两道工序，工人都成了专业能手。

劳动的专业分工也带来了效益。亚当·斯密说,英国制造别针,过去每人每天生产 28 个。分成 18 道工序后,10 个人分工合作,每天生产 48000 多个,平均每人每天生产 4800 个别针,劳动生产率提高了 100 多倍。

但是,分工越来越细,许多工序并不需要工人的双手和双脚配合,只需一只手或一只脚便能完成。于是极端分工所关注的不再是一个完整的人,而只是人的某一个劳动器官。托夫勒写道:“1908 年,当亨利·福特开始制造‘T’型廉价汽车时,一个单元的生产,就不是 18 道工序就能完成,而是分成 7882 种。在福特的自传里,他指出这 7882 种专业化的工作中,有 949 种要求是‘身强力壮,体格经过全面锻炼的男工’,有 3338 种只需要‘普通’身体结实的男工,其余大部分可由‘女人或童工’干就行了。福特接着冷酷地说:‘我们发现,有 670 种可以由缺腿的男工干,有 2637 种可由一条腿的人去干,有 2 种可由没有胳膊的男工干,有 715 种可由一条胳膊的男工和 10 名男瞎子来干’。总之,专业化的工作,不需要一个‘全人’,而只要人的一个肢体或器官。再没有比这更生动的证据,说明过度的专业化把人如此残忍地当牛当马了!”[16]这种分工从提高效率的角度来看,似乎是无可厚非的。在产出不变的情况下,就尽量减少投入:用一只手能做的活,就不用两只手。可是这样一来,活生生的人就被这种专业化肢解了,一个完整的人被分割成残缺不全的人,“破碎的人”。专业化像分解物一样地分解人。贝尔说,在泰罗制的管理下,“人不见了,剩下的只是根据精细的劳动分工而进行精密科学测定的基础上安排的‘手’和‘物’”。[17]

提高工业生产效率的最根本的途径是劳动的技术化,技术是最富有的效率之源。泰罗的标准化管理,效率可提高 3 倍;斯密所说的制造别针的专业化,效率可提高 100 多倍。技术呢?恩格斯说蒸汽机在最初 50 年中的应用给世界带来的东西,比全世界从一开始为发展科学技术所付出的代价还要多。如果人类的文明史有 5000 年的话,那么蒸汽机一项技术的产出,便超出了 5000 年为发展科学技术所做的投入。

为了提高劳动效率,就必须推行劳动的标准化、专业化和技术化。可是标准化抹煞了人的个性,实际上是把人当作了物。劳动的专业化要求知识的专业化、教育的专业化、文化的专业化。专业化不仅肢解了人体,也肢解了文化。劳动技术化的成功,使科技文化逐渐成为占主导地位的强势文化,使人文文化逐渐成为占次要地位的弱势文化。

当科技文化在工业经济中发挥巨大作用时,人文文化对效率的提高有什么贡献?人们说不清楚。于是,科技文化诞生不久,便开始同人文文化分离了。新兴的科技文化从一开始就发展迅猛,使历史悠久的人文文化相形见绌,两种文化处于不均衡的状态之中。

四 两种文化的分离

工业社会科技文化与人文文化失衡的主要标志有两个。其一,同社会科学相比,自然科学的发展速度、认识作用和社会文化作用占显著优势,出现了唯科学主义思潮——在认识论和科学观上,认为自然科学是科学的惟一形式。其二,同艺术相比,技术的社会作用特别是经济作用十分突出,使人类的生存方式从自然生存转向技术生存,出现了唯技术主义思潮——技术是推动经济发展和社会进步的惟一决定性因素。

我们先谈谈唯科学主义的问题。

由于自然科学可以对自然现象的变化作出精确的预言,而且这些预言可以反复地被观察和实验所证实,这就使自然科学在知识界和普通民众中享有极高的威信。

天文学家能对日食的发生发出十分准确的预报。1724 年 5 月 22 日,巴黎发生日全食,人们都在谈论这一宇宙奇观。一位侯爵夫人对别人说:“巴黎天文台台长卡西尼是我的朋友,我请他替你们再表演一次日全食。”他认为日食是天文学家卡西尼一手策划的表演。1860 年的一天,意大利的米兰市居民也看到了日全食,许多人在大街上高呼:“天文学家万岁!”他们也以为日食是天文学家的精心制作。牛顿当年曾说过上帝懂得自然科学,所以才把自然万物创造得如此精巧美好,现在在公众心目中,自然科学家可以同上帝相媲美。

让我们再来看看自然科学家受政府尊重,受公众爱戴的历史画面。

林奈被瑞典国王封为骑士,每逢他到野外考察,人们就打鼓吹号,列队相送。考察结束时,人们聚集在他家门口高呼:“科学万岁!”“林奈万岁!”

道尔顿是英国一个贫穷的中学教员,政府为了表彰他在化学上的成就,在曼彻斯特市政大厅前竖起了他的雕像。他去世时政府为他举行国葬,遗体放在市政大厅内,数万市民前来致哀,全城下了半旗。

法拉第晚年身体不好,很少出门,每星期只去一次教堂。路上行走见到白发苍苍的老科学家过来了,便站在两旁鼓掌向他致意。有人鼓完掌后又跑步穿过小巷,在另一条街上等候法拉第,以便第二次鼓掌。

德国巴伐利亚地方政府,把牛痘发明者琴纳的生日规定为休假日。荷兰政府把物理学家洛仑兹的生日定为“洛仑兹节”。

法国生物学家巴斯德70寿辰时,巴黎大学举行庆祝大会,法国总统搀扶着他登上主席台,全场欢呼“巴斯德万岁!”

德国地理学家洪堡健在时,就有一千多个地区、山脉用他的名字命名。美国驻柏林大使馆曾请他出席纪念华盛顿诞辰的酒会。美国外交官举杯为两人祝愿:“一个为华盛顿,美国的国父;一个为洪堡男爵,科学之王。普通的君主连为这位科学之王解鞋带都不配。”

1901年,法国为化学家贝特罗第一篇论文发表50周年举行庆祝大会,总统、部长到会祝贺。教育部长致辞说:“祖国在赞扬您。今天整个文明世界都派出了自己的使者,光临我们这里,向您祝贺。”大会宣读了来自德国、英国、比利时、保加利亚、丹麦、埃及、美国、匈牙利、希腊、意大利、日本、墨西哥、挪威、荷兰、葡萄牙、瑞士、瑞典、土耳其等国的贺电。

德国的伦琴发现X射线时,维尔茨堡市举行火炬游行,从维尔茨堡大学出发,穿过最繁华的街道,最后到达物理研究所。广场上几千把火炬把伦琴夫妇围在中央,“X射线发现万岁!”“伦琴万岁!”激昂的口号声响彻云霄。

1924年美国选举国内最伟大的人,爱迪生得票最多,光荣当选。

在古代,哲学是自然科学和社会科学的共同母体。10—17世纪,伴随着机器大工业的出现,自然科学一些基础学科率先陆续从哲学中分化出来,自然科学学科齐全,硕果累累,名家辈出,已建构一套系统的科学方法与科学语言,各种理论、假说如雨后春笋。相比之下,社会科学的发展则比较滞后。

于是,许多人都认为自然科学是惟一的科学形态,社会科学不是科学。近代最早的一批经济学家都深受自然科学的影响,都认为经济学没有自己的方法,只能采用自然科学方法。英国的配第研究过医学、解剖学、生理学、数学,带头把自然科学研究方法引入经济学。法国的魁奈是位医生,认为自然是社会的统治者,社会若按自然规律运行就处于健康状态,因此他主张用解剖学方法研究经济学。亚当·斯密大学期间曾专攻自然科学,也主张用生理学方法研究经济学。大卫·李嘉图曾业余研究过数学、化学和地质学。经济学是社会科学中的基础,它在社会科学中的地位颇像物理学在自然科学中的地位。可见经济学一开始就底气不足,这在社会科学中很有代表性。

实证主义哲学对这种唯自然科学论思潮作了哲学概括。实证主义创始人孔德认为社会是自然界发展的产物,社会的发展遵循自然规律,社会研究是自然研究的继续,所以应当在实证科学(即自然科学)的基础上统一科学。

他主张用力学来研究社会。实证主义哲学家穆勒认为，任何存在都是自然界的一部分，都是自然科学的研究对象。人的意志所引起的行为，同寒冷引起结冰、火花引起爆炸完全相同。人际关系是人与人之间的机械作用。他反对“自然科学”与“人文科学”的名称，因为世界上只有一种科学即自然科学。

到了逻辑实证主义，物理学已取代力学成为自然科学的基础学科，所以逻辑实证主义者主张以物理学为样板来改造社会科学，使社会科学变为物理学的分支。卡尔纳普说：“每一心理句子都能用物理语言来表达。”“如果根据物理语言的普遍性，把物理语言用作科学的系统语言，那么，所有的科学都会成为物理学。形而上学也就成为无意义的而被抛弃。科学各个领域也都成为统一学科的组成部分。”[18]所有的科学（包括社会科学）都要采用物理学语言，都要物理学化，并称这种观点为“物理主义”。纽拉特在《物理主义的社会学》一文中说，社会科学要成为科学，必须使用物理学语言。

社会学也是在模仿物理学的过程中诞生的，它的最初名称就叫“社会物理学”（social physics）。19世纪美国社会学家凯伦认为各种千变万化的社会现象可以归结为几条以牛顿力学为主要内容的物理学定律。他说人是社会的分子，人的联合是“伟大的分子吸引力规律”的表现。美国社会学家伦德堡说，人群的奔跑如同风吹纸片，都是纯粹的力学现象，都可以用关于“力场”的物理学来解释。多德说他的社会学主要概念类似于古典力学的概念，如“居民”类似于“物理质量”，“社会力量”类似于“机械力”。他模仿物理学理论的建构方法，用时间、空间、居民和变化指标四个要素，作为建立社会学理论的基本成分。他还试图用万有引力定律来说明社会的相互作用。卡顿认为应当把社会学发展为自然科学的一个分支，必须在社会学研究中再现牛顿力学定律。他把牛顿力学第一定律在社会学中的形式表述为：“每种社会活动方式表现于一定等级的、具体的、经常再现的行动中，直到某种社会力量改变这种活动方式为止。”[19]

自然科学是科学，物理学是典型的科学，社会科学不是科学，即使它冠有科学之名，也不是正宗的科学。我们在关于科学的一讲中，说过自然科学与社会科学有许多不同的特点，所以如果我们认为凡科学都应当像自然科学那样，那社会科学的确不像科学。不仅许多自然科学家这样看，就连一些社会科学家也觉得矮人一等。这种思潮在日常用语中也有表现。例如，自然科学可以简称为科学，社会科学则无此殊荣。我国有中国科学院，也有中国社会科学院。但中国科学院就不叫“中国自然科学院”。这种称呼是不合逻辑的。如果“男人”可以简称为“人”，那岂不是说社会是由人和女人组成的吗？

技术与艺术的社会作用，具有不可比性。高尚的艺术可以净化人的心灵，振奋人的精神，这是科学技术不能直接做到的。但技术的优势是可以物化的。物质生活资料是人类生存的首要要素、第一要素。正如恩格斯所说，人们必须先有了吃、喝、住、穿，然后才能从事艺术的活动。物质生产是社会发展的基础，在物质经济条件下，物质生产工具对生产的发展起决定性作用。人们要超越自然与自身的局限性，靠的是技术，而不是艺术。所以技术是生产力，艺术不是。军事力量的强弱同技术密切相关，同艺术几乎没有什么直接联系。技术是综合国力的重要因素，综合国力同民众的精神面貌有关，但很少有人把艺术当作衡量综合国力的标志。所以，取代自然生存的是技术生存，而不是艺术生存。因此，技术同自然科学一块成为近代以来的主导文化。同唯科学主义思潮相伴出现的，便是唯技术主义思潮。

唯技术主义有几种表现形式，一种是技术万能论，技术能解决所有的问题。里吉斯在《科学也疯狂》一书中，对此作了生动的介绍。关于纳米技术，里吉斯说：“说来也许难以置信，一旦毫微技术投入使用，人类也许竟会通过犯罪和狂热——即试图模仿神——重新回到他们的天堂——伊甸乐园。在那里，人类将具有神一般的力量和特征，如长生不老、对物质结构的完全控制，以及拥有巨大的物质财富，等等。所有这些都不需要花费任何代价或劳动，而是德雷克斯勒的装配工的得意工作。”〔20〕未来的工业能制造一切，包括生命和人，这是万能工业，而且我们在制造这一切时，不需要付出任何劳动，于是人有了技术便成了神，实际上技术是真正的神，神能做的一切，技术都能做到。有的科学家说：“我想把某个星系变成啤酒罐。”〔21〕这样的技术岂不是神话？

美国物理学家范伯格说：“所有不违背已知基本科学规律的事都将能够实现，许多确实违背这些规律的东西也是能够实现的。”〔22〕违反自然规律的愿望也能实现，为什么？因为我们有技术。所以技术无所不能，技术的功能不受任何限制。里吉斯把这种心态，称为“科学的疯狂”。他说：“原来，这些富有远见的科学家们是要重新创造人和自然。他们要重新创造天地万物，使人类获得永生。如果不能实现，就把人类转变为实质上永远不会死去的抽象的灵魂。他们要完全地控制物质的结构，把人类的正当主权扩展到太阳系、银河系和宇宙的各个角落。这真是一项浩大的工程；而在这些充满了世纪末狂躁情绪的年代里，科学和技术实际上就是处于这样一种好大喜功的状态中。""这种狂躁实际上是一种追求全知全能的愿望。这个目标威力无边:它可以重新创造人类、地球和整个宇宙。如果你为肉体的疾病所困扰,把肉体消灭就是了,我们现在就能够这样做。如果你对宇宙不甚满意,那么,从头开始再制造一个。"[23]宣传科学技术万能,岂不是对科学技术的迷信?科学疯狂了,还是科学吗?

唯科技主义的另一种形式是科学技术决定论,认为科学技术是决定社会发展的惟一因素,从根本上否定了科学技术以外各种文化的作用。

1919年美国工程师威廉·史密斯提出了"科技治国论"。技术哲学家埃吕尔说:"社会发展的最后力量和决定因素是科学技术。"[24]海尔布隆纳说:"统治我们时代的力量就是科学力量和科学工艺学的力量。"[25]

瑞士的杜雷麦特写了一个剧本,名为《物理学家》。三位物理学家担心政治家利用物理学给人类带来灾难,就装疯躲进了疯人院。可是疯人院的女院长偷窃了他们的"万能发明原理",就夺去了主宰世界的最高权力。这剧本反映了当时许多人的看法:谁掌握了科学,谁就统治了世界。法国空想社会主义者圣西门认为世界应当由牛顿那样的科学家来统治,人类的最高权力机构是21位自然科学家组成的"牛顿会议"。英国哲学家罗素提出了"专家社会"、"科学政府"的概念。他说:"我想像中的专家社会,……包括一切著名的科学家。""一切真实的力量终究要集中在明了科学操纵术的人物手中。"[26]巴特菲尔德说:"尽管这个世界很早就知道科学和技术的重要性,但只是在近来,科学和技术才掌握了我们的命运,而过去我们从历史著作中学到的却是,我们的命运在很大程度上取决于政治家们的意愿。"[27]有人说国家是"技术机器",未来社会是"技术帝国"。

在这个过程中,有人却对科学和技术进行了批判,文学家的言辞尤其尖锐。早在英国维多利亚时代,小说家乔治·吉兴就说:"我憎恶和害怕科学,因为我相信如果不是永远也是在未来很长一段时间里,科学将是人类残忍的敌人。我看到它破坏着生命的一切朴实与和善;破坏着世界的美丽;我看到它使人的精神萎靡,心肠变硬;我看到它带来了一个发生巨大冲突的时代,这些冲突使过去的上千次战争变得微不足道,它很可能在血雨腥风的混乱中吞没人类几千年所创造的文明。"[28]狄更斯笔下的地质学家竟从建筑物上敲取标本,当他因破坏公物而被拘捕时,他说他知道标本,不知道有什么建筑物。这样的科学家,是令人生厌的。我们在关于技术双刃剑一讲中已说过,容克等人把技术应用负面效果的责任归于技术,称技术是暴君、妖魔,这些都属反技术主义思潮。

面对着科技文化与人文文化日益分离的事实,英国的斯诺出版了《两种文化》一书。斯诺写道:文化分成了两极,"一极是文学知识分子,另一极是科学家,特别是具有代表性的物理学家。二者之间存在着互不理解的鸿沟——有时(特别是在年轻人中间)还互相憎恨和厌恶,当然大多数是由于缺乏了解。他们都荒谬地歪曲了对方的形象。他们对待问题的态度全然不同,甚至在感情方面也难以找到很多共同的基础。""非科学家有一种根深蒂固的印象,认为科学家抱有一种浅薄的乐观主义,没有意识到人的处境。而科学家则认为,文学知识分子都缺乏远见……如此等等。稍有挖苦才能的人都可以大量讲出这种恶言毒语。双方说的话也不是完全没有根据。但完全是破坏性的。大多数是以危险的曲解为依据的。"〔29〕斯诺认为,专业分工是造成文化分裂的重要原因。他说他自己有双重身份。就他所受的教育而言,他是一个科学家;就他的职业而言,他又是一位作家。他常常白天同科学家一块工作,晚上又与作家在一起活动。他有许多科学家和作家的好友,对这两类知识分子都很熟悉,所以对这两种文化的对峙的感受特别深刻。"我经常往返其间的这两个团体,我感到它们的智能可以互相媲美,种族相同,社会出身差别不大,收入也相近,但是几乎完全没有相互交往,无论是在智力、道德或心理状态方面都很少共同性,以至于从柏灵顿馆〔英国皇家学会等机构所在地〕或南肯辛顿到切尔西〔艺术家聚居的伦敦文化区〕就像是横渡了一个海洋。"〔30〕

五 科学技术与人的异化

两种文化的确有不少区别,例如进步标准不同,科学技术的发展速度和经济效益便于量化,人文文化却很难这样做。这两种文化就好像两股道上跑的车,似乎各有各的追求,各干各的。为什么两种文化的关系会引起人们的关注呢?主要是因为技术发展的速度太快,提出了许多严重的社会问题,直接涉及到人类的未来和命运。所以很多人都认识到,技术越发展,越应当加强人文关注,越应当协调两种文化的关系。

作为人类生存和发展工具的科学技术,当然是为人的,这是它具有人性的一面,可是它又具有非人性的因素。这是科技文化同人文文化既有一致性,又有不一致性的内在原因。

科学技术的非人性因素,主要表现在以下几个方面。

科学技术是理性的事业,容易产生"见理不见情"的现象。科学家常处于高度理性思维的状态中,使他们的心态失衡,其言行举止往往跟一般人不同,使人有“不通人情”之感。自然科学是抽象的知识,常使科学家头脑里充满了符号、数字、概念和奇怪的想法,这在客观上会形成对感情的抑制。科学家和艺术家都会被公众称为“怪人”,但这是两种不同的“怪”。英国物理学家卡文迪什是一位科学怪人。他沉默寡言,不善交际,怕见女性,终身未娶。他的日常生活由一个女仆安排。他对女仆的惟一要求是:不要让他看到她。有一次卡文迪什在走廊里偶尔同女仆打了个照面,他就断然辞退了那个女仆,并为新来的女仆建造了另一条通道。法国昆虫学家法布尔为了观察昆虫,从清晨到傍晚一直躺在地上,两眼发直,一动不动,当地农民都说他中了邪。爱因斯坦外出散步,据说有一次竟忘记了自己的住址。爱迪生去税务局纳税,竟忘了自己的姓名。相传爱迪生结婚的那天,下午溜到工厂里做实验,直忙到深夜十二时,才猛地想起今天是他大喜的日子。一个缺乏感情,只会严格按逻辑思维的人,同智能机器人倒比较相似。难怪在不少科学史和科学方法论的著作中,科学家并不是有血有肉、有感有情的活生生的人,而是一些抽象符号或会思维的机器。萨顿说:“科学的结果总是抽象的,并且倾向于越来越抽象,从而似乎失去了它们的人性。”〔31〕

科学技术以物为对象,容易产生“见物不见人”的倾向。科学技术所研究的物,实质上都是要同人类发生各种关系的物。但长期以来,自然科学家在研究自然界时,却尽量排除人的存在,实际上研究的是同人没有关系的自然界,是无人的自然界。按这种说法,自然科学家在研究自然界时,必须把自己的各种人文文化因素剔除干净,那科学家也就成了一种会思考的物了。贝利还说:“自然科学家一般并不介入他或她正在研究的现象,而社会科学家则身在研究的现象之中。”〔32〕集中精力进行研究,却遗忘了自己的存在。技术研究如何制造人造物,并不断提高人造物的价值。在技术研究与推广过程中,会自发产生物本主义价值观,尊重物的价值,贬低人的价值。

技术追求的是利,容易使人产生“见利不见义”的倾向。技术给人们带来越来越多的利,这是巨大的诱惑力,而“义”并不是技术所追求的目标。有些技术发明家是富翁,如诺贝尔的专利数以百计,爱迪生在专利局登记过的发明有 1328 项,有人估计他的财产是 2500 万美元,比尔·盖茨更是当今世界之首富。技术是致富的有效手段,所以有人就会利用技术来发不义之财。以技谋利,见利忘义,结果是“用技忘义”,技用得越多,利也谋得越多,离“义”也就越远。

技术的应用还有更深层次的负面作用,它会导致人的异化。

古代技术是手工劳动的技术,近代技术则是机器生产的技术。在近代,技术在生产和生活中的作用集中表现为机器的作用。人与技术的关系(人技关系)集中表现为人与机器的关系(人机关系)。

手工工具和机器是两种本质不同的工具。手工工具是人手延长的直接形式。手工工具是人体的一部分。手工工具听命于人,离开了人手的动作,手工工具就没有意义。相对于人手,手工工具没有独立性。一般说来,这些手工工具都是手工劳动者的财产。所以在手工劳动者与手工工具的关系(人具关系)中,人是主体,手工工具是客体,是人的工具,是自己双手的补充。手工工具是人的一部分,是自己手的非生命的物质形态。人具关系实际上是“手手关系”,是手工劳动者有生命的手同无生命的手的关系。所以手工劳动不会否定人的价值,不会导致人的异化。

人机关系则完全是另一种关系。机器本来是人的智力的物化,但是是技术专家智力的物化,而不是在机器旁边劳动的工人智力的物化。对于工人来说,机器是外来的、外在的东西。当劳动者离开了他所熟悉的手工工具,站在机器面前劳动时,他会觉得机器是陌生的怪物,一笔勾销了他过去多年在手工劳动中积累的技能和经验。老师傅变成了新学徒。一般说来他所用的机器并不是他的财产。机器作为工具当然也是人的器官的延伸,但是是间接的延伸,因为机器的外形同人的器官越来越不相似,离劳动者的双手越来越远。所以工人不仅在知识、技能上同机器隔膜,而且在心理上也常是对立的。相对于工人来说,机器有很大的独立性。机器一旦启动后,即使离开了工人的双手,它仍然会按照它自己的程序在运转。工人双手的动作及其速度、节奏,都身不由己,而必须服从机器的运转。机器发生故障,工人的劳动就必须停止,而自己又没有能力来修理。工人的自由被剥夺了,工人的自信被嘲弄了。而一旦工人违背了机器的“意志”,工人的双手甚至生命就会受到机器的伤害,受到惨无人性的惩罚。手工劳动具有原始的艺术性,机器则使工人的动作变得那么单调,人的个性被进一步抹煞。机器好像要把工人改造成机器的一个零件,同机器及其产品一样的毫无个性。工人的操作成了机器运转的一个环节,工人在客观效果上也就成了机器的一部分,成了被物所役的物。所以在近代的人机关系中,人开始异化,仿佛机器是主体,人倒反而成了机器的工具,人性被扭曲为“物性”。人机关系本来是人与物的关系,却被异化为物与物的关系。人与机器的关系发生了严重的错位。

马克思对机器使人的异化作了深刻的分析。他写道:“在工场手工业和手工业中,是工人利用工具,在工厂中,是工人服侍机器。在前一种场合,劳动资料的运动从工人出发,在后一种场合,则是工人跟随劳动资料的运动。在工场手工业中,工人是一个活机构的肢体。在工厂中,死机构独立于工人而存在,工人被当作活的附属物并入死机构。"[33]"人们在这里只不过是没有意识的、动作单调的机器体系的有生命的附件,有意识的附属物。"[34]人本来是工具的主人,却成了工具的仆人;明明工人是人,却成了物的附属物;明明工人有意识,机器却要剥夺工人的意识。卓别林在影片《摩登时代》中扮演一个工人,成天用扳手拧紧螺丝帽,重复同一种动作。下班走在街上,看到前面女士大衣上的纽扣,以为是个螺丝帽,也要用扳手去扳一下。车间里的传送带越来越快,他实在跟不上,就干脆躺在传送带上,跟着机器一块旋转,成了机器的一个部件。马克思的理性分析和卓别林的艺术表演,真是异曲同工。

关于在资本主义条件下工人在劳动中的异化,马克思作了这样的概括:"按照国民经济学的规律,工人在他的对象中的异化表现在:工人生产得越多,他能够消费的越少;他创造价值越多,他自己越没有价值、越低贱;工人的产品越完美,工人自己越畸形;工人创造的对象越文明,工人自己越野蛮;劳动越有力量,工人越无力;劳动越机巧,工人自己越愚笨,越成为自然界的奴隶。"[35]技术应用本身会导致人的异化,而资本家为了榨取工人更多的血汗,就加强技术应用的力度,使这种异化演变成更加残酷的程度。

马尔库塞也指出,在机械化、自动化的条件下,人们在劳动中越来越失去了自主性和创造性。他们所从事的都是一些"单调而无聊的"、"翻来覆去的工作",生产过程"使整个的人——肉体和灵魂——都变成了一部机器,或者甚至只是一部机器的一部分"。[36]

技术使人异化,这是由技术的本质决定的。技术当然是为人的,可是它是人物化的手段。人不物化不可能发展,可是人的物化就是人的异化。人创造了物,又被自己的创造物所物化,人一面使物人化,可是一面又使自己物化。"成亦萧何,败亦萧何",这就是矛盾。

机器是高效率的化身,被许多人视为"工业神",不是神的神,这就形成了工业社会的一种特有的文化——对机器的崇拜。人们把地球、生物、人、社会甚至宇宙都看作机器。整个近代工业文明仿佛都是机器的产物,它的轰隆声是它向大自然放声高唱的进行曲,又是对它自己的赞美歌。

在高技术的条件下,人机关系、人与物的关系又出现了新的变化。一方面是电脑、机器人的功能越来越强,有人认为机器人就是人,并心甘情愿地要做机器人的奴隶,甚至主张有了机器人以后,人应当退出历史舞台。奥地利科学家莫拉维奇说:“为什么在智力、繁殖力和勤劳方面都胜于我们几百万倍的机器人,只能被用作我们笨重而老化的肉体和养尊处优却愚蠢笨拙的大脑的配角?”[37]机器人专家渥维克认为“人类可视为机器的一种”,“但还比不上机器”。“为了能够更好地观察我们面临的情况,我们需要抛开我们是人的想法”。他还说:“机器会不会取代我们呢?它们会统治世界吗?当你翻开这本书开始阅读时,我只要求你不带成见、理智而公正地来阅读,我相信你会坚持用这种态度直至读完全书。总之,我希望你读完之后会觉得‘可能’。可能机器会变得比人类更聪明。可能机器会取代人类。本书的目的只是为了说明这一切不仅仅可能,而且很快就将成为现实。”[38]在渥维克看来,要正确处理人机关系,就要“不带成见”,即“抛开我们是人的想法”,而人不过是一种机器而已。这样,他就非常理智地接受机器人的统治,尽管那是人类的厄运。渥维克是一位非常勤奋的科学家,他一边说2050年机器人将统治我们人类,一边又埋头苦干,拼命提高机器人的功能。这不是在制造自己的掘墓人吗?

另一方面,有不少科学家主张用高技术手段把人改造成为机器人。莫拉维奇认为即使一个人具有完全非生物性肌体也仍然是人,也就是说人可以不要肉体,可以不是生物。“不是把正常的生物人拿过来,然后费力地逐个更换身体部件,而是使用零件直接制造。只要按照正确顺序把零件组装到一起,站在你面前的将是一个人造人。”最后,“把一个正常成年人大脑中储存的信息(包括思维、记忆等)读出来,然后一点点地把它输入人造人的脑袋里。”[39]还有人认为肉体会给我们带来病痛,所以应抛弃肉体,用金属制品取代。然后再用电脑取代人脑,这样人就被改造成为物了。这种“人”被称为是“后生物人”。

还有人主张未来的人是“超人”,躯体、大脑都不要,可以能量化、信息化。阿瑟·克拉克在《2001年:宇宙奥德赛》一书中说,宇宙中存在着一种比人类不知早进化多少亿年的生物,早已超越了自己的肉体。他们用自己制造的机器来取代自己的躯体,用金属和塑料制成自己的外壳。他们把知识储存在空间的结构里。最后他们摆脱掉物质的控制,把自己变成纯粹的能量。肉体没有了,甚至精神也没有了,人不见了,人非人化了。有人认为未来的人只是一种信息,只存在于网络之中。有的学者干脆认为人类应当消灭。美国哈佛大学哲学家诺齐克说:“人类已经失去了继续存在的资格。”美国物理学家蒂普勒说:“我们这个物种的灭绝是永恒发展在逻辑上的必然结果!”[40]

德国哲学家弗洛姆说:“人制造了像人一样行动的机器,培养像机器一样行动的人——有利于非人化的时代。在这个时代里,人被改造成为物,变成生产和消费过程的附属品。”[41]技术越发展,人却成了“非人”,说白了,就是人不再是人,变成了被物统治的物、物的附属物。

技术导致人的异化还有一种表现:国际社会贫与富、强与弱的差别越来越大。技术是力量的放大器,谁掌握了先进技术,谁就是富者、强者。而且由于技术自身的规律,会不断地造成马太效应,使富者越富,强者越强。穷者、弱者虽然也会应用一些技术,也可能会逐渐变富、变强,但这很难改变他们同富者、强者的差距日趋拉大的事实。技术是霸权主义的主要工具。人们说20世纪是科学技术的世界,可是也正是在这20世纪,出现了两次世界大战,出现了南京大屠杀和奥斯威辛集中营。冷战结束后,世界仍不太平。我们不能说这一切都是由技术引起的,但技术在客观上起了推波助澜的作用。

面对着高技术的飞跃发展,面对着人的非人化思潮的出现,许多人都为人类的命运担忧。2000年初,美国升阳微系统公司首席科学家比尔·乔伊说,人类正面临三大危险:电脑技术(未来30年内具备思考能力的电脑比现在要强100万倍)、基因技术和纳米技术的负作用。“我们迈入这个新世纪,却丝毫没有考虑过控制和刹车,而能够确保整个世界不致失控的最后关头已经越来越逼近。”“我们处于终极灾祸爆发边缘的说法,绝非危言耸听。”[42]英国宇宙学家马丁·里在《最后的世纪》中说,人类在未来200年内,将面临十大灾难(如粒子实验有可能产生微小的黑洞,将吞噬地球上的一切物质、机器人将接管世界、生化病毒等),人类幸免的机会只有50%。诺贝尔奖获得者李远哲说:“世界各国为了在以高科技为后盾的经济竞争中取得优势,都在努力提升国家的竞争力,希望能在短暂的时间内赶上先进国家。但是如果先进国家走过或是目前正在走的路,不是一条全世界能够永续发展的康庄大道,那么未开发或开发中国家紧跟先进国家后头努力追赶,就似乎毫无意义。因为这一段辛苦追赶的路程,很可能是人类共同走向灭亡的路程。”[43]

爱因斯坦曾经谈到技术与非人性化的问题。他说:“我认为今天人们的伦理之所以沦丧到如此令人恐惧的地步,首先主要是因为我们的生活的机械化和非人性化,这是科学技术思想发展的一个灾难性的副产品。”[44]他认为机械化会导致非人性化,是科学技术的灾难性负面效果。

马克思也谈到过非人化的问题,他说:“然而,自然科学却通过工业日益在实践上进入人的生活,改造人的生活,并为人的解放作准备,尽管它不得不直接地完成非人化。"[45]人类要解放,必须要物化,而物化又是一种非人化。非人化是人类利用科学技术改造生活而付出的代价。但非人化只是人的解放过程中的一个曲折。人类发展的目标和结局,不是非人化,而是人类的不断完善。

如何超越人的非人化呢?很重要的一点,是在积极发展和推广科学技术的同时,要积极发展人文文化。我们应当倡导技术人本主义,这是两种文化相互促进、协调发展的重要一环。

六 新的综合

有许多学者主张要进行文化的新的综合,甚至要创建新的文化。

美国自然科学史家萨顿说:"我们这个时代最可怕的冲突就是两种看法不同的人之间的冲突,一方是文学家、史学家、哲学家这些所谓人文学者,另一方是科学家。"[46]这不仅是文化的分裂,而且已构成对人类命运的威胁。实际上,"没有同人文科学对立的自然科学,科学或知识的每一个分支一旦形成,就都是既是自然的,同时也是人的。"[47]他提出要创建"新人文主义"或"科学人文主义"。"我们必须使科学人文主义化,最好是说明科学与人类其他活动的多种多样关系——科学与我们人类本性的关系。"[48]萨顿认为,新人文主义以自然科学为核心,它是智力与健康的源泉,但不是惟一的源泉。无论它多么重要,它都是不充分的。他还说:"在旧人文主义者同科学家之间只有一座桥梁,那就是科学史,建造这座桥梁是我们这个时代的主要文化需要。"[49]自然科学史是史学的一个分支,但又以自然科学为对象,它本身是一种"两栖类"文化,但它不是两种文化之间的惟一桥梁。两种文化的融合,也不一定要以哪种文化为核心。

美国哲学家罗蒂提出了"后哲学文化"的主张,认为各种不同的文化应当平等对话,没有一种文化是别的文化必须模仿的典范。"在这个文化中,无论是牧师,还是物理学家,或是诗人,还是政党都不会被认为比别人更'理性'、更'科学'、更'深刻'。没有哪个文化的特定部分可以挑选出来,作为样板来说明(或特别不能作为样板来说明)文化的其他部分所期望的条件。认为在(例如)好的牧师或好的物理学家遵循的现行的学科内的标准以外,还有他们共同遵循的其他的、跨学科、超文化和非历史的标准,那是完全没有意义的。"[50]罗蒂的这个看法是正确的。科学的形态是多样的,文化的形态是多元的，不应把其中的某一种科学形态、文化形态看作是所有科学和所有文化都必须遵循的惟一形态。罗蒂指出，传统的观点认为自然科学的任务是“说明”，人文科学的任务是“解释”，但自然科学也需要解释，所以自然科学与人文科学本质上是统一的。他由此认为“科学是一种文学”，自然科学应当向人文文化归化，这是值得商榷的，因为自然科学不是文学，正如文学不是自然科学。

关于两种文化的融合，黄瑞雄教授写道：“我们把‘融合’这一概念引申至科学与人文的统一，它不是令两者等同起来，也不是使一方‘吞并’或说‘同化’另一方。……要寻求这种统一的途径，首先要注意到两者各自的特殊属性，这是两种知识所以能独立存在的前提，其次是要注意到两者的普遍属性及其之间的联系，这是两者统一的基础。”[51]两种文化相互渗透、相互促进，但又各有其一种的独立性，关键是协调。

人的本质是物质性和精神性的统一，所以两种文化的统一是人性的要求，两种文化的对峙，则是人性的分裂。

科技文化与人文文化协调的关键，是科学精神与人文精神的结合。

科学精神与人文精神是两个系列的价值观念，分别由一组信仰、观点和行为准则构成。它们的基本内容是：在人类的生存和发展中，我们应当重视什么、追求什么、依靠什么。

科学精神的主要内容是：尊重科学技术的价值，重视科学技术的作用，强调依靠科学技术来推动社会发展。它注重人们的物质需要和物质生活，强调社会物质基础的重要和物质手段的作用，强调掌握科学方法，追求科学真理，强调科学理性的作用，强调科技教育，提高人的科技素质的重要。

人文精神的主要内容是：尊重人的价值，重视人文文化的作用，强调依靠调动人的积极性来推动社会发展。它注重人的精神需要和精神生活，强调社会的精神支柱和精神面貌的作用，强调发挥人的主观能动性，重视人的情感交流，关注人的命运，追求人生真谛，强调人文教育，提高人的人文素质。

这两种精神是互补的。它们都是合理的、必需的，但单独一方又都是不全面的、不充分的。

重视科学技术的作用和重视人的作用，在本质上是一致的。列宁说：“全人类的首要的生产力就是工人。”[52]邓小平说：“科学技术是第一生产力。”他们两人在不同的背景下，强调的重点不同，但并不矛盾。劳动者能动性的发挥，在很大程度上取决于用什么手段劳动。人类在生产劳动中拥有多种手段,科学技术是最有力的手段。而科学技术只能是人的工具,是人的价值的体现。人的作用与科学技术的作用,融为一体,不可分离。

由于技术是一把越来越锋利的双刃剑,所以我们更应当提倡技术人本主义。以人为本,以技为用。人与技术的关系永远是创造与被创造、应用与被应用、控制与被控制的关系。人是主体,技术是工具。人是技术的主人,不是技术动物,也不是技术的奴隶。是人类决定技术的命运,而不是技术主宰人类的命运。技术应当为人类谋利,而不应当损害人类的利益。人通过技术手段所创造的利益,只是人类利益的一部分。人类的最高利益是人类的全面发展,技术的价值在于它为人类这个最高目标的服务。

人与物的关系,是价值论的基本问题。根据对这个问题的不同回答,形成了两种不同的价值观:物本主义和人本主义。

物本主义主张以物为本,认为物质享受是人类的最高目标,物的价值是最高的价值,即物的价值高于人的价值,物是人类事业的根本,物控制人。人本主义主张以人为本,认为人是自然界进化的最高产物,人具有物所不具备的优越性;人的全面发展是人类的最高目标;人的价值是最高的价值,即人的价值高于物的价值;人类最高目标实现的程度,是人类评价自己言行的最高标准;人是人类事业的根本;人控制物。

物本主义貌似唯物主义,但不是唯物主义,因为这是两个不同领域的概念。唯物主义是本体论的概念,认为物质是世界的本原,而物本主义是价值论概念。本体论上的"物质第一性",不等于价值论上的"物是最高的价值"。过去有人把唯物主义歪曲为只讲物质享受,不讲理想和道德的观念,实际上是歪曲为物本主义。针对这种情况,恩格斯说:"庸人把唯物主义理解为贪吃、酗酒、娱目、肉欲、虚荣、爱财、吝啬、贪婪、牟利、投机,简言之,即他本人暗中迷恋着的一切龌龊行为;而把唯心主义理解为美德、普遍的人类爱的信仰,对'美好世界'的信仰。"[53]恩格斯还指出,许多唯物主义者虽忽略了意识的能动作用,但并不是沉溺于纵欲享受,毫无理想的人。我们在本体论上主张唯物主义,在价值论上主张人本主义。这两者的结合,是完整的世界观和人生观。

科技文化是关于物的文化,科技文化的任务说到底,是为了提高物的利用效率。所以在物的文化发展过程中,特别是在物质经济条件下,容易滋长物本主义。为了促进文化的协调均衡发展,我们应当在科技活动中积极倡导人本主义。科技文化与人文文化的结合,就是科学人本主义。而人文文化的任务,归根到底是为了更好地发挥人的能动作用,主张以人为本。

当前,科学技术的发展出现了新的趋势,这有利于两种文化的结合。

现代自然科学已开始向复杂性进军。当自然科学家在追求自然界的简单性时,社会科学家已开始在研究社会的复杂性了。随着自然科学探讨复杂性的深入,它的思维方式、研究方法就越来越向社会科学接近。

高技术的发展在呼唤着人文精神的复兴。人是最富有个性的存在。个性是同一类事物之间的差别。纵观宇宙万物,越是高级、复杂的事物,彼此之间的差别就越大,个性就越突出、鲜明。高度的个性还是人性本质的体现,每个人都是一个小世界。人的个性就是不可取代性,个性越突出,不可取代性就越强。人才就是个性鲜明的人。人的工作、活动也有简单与复杂之分,可取代性也不相同。京剧里有跑龙套的演员,我们要取代他,比较容易,因为跑龙套是比较简单的工作。要我们代替梅兰芳演贵妃醉酒,那就难了。同体力和体力劳动相比,脑力和脑力劳动是具有个性的能力和劳动。高技术以优化人的智力为主,有利于个性的发挥,所以它比传统技术更有人性。

近代机器大工业使工人的劳动简单化、机械化,不断重复毫无个性的动作,十分枯燥、乏味,压抑着人的个性。机器大工业的刚性生产线,是大规模生产,但产品无个性。一次制造出来的螺丝钉都完全是一个模样,这同人的多样化需要是相悖的。在高技术的企业里,柔性生产线可以生产多种多样规格的产品,富有个性的产品更符合人性。

教育也是如此。专业化、标准化、集中化、同步化是工业生产的基本原则,也是工业社会教育的基本原则。过分专业化的教育不利于文化的融合,刚性标准化、集中化、同步化的教育,不利于学生个性的发展。这实质上是用制造物的方法来培养人。学校不是复印机,人才不是复制品。千万不要把一个班的学生“培养”成一盒大头针。“要做一颗螺丝钉”的说法是工业社会崇拜机器文化的产物,不能反映今天的时代精神。教育利用各种高技术手段后,可以在一定程度上超越了标准化、集中化、同步化的限制。学生可以在家里学习,自由选择学习时间,自由选择教学大纲、教学计划、教材和教师,使教育成为个性化教育,更富有人情味的教育。

所以说现代自然科学和高技术的发展,为科技文化与人文文化的协调发展创造了良好条件。

人类的精神力量主要是智慧的力量和道德的力量,这两种力量都是文明进步和人的全面发展所不可缺少的。通过科学技术,人类的智慧大显神通。相比之下,道德的作用却苍白无力。电脑的容量、功能平均每 18 个月就要翻一番,人类的道德在一个世纪的进步又有几多?科学技术日新月异,许多人的德性却徘徊不前。智慧与道德的失衡,导致了人类精神的分裂。我们的教育,千万不能培养"经济动物"、"科技奴隶"、"智慧强盗"。

2003年,既是邓小平批准中国自然辩证法研究会成立25周年,又是《自然辩证法通讯》创刊25周年。该刊以《科学与人文珠联璧合,学术共思想相得益彰》为题,发表了纪念专辑。笔者在这个专辑中说:"自然辩证法既有理科属性,又有文科属性,是自然科学、工程技术、社会科学、人文科学和哲学的交融点。自然观既要研究人与自然的关系,又要研究人工自然。人工自然物既是自然物,又是人造物;既是技术物,又是文化物;既遵守自然规律,又遵守社会规律。专业有别,方法相通。科学技术观、科学技术史以科学技术为对象,运用的却是社会科学、人文科学、哲学的方法。物质与精神的相互转化是人的本质,科学技术是人类使物质变精神、精神变物质的手段。科学技术的本质,就是人的本质。我们所研究的自然,是同人发生对象性关系的自然。所以自然辩证法应以人为本。自然辩证法在人类知识和文化体系中占有特殊的位置,因此它在〔科技文化与人文文化〕联结和沟通方面可以起独特的作用。它犹如两种文化之间的一扇窗户,通过它,这方可以看到另一方,可以伸出双手,紧紧握住对方的手。然后共同拆掉把双方隔开的那堵墙。"〔54〕

人类的这两种文化,犹如人的左右两个半脑。两种文化的分离,是人性的分裂。两种文化的结合,则是人类全面发展的需要。

注 释

〔1〕 陈鼓应:《庄子今注今译》,中华书局,1983年,第322页。
〔2〕 陈鼓应:《庄子今注今译》,第323页。
〔3〕 中国史学会主编:《中国近代史资料丛刊·洋务运动》第二册,上海人民出版社,1961年,第30页。
〔4〕 《中国近代史资料丛刊·洋务运动》第一册,第121页。
〔5〕 《中国近代史资料丛刊·洋务运动》第一册,第124页。
〔6〕 任鸿隽:《中国科学社之过去及将来》,《科学》,1923年第1期。
〔7〕 张君劢:《再论人生观与科学并答丁在君》,《科学与人生观》,亚东图书馆,1925年。
〔8〕 《梁漱溟全集》第一卷,山东人民出版社,1989年,第489页。
〔9〕 丁文江:《玄学与科学——答张君劢》,《科学与人生观》。
〔10〕 胡适:《科学与人生观》序,《科学与人生观》,第7—8页。
〔11〕 《梁启超选集》,上海人民出版社,1984年,第819页。

〔12〕 张君劢:《人生观》,《科学与人生观》,第 10 页。
〔13〕 恩格斯:《自然辩证法》,人民出版社,1984 年,第 6—7 页。
〔14〕 泰罗:《科学管理原理》,中国社会科学出版社,1984 年,第 155 页。
〔15〕 泰勒:《科学管理原理》,第 36 页。
〔16〕 托夫勒:《第三次浪潮》,三联书店,1983 年,第 96 页。
〔17〕 贝尔:《后工业社会的来临》,商务印书馆,1984 年,第 390 页。
〔18〕 洪谦主编:《逻辑经验主义》,商务印书馆,1989 年,第 475、476 页。
〔19〕 吴维民主编:《大汇流——论社会科学和自然科学的结合》,四川大学出版社,1992 年,第 198 页。
〔20〕 里吉斯:《科学也疯狂》,中国对外翻译出版公司,1994 年,第 132 页。
〔21〕 里吉斯:《科学也疯狂》,第 271 页。
〔22〕 里吉斯:《科学也疯狂》,第 233 页。
〔23〕 里吉斯:《科学也疯狂》,第 7 页。
〔24〕 埃鲁尔:《技术的社会》,《科学与哲学》,1983 年第 1 期。
〔25〕 赵家祥、梁树发:《新技术革命与唯物史观的发展》,河北人民出版社,1987 年,第 159 页。
〔26〕 罗素:《科学观》,商务印书馆,1935 年,第 205 页。
〔27〕 吴国盛编:《科学思想史指南》,四川教育出版社,1994 年,第 160 页。
〔28〕 戈兰:《科学与反科学》,中国国际广播出版社,1988 年,第 24—25 页。
〔29〕 斯诺:《两种文化》,三联书店,1994 年,第 4、5 页。
〔30〕 斯诺:《两种文化》,第 2 页。
〔31〕 萨顿:《科学的历史研究》,科学出版社,1990 年,第 2 页。
〔32〕 贝利:《社会研究方法》,纽约 1982 年英文版,第 32 页。
〔33〕 《马克思恩格斯全集》第 23 卷,第 463 页。
〔34〕 马克思:《机器。自然力和科学的应用》,第 163 页。
〔35〕 马克思:《1844 年经济学-哲学手稿》,人民出版社,2000 年,第 53 页。
〔36〕 马尔库塞:《工业社会和新左派》,商务印书馆,1982 年,第 82、84 页。
〔37〕 里吉斯:《科学也疯狂》,第 186 页。
〔38〕 渥维克:《机器的征途——为什么机器人将统治世界》,内蒙古人民出版社,1998 年,第 4、27、2 页。
〔39〕 里吉斯:《科学也疯狂》,第 152 页。
〔40〕 里吉斯:《科学也疯狂》,第 142、142—143 页。
〔41〕 沈恒炎:《未来学与西方未来主义》,辽宁人民出版社,1989 年,第 182—183 页。
〔42〕 赵强:《新科技时代的伦理道德》,载《中华读书报》,2000 年 4 月 5 日。
〔43〕 李远哲:《纪念北大百年校庆的演讲》,载《光明日报》,1999 年 2 月 26 日。
〔44〕 《爱因斯坦谈人生》,世界知识出版社,1984 年,第 72 页。

〔45〕《马克思恩格斯全集》第 42 卷,第 128 页。
〔46〕萨顿:《科学史和新人文主义》,华夏出版社,1989 年,第 49 页。
〔47〕萨顿:《科学史和新人文主义》,第 29 页。
〔48〕萨顿:《科学的生命》,商务印书馆,1987 年,第 49 页。
〔49〕萨顿:《科学史和新人文主义》,第 51 页。
〔50〕罗蒂:《后哲学文化》,上海译文出版社,1992 年,第 21 页。
〔51〕黄瑞雄:《两种文化的冲突与融合——科学人文主义思潮研究》,广西师范大学出版社,2000 年,第 11 页。
〔52〕《列宁全集》第 3 卷,第 843 页。
〔53〕《马克思恩格斯选集》第 4 卷,第 232 页。
〔54〕林德宏:《联结与沟通》,《自然辩证法通讯》,2003 年第 2 期。

后　记

《科技哲学十五讲》写完了,这十五讲的内容虽然有所分工,但它们是互相联系、互相渗透的。此中有彼,彼中有此。这十五讲说来说去,实际上就是讲人、自然、科学、技术这四者之间的关系,这些关系是以人为中心展开的。这本书力求从人文文化的角度来理解科学、技术和科学技术哲学。

我 1961 年从中国人民大学哲学系毕业以后,即开始在南京大学从事科学技术哲学、科学思想史的教学与研究工作,至今已 42 年。我倾心热爱这两个学科领域,它构成了我生命的主旋律。它的最大优点是有高度的综合性、交叉性和开放性,它介于文理科之间,涉及哲学、自然科学、技术以及经济学、历史学、社会学等社会科学、人文科学学科。它使我有可能在人类许多知识领域漫游、思索,了解到许多自然奥秘、人类智慧的杰作和人生的真谛,使我内心感到十分充实,这真是人生的一大快事!爱因斯坦曾提出过有限无边的宇宙模型,我们的知识也应当有限无边。每个人的知识都是有限的,但我们不要给自己设定想像和思考的边界。

本书的撰写得到了北京大学中文系主任温儒敏教授、南京大学文学院院长董健教授、清华大学科学技术与社会研究中心张成岗博士和北京大学出版社副编审高秀芹博士、谭艳、戴远方编辑的关心和支持,此外,曾就一些问题同南京大学哲学系科学技术哲学博士生导师肖玲教授进行了讨论,特致谢忱。

林德宏

2003 年 12 月 15 日于南京大学

《名家通识讲座书系》第一批
选目(53种)

*《西方哲学十五讲》　中国人民大学哲学系　张志伟
*《现代西方哲学十五讲》　复旦大学哲学系　张汝伦
*《哲学修养十五讲》　吉林大学哲学系　孙正聿
*《美学十五讲》　东南大学艺术系　凌继尧
*《宗教学基础十五讲》　清华大学哲学系　王晓朝
*《生物伦理学十五讲》　北京大学生命科学学院　高崇明　张爱琴
*《文化哲学十五讲》　黑龙江大学　衣俊卿
*《科技哲学十五讲》　南京大学哲学系　林德宏
《艺术哲学十五讲》　北京大学比较文学所　刘　东

*《政治学十五讲》　北京大学政府管理学院　燕继荣
*《口才训练十五讲》　清华大学政治学系　孙海燕　刘伯奎
《社会学理论方法十五讲》　北京大学社会学系　王思斌
《公共管理十五讲》　北京大学政府管理学院　赵成根
《西方经济学十五讲》　中国人民大学经济学院　方福前
《比较教育十五讲》　北京师范大学教育系　王英杰

*《道教文化十五讲》　厦门大学宗教所　詹石窗
*《〈周易〉经传十五讲》　清华大学思想文化所　廖名春
*《美国文化与社会十五讲》　北京大学国际关系学院　袁　明
《佛教文化十五讲》　中国佛教文化研究所　何　云
《中国文化史十五讲》　北京大学古籍研究中心　安平秋　杨忠　刘玉才
《儒家文化十五讲》　中国社会科学院哲学所　郑家栋
《文化研究基础十五讲》　北京大学比较文学所　戴锦华
《企业文化学十五讲》　武汉大学政治与行政学院　钟青林
《现代性与后现代性十五讲》　厦门大学哲学系　陈嘉明
《日本文化十五讲》　北京大学中文系　严绍璗

*《汉语和汉语研究十五讲》 北京大学中文系 陆俭明 沈 阳
《语言学常识十五讲》 北京大学中文系 沈 阳

*《唐诗宋词十五讲》 北京大学中文系 葛晓音
*《中国文学十五讲》 北京大学中文系 周先慎
*《中国现当代文学名篇十五讲》 复旦大学中文系 陈思和
*《西方文学十五讲》 清华大学中文系 徐葆耕
*《通俗文学十五讲》 苏州大学 范伯群 北京大学中文系 孔庆东
*《鲁迅作品十五讲》 北京大学中文系 钱理群
《红楼梦十五讲》 文化部艺术研究院 刘梦溪 冯其庸 周汝昌等
《当代外国文学名著十五讲》 吉林大学文学院 傅景川

*《西方美术史十五讲》 北京大学艺术系 丁 宁
*《戏剧艺术十五讲》 南京大学文学院 董 健 马俊山
*《音乐欣赏十五讲》 中国作家协会 肖复兴
《中国美术史十五讲》 中央美术学院 邵 彦
《影视艺术十五讲》 清华大学新闻传播学系 尹 鸿
《书法艺术十五讲》 北京大学中文系 王岳川

*《中国历史十五讲》 清华大学 张岂之
*《欧洲文明十五讲》 中国社会科学院欧洲研究所 陈乐民
《科学史十五讲》 上海交通大学文学院 江晓原
*《清史十五讲》 中国人民大学清史研究所 张 研 牛贯杰

*《文科物理十五讲》 东南大学物理系 吴宗汉
《思维科学十五讲》 武汉大学哲学系 张掌然
《现代天文学十五讲》 北京大学物理学院 吴鑫基 温学诗
《青年心理健康十五讲》 清华大学教育研究所 樊富珉
《环境科学十五讲》 北京大学环境科学中心 张远航 邵 敏
《医学人文十五讲》 华夏出版社 王一方
《心理学十五讲》 西南师范大学心理系 黄希庭
《文学与人生十五讲》 南京大学 朱寿桐

（全套系列教材 100 种，其他 47 种选目正在策划运行中。其中，画 * 者为已出）